# 古今数学思想

(第二册)

[美]莫里斯·克莱因 著

石生明 万伟勋 孙树本 等 译

上海科学技术出版社

**图书在版编目(CIP)数据**

古今数学思想. 第 2 册 / (美) 克莱因 (Kline, M.)
著；石生明等译. —上海：上海科学技术出版社，
2014.1(2025.7 重印)

书名原文：Mathematical thought: from ancient to modern times

ISBN 978-7-5478-1718-6

Ⅰ.①古… Ⅱ.①克… ②石… Ⅲ.①数学史 Ⅳ.
①O11

中国版本图书馆 CIP 数据核字(2013)第 063543 号

---

Mathematical Thought from Ancient to Modern Times
Copyright © 1972 by Morris Kline
First published in 1972 by Oxford University Press Inc.
All Rights Reserved.
This translation is published by arrangement with Oxford University Press Inc.
本书经牛津大学出版社授权出版。

上海市版权局著作权合同登记号　图字：09-2017-278 号

**古今数学思想(第二册)**

[美] 莫里斯·克莱因　著
石生明　万伟勋　孙树本　等　译

上海世纪出版(集团)有限公司
上海科学技术出版社　出版、发行
(上海市闵行区号景路 159 弄 A 座 9F-10F)
邮政编码 201101　www.sstp.cn
常熟市华顺印刷有限公司印刷
开本 787×1092　1/16　印张 23.75　插页 2
字数 400 千字
2014 年 1 月第 1 版　2025 年 7 月第 19 次印刷
ISBN 978-7-5478-1718-6/O·22
定价：78.00 元

---

本书如有缺页、错装或坏损等严重质量问题，请向工厂联系调换

# 《古今数学思想》译者录

第一册(序,第1章至第17章):
  江泽涵(序);张理京(第1章至第10章,第13章,第14章);张锦炎(第11章,第12章);申又枨(第15章,第16章);朱学贤(第17章)

第二册(第18章至第33章):
  朱学贤(第18章,第25章);钱敏平(第19章);邓东皋(第20章);丁同仁(第21章);刘西垣(第22章);叶其孝(第23章,第24章);庄圻泰(第26章,第27章);万伟勋(第28章至第30章);石生明(第31章至第33章)

第三册(第34章至第51章):
  张顺燕(第34章);姜伯驹(第35章);孙树本(第36章,第38章,第39章);章学诚(第37章);叶其孝(第40章);程民德(第41章);朱学贤(第42章);张恭庆(第43章,第44章);邓东皋(第45章至第47章);章学诚(第48章);聂灵沼(第49章);江泽涵(第50章);吴光磊(第51章)

# 翻 译 说 明

很多数学工作者、数学教师和数学爱好者早就希望能有一本比较简明的、阐述一些重要数学思想的来源和发展的书。看到莫里斯·克莱因(Morris Kline)教授写的这本 Mathematical Thought from Ancient to Modern Times (1972),我们感到相当满意,就组织人力把它翻译出来。

这本书内容丰富,全面论述了近代数学大部分分支的历史发展;篇幅不大,简明扼要。正如书名所指出的,本书着重论述数学思想的古往今来,而不是单纯的史料传记,努力说明数学的意义是什么,各门数学之间以及数学和其他自然科学尤其是和力学、物理学的关系是怎样的。本书厚今薄古,主要篇幅是叙述近二三百年的数学发展,着重在19世纪,有些分支写到20世纪30年代或40年代,作者对一些重要数学分支的历史发展,对一些著名数学家的评论,都很有一些独到的见解,并且写得很引人入胜。莫里斯·克莱因教授本人深受格丁根大学数学传统的影响,注意研究数学史和数学教育,是一位著名的应用数学家和数学教育家,因此,他很能体会读者的心情,在书中能通过比较丰富的史料来阐述观点,把科目的历史叙述和内容介绍结合起来。另外,为了方便读者,对许多古代的数学成就或资料都翻译成近代数学的语言,通俗易懂。这些都是本书突出的优点。

当然,本书也有不足之处,例如忽视了我国的数学成就及其对数学发展的影响,这对于论述数学的发展来说,无疑是有片面性的。关于对现代数学高度抽象这一特征的看法,作者是持一定保留态度的,他的这种态度,给本书带来了某种倾向性,我们认为这是可以商榷的。另外,关于数学中的有些问题,在历史上一直是争论不休的,而数学就在这种争论中发展着;作者的一些看法也只是一家之言,还是值得研究的。但是总的看来,本书仍不失为一本难得的好书。Bulletin of the American Mathematical Society,1974,9,Vol. **80**,No.5:805~807 的书评文章说:"就数学史而论,这是迄今为止最好的一本。"

参加本书翻译的有张理京、江泽涵、张锦炎、申又枨、朱学贤、钱敏平、邓东皋、丁同仁、刘西垣、叶其孝、庄圻泰、万伟勋、石生明、张顺燕、姜伯驹、孙树本、章学诚、程民德、张恭庆、聂灵沼和吴光磊。本书由张理京、申又枨、江泽涵、冷生明校阅。另外,叶其孝、朱学贤也参加校阅了全书的部分章节,并协同做了许多组织工作。

本书是在1976年初,由北京大学数学系的几位教授与部分教师,主要是申又枨、江泽涵、吴光磊、冷生明等,建议组织翻译的。当时主要目的是便于自己学习。

如今,莫里斯·克莱因教授和多位当年参加翻译的老一辈数学家相继去世,我们深深地怀念他们。原书虽再没有新的版本,但其在国际上的影响仍然很大。为了保证质量,冷生明曾对译稿进行了全面校勘,改正了许多误译和其他差错。在原译本中,数以千计的人名、地名译法都不规范,为纠正这些错误,出版社的几位编辑也花费了大量心血。另外,在本书的出版过程中,吴文俊教授给予很大的关怀与支持,我们表示衷心的感谢!

原书初版时为一卷,后改为三册;中译本也分为三册,且内容保持一致。我们希望本书的翻译出版,能增进读者对数学史和数学本身的了解,对数学的教学改革以及对数学和数学史的研究有所裨益。限于水平,译文一定还有许多不妥甚至错误之处,欢迎读者批评指正。

邓东皋

2000年3月9日

# 序

> 如果我们想要预见数学的将来,适当的途径是研究这门科学的历史和现状。
>
> 庞加莱(Henri Poincaré)

本书论述从古代一直到20世纪头几十年中的重大数学创造和发展。目的是介绍中心思想,特别着重于那些在数学历史的主要时期中逐渐冒出来并成为最突出的,并且对于促进和形成尔后的数学活动有影响的主流工作。本书所极度关心的还有对数学本身的看法、不同时期中这种看法的改变,以及数学家对于他们自己的成就的理解。

必须把本书看作是历史的一个概述。当人们想到欧拉(Leonhard Euler)的全集满满的约70卷、柯西(Augustin-Louis Cauchy)的26卷、高斯(Carl Friedrich Gauss)的12卷,人们就容易理解只凭本书一卷的篇幅不能给出一个详尽的叙述。本书的一些篇章只提出所涉及的领域中已经创造出来的数学的一些样本,可是我坚信这些样本最具有代表性。再者,为着把注意力始终集中于主要的思想,我引用定理或结果时,常常略去严格准确性所需要的次要条件。本书当然有它的局限性,但我相信它已给出整个历史的一种概貌。

本书的组织着重在居领导地位的数学课题,而不是数学家。数学的每一分支打上了它的奠基者的烙印,并且杰出的人物在确定数学的进程方面起决定性作用。但是,特意叙述的是他们的思想,传记完全是次要的。在这一点上,我遵循帕斯卡(Blaise Pascal)的意见:"当我们援引作者时,我们是援引他们的证明,不是援引他们的姓名。"

为使叙述连贯,特别是在1700年以后的时期,对于每一发展要等到它已经成熟,在数学中占重要地位并且产生影响的时候,我才进行论述。例如,我把非欧几里得几何放在19世纪介绍,虽然企图寻找欧几里得平行公理的替代物或证明早在欧几里得(Euclid)时代就开始了并且继续不断。当然,有许多问题会在不同的时期反复提及。

为了不使资料漫无边际，我忽略了几种文化，例如中国的①、日本的和玛雅的文化，因为他们的工作对于数学思想的主流没有重大的影响。还有一些数学中的发展，例如概率论和差分演算，它们今天变得重要，但在所考虑的时期中并未起重要作用，从而也只得到很少的注意。这最后的几十年的大发展使我不得不在本书中只收入那些 20 世纪的，并且在该时期变成有特殊意义的创造。我没有在 20 世纪时期继续讨论像常微分方程或变分法的扩展，因为这将会需要很专门的资料，而它们只对于这些领域的研究工作者有兴趣，并且将会大大增加本书的篇幅。此外还考虑到，对于许多较新的发展的重要性，目前还不能作客观的估价。数学的历史告诉我们，许多科目曾经激起过很大的热情，并且得到最好的数学家的注意，但终于湮没无闻。我们只需要回忆一下凯莱（Arthur Cayley）的名言"射影几何就是全部几何"，以及西尔维斯特（James Joseph Sylvester）的断言"代数不变量的理论已经总结了数学中的全部精华"。确实，历史给出答案的有趣问题之一便是数学中哪些东西还生存着而未被淘汰？历史做出它自己的而且更可靠的评价。

通过几十项重要发展的即使是基础的叙述，也不能指望读者知道所有这些发展的内容。因此，我在本书中论述某科目的历史时，除去一些极初等的领域外，也说明科目的内容，把科目的历史叙述和内容说明融合起来。对各种数学创造，这些说明也许不能把它们完全讲清楚，但应能使读者对它们的本质得到某些概念。从而在某种程度上，本书也可作为一本从历史角度来讲解的数学入门书。这无疑是使读者能获得理解和鉴赏的最好的写法之一。

我希望本书对于专业的数学家和未来的数学家都有帮助。专业的数学家今天不得不把这么多的时间和精力倾注到他的专题上去，使得他没有机会去熟悉他的学科的历史。而实际上，这历史背景是重要的。现在的根深扎在过去，而对于寻求理解"现在之所以成为现在这样子"的人们来说，过去的每一事件都不是无关的。再者，虽然数学大树已经伸张出成百的分支，它毕竟是一个整体，并且有它自己的重大问题和目标。如果一些分支专题对于数学的心脏无所贡献，它们就不会开花结果。我们的被分裂的学科就面临着这种危险；跟这种危险做斗争的最稳妥的办法，也许就是要对于数学的过去成就、传统和目标得到一些知识，使得能把研究工作导入有成果的渠道。如同希尔伯特（David Hilbert）所说的："数学是一个有机体，它的生命力的一个必要条件是所有各部分的不可分离的结合。"

对于学数学的学生来说，本书还会另有好处。通常一些课程所介绍的是一些

---

① 中国数学史的一个可喜的叙述，已见于李约瑟（Joseph Needham）的 *Science and Civilization in China*，剑桥大学出版社，1959，卷 3，第 1～168 页。

似乎没有什么关系的数学片断。历史可以提供整个课程的概貌,不仅使课程的内容互相联系,而且使它们跟数学思想的主干也联系起来。

在一个基本方面,通常的一些数学课程也使人产生一种幻觉。它们给出一个系统的逻辑叙述,使人们有这种印象:数学家们几乎理所当然地从定理到定理,数学家能克服任何困难,并且这些课程完全经过锤炼,已成定局。学生被湮没在成串的定理中,特别是当他正开始学习这些课程的时候。

历史却形成对比。它教导我们,一个科目的发展是由汇集不同方面的成果点滴积累而成的。我们也知道,常常需要几十年甚至几百年的努力才能迈出有意义的几步。不但这些科目并未锤炼成无缝的天衣,就是那已经取得的成就,也常常只是一个开始,许多缺陷有待填补,或者真正重要的扩展还有待创造。

课本中的斟字酌句的叙述,未能表现出创造过程中的斗争、挫折,以及在建立一个可观的结构之前,数学家所经历的艰苦漫长的道路。学生一旦认识到这一点,他将不仅获得真知灼见,还将获得顽强地追究他所攻问题的勇气,并且不会因为他自己的工作并非完美无缺而感到颓丧。实在说,叙述数学家如何跌跤,如何在迷雾中摸索前进,并且如何零零碎碎地得到他们的成果,应能使搞研究工作的任一新手鼓起勇气。

为了使本书能包罗所涉及的这个大范围,我曾经试着选择最可靠的原始资料。对于微积分以前的时期,像希思(Thomas L. Heath)的《希腊数学史》(*A History of Greek Mathematics*)无可否认地是第二手的资料,可是我并未只依靠这样的一个来源。对于以后时期中的数学发展,通常都能直接查阅原论文;这些都幸而可以从期刊或杰出的数学家的全集中找到。对研究工作的大量报道和概述也帮助了我,其中一些实际上也就在全集里。对于所有的重要结果,我都试着给出出处。但并没有对于所有的断言都这么做;否则将会使引证泛滥,浪费篇幅,而这些篇幅还不如用来充实报道。

每章中的参考书目指出资料来源。如果读者有兴趣,他能从这些来源得到比本书中所说的更多的报道。这些书目中还包括许多不应而且没有作为来源的文献。把它们列在书目中,是因为它们供给额外的报道,或者表达的水平可以对一些读者更有帮助,或者它们比原始资料更易于找到。

在此,我想对我的同事 Martin Burrow, Bruce Chandler, Martin Davis, Donald Ludwig, Wilhelm Magnus, Carlos Moreno, Harold N. Shapiro 和 Marvin Tretkoff 表示谢意,感谢他们回答了大量的问题,阅读了本书的许多章节,提出了许多宝贵的批评意见。我特别感激我的妻子 Helen,她以批评的眼光编辑我的手稿,广泛地核对人名、日期和出处,而且极仔细地阅读尚未分成页的校样并给它们编上页码。Eleanore M. Gross 夫人做了大量的打字工作,对我是一个极大的帮助。我想对牛津大学出版社的编辑部表示感激,感谢他们细心地印刷了本书。

莫里斯·克莱因(Morris Kline)

纽约 1972 年 5 月

# 目 录

**第 18 章** **17 世纪的数学** ············································· 1
  1. 数学的转变 ······················································· 1
  2. 数学和科学 ······················································· 4
  3. 数学家之间的交流 ················································· 5
  4. 展望 18 世纪 ····················································· 7

**第 19 章** **18 世纪的微积分** ············································ 9
  1. 引言 ···························································· 9
  2. 函数概念 ························································ 12
  3. 积分技术与复量 ··················································· 14
  4. 椭圆积分 ························································ 18
  5. 进一步的特殊函数 ················································· 28
  6. 多元函数微积分 ··················································· 30
  7. 在微积分中提供严密性的尝试 ········································ 31

**第 20 章** **无穷级数** ··················································· 40
  1. 引言 ···························································· 40
  2. 无穷级数的早期工作 ················································ 40
  3. 函数的展开 ······················································· 43
  4. 级数的妙用 ······················································· 45
  5. 三角级数 ························································ 56
  6. 连分式 ·························································· 61
  7. 收敛与发散问题 ··················································· 62

**第 21 章** **18 世纪的常微分方程** ········································· 69
  1. 主题 ···························································· 69

2. 一阶常微分方程 ………………………………………… 71
3. 奇解 ………………………………………………………… 76
4. 二阶方程与黎卡蒂方程 ………………………………… 77
5. 高阶方程 …………………………………………………… 82
6. 级数法 ……………………………………………………… 85
7. 微分方程组 ………………………………………………… 87
8. 总结 ………………………………………………………… 95

## 第 22 章  18 世纪的偏微分方程 ……………………………………… 98

1. 引言 ………………………………………………………… 98
2. 波动方程 …………………………………………………… 98
3. 波动方程的推广 ………………………………………… 109
4. 位势理论 ………………………………………………… 115
5. 一阶偏微分方程 ………………………………………… 123
6. 蒙日和特征理论 ………………………………………… 126
7. 蒙日和非线性二阶方程 ………………………………… 128
8. 一阶偏微分方程组 ……………………………………… 130
9. 这一门数学学科的产生 ………………………………… 132

## 第 23 章  18 世纪的解析几何和微分几何 ………………………… 134

1. 引言 ………………………………………………………… 134
2. 基本解析几何 …………………………………………… 134
3. 高次平面曲线 …………………………………………… 137
4. 微分几何的开端 ………………………………………… 142
5. 平面曲线 ………………………………………………… 143
6. 空间曲线 ………………………………………………… 144
7. 曲面的理论 ……………………………………………… 149
8. 映射问题 ………………………………………………… 155

## 第 24 章  18 世纪的变分法 …………………………………………… 158

1. 最初的问题 ……………………………………………… 158
2. 欧拉的早期工作 ………………………………………… 162
3. 最小作用原理 …………………………………………… 163

4. 拉格朗日的方法论 ································ 166
　　5. 拉格朗日和最小作用 ······························ 170
　　6. 二次变分 ········································ 171

**第 25 章　18 世纪的代数** ······························ 174
　　1. 数系的状况 ······································ 174
　　2. 方程论 ·········································· 178
　　3. 行列式和消元法理论 ······························ 186
　　4. 数论 ············································ 188

**第 26 章　18 世纪的数学** ······························ 194
　　1. 分析的兴起 ······································ 194
　　2. 18 世纪工作的推动力 ····························· 196
　　3. 证明的问题 ······································ 197
　　4. 形而上学的基础 ·································· 199
　　5. 数学活动的扩张 ·································· 200
　　6. 向前的一瞥 ······································ 202

**第 27 章　单复变函数** ································ 205
　　1. 引言 ············································ 205
　　2. 复函数论的开始 ·································· 205
　　3. 复数的几何表示 ·································· 207
　　4. 复函数论的基础 ·································· 210
　　5. 魏尔斯特拉斯探讨函数论的途径 ···················· 219
　　6. 椭圆函数 ········································ 220
　　7. 超椭圆积分与阿贝尔定理 ·························· 227
　　8. 黎曼与多值函数 ·································· 230
　　9. 阿贝尔积分与阿贝尔函数 ·························· 236
　　10. 保形映射 ······································· 238
　　11. 函数的表示与例外值 ····························· 239

**第 28 章　19 世纪的偏微分方程** ······················· 243
　　1. 引言 ············································ 243

2. 热方程与傅里叶级数 ……………………………………… 243
   3. 封闭解；傅里叶积分 ……………………………………… 249
   4. 位势方程和格林定理 ……………………………………… 251
   5. 曲线坐标 …………………………………………………… 256
   6. 波动方程和退化波动方程 ………………………………… 258
   7. 偏微分方程组 ……………………………………………… 263
   8. 存在性定理 ………………………………………………… 266

**第 29 章　19 世纪的常微分方程** ……………………………… 275
   1. 引言 ………………………………………………………… 275
   2. 级数解和特殊函数 ………………………………………… 275
   3. 斯图姆-刘维尔理论 ……………………………………… 280
   4. 存在定理 …………………………………………………… 282
   5. 奇点理论 …………………………………………………… 285
   6. 自守函数 …………………………………………………… 289
   7. 希尔在线性方程周期解方面的工作 ……………………… 293
   8. 非线性微分方程：定性理论 ……………………………… 294

**第 30 章　19 世纪的变分法** …………………………………… 301
   1. 引言 ………………………………………………………… 301
   2. 数学物理和变分法 ………………………………………… 301
   3. 变分法本身的数学扩充 …………………………………… 306
   4. 变分法中的有关问题 ……………………………………… 310

**第 31 章　伽罗瓦理论** ………………………………………… 312
   1. 引言 ………………………………………………………… 312
   2. 二项方程 …………………………………………………… 312
   3. 阿贝尔关于用根式解方程的工作 ………………………… 314
   4. 伽罗瓦的可解性理论 ……………………………………… 315
   5. 几何作图问题 ……………………………………………… 321
   6. 置换群理论 ………………………………………………… 322

**第 32 章　四元数，向量和线性结合代数** …………………… 329

1. 关于型的永恒性的代数基础 ………………………………… 329
2. 三维"复数"的寻找 ……………………………………… 333
3. 四元数的性质 …………………………………………… 335
4. 格拉斯曼的扩张的演算 …………………………………… 337
5. 从四元数到向量 ………………………………………… 340
6. 线性结合代数 …………………………………………… 345

**第 33 章　行列式和矩阵** …………………………………… 349

1. 引言 …………………………………………………… 349
2. 行列式的一些新应用 ……………………………………… 349
3. 行列式和二次型 ………………………………………… 352
4. 矩阵 …………………………………………………… 357

# 第 18 章

## 17 世纪的数学

> 考虑了很少的那几样东西之后,整个的事情就归结为纯几何,这是物理和力学的一个目标。
>
> 莱布尼茨(Gottfried Wilhelm Leibniz)

## 1. 数学的转变

17 世纪开始时,伽利略(Galileo Galilei)仍然发现与过去开展争论是必要的。到这个世纪的末尾,数学已经经历了如此广阔而又根本的变化,以至没有一个人不意识到新时代的降临。

欧洲数学家在大约 1550 年到 1700 年间创造的成果比希腊人在大约 10 个世纪中所创造的要多得多。这很容易由下面的事实来说明,即数学在希腊只是极少数人从事研究,而在欧洲,教育的传播虽然一点也不普遍,但促进了英国、法国、德国、荷兰和意大利的数学家的发展。印刷的发明,使人们不仅广泛地接近了希腊人的著作,而且也接近了欧洲人自己的成果,这在当时用于激发新的思想是很有成效的。

但是这世纪的天才并不仅仅是因为活动性的膨胀而得到证明。在这个简短的时期中打开的新领域之多种多样是使人印象深刻的。代数上升为一门科学(因为使用文字系数使证明有了一种尺度)以及它的方法和理论的大大扩展,射影几何和概率论的开端,解析几何、函数概念,而首要的是微积分,都是重大的创新,而且每一个都使希腊人的巨大成就——欧几里得几何相形见绌。

超过数量的扩展和探索的新途径的,是代数和几何作用的完全颠倒。希腊人偏爱几何,因为它是他们能够得到严密性的唯一方式;甚至在 17 世纪,数学家们还觉得应当用几何证明去为代数方法辩护。可以说直到 1600 年数学的主体是几何的,加上一些代数和三角的附属物。经过笛卡儿(René Descartes)、费马(Pierre de Fermat)和沃利斯(John Wallis)的工作,代数成为不仅仅是适合于本身目的的一套有效方法,而且也是解决几何问题的极好途径。分析方法在微积分中表演出来的更大的有效性解决了竞争,于是代数成为数学中占优势的实体了。

正是沃利斯和牛顿(Isaac Newton)清楚地看到代数提供了优越的方法论。笛卡儿认为代数只是一种技巧,沃利斯和牛顿与他不同,他们意识到代数是极重要的研究题材。德萨格(Girard Desargues)、帕斯卡(Blaise Pascal)和拉伊尔(Philippe de La Hire)的工作被蔑视和忘却了,卡瓦列里(Bonvaventura Cavalieri)、圣文森特的格雷戈里(Gregory of Saint Vincent)、惠更斯(Christian Huygens)和巴罗(Isaac Barrow)的几何方法也被取代了。纯几何黯然失色了近一百年的时间,至多不过成为代数的一种解释,或经由坐标几何到达代数思想的向导。事实上,对于《原理》(*Principia*)中牛顿的几何工作的过分崇拜(由于牛顿和莱布尼茨的争吵而产生的对大陆数学家的敌意,使这一崇拜增强了)使得英国数学家固执在微积分的几何形式的发展中。但是他们的贡献和大陆上的人用分析方法所能得到的东西比起来是微不足道的。到1700年已如此明显的事情,已被清晰地叙述出来了,欧拉(Leonhard Euler)表达了这种权威性的说法,他在他的《无穷小分析引论》(*Introductio in Analysin Infinitorum*, 1748)中,赞扬代数大大优越于希腊人的综合法。

数学家们放弃几何的探讨途径是非常勉强的。按照编注了牛顿《原理》第三版的彭伯顿(Henry Pemberton,1694—1771)的说法,牛顿不仅经常表达对希腊几何学家十分赞赏,而且还因为不如过去那样更紧密地追随他们而责备自己。在给詹姆斯·格雷戈里(James Gregory)的侄子大卫·格雷戈里(David Gregory,1661—1708)的一封信中,牛顿评述道:"代数是数学中的笨拙者的分析。"但是他自己1707年的《普遍的算术》(*Arithmetica Universalis*)却同任何一本建立代数优越性的著作一样。在这本书中,他使算术和代数成为基础科学,仅在能使证明容易一些的地方才允许几何存在。同样地,莱布尼茨也注意到了代数增长着的优势,在一篇未发表的随笔①中,他被迫说:"常常是几何学者能用几句话证明了的,在微积分中却是十分冗长的……代数的见解是使人放心的,但它并不更好一些。"

数学本质的另外一个更微妙的变化已经被大师们不知不觉地承认了。直到1550年,数学的概念还是直接观念化的,或是从经验中抽象出来的。当时负数和无理数已经出现,而且逐渐赢得了承认。再加上当复数、使用文字系数的广泛的代数以及导数、积分的概念进入数学的时候,问题就变成从人类脑子的深处导出的概念占优势了。特别地,瞬时变化率的概念,虽然在速度的物理现象中当然有一些直观的基础,但是它更多的是思维的产物,它还是与数学中的三角形在质上完全不同的一种贡献。除了这些概念以外,希腊人故意避开的无穷大量和被他们灵巧地捉

---

① Couturat, L.: *Opuscules et fragments inédits de Leibniz*, 1903, reprinted by Georg Olms, 1961, p.181.

住的无穷小量,也必定是要辨明的。

换句话说,数学家们在贡献出概念,而不愿意从现实世界中抽象出概念。但是这些概念在物理研究中是有用的,因为(除复数还必须检验它们的价值以外)它们和物质的现实性存在着某种联系。当然,没有真正辨别出所涉及的因果关系,欧洲人对于这些新型的数和微积分概念是心中不安的。然而当这些概念在应用中被证明越来越有用时,他们起先是不情愿地,后来是消极地接受了。熟悉不产生轻视,反而产生承认,甚至是当然的承认。1700年以后,越来越多的、更远离自然界的、从人的脑子中源源不断地涌出的概念进入了数学,而且以较少的疑虑被接受了。由于数学概念的起源,使它逐渐从感觉的学科转向思维的学科。

微积分结合进数学,产生了另外一个变化,恰恰是在数学概念本身,破坏了古希腊人塑造的完美性。我们已经注意到代数和微积分的兴起引出了数学的这些部分的逻辑基础的问题,而且这个问题并没有解决掉。整个世纪中有些数学家由于演绎意义的证明被抛弃而心烦意乱,但是他们的抗议淹没在代数的扩展着的内容和使用以及微积分之中了;这个世纪的末尾,数学家实质上已经扔掉了对明确定义的概念和演绎证明的要求。严格的公理化结构,给出了从特殊的例子、对事物的直观洞察以及不严密的几何证据和物理的论点进行归纳的方法。因为演绎法证明已经是数学最显著的特征,所以数学家们在抛弃他们学科的标志。

回顾一下就容易看到他们为什么会被迫进入这种境地。只要数学家们从直接经验中引出他们的概念,那么定义概念、选择必要的公理是行得通的——虽然,要说起来,欧几里得(Euclid)在《原本》(*Elements*)的第七到第九卷中提出的整数理论的逻辑基础,是十分令人遗憾地有缺陷的。但是当他们引进不再是观念化直接经验的概念,比如无理数、负数、复数,以及导数和积分时,他们就不能认识到这些概念在本质上是不相同的,从而也就不能认识到那些异于不言而喻的真理的公理发展必须有一个基础。事实上,新概念比旧概念要精细得多。适当的公理基础,正如我们现在所知道的,不可能是容易地建立起来的。

那些对希腊数学造诣很深的、善于批判的数学家们,怎么能满足于在启发性的基础上进行工作呢?他们关心科学中重大的、在某些情况下是紧迫的问题,而且他们所使用的数学又解决了这些问题。他们不愿去探求对新创造的完全理解,也不愿试着去建立必要的演绎式结构,而宁愿用他们的胜利安慰他们的良心。偶然地求助于哲学的或者神秘的教义所获得的成功掩盖了某些困难,使它们不再是明显的。

一个新的目标特别地表现了17世纪和以后几个世纪数学的特征——方法和成果的普遍化。我们已经注意到了韦达(Francois Vieta)(在他的文字系数的引进中),射影几何学家们,费马和笛卡儿(在对曲线的探索中),以及牛顿和莱布尼茨

(在对函数的处理中)对方法的普遍性给予的重要地位。至于谈到成果的普遍化，其造诣却是受到限制的。有许多仅仅是一种断言，比如 $n$ 次多项式方程有 $n$ 个根，或者每一个 $x$ 和 $y$ 的二次方程都是圆锥曲线等。数学的方法和记号对建立普遍性结果来说仍然太局限。然而这一点却成了数学努力的目标。

## 2. 数学和科学

从古希腊时代起，数学因为它在考察自然中所起的作用而被评价为头等重要的。天文学和音乐经常与数学相联系，而力学和光学则毫无疑问是数学的。但是数学对科学的关系，在几个方面由于 17 世纪的工作而改变了。第一方面，因为大大地扩展了的科学已被伽利略指导去使用量的公理和数学的演绎(第 16 章第 3 节)，所以由科学直接激发的数学的活力就变得占支配地位了。

第二方面，伽利略指令去寻求数学的描述而不是去探索因果关系的解释，导向了接受像万有引力那样的概念。万有引力和运动定律是牛顿力学系统的全部基础。因为对万有引力，唯一可靠的认识是数学的认识，所以数学变成了科学理论的实体。造反的 17 世纪发现了一个质的世界，它的研究要辅助以数学的抽象；而遗留下一个数学的量的世界，它把物质世界的具体性统归在它的数学定律之下。

第三方面，当希腊人在他们的科学中自由地使用数学时，对数学来说，只要欧几里得基础得到满足，那么在数学和科学之间就存在着明显的差别。柏拉图(Plato)和亚里士多德(Aristotle)都把这两者区分开来(第 3 章第 10 节和第 7 章第 3 节)，虽然是通过不同的方式的；而阿基米德(Archimedes)特别清楚哪些是数学地建立起来的，哪些是物理地认识的。但是，当数学的领域扩张时，数学家不仅依靠物理意义去理解他们的概念，而且还因为数学的论点给出正确的物理结论而接受这些论点，这时，数学和科学之间的界限就变得模糊了。反过来说，当科学变得越来越依仗数学来产生它的物理结论时，数学也变得越来越依赖于科学的成果，来证实自己的做法的正确性。

这个互相依赖的结局是数学同科学的宏大领域的一种实际融合。在 17 世纪中，人们理解的数学范围可从德夏勒斯(Claude-François Milliet Deschales, 1621—1678)著的、1674 年出版、1690 年增订出版的《数学课程或者数学世界》(*Cursus seu Mundus Mathematicus*)中看到。除了算术、三角和对数以外，他还论述了实用几何、力学、静力学、地理、磁学、土木工程学、(大)木工、石工、军事建筑、流体静力学、液体流动、水力学、船体结构学、光学、透视图、音乐、火器和火炮的设计、星盘、日晷、天文学、日历计算和算命天宫图。最后他还把代数、不可分理论、圆锥理论和诸如二次曲线和螺线那样的特殊曲线包括在内。这本书受到大众的喜爱和尊重。虽然书中包含某些课题是反映了文艺复兴时期的兴趣,但是整个说来,它描绘了17甚至18世纪数学领域的一幅合理的图画。

也许有人以为数学家们将会关心于保持他们学科的特性。但是事实并非如此,他们根本不是被迫依赖于物理意义和结果来捍卫他们的论点,事实上,17(和18)世纪对数学贡献最大的人或者主要是科学家,或者至少同等地涉及这两个领域。比如笛卡儿、惠更斯和牛顿,他们作为物理学家要大大地超过他们作为数学家。帕斯卡、费马和莱布尼茨在物理学中是很活跃的。事实上,在这一世纪,很难说出一位对科学没有浓厚兴趣的杰出的数学家的名字。结果是这些人并不希望或企图去做出这两领域的任何差别。笛卡儿在他的《思想的指导法则》(*Rules for the Direction of the Mind*)中说,数学是次序和计量的科学,除了代数和几何以外,还包括天文学、音乐、光学和力学。牛顿在《原理》中说:"在数学中我们必须与力的比率一起研究力的量,这些比率是随假定的任何条件而产生的;所以当着我们开始研究物理学时,我们要把这些比率和自然现象进行比较……"这里,物理学指的是实验和观察。牛顿的数学可以看作是今天的数学物理。

## 3. 数学家之间的交流

直到大约1550年,数学还是由单个的人或者由一两个卓越的领袖为首的小团体进行研究的。成果是用口头交流的,偶尔也写成文字——可是它们是些手稿。因为复制品必须用手抄写,所以是很稀少的。17世纪时印刷的书籍变得普通一些了,但是即使经过这种改进,知识的传播也并没有如想象那样广泛。因为高等数学的市场是很小的,所以印刷者必须索取高价。好的印刷者是少见的。出版后接踵而来的往往是肆无忌惮的反对者对作者的攻击,对于这种批评家来说,要找出攻击的地方是一点也不费力的,尤其是因为代数和微积分还根本没有牢固的逻辑基础。通常,书籍在任何情况下并不都有新的创造,因为重大的成果不一定以书的形式发表。

结果是造成许多数学家只能通过写信给朋友们来叙述他们的发现。因为害怕信会落到那些可能趁机利用这些非正式文件的人手里,所以写信人常常把成果写成密码或者弄成字谜,当需要的时候就能够把它们翻译出来。

随着参加数学研究的人数的增加,人们要求交换情报资料,要求会见意趣相投的人来互相激励的愿望,导致了科学学会或研究院的组成。1601年,由青年贵族在罗马建立了"山猫学会"(Accademia dei Lincei),这个学会持续了30年。伽利略在1611年成了它的一个成员。另一个意大利学会——实验研究院(Accademia del Cimento)于1657年在佛罗伦萨建立,作为一个经常在实验室里集会的人们的正式组织,这个实验室是大约10年前由美第奇(Medici)家族的两个成员建立的。这个研究院的成员包括了维维安尼(Vincenzo Viviani, 1622—1703)和托里拆利(Evangelista Torricelli),两人都是伽利略的学生。遗憾的是,这个学会于1667年解散了。在法国,德萨格、笛卡儿、伽桑狄(Pierre Gassendi)、费马和帕斯卡夹在其他人中间,在梅森(Marin Mersenne)的领导下从1630年开始秘密地集会。这个非正式的团体在1666年被路易十四(Louis XIV)特许为"皇家科学院",它的成员由皇帝资助。与法国的情况相类似,以沃利斯为中心的英国团体1645年开始在伦敦格雷沙姆学院(Gresham College)集会。这些人强调数学和天文学。1662年这个团体由查理二世(Charles Ⅱ)颁发了正式的特许书,而且取名为"增进自然知识的伦敦皇家学会"。这个学会致力于数学和科学的应用,认为染色业、货币、射击学、金属精炼、人口统计等都是重要课题。莱布尼茨鼓吹了好几年的柏林科学院终于在1700年开办了,莱布尼茨当了第一任院长。在俄罗斯,1724年彼得(Peter)大帝在彼得堡建立了圣彼得堡科学院。

  研究院是重要的,不仅由于通过它可以进行直接的接触和思想的交流,而且还因为它们支持了定期刊物。第一个科学刊物(虽然不是由一个科学院主办的)名叫《博学者杂志》(*Journal de Sçavans*或*Journal des Savants*),于1665年开始出版。这个杂志和同一年开始出版的《皇家学会哲学汇刊》(*Philosophical Transactions of the Royal Society*)是第一批载有数学文章和科学文章的刊物。法国科学院创办了《皇家科学院史以及数学和物理的论文报告》(*Histoire de l'Académie Royale des Sciences avec les Mémoires de Mathématique et de Physique*)。它还发行了《由博学者和会员呈交皇家科学院或者在会上宣读的各种数学和物理的论文报告》(*Mémoires de Mathématique et de Physique Présentés à l'Académie Royale des Sciences par Divers Sçavans et Lus dans ses Assemblées*),也称为《外国学者的论文报告》(*Mémoires des Savants Etrangers*)。另外一个较早的科学杂志是《教师学报》(*Acta Eruditorum*),于1682年开始出版,因为它是拉丁文的,所以很快获得了国际性的读者。柏林科学院主办了《皇家科学院史和纯文学》[*Histoire de l'Académie Royale des Sciences et Belles-lettres*,几年后它的名称改为《柏林学院杂集》(*Miscellanea Berolinensia*)]。

  这些科学院和它们的刊物打开了新的科学交流的窗口;它们和后来的杂志成为发表新的学术研究公认的工具。科学院推动了大部分它们所支持的科学家的研究。例如,欧拉从1741年到1766年,拉格朗日(Joseph-Louis Lagrange)从1766年到1787年都得到柏林科学院的支持。圣彼得堡科学院在几个不同的时期中支持了丹尼尔·伯努利(Daniel Bernoulli)和尼古拉·伯努利(Nicholas Bernoulli),从1727年到1741年支持了欧拉,并且从1766年起再一次支持了他直到1783年他逝世为止。由欧洲政府建立的科学院标志着政府正式进入科学领域和支持科学。科学的有益性已经得到了承认。

在知识的创造和传播中,现代人认为能起主要作用的机构——大学——这时是不起作用的。它们是保守的和教条主义的,被各个国家的官方宗教控制着,吸收新的知识非常缓慢。一般说来,它们只教一点算术、代数和几何。虽然在 16 世纪时剑桥大学有几个数学家,但是从 1600 年到 1630 年间却一个也没有了。事实上,17 世纪初叶在英国,数学还不是一门课程。它被认为是魔术。1616 年出生的沃利斯曾谈到他少年时期的公共教育:"我们当时的数学很少被看作是学术性的,而被认为是机械性的——是商人的事情。"他进入剑桥大学学习数学,然而自学得到的东西要多得多。虽然他准备当一名数学教授,但他离开了剑桥,"因为在那里研究已经渐渐止息,而且没有一个专业是为这门课的教师开设的"。

数学的教授席位首先是在牛津大学于 1619 年设立的,后来剑桥大学也设立了。在这之前,只有低级的讲师。剑桥大学的卢卡斯(Lucas)教授席位是 1663 年建立的,巴罗是它的第一任。沃利斯本人在 1649 年成为牛津大学的教授并保持这一席位到 1702 年。征聘有才能的教授的障碍是他们必须成为牧师,虽然也有例外,比如牛顿就是。不列颠大学一般地(也包括伦敦、格拉斯哥和爱丁堡)差不多都有同样的历史:从大约 1650 年到 1750 年,它们是颇为积极的,但后来积极性衰退了,直到大约 1825 年。

17 世纪和 18 世纪法国的大学在数学方面是不活跃的。直到 18 世纪末,在拿破仑(Napoleon)建立第一流的技术学校以前,它们没有做出任何贡献。德国的大学也是这样,在这两个世纪中数学活动是低水平的。我们在前面已指出,莱布尼茨是孤立的,他责骂大学的教育。格丁根大学建立于 1731 年,但是直到高斯(Carl Friedrich Gauss)成为那里的教授以后,才缓慢地上升到略微重要的地位。瑞士的日内瓦和巴塞尔的大学中心是我们观察的这段时期的例外,他们能够以拥有伯努利兄弟、赫尔曼(Jacob Hermann)和其他一些人而感到自豪。意大利的大学在 17 世纪是颇为重要的,但在 18 世纪失掉了地位。只要注意到帕斯卡、费马、笛卡儿、惠更斯和莱布尼茨从来没有在任何一所大学里任过教,而开普勒(Johannes Kepler)和伽利略虽然任教了一段时期,但是他们生命的大部分时期是做宫廷数学家,人们就可看到,相对说来大学是何等不重要了。

## 4. 展望 18 世纪

17 世纪中代数、解析几何和微积分的巨大进展,数学深深地渗透到科学之中,而科学给它提供了许多深奥而引人入胜的问题,牛顿在天体力学中的惊人成就造成的骚动,以及由学会和刊物提供的情报交流的改善,所有这些全都指向未来数学的更多重大发展,并服务于创造未来数学的巨大繁荣。

然而有一些障碍必须克服:对于微积分的可靠性的怀疑,英国数学家和大陆数学家的疏远,现存教育制度的低劣状况,对于数学中专业支持的不稳定,使年轻数学家或想成为数学家的人踌躇不前。但是数学家的热情几乎是无止境的。他们已经瞥见了福地,急切地坚决向前推进。另外,他们已经能够在当时的气氛中工作了,这种气氛比公元前 300 年以来的任何时期都要大大地适合于创造。古希腊几何不仅对数学的范围横加限制,而且还对可接受的数学刻下了一条阻碍创造的严格准线。17 世纪的人们已经打破了这两个束缚。数学的进展几乎要求完全忽视逻辑的顾忌;幸好,数学家们现在敢于相信他们的直观和对自然的洞察力了。

## 参考书目

Hahn, Roger: *The Anatomy of a Scientific Institution*: *The Paris Academy of Sciences*, 1666 - 1803, University of California Press, 1971.

Hall, A. Rupert: *The Scientific Revolution*, 1500—1800, Longmans, Green, 1954, Chap. 7.

Hall, A. Rupert, and Marie Boas: *The Correspondence of Henry Oldenburg*, 4 vols., University of Wisconsin Press, 1968.

Hartley, Sir Harold: *The Royal Society*: *Its Origins and Founders*, The Royal Society, 1960.

Ornstein, M.: *The Role of Scientific Societies in the Seventeenth Century*, University of Chicago Press, 1938.

Purver, Margery: *The Royal Society*, *Concept and Creation*, Massachusetts Institute of Technology Press, 1967.

Wolf, Abraham: *A History of Science*, *Technology and Philosophy in the 16th and 17th Centuries*, 2nd ed., George Allen and Unwin, 1950, Chap. 4.

# 第 19 章

## 18 世纪的微积分

> 因此,看来现代的数学家们像从事科学的人们那样,在应用他们的原理方面花费的心血比在了解这些原理方面多得多。
>
> 贝克莱(George Berkeley)主教

## 1. 引 言

17 世纪最伟大的成就是微积分。由此起源产生了数学的一些主要新分支,如微分方程、无穷级数、微分几何、变分法、复变函数等。其中某些学科的萌芽确实在牛顿和莱布尼茨的工作中就已经出现了。18 世纪,人们大量地致力于这些分析分支的发展。但是在这一发展完成之前,首先必须扩展微积分本身。牛顿和莱布尼茨创造了基本的方法,但留下了许多要做的事情:必须清楚地认识或造出许多新的一元函数和二元或多元函数;微分和积分的技巧也必须推广到某些已经存在或别的有待引入的函数;此外还缺少微积分的逻辑基础。第一个目标是扩展微积分的主要内容,而这正是本章与下一章的主题。

18 世纪,人们的确扩展了微积分,并创立了一些新的分析分支,虽则这个过程中遇到了挫折、错误、不完全和创造过程中的混乱。数学家们对微积分及随后产生的分析分支作了纯形式的处理。他们的技巧是很高超的,然而这些却不是由明确的数学思想指导,而是由直观和物理见解指引的。这些形式的努力经受了后来的批判性检查的考验,并产生了伟大的思想线索。数学新领域的征服有时超过军事上的征服。它大胆地闯入敌人领土,攻占要塞。然后就必须由更广阔、更彻底、更谨慎的行动来扩大和支持这些入侵,以保卫那些仅仅暂时地、不牢固地控制了的东西。

在评价 18 世纪思想家们的工作和论点时,记住他们对代数和分析不加区别这一点是有益的。因为他们没有意识到需要极限概念,又因为他们没有看出使用无穷级数而产生的问题,所以他们天真地认为微积分只是代数的推广。

18 世纪数学界的中心人物、占统治地位的理论物理学家,并能与阿基米德、牛顿和高斯为伍的人是欧拉(1707—1783)。欧拉出生在巴塞尔附近的一个牧师家里,他父亲要他学神学,他进了当地的大学,15岁毕业。在巴塞尔时,他跟约翰·伯努利(John Bernoulli)学数学。他决心从事数学研究,并在18岁时开始发表文章。19岁时,由于在船的立桅方面的工作,他获得了法国科学院的奖金。通过约翰·伯努利的两个儿子尼古拉·伯努利(1695—1726)和丹尼尔·伯努利(1700—1782),欧拉在1733年获得俄国圣彼得堡科学院的任命。起先,他作为丹尼尔·伯努利的助手,但很快就接替丹尼尔·伯努利当了教授。虽则在独裁政府的统治下欧拉度过了痛苦的几年(1733—1741),但他却做了数量惊人的研究工作,这些工作的成果出现在圣彼得堡科学院发表的文章中。他还帮助俄国政府解决了许多物理问题。1741年,应腓特烈(Frederick)大帝召见,他去了柏林,并在那里一直留到1766年。在这期间,他给普鲁士王的侄女安哈尔特-德绍(Anhalt-Dessau)公主授课。这些讲述数学、天文、物理、哲学及宗教等不同学科的课程,后来以《给一位德国公主的信》(Letters to a German Princess)为名发表,至今读起来仍然引起乐趣。欧拉还应腓特烈大帝的要求研究了保险问题和运河与水工问题。在这25年里,欧拉即使身在柏林,却仍给圣彼得堡科学院写了上百篇文章,并对那里的事务提出意见。

1766年,欧拉虽则怕俄国严寒的气候会影响微弱的视力(他于1735年一眼失明),却仍然应叶卡捷琳娜(Catherine)女王的邀请去俄国。实际上回俄国后不久,他就双目失明了,因而他生活的最后17年是在全盲中度过的。尽管如此,他在这些年的成果并不亚于以前。欧拉有惊人的记忆力,他能背出三角和分析的公式和前一百个质数的前六次幂,至于背诵无数的诗句和全本《埃涅阿斯纪》(Æneid)更是不在话下。他的记忆力好得少见,以至对那些有才能的数学家在纸上做起来也很困难的计算,他却能心算出来。

欧拉在数学著作方面惊人地多产。他研究的主要数学领域是微积分、微分方程、曲线曲面的解析几何与微分几何、数论、级数及变分法。他将数学用到整个物理领域中去。他创立了分析力学(作为老的几何力学的对立面)及刚体力学学科。他计算了行星轨道中的天体的摄动影响以及阻尼介质中的弹道。他的潮汐理论和船舶航行与设计方面的工作有助于航海。在这个领域中,他的《航海科学》(Scientia Navalis,1749)与《船舶制造和结构全论》(Théorie compléte de la construction et de la manœuvre des vaisseaux,1773)是出色的著作。他研究了梁的弯曲,并计算了柱的安全载荷。在声学中,他研究了声的传播和音乐的和谐与不和谐。他的三卷光学仪器方面的著作对望远镜和显微镜的设计做出了贡献。他是第一个解析地处理光的振动的人,并在考虑了光对以太的弹性和密度的依赖后,推演了运动方程;他还得到了许多光的反射和色散方面的结果。在光学方面,他是18世纪唯一赞成波动说反对微粒说的物理学家。理想流体运动的基本微分方程也是他得到的；他还将其应用于人体血液的流动。在热学方面，他(与丹尼尔·伯努利)把热看作分子振动，他的《论火》(*Essay on Fire*, 1738)获得了奖金。他对化学、地质学、制图学也有兴趣，他还画了一张俄国地图。人们说，应用是欧拉研究数学的原因，然而毫无疑问，他对两者都很爱好。

欧拉写了力学、代数、数学分析、解析几何与微分几何、变分法等方面的课本，这些教材在后来一百年甚至更长的时间内都是标准的著作。其中与我们本章有关的是两卷《无穷小分析引论》(*Introductio in Analysin Infinitorum*, 1748)——第一本沟通微积分与初等分析的介绍、内容更广泛的《微分学原理》(*Institutiones Calculi Differentialis*, 1755)、三卷《积分学原理》(*Institutiones Calculi Integralis*, 1768—1770)，这些都是里程碑式的著作。所有欧拉的书都包含某些有高度开创性的东西。正如我们看到的，他的力学是基于分析方法而不是几何方法。他做出了变分法的第一个重要处理。除课本之外，在一生中的大部分年代里，欧拉都以每年约800页左右的速率发表高质量的独创性的研究文章。这些文章的质量可由下面的事实来判断，那就是这些文章所得的奖金几乎成了他的固定收入。他的某些书和400篇研究文章是在他已完全失明后写的。他的著作集的现代版如果全部出完将有74卷。

欧拉同他以前的笛卡儿、牛顿及他以后的柯西(Augustin-Louis Cauchy)不同，他并没有开辟新的数学分支。但没有一个人像他那样多产，像他那样巧妙地把握数学；也没有一个人能收集和利用代数、几何、分析的手段去产生那么多令人钦佩的结果。他是顶呱呱的方法发明家，又是一个熟练的巨匠。人们可以在数学的所有分支中找到他的名字，其中有欧拉公式、欧拉多项式、欧拉常数、欧拉积分和欧拉线。

有人会猜想，这样大的活动量可能是牺牲了所有其他兴趣而实现的。其实不然，欧拉结了婚，并且是13个孩子的父亲，他经常关心他的家庭及其福利，他教育儿孙们，给他们做科学游戏，念圣经给他们听，一起消磨黄昏。他还喜欢在哲学问题上表白自己，但在这里，他却显得很软弱，为此他常常受到伏尔泰(Voltaire)责备。有一天他被迫坦白承认他从未研究过任何哲学，并且后悔他一直相信可以不学而了解它。但是欧拉争论哲学的精神仍不衰减，他持续地致力于它们。他甚至欣赏从伏尔泰那儿招来的尖刻批评。

由于他的高尚品质，欧拉赢得了广泛的尊敬，从而他在晚年能把那时欧洲所有的数学家都当作他的学生。1783年9月7日在讨论了他那个时代人们的主要话题——蒙戈尔菲耶(Montgolfier)兄弟事件①和天王星的发现之后，就像孔多塞

---

① 蒙戈尔菲耶两兄弟在1783年第一次成功地乘上充满热气的气球上了天。

(Marie‐Jean‐Antoine‐Nicolas Caritat de Condorcet)的名言说的那样:"他停止了计算,也停止了生命。"

## 2. 函数概念

正如前面已看到的,在 17 世纪已经引入并使用了函数的概念及简单的代数函数与超越函数。当莱布尼茨、詹姆斯·伯努利(James Bernoulli)和约翰·伯努利、洛必达(Guillaume F. A. L'Hospital)、惠更斯及瓦里尼翁(Pierre Varignon,1654—1722)处理单摆运动、固定两端的悬索的形状、曲线运动、在球上固定罗盘方位的运动(斜驶线)、曲线的渐屈线与渐开线、光在反射与折射中出现的焦散曲线以及一条曲线在另一条曲线上滚动时的路径等问题的时候,已经不仅使用了已知的函数,而且使初等函数达到相当复杂的形式。这些研究和微积分的一般工作的结果是:初等函数被充分地认识了,并实际已将它们发展成为我们今天所见到的样子。例如对数函数,它起源于几何级数与算术级数的项与项之间的关系,而在 17 世纪被当作求 $1/(1+x)$ 的积分所得的级数(第 17 章第 2 节),这时它就在新的基础上被引入了。沃利斯、牛顿、莱布尼茨与约翰·伯努利对指数函数的研究表明,对数函数是性质相对简单的指数函数的反函数。1742 年琼斯(William Jones,1675—1749)给出了这种样子的关于对数函数的系统介绍(第 13 章第 2 节)。欧拉在《引论》一书中定义这两个函数为

$$e^x = \lim_{n\to\infty}\left(1+\frac{x}{n}\right)^n, \quad \log x = \lim_{n\to\infty} n(x^{\frac{1}{n}}-1).$$

三角函数的数学也系统化了。牛顿和莱布尼茨给出了这些函数的级数展开式。两个角的和与差的三角函数 $\sin(x+y)$, $\sin(x-y)$, ⋯ 的公式的发展应归功于一批人,其中有约翰·伯努利与拉尼(Thomas Fantet de Lagny,1660—1734),拉尼 1703 年在巴黎科学院《记要》(*Mémoires*)上写了一篇这个题目的文章。此后迈尔(Frédéric-Christian Mayer,生卒日期不明),圣彼得堡科学院的第一批成员,在和差公式的基础上推导了解析三角的一般恒等式[①]。最后,欧拉于 1748 年在关于木星和土星运动中的不等式的一篇得奖文章中给出了三角函数的一个十分系统的处理[②]。在欧拉 1748 年的《引论》中已经搞清了三角函数的周期性,并引入了角的弧度[③]。

当注意到圆弧下的面积由 $\int \sqrt{a^2-x^2}\,\mathrm{d}x$ 给出,而双曲线下的面积由

---

① *Comm. Acad. Sci. Petrop.*, 2, 1727.
② *Opera*, (2), 25, 45 - 157.
③ *Opera*, (1), 9, 217 - 239, 305 - 307.

$\int \sqrt{x^2-a^2}\mathrm{d}x$ 给出时,双曲函数的研究便开始了。由于两者相差一个符号,并且圆弧下面的面积可用三角函数表示(令 $x=a\sin\theta$),而双曲线下的面积又与对数函数有关,那么在三角函数与对数函数之间就应该存在一个含有虚数的关系。这个想法被许多人发展了(见第3节)。最后,兰伯特(Johann Heinrich Lambert)全面地研究了双曲函数[1]。

约翰·伯努利已将函数概念公式化。欧拉在他的《引论》的一开头,就把函数定义为由一个变量与一些常量通过任何方式形成的解析表达式。他概括了多项式、幂级数、对数表达式与三角表达式。他还定义了多元函数。随着就有代数函数的概念,在代数函数中只有自变量间的代数运算,而代数运算又可分为两类:只包含四则运算的有理运算与还包括开根的无理运算。他又引入了超越函数,即三角函数、对数函数、指数函数、变量的无理数次幂函数及某些用积分表达的函数。

欧拉写道,函数间的原则区别在于组成这些函数的变量与常量的组合法不同。他补充道,例如超越函数与代数函数的区别在于前者重复后者的那些运算无限多次;也就是说,超越函数可用无穷级数给出。欧拉和与他同时代的人们都不认为有必要去考虑无穷尽地应用四则运算而得到的表达式是否有效的问题。

欧拉区分了显函数与隐函数,单值函数与多值函数,把多值函数当成两个变量的高阶方程的根,这高阶方程的系数是一个变量的函数。这里,他说,如果一个函数是实变量的实值函数(例如 $\sqrt[3]{P}$,其中 $P$ 是一个单值函数),则它大多能包括在单值函数中。从这些定义(它们不免有矛盾)欧拉转向有理整函数或多项式。欧拉断言这样的实系数函数能分解为一阶或二阶实系数因子的积(见第4节与第25章第2节)。

至于连续函数,欧拉像莱布尼茨及18世纪的其他作者一样,把它当作由解析式规定的函数,他的"连续"一词,实际上是我们所说的"解析"(除个别的如 $y=1/x$ 的不连续点之外)[2]。他还认识到了其他的函数,代表这些函数的曲线被称为"无意识的"或"随意画的"。

欧拉的《引论》是第一部首先突出函数概念并把它作为该书二卷内容的基础的著作。这本书的某些精神可以从欧拉关于函数的幂级数展开的一些评论中收集到[3]。他断言任何函数都能这样展开,但又说:"如果谁怀疑每个函数都能这样展开,那么这个怀疑就将被实际展开了的函数所排除。然而,为了使现在的研究能推广到最广泛的可能的领域,除 $z$ 的正整数幂外,应允许包含任意指数的项。于是无

---

[1] *Hist. de l' Acad. de Berlin*, 24, 1768,327-354, pub. 1770=*Opera Math.*, 2,245-269.

[2] 在他的《引论》二卷第1章中,欧拉引入了"不连续"或混合函数,它是指在不同定义域,函数需要不同的解析表达式。但是这概念在此著作中没有起作用。

[3] *Opera*, (1),8,Chap. 4, p.74.

可争辩的是每一个函数都能展开成 $Az^\alpha + Bz^\beta + Cz^\gamma + Dz^\delta + \cdots$ 的形式,其中 $\alpha$, $\beta$, $\gamma$, $\delta$, $\cdots$ 可以是任何数。"欧拉按照他自己和所有他同时代人的经验坚信所有函数都能展成级数。而事实上,在那时,所有用解析表达式给出的函数的确都可以展成级数。

虽然,在弦振动问题(见第 22 章)中发生了关于函数概念的争论,并促使欧拉去推广自己关于什么是函数的概念;然而 18 世纪占统治地位的函数概念仍然是函数是由一个解析表达式(有限的或无限的)所给出的。例如,拉格朗日在他的《解析函数论》(*Théorie des fonctions analytiques*, 1797)一书中把一元或多元函数定义为自变量在其中可以按任何形式出现并对计算有用的表达式。在《函数计算教程》(*Leçons sur le calcul des fonctions*, 1806)中,他说:"函数代表着要得到未知量的值而对已知量必须要完成的那些不同运算,未知量的值本质上只是计算的最终结果。"换句话说,函数是运算的一个组合。

## 3. 积分技术与复量

对于即使稍微复杂一些的代数函数和超越函数,基本的积分法——这个方法是牛顿引入的——还是把函数表示成级数,再逐项积分。数学家们逐步将积分技巧从一种有限的形式发展到另一种有限的形式。

在 18 世纪积分概念的使用是受限制的。牛顿利用了导数与反导数——不定积分,而莱布尼茨则强调微分与微分和。约翰·伯努利大概是追随莱布尼茨的,把积分当作微分的逆来处理,这样,如 $dy = f'(x)dx$,则 $y = f(x)$。那就是说,牛顿的反导数被选为积分,但微分却用来代替牛顿的导数。按约翰·伯努利的意思,积分计算的目的是从给定变量的微分之间的关系中找出变量本身之间的关系。欧拉强调导数是消失的微分之比,并说积分所关心的是找出函数本身。只是为了求积分的近似值,他才用和的概念。事实上,18 世纪的所有数学家,都把积分当作导数或微分 $dy$ 的逆。他们从来不问一个积分的存在性,当然在 18 世纪所做的大部分应用问题中,积分都能明确地求出来,因而也就不发生积分存在与否的问题。

有几个积分技术发展的例子是值得注意的。为了计算积分

$$\int \frac{a^2 \, dx}{a^2 - x^2},$$

詹姆斯·伯努利曾作变量替换[1]

$$x = a \frac{b^2 - t^2}{b^2 + t^2},$$

---

[1] *Acta Erud.*, 1699 = *Opera*, 2, 868 – 870.

就把积分化为如下形式:
$$\int \frac{\mathrm{d}t}{2at}.$$

而这就立即积出一个对数函数来了。约翰·伯努利在 1702 年注意到,并在该年的科学院《记要》上发表了以下事实[①]:
$$\frac{a^2}{a^2-x^2} = \frac{a}{2}\left(\frac{1}{a+x}+\frac{1}{a-x}\right).$$

从而立即可把积分求出。这样,就引入了部分分式的方法。莱布尼茨也独立地发现了这一方法,并将它载入 1702 年的《教师学报》[②]。

在约翰·伯努利和莱布尼茨的通信中,部分分式法还用来求积分
$$\int \frac{\mathrm{d}x}{ax^2+bx+c}.$$

但是,因为 $ax^2+bx+c$ 的一次因子可能是复的,部分分式法就导致下面这种形式的积分:
$$\int \frac{\mathrm{d}x}{cx+d}.$$

其中 $d$ 至少是复数。然而约翰·伯努利和莱布尼茨都仍然用对数法则来积分,因而不免涉及复数的对数。他们既不顾忌当时复数的混乱,也毫不犹豫地这样作积分。莱布尼茨说复数的出现是无害的。

约翰·伯努利反复地运用这些方法。在 1702 年发表的一篇文章中[③],他指出:正如用替换 $z=b(t-1)/(t+1)$ 将 $a\mathrm{d}z/(b^2-z^2)$ 变成 $a\mathrm{d}t/2bt$ 那样,用替换 $z=\sqrt{-1}b(t-1)/(t+1)$ 将微分
$$\frac{\mathrm{d}z}{b^2+z^2}$$

变成
$$\frac{-\mathrm{d}t}{\sqrt{-1}2bt},$$

而后者是一个虚数的对数的微分。因为原积分也可以导出函数 arctan,所以约翰·伯努利就建立了三角函数和对数函数之间的关系。

可是,这些结果很快引起了关于负数的对数和复数的对数性质的活跃的讨论。莱布尼茨于 1712 年的文章[④],以及在 1712 年至 1713 年间他与约翰·伯努利的通信中都断言负数的对数是不存在的(他说是虚构的),而约翰·伯努利则想法证明

---

① *Opera*, 1,393-400.
② *Math. Schriften*, 5,350-366.
③ *Mém. de l' Acad. des Sci.*, *Paris*, 1702,289 ff. = *Opera*, 1,393-400.
④ *Acta Erud.*, 1712, 167-169 = *Math. Schriften*, 5,387-389.

它们必定是实的。莱布尼茨的论点是：正对数是用于大于 1 的数，而负对数用于 0 到 1 之间的数。因此，不可能有负数的对数。此外，假如 $-1$ 有一个对数，那么 $\sqrt{-1}$ 的对数就是它的一半；而 $\sqrt{-1}$ 肯定是没有对数的。莱布尼茨在积分中已引出复数的对数后仍要这样论证真是很令人费解的。约翰·伯努利争论说：因为

$$\text{(1)} \qquad \frac{\mathrm{d}(-x)}{-x} = \frac{\mathrm{d}x}{x},$$

所以 $\log(-x) = \log x$；又因为 $\log 1 = 0$，所以 $\log(-1) = 0$。莱布尼茨反驳道：$\mathrm{d}(\log x) = \mathrm{d}x/x$ 只对正的 $x$ 成立。在 1727 年至 1731 年间，欧拉与约翰·伯努利在第二轮通信中发生了争论。约翰·伯努利坚持他的见解，而欧拉不同意这个见解，虽则当时欧拉并未坚持自己的意见。

由于一些有关的今天还很有意义的进展，又因为导出了指数函数和三角函数的关系，使最后搞清什么是复数的对数成为可能。1714 年，科茨（Roger Cotes，1682—1716）发表了一个复数的定理①，用现在的记号来表示，这个定理说的是

$$\text{(2)} \qquad \sqrt{-1}\phi = \log_e(\cos\phi + \sqrt{-1}\sin\phi).$$

1740 年 10 月 18 日，欧拉在一封给约翰·伯努利的信中说 $y = 2\cos x$ 和 $y = \mathrm{e}^{\sqrt{-1}x} + \mathrm{e}^{-\sqrt{-1}x}$ 都是同一个微分方程的解（这是他由级数解而认识到的），因此它们应相等，1743 年他又发表了②这个结果，即

$$\text{(3)} \qquad \cos s = \frac{\mathrm{e}^{\sqrt{-1}s} + \mathrm{e}^{-\sqrt{-1}s}}{2}, \quad \sin s = \frac{\mathrm{e}^{\sqrt{-1}s} - \mathrm{e}^{-\sqrt{-1}s}}{2\sqrt{-1}}.$$

在 1748 年他重新发现了科茨的结果(2)，它也可由(3)导出。

正当这个发展出现的时候，棣莫弗（Abraham de Moivre，1667—1754）由于撤销了保护卡尔文教徒的南兹敕令而离开法国住到伦敦，这时他至少内应地得到了现在以他命名的公式。在 1722 年的一篇笔记中，棣莫弗利用了 1707 年③已发表过的结果，他说，代表比为 $1:n$ 的两个角的正矢（$\text{vers}\,\alpha = 1 - \cos\alpha$）的 $x$ 与 $t$ 之间的关系可由以下两方程消去 $z$ 得到④

$$1 - 2z^n + z^{2n} = -2z^n t$$

与

$$1 - 2z + z^2 = -2zx,$$

在这个结果中隐含着棣莫弗公式，因为如令 $x = 1 - \cos\phi$，$t = 1 - \cos n\phi$，就可导出

$$\text{(4)} \qquad (\cos\phi \pm \sqrt{-1}\sin\phi)^n = \cos n\phi \pm \sqrt{-1}\sin n\phi.$$

对棣莫弗来说，$n$ 是一个大于零的整数。实际上，他从未明显地写出最终结果；最

---

① *Phil. Trans.*, 29, 1714, 5 - 45.
② *Miscellanea Berolinensia*, 7, 1743, 172 - 192 = *Opera*, (1), 14, 138 - 155.
③ *Phil. Trans.*, 25, 1707, 2368 - 2371.
④ 此处还应要求 $|z| = 1$。——译者注

终的公式是欧拉给出的①,欧拉还把此公式推广到任意实数 $n$。

1747 年前后,欧拉对指数函数、对数函数和三角函数之间的联系已有了充分的经验,足以得到有关复数的对数的正确结论。1749 年,在题为《论莱布尼茨先生与约翰·伯努利先生关于负数和虚数的对数之争论》(De la controverse entre Mrs. [Messrs]Leibnitz et Bernoulli sur les logarithmes négatifs et imaginaires)②一文中,欧拉不同意莱布尼茨的反驳论点[莱布尼茨的论点是 $d(\log x) = dx/x$ 只对正的 $x$ 成立]。他说,如果莱布尼茨的异议正确,就会扰乱全部分析的基础,即规则和运算的应用可以不管应用的对象性质如何。他断言 $d(\log x) = dx/x$ 对一切正数和负数 $x$ 都正确,但补充说:约翰·伯努利忘记了从前面的式(1)就可以导出 $\log(-x)$ 和 $\log x$ 只差一个常数。这个常数必须是 $\log(-1)$,因为 $\log(-x) = \log(-1 \cdot x) = \log(-1) + \log x$。因此,欧拉说:约翰·伯努利实际上假设了 $\log(-1) = 0$,但这是需要证明的。约翰·伯努利还作了另一个论证,对此欧拉也作了回答。例如约翰·伯努利论证道:因为 $(-a)^2 = a^2$,所以 $\log(-a)^2 = \log a^2$,因而 $2\log(-a) = 2\log a$ 或 $\log(-a) = \log a$。欧拉反驳说,因为 $(a\sqrt{-1})^4 = a^4$,则 $\log a = \log(a\sqrt{-1}) = \log a + \log\sqrt{-1}$,所以在这种情况下,可推知 $\log\sqrt{-1}$ 应为 0。但欧拉说约翰·伯努利本人曾经在另一个场合证明了 $\log\sqrt{-1} = \sqrt{-1}\pi/2$。

莱布尼茨曾这样论证道:因为

(5) $$\log(1+x) = x - \frac{1}{2}x^2 + \frac{1}{3}x^3 - \frac{1}{4}x^4 + \cdots,$$

则对 $x = -2$,

$$\log(-1) = -2 - \frac{4}{2} - \frac{8}{3} - \cdots.$$

由此可见,$\log(-1)$ 至少不是 0[事实上,莱布尼茨曾经说过 $\log(-1)$ 不存在]。欧拉对这个论证的回答是:由

$$\frac{1}{1+x} = 1 - x + x^2 - x^3 + x^4 - \cdots,$$

对 $x = -3$,可得

$$-\frac{1}{2} = 1 + 3 + 9 + 27 + \cdots;$$

而对 $x = 1$,可得

$$\frac{1}{2} = 1 - 1 + 1 - 1 + \cdots.$$

因此,将两式的左右两边分别相加得

---

① *Introductio*, Chap. 8.
② *Hist. de l' Acad. de Berlin*, 5, 1749, 139 - 179, pub. 1751 = *Opera*, (1), 17, 195 - 232.

$$0 = 2 + 2 + 10 + 26 + \cdots.$$

由此,欧拉说:由级数得来的论证不证明任何东西。

在反驳了莱布尼茨和约翰·伯努利之后,欧拉给出了一个按现在的标准看来是错误的论证。他写道:

$$x = e^y = \left(1 + \frac{y}{i}\right)^i,$$

其中 $i$ 是一个无穷大的数①。则

$$x^{1/i} = 1 + \frac{y}{i},$$

因此

$$y = i(x^{1/i} - 1).$$

因为 $x^{1/i}$ 是"无穷大次根",它有无穷多个复值,所以 $y$ 也有这些值,而因 $y = \log x$,所以 $\log x$ 也有无穷多个值。这里欧拉事实上写道②:

$$x = a + b\sqrt{-1} = c(\cos\phi + \sqrt{-1}\sin\phi).$$

令 $c = e^C$,他得到

$$x = e^C(\cos\phi + i\sin\phi) = e^C e^{\sqrt{-1}(\phi \pm 2\lambda\pi)},$$

因而

(6) $$y = \log x = C + (\phi \pm 2\lambda\pi)\sqrt{-1},$$

其中 $\lambda$ 是正整数或零。这样,欧拉断言:对于正实数而言,对数只有一个实值,其余都是虚值;但对于负实数或虚数而言,对数的一切值都是虚的。尽管欧拉对这问题有成功的解答,但他的工作却并未被人们接受。达朗贝尔(Jean Le Rond d'Alembert)提出了形而上学的、解析的、几何的论点去证明 $\log(-1) = 0$。

## 4. 椭圆积分

约翰·伯努利在成功地用部分分式法积出某些有理函数后,在 1702 年的《教师学报》上断言,任何有理函数的积分无需包含除三角函数与对数函数以外的任何其他超越函数。因为有理函数的分母可以是 $x$ 的一个 $n$ 次多项式,所以约翰·伯努利的断言的正确性就依赖于能否将任何一个实系数多项式表示成实系数的一阶或二阶因子的乘积。莱布尼茨在 1702 年的《教师学报》上的文章中以 $x^4 + a^4$ 为例,认为这是不可能的。他指出

---

① 在欧拉的早期著作中,用 *infinitus* 的第一字母 $i$ 表示一个无穷大的量,1777 年后,他用 i 代表 $\sqrt{-1}$。

② $a + b\sqrt{-1} = \sqrt{a^2+b^2}\left(\dfrac{a}{\sqrt{a^2+b^2}} + \sqrt{-1}\dfrac{b}{\sqrt{a^2+b^2}}\right) = c(\cos\phi + i\sin\phi)$。

$$x^4 + a^4 = (x^2 - a^2\sqrt{-1})(x^2 + a^2\sqrt{-1})$$
$$= (x + a\sqrt{\sqrt{-1}})(x - a\sqrt{\sqrt{-1}})(x + a\sqrt{-\sqrt{-1}})$$
$$\times (x - a\sqrt{-\sqrt{-1}}).$$

他又说:这四个因子中的任意两个的乘积都不能给出一个实系数的二次因子。假如他能将$\sqrt{-1}$和$-\sqrt{-1}$的平方根表示成通常的复数,他就会看出他的错误所在。尼古拉·伯努利(1687—1759)(詹姆斯·伯努利和约翰·伯努利的侄儿)在1719年的《教师学报》上指出

$$x^4 + a^4 = (a^2 + x^2)^2 - 2a^2x^2 = (a^2 + x^2 + ax\sqrt{2})(a^2 + x^2 - ax\sqrt{2});$$

所以函数$1/(x^4 + a^4)$能用三角函数和对数函数求积分。

人们也考虑了无理函数的积分。詹姆斯·伯努利和莱布尼茨在这方面曾通过信,因为他们经常遇到这种被积函数。1694年詹姆斯·伯努利关心弹性问题①,即受力细杆(例如在端点受力)所具有的形状问题。对一组端点条件,詹姆斯·伯努利发现曲线的方程由下式给出:

$$\mathrm{d}y = \frac{(x^2 + ab)\mathrm{d}x}{\sqrt{a^4 - (x^2 + ab)^2}};$$

他不能用初等函数来求这个积分。联系到这项工作,他引入了双纽线,其直角坐标方程是$(x^2 + y^2)^2 = a^2(x^2 - y^2)$,其极坐标方程是$r^2 = a^2\cos 2\theta$。詹姆斯·伯努利想求出其弧长。从双纽线的顶点到曲线上任一点的弧长由下式给出:

$$s = \int_0^r \frac{a^2}{\sqrt{a^4 - r^4}}\mathrm{d}r.$$

詹姆斯·伯努利猜测这也不能用初等函数积出来。在17世纪,企图求出椭圆的弧长(它对天文学是很重要的),就导致计算积分

$$s = a\int_0^t \frac{(1 - k^2t^2)\mathrm{d}t}{\sqrt{(1 - t^2)(1 - k^2t^2)}},$$

这里取椭圆方程为

$$\frac{x^2}{a^2} + \frac{y^2}{b^2} = 1.$$

被积函数中$k = (a^2 - b^2)/a^2$, $t = x/a$。求单摆的周期问题导致求积分

$$T = 4\sqrt{\frac{l}{g}}\int_0^{\pi/2} \frac{\mathrm{d}\phi}{\sqrt{1 - k^2\sin^2\phi}}.$$

这种无理被积函数还在求双曲线、三角函数等曲线的弧长时出现。这些积分约在1700年就已经闻名了,还有其他包含这种被积函数的积分在整个18世纪中都经

---

① Acta Erud., 1694, 262 - 276 = Opera, 2, 576 - 600.

常出现。例如欧拉在他 1744 年关于变分法一书的附录里在有关弹性的权威性处理中得到

$$\mathrm{d}y = \frac{(\alpha + \beta x + \gamma x^2)\mathrm{d}x}{\sqrt{a^4 - (\alpha + \beta x + \gamma x^2)^2}},$$

其中的常数对我们说来是无关紧要的。欧拉像他的前辈那样用级数的手段来得到物理的结果。

由上面那些例子所组成的一类积分叫椭圆积分,得名于求椭圆的弧长。18 世纪的人们还不知道这个积分类,何况这种积分都不能用代数函数、圆函数、对数函数和指数函数积出来[①]。

关于椭圆积分的最初的研究不是大量地针对积分求值,而是针对着把更复杂的一些椭圆积分简化为在椭圆和双曲线求弧长中出现的那些积分。其方法的根据出自当时占统治地位的几何观点,即认为表示椭圆和双曲线弧长的那些积分似乎是最简单的。由于看出了微分方程

(7)  $$f(x)\mathrm{d}x = \pm f(y)\mathrm{d}y$$

[这里 $\int f(x)\mathrm{d}x$ 是一个对数函数或反三角函数] 有一个积分解是 $x$,$y$ 的代数函数,这就展现了一个新的观点,即尽管不能找到 $f(x)\mathrm{d}x$ 本身的代数的积分解,但却能找到两个这样的微分的和或差的代数积分解。约翰·伯努利提出了这样一个问题:除了对数和反三角函数的积分之外,其他的积分是否就不能保持这个性质了呢[②]?他在 1698 年发现了一个偶然得到的然而却是最漂亮的结果,那就是立方抛物线($y = x^3$)的二段弧的差是可积的。然后,他提出求一些高阶抛物线、椭圆和双曲线弧长的更一般的问题,其中曲线弧的和或差等于一个直线量,他还断言形如 $a^m y^p = b^n x^q$,$m + p = n + q$ 的抛物线就是这样的曲线,把它们相加或相减就等于一条直线。但是他没有给出证明。

业余数学家法尼亚诺(Count Giulio Carlo de' Toschi di Fagnano,1682—1766)从 1714 年开始研究这个问题[③]. 他考虑曲线

$$y = (2/m + 2)x^{(m+2)/2}/a^{m/2} \quad (m \text{ 为有理数}).$$

对这样的曲线倒不如直接去证明(图 19.1)

$$\frac{m}{m+2}\int_{x_0}^{x_1} \frac{\mathrm{d}x}{\sqrt{1 + (x/a)^m}} = \mathrm{arc}\, PP_1 - (P_1 R_1 - PR).$$

其中 $x_0$,$x_1$ 分别是 $P$ 与 $P_1$ 的横坐标,$PR$ 和 $P_1 R_1$ 分别是 $P$,$P_1$ 点处曲线的切

---

[①] 刘维尔(Joseph Liouville)证明了这一点(*Jour. de l'Ecole Poly.*,14,1833,124 - 193)。

[②] *Acta Erud.*,Oct. 1698,462 ff. = *Opera*,1,249 - 253.

[③] *Giornale dei Letterati d' Italia*,Vols. 19 ff.

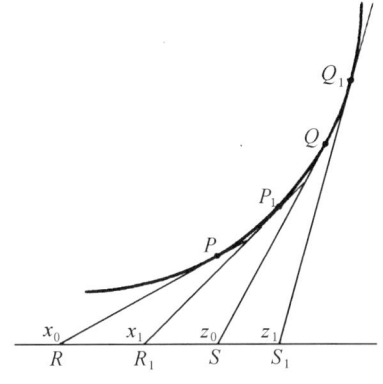

**图 19.1**

线。同样，
$$\frac{m}{m+2}\int_{z_0}^{z_1}\frac{\mathrm{d}z}{\sqrt{1+(z/a)^m}}=\operatorname{arc} QQ_1-(Q_1S_1-QS).$$

因此，如 $x$ 和 $z$ 之间有关系

(8) $$\frac{\mathrm{d}x}{\sqrt{1+(x/a)^m}}-\frac{\mathrm{d}z}{\sqrt{1+(z/a)^m}}=0,$$

则两个定积分的差应为 0，这就有

(9) $$\operatorname{arc} QQ_1-\operatorname{arc} PP_1=(Q_1S_1-QS)-(P_1R_1-PR).$$

当 $m=4$ 时(8)的解是

(10) $$\frac{x}{a}\cdot\frac{z}{a}=1.$$

所以对 $m=4$，在曲线 $y=x^3/3a^2$ 上，端点的横坐标值 $x, z$ 满足(10)式的两段弧长之差可用直线段来表示。法尼亚诺还对(8)式在 $m=6$ 与 $m=3$ 的情形求出了积分。

法尼亚诺进而证明了在椭圆上如同在抛物线上一样，可以找出无穷多段弧，它们的差可以用代数式表示，虽则单个弧是不能求长的。于是，在 1716 年他证明了任何两条椭圆弧的差是代数函数。他有解析式

(11) $$\frac{\sqrt{hx^2+l}}{\sqrt{fx^2+g}}\mathrm{d}x+\frac{\sqrt{hz^2+l}}{\sqrt{fz^2+g}}\mathrm{d}z=0,$$

或更简洁地有
$$X\mathrm{d}x+Z\mathrm{d}z=0.$$

上面两式中 $h, l, f, g, x$ 与 $z$ 满足条件

(12) $$fhx^2z^2+flx^2+flz^2+gl=0.$$

法尼亚诺证明了

(13) $$\int X\mathrm{d}x+\int Z\mathrm{d}z=-\frac{hxz}{\sqrt{-fl}}.$$

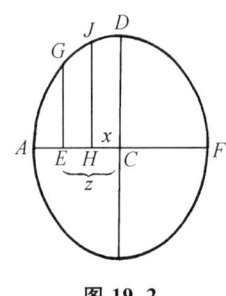

图 19.2

上式的几何意义是:如果 $2a$ 是椭圆的短轴 $FA$ 的长(图 19.2),$CH = x$,$CE = z$,$JH$ 是 $H$ 点的纵坐标,而 $GE$ 是 $E$ 处的纵坐标,则

(14) $$\text{arc } JD + \text{arc } DG = \frac{-hxz}{2a^2} + C.$$

[为了使(14)式与积分一致,令 $p$ 为椭圆的参数(正焦弦),令 $p - 2a = h$,$l = 2a^3$,$f = -2a$,$g = 2a^3$,则 $z$ 为 $a\sqrt{2a^3 - 2ax^2} / \sqrt{2a^3 + hx^2}$.] 当 $x = 0$,弧 $JD$ 消失了,在 (14)式中的代数项也消失了。由(12)式,$z = a$,因而 $DG$ 弧变为 $DA$ 弧,它正是 $C$ 的值。于是可以说

$$\text{arc } JD + \text{arc } GD = \frac{-hxz}{2a^2} + \text{arc } DA,$$

或

$$\text{arc } JD - \text{arc } GA = \frac{-hxz}{2a^2}.$$

由此工作[①]出发的一个结果仍叫法尼亚诺定理,它是在 1716 年得到的,定理说的是:令

$$\frac{x^2}{a^2} + \frac{y^2}{b^2} = 1$$

是以 $e$ 为偏心率的椭圆,并令 $P(x, y)$ 与 $P'(x', y')$ 是椭圆上两点(图 19.3),它们的离心角分别为 $\phi$ 与 $\phi'$,$\phi$ 与 $\phi'$ 满足条件

(15) $$\tan \phi \tan \phi' = \frac{b}{a}.$$

于是定理说

(16) $$\text{arc } BP + \text{arc } BP' - \text{arc } BA = e^2 xx'/a.$$

点 $P$ 与 $P'$ 可以重合[当满足(15)式时],若记 $P$ 与 $P'$ 重合的这点为 $F$(叫法尼亚诺点),他证明了

(17) $$\text{arc } BF - \text{arc } AF = a - b.$$

从 1714 年起法尼亚诺还致力于用椭圆和双曲线弧求双纽线弧长。

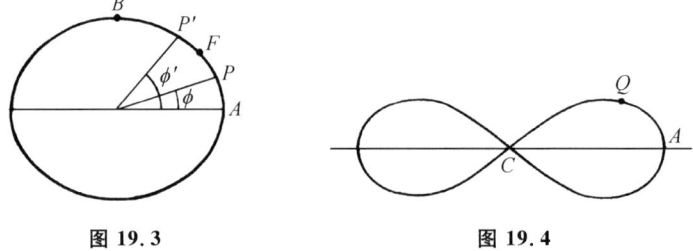

图 19.3　　　　　　　图 19.4

---

[①] *Opera*, 2, 287 – 292.

1717年和1720年,法尼亚诺求了其他微分组合的积分。例如他证明了微分方程

(18) $$\frac{\mathrm{d}x}{\sqrt{1-x^4}} = \frac{\mathrm{d}y}{\sqrt{1-y^4}}$$

有积分

(19) $$x = -\sqrt{\frac{1-y^2}{1+y^2}}$$

或

(20) $$x^2 + y^2 + x^2 y^2 = 1.$$

这个结果的一种说法是:表示双纽线(它的 $a=1$)弧长的两个积分之间存在一个代数关系,尽管其中每一个积分分开来看属于一类新的超越函数。

法尼亚诺然后进一步建立了许多类似的关系,以得到关于双纽线的特殊结果①。例如,他证明了若

(21) $$\frac{\mathrm{d}x}{\sqrt{1-x^4}} = \frac{2\mathrm{d}y}{\sqrt{1-y^4}},$$

则

(22) $$\frac{\sqrt{1-y^4}}{y\sqrt{2}} = \frac{\sqrt{1-x}}{\sqrt{1+x}},$$

或解出 $x$,

(23) $$x = \frac{-1 + 2y^2 + y^4}{1 + 2y - y^4}.$$

法尼亚诺由这样的结果指出怎样在双纽线( $r^2 = a^2 \cos 2\theta$ )上找出其四分之一弧段的等分点;就是说,对某个 $n$ 值,这些分点把图 19.4 中的弧 $CQA$(双纽线的四分之一)$n$ 等分。他还指出,当给定一弧 $CS$ 时,怎样去找 $CS$ 的二等分点 $I$。进而,他找出 $CQA$ 上的点,使它们与 $C$ 点的连线将 $CQA$ 与水平轴 $CA$ 之间的面积分成二、三、五部分;在给出了 $n$ 等分此面积的弦后,他又找到了平分上述各部分的弦。

因此,法尼亚诺所做的已经超出了回答约翰·伯努利的问题,他证明了代表对数函数和反三角函数的积分所具有的那些值得注意的代数性质,至少也为某些类椭圆积分所具有。

约在1750年,欧拉注意了法尼亚诺在椭圆、双曲线和双纽线方面的工作,并开始了一系列他自己的研究。在《不可求长的曲线弧的比较之研究》②一文中,欧拉在重复了法尼亚诺的某些工作后指出,在已经将双纽线的四分之一部分的面积 $n$ 等分后,怎样将它 $n+1$ 等分。然后,他指出,他自己和法尼亚诺的工作提供了积分的某些有用结果,对于方程(18),除了明显的积分(解) $x = y$ 外,又加上特解

---

① *Giornale dei Letterati d'Italia*, 30,1718,87 ff. = *Opera*, 2, 304 – 313.
② *Novi Comm. Acad. Sci. Petrop.*, 6,1756/1757,58 – 84, pub. 1761=*Opera*, (1), 20, 80 – 107.

$$x = -\sqrt{(1-y^2)/(1+y^2)}.$$

欧拉在他的文章《论解微分方程 $\dfrac{m\mathrm{d}x}{\sqrt{1-x^4}} = \dfrac{n\mathrm{d}y}{\sqrt{1-y^4}}$》①中以法尼亚诺的结果为自己的出发点。法尼亚诺对他所考虑的大部分微分方程所得的积分都是特解，它们是代数函数，然而通解却很可能是超越函数。欧拉决定寻找代数形式的通解，他从(18)出发而希望得到

(24) $$\dfrac{m\mathrm{d}x}{\sqrt{1-x^4}} = \dfrac{n\mathrm{d}y}{\sqrt{1-y^4}}$$

的通解。这里 $m/n$ 是有理数，而方程(24)表达了求弧长之比为 $m:n$ 的两段双纽线弧的问题。欧拉说，他通过尝试而相信，当 $m/n$ 是有理数时，(24)有一个可以代数表达的通解。

从法尼亚诺的研究出发，可见特解(19)与(20)满足方程(18)。(18)两边的积分是双纽线上的一段弧长，此双纽线的半轴为1，横坐标为 $x$。而解常微分方程(18)相当于求出两段等长的弧。欧拉指出了 $x = y$ 是(18)的另一特解。通解应该是这样的：指定其任意常数的值，就得到每一个这样的特解。由这些事实指引，欧拉求得(18)的通解是

(25) $$x^2 + y^2 + c^2 y^2 x^2 = c^2 + 2xy\sqrt{1-c^4}$$

或

(26) $$x = \dfrac{y\sqrt{1-c^4} \pm c\sqrt{1-y^4}}{1+c^2 y^2},$$

其中 $c$ 为任意常数。当然，给出了(25)式，就不难验证它是(18)式的通解。

在(25)式中隐含的正是通常所谓的这些简单椭圆积分的欧拉加法定理。直接求微商就可以得到

(27) $$\int_0^x \dfrac{\mathrm{d}x}{\sqrt{1-x^4}} = \int_0^y \dfrac{\mathrm{d}x}{\sqrt{1-x^4}} + \int_0^c \dfrac{\mathrm{d}x}{\sqrt{1-x^4}},$$

其中 $c$ 是常数，显然它是(18)式的一个通解。因此，$x$, $y$ 与 $c$ 之间必有关系(25)。于是，加法定理说，如果(27)式对其中的椭圆积分成立，则积分上限 $x$ 是另外两个积分的任意选择的上限 $y$ 与 $c$ 的代数对称函数，即(26)。我们将看到，加法定理适用于更一般的积分。

利用结果(25)和(27)，可以更直接地证明：若

(28) $$\int_0^y \dfrac{\mathrm{d}x}{\sqrt{1-x^4}} = n \int_0^x \dfrac{\mathrm{d}x}{\sqrt{1-x^4}},$$

---

① *Novi Comm. Acad. Sci. Petrop.*, 6, 1756/1757, 37–57, pub. 1761 = *Opera*, (1), 20, 58–79.

则 $y$ 是 $x$ 的代数函数。这个结果叫做椭圆积分 $\int_0^x \mathrm{d}x/\sqrt{1-x^4}$ 的欧拉乘法定理。由此,就导出方程(28)的通解,要点是它是关于 $x,y$ 和任意常数 $c$ 的一个代数方程。欧拉指出怎样能得出通解,但没有明显地给出。

在1756年至1757年的同一篇文章中,以及在同一杂志的卷7中[①],欧拉着手处理了更一般的椭圆积分。他说他由尝试法得到了下面的结果。若微分

(29) $\quad \alpha+2\beta(x+y)+\gamma(x^2+y^2)+2xy+2\varepsilon xy(x+y)+\zeta x^2 y^2 =0$,

则可得下面形式的微分方程

(30) $$\frac{\mathrm{d}x}{\sqrt{X}}+\frac{\mathrm{d}y}{\sqrt{Y}}=0,$$

其中 $X,Y$ 是两个系数相同的四次多项式,它的四个系数可借助于一个任意常数,用(29)式的五个系数表示出来。因而(29)是(30)的通解,当(30)被指定为(18)时,(29)就变为(25)。欧拉指出,有趣的是即使 $\mathrm{d}x/\sqrt{X}$ 的积分不能用圆函数或对数函数得到,但方程(30)仍被一个代数关系满足。他于是将结果推广到

(31) $$\frac{m\mathrm{d}x}{\sqrt{X}}=\frac{n\mathrm{d}y}{\sqrt{Y}}, m/n \text{ 是有理数},$$

其中 $X,Y$ 是具有同系数的四阶多项式。在欧拉的《积分学原理》[②]中也有这个结果,在那里,欧拉用椭圆、双曲线和双纽线说明了结果的几何意义。

由这些结果,欧拉就能够进而得出现在称为第一类椭圆积分的加法定理。考虑椭圆积分

(32) $$\int \frac{\mathrm{d}y}{\sqrt{R(x)}},$$

其中 $R(x)=Ax^4+Bx^3+Cx^2+Dx+E$。于是加法定理说,方程

(33) $$\frac{\mathrm{d}x}{\sqrt{R(x)}}=\frac{\mathrm{d}y}{\sqrt{R(y)}}$$

有一个关于 $x,y$ 的确定的代数方程的解,使得其中的 $y$ 能用 $x$、相应的 $\sqrt{R(x)}$ 的值、任意常数 $x_0$ 和 $y_0$ 以及相应的 $\sqrt{R(x_0)}$ 和 $\sqrt{R(y_0)}$ 的值有理地表示出来。又当 $x$ 取任意值 $x_0$ 时,$y$ 取事先规定的任意值 $y_0$。

这个结果容易导出另一个可能更有启发性的定理。如果两个形如

(34) $$\int \frac{\mathrm{d}x}{\sqrt{R(x)}}$$

---

[①] *Novi Comm. Acad. Sci. Petrop.*, 7, 1758/1759, 3-48, pub. 1761 = *Opera*, (1), 20, 153-200.

[②] Vol. 1, Sec. 2, Chap. 6 = *Opera*, (1), 11, 391-423.

的椭圆积分之和或差等于第三个同样形式的椭圆积分,又如对三个积分根式中的系数及积分下限也全相同,则第三个积分的上限是另两积分的上限、公共的下限及 $\sqrt{R(x)}$ 在公共下限及两个上限处相应值的代数函数。

欧拉继续做下去。正如法尼亚诺对于两个双纽线弧长之差的处理把欧拉引向一般的第一类椭圆积分一样,法尼亚诺关于两个椭圆弧之差的处理(见公式[11])把欧拉引到了第二类积分的一个加法定理①。他对于他的方法不能推广到开根次数高于二次或被开方式子高于四次的情况而表示遗憾。他还看出他工作中的一个重大缺陷,那就是他未曾用一般的分析方法得到他的代数的通解,因此他的结果没有自然地与微积分的其他部分联系起来。

在椭圆积分方面权威性的工作是由勒让德(Adrien-Marie Legendre,1752—1833)做出的。他是军事学校的教授,曾任多届政府委员,后来成了多科工艺学校的学监,直到 1833 年逝世,他一直保持热情而有规律的工作。他的名字长存于大量的各种各样的定理中,这是由于他解决了许多类型的问题。但是他的工作既无独创性也不像拉格朗日、拉普拉斯(Pierre-Simon de Laplace)和蒙日(Gaspard Monge)的那样深刻。勒让德的工作引起许多重要理论的产生,但这只是在他的工作被更强有力的思想接收后才实现的。勒让德恰恰名列于刚才提到的那三个同时代人物之后。

当 1786 年勒让德着手椭圆积分这个课题之际,欧拉的加法定理是椭圆积分理论的主要结果。40 年内勒让德是仅有的一个在文献内加进有关椭圆积分的研究结果的人。关于这个课题,他贡献了两篇基本的文章②,然后写了《积分练习》(*Exercices de calcul intégral*, 3 vols., 1811, 1817, 1826)、《椭圆函数研究》(*Traité des fonctions elliptiques*, 2 vols., 1825—1826)③,与三篇说明阿贝尔(Niels Henrik Abel)与雅可比(Carl Gustav Jacob Jacobi)在 1829 年与 1832 年的工作的补充材料。像法尼亚诺的工作一样,欧拉的结果是与几何考虑联系在一起的,而勒让德则集中在分析方面。

勒让德在他的《研究》中,主要成果是证明了一般椭圆积分

$$\int \frac{P(x)}{\sqrt{R(x)}} \mathrm{d}x \tag{35}$$

[其中 $P(x)$ 是 $x$ 的任一有理函数,而 $R(x)$ 是通常一般的四次多项式]能化为三种

---

① *Novi Comm. Acad. Sci. Petrop.*, 7,1758/1759,3-48, pub. 1761 = *Opera*, (1),20,153-200 与 *Inst. Cal. Integ.*, 1, ¶645 = *Opera*, (1),11,¶645.

② *Hist. de l'Acad. des Sci.*, Paris, 1786,616-643 与 644-683.

③ 在这本书中"function"的用法被误解了。他研究椭圆积分,并时常是变上限的椭圆积分。这些当然是上限的函数。但现在所指的"椭圆函数"是由阿贝尔与雅可比在后来引入的。

类型:

$$(36) \quad \int \frac{\mathrm{d}x}{\sqrt{1-x^2}\sqrt{1-l^2x^2}},$$

$$(37) \quad \int \frac{x^2\,\mathrm{d}x}{\sqrt{1-x^2}\sqrt{1-l^2x^2}},$$

$$(38) \quad \int \frac{\mathrm{d}x}{(x-a)\sqrt{1-x^2}\sqrt{1-l^2x^2}}.$$

勒让德把上面三类积分称为第一、二、三型椭圆积分。

他还证明了经过进一步的变换这三个积分可化为以下三种形式:

$$(39) \quad F(k,\phi) = \int_0^\phi \frac{\mathrm{d}\phi}{\sqrt{1-k^2\sin^2\phi}}, \quad 0 < k < 1;$$

$$(40) \quad E(k,\phi) = \int_0^\phi \sqrt{1-k^2\sin^2\phi}\,\mathrm{d}\phi, \quad 0 < k < 1;$$

$$(41) \quad \pi(n,k,\phi) = \int_0^\phi \frac{\mathrm{d}\phi}{(1+n\sin^2\phi)\sqrt{1-k^2\sin^2\phi}}, \quad 0 < k < 1.$$

其中 $n$ 是一个常数。在这些形式中,易见从 $\phi=0$ 到 $\phi=\pi/2$ 的积分值与从 $\phi=\pi/2$ 到 $\phi=\pi$ 的积分值相同,积分顺序相反。$\sqrt{1-k^2\sin^2\phi}$ 的记号 $\Delta(k,\phi)$ 也是由勒让德引入的。

这些形式也可通过变数替换 $x=\sin\phi$ 转化为雅可比形式:

$$(42) \quad F(k,x) = \int_0^x \frac{\mathrm{d}x}{\sqrt{1-x^2}\sqrt{1-k^2x^2}},$$

$$(43) \quad E(k,x) = \int_0^x \frac{\sqrt{1-k^2x^2}}{\sqrt{1-x^2}}\,\mathrm{d}x,$$

$$(44) \quad \pi(n,k,x) = \int_0^x \frac{\mathrm{d}x}{(1+nx^2)\sqrt{(1-x^2)(1-k^2x^2)}}.$$

量 $k$ 叫做上面各椭圆积分的模。如果积分限是 $\phi=\pi/2$ 或 $x=1$,则称此积分是完全的,否则称为不完全的。

勒让德关于椭圆积分的工作是有许多功绩的。他从他的前辈的工作中引出许多先前没有的推断,并组织了数学课题;但他没有增加任何基本思想,也没有达到阿贝尔与雅可比(第 27 章第 6 节)的那种新的洞察力,后两位转化了这些椭圆积分,并从而构思了椭圆函数。勒让德的确十分谦逊地还可能有点辛酸地开始去认识阿贝尔和雅可比的工作,并赞扬他们。在以他 1825 年的著作的增补篇来阐述他们的新思想时,他清楚地认识到这个材料使他自己在这方面所做的一切黯然失色。他忽略了他所处的时代的一项最伟大的发现。

## 5. 进一步的特殊函数

椭圆不定积分是一类新的超越函数。随着 18 世纪分析方面工作的发展,得到了更多的超越函数,其中最重要的是 Γ 函数。Γ 函数是从插值理论与反微分这两个问题的研究中产生的。斯特林(James Stirling,1692—1770)、丹尼尔·伯努利和哥德巴赫(Christian Goldbach,1690—1764)考虑了插值问题。问题提给了欧拉,他在 1729 年 10 月 13 日给哥德巴赫的一封信中宣布了他的解答[①]。1730 年 1 月 8 日的第二封信引入了积分问题[②]。1731 年欧拉在一篇文章"论级数……"[③]中发表了这两方面的结果。

欧拉研究的插值问题是对非整数的 $n$,给出 $n!$ 的意义。欧拉注意到

$$(45) \quad n! = \left[\left(\frac{2}{1}\right)^n \frac{1}{n+1}\right]\left[\left(\frac{3}{2}\right)^n \frac{2}{n+2}\right]\left[\left(\frac{4}{3}\right)^n \frac{3}{n+3}\right]\cdots$$
$$= \prod_{k=1}^{\infty} \left(\frac{k+1}{k}\right)^n \frac{k}{k+n}.$$

如果将这无穷乘积中的公因子约去,上面的等式形式上看来是正确的。然而,这个 $n!$ 的分析表达式却不像基本定义 $n\cdot(n-1)\cdots 2\cdot 1$ 那样,它对所有的 $n$(除了 $n$ 是负整数外)都有意义。欧拉注意到对 $n=1/2$,上式右端经过一些改写后,就产生沃利斯无穷乘积

$$(46) \quad \frac{\pi}{2} = \left(\frac{2\cdot 2}{1\cdot 3}\right)\left(\frac{4\cdot 4}{3\cdot 5}\right)\left(\frac{6\cdot 6}{5\cdot 7}\right)\left(\frac{8\cdot 8}{7\cdot 9}\right)\cdots.$$

采用后来勒让德引入的记号 $\Gamma(n+1)=n!$,欧拉还证明了 $\Gamma(n+1)=n\Gamma(n)$,从而得到了 $\Gamma(3/2)$,$\Gamma(5/2)$ 等。

欧拉曾用(45)作为他阶乘概念的推广。事实上,这个概念今天常用一个等价形式来引进(欧拉也给出了这个形式),即

$$(47) \quad \lim_{m\to\infty} \frac{m!(m+1)^n}{(n+1)(n+2)\cdots(n+m)}.$$

但是联系到沃利斯的结果,就使欧拉着手处理沃利斯已考虑过的一个积分,即

$$(48) \quad \int_0^1 x^e(1-x)^n \, \mathrm{d}x,$$

其中 $e$ 与 $n$ 对欧拉来说是任意的。欧拉利用二项式定理将 $(1-x)^n$ 展开来计算这个积分,得到

---

① Fuss, *Correspondance*, 1, 3-7.
② Fuss, *Correspondance*, 1, 11-18.
③ *Comm. Acad. Sci. Petrop.*, 5, 1730/1731, 36-57, pub. 1738 = *Opera*, (1), 14, 1-24.

(49) $$\int_0^1 x^e(1-x)^n \mathrm{d}x$$
$$= \frac{1}{e+1} - \frac{n}{1\cdot(e+2)} + \frac{n(n-1)}{1\cdot 2(e+3)}$$
$$- \frac{n(n-1)(n-2)}{1\cdot 2\cdot 3(e+4)} + \cdots.$$

对 $n = 0, 1, 2, 3, \cdots$,右边的和相应地为

(50) $$\frac{1}{e+1}, \frac{1}{(e+1)(e+2)}, \frac{1\cdot 2}{(e+1)(e+2)(e+3)},$$
$$\frac{1\cdot 2\cdot 3}{(e+1)(e+2)(e+3)(e+4)}, \cdots.$$

因此,对正整数 $n$,欧拉发现

(51) $$\int_0^1 x^e(1-x)^n \mathrm{d}x = \frac{n!}{(e+1)(e+2)\cdots(e+n+1)}.$$

这时,欧拉找到了一个对任意 $n$ 都成立的 $n!$ 的表达式。用我们今天不能完全接受的一系列变换得出

(52) $$n! = \int_0^1 (-\log x)^n \mathrm{d}x.$$

这个积分对几乎任意一个 $n$ 都有意义,叫做欧拉第二积分,或按后来勒让德的叫法,称为伽马函数,用 $\Gamma(n+1)$ 表示。[高斯令 $\pi(n) = \Gamma(n+1)$。]后来,欧拉于 1781 年(1794 年发表)给出了它现在的形式,那是在(52)中令 $t = -\log x$ 而得到的:

(53) $$\Gamma(n+1) = \int_0^\infty x^n \mathrm{e}^{-x} \mathrm{d}x.$$

勒让德把积分(48)叫做欧拉第一积分。这个积分变成 β 函数的标准化形式:

(54) $$\mathrm{B}(m, n) = \int_0^1 x^{m-1}(1-x)^{n-1} \mathrm{d}x.$$

欧拉发现了这两个积分之间的关系[①],即

$$\mathrm{B}(m, n) = \frac{\Gamma(m)\Gamma(n)}{\Gamma(m+n)}.$$

勒让德在他的《积分练习》中对欧拉积分作了深入的研究,并获得了倍量公式:

(55) $$\Gamma(2x) = (2\pi)^{-1/2} 2^{2x-(1/2)} \Gamma(x) \Gamma\left(x + \frac{1}{2}\right).$$

高斯在他关于超几何函数的著作[②]中研究了 Γ 函数,并将勒让德的结果推广成所谓叠乘公式:

---

① *Novi Comm. Acad. Sci. Petrop.*, 16,1771,91-139, pub. 1772 = *Opera*, (1),17,316-357.
② *Comm. Soc. Gott.*, II, 1813 = *Werke*, 3,123-162,p. 149(部分).

(56) $$\Gamma(nx) = (2\pi)^{(1-n)/2} n^{nx-(1/2)} \Gamma(x)\Gamma\left(x+\frac{1}{n}\right)$$
$$\times \Gamma\left(x+\frac{2}{n}\right)\cdots\Gamma\left(x+\frac{n-1}{n}\right).$$

## 6. 多元函数微积分

两个和三个变量的函数的微积分在这个世纪的初期就已出现了。这里我们将只略述一些细节。

虽则牛顿从 $x$ 与 $y$ 的多项式方程[即 $f(x, y) = 0$]导出了我们今天由 $f$ 对 $x$ 或 $y$ 取偏导数而得到的表达式,但是这个工作未曾发表。詹姆斯·伯努利在他关于等周问题的著作中也用了偏导数,同样尼古拉·伯努利(1687—1759)在 1720 年《教师学报》的一篇关于正交轨线的文章中也用了偏导数。然而创造偏导数理论的是方丹(Alexis Fontaine des Bertins, 1705—1771)、欧拉、克莱罗(Alexis-Claude Clairaut)与达朗贝尔。

通常的导数与偏导数的区别在一开始并未被人们明确地认识,因而对两者都用同样的记号 d 表示。物理意义要求人们在多个自变量的函数中,考虑只有某一个自变量变化的导数。

克莱罗[①]得到了 $dz = pdx + qdy$ 是恰当微分的条件,其中 $p, q$ 是 $x, y$ 的函数。所谓恰当微分是指它可由一个函数 $z = f(x, y)$ 做微分 $dz = \frac{\partial f}{\partial x}dx + \frac{\partial f}{\partial y}dy$ 而得到。克莱罗的结果是:$pdx + qdy$ 是恰当微分$\Big($即存在一个函数 $f$ 使 $\frac{\partial f}{\partial x} = p$, $\frac{\partial f}{\partial y} = q\Big)$ 当且仅当 $\frac{\partial p}{\partial y} = \frac{\partial q}{\partial x}$。

两个或多个变量的函数的偏导数研究的主要动力来自早期偏微分方程方面的工作。因而偏导数的演算是由欧拉研究流体力学问题的一系列文章提供的。他在 1734 年的一篇文章中[②]证明,若 $z = f(x, y)$,则
$$\frac{\partial^2 z}{\partial x \partial y} = \frac{\partial^2 z}{\partial y \partial x}.$$
在 1748 年到 1766 年写的其他文章中,他处理了变量替换、偏导数的反演和函数行列式。达朗贝尔在 1744 年与 1745 年的动力学著作中推广了偏导数的演算。

多重积分实际上已含于牛顿的工作中,他在《原理》中讨论球与球壳作用于质

---

[①] *Mém. de l' Acad. des Sci.*, Paris, 1739, 425-436, 与 1740, 293-323.
[②] *Comm. Acad. Sci. Petrop.*, 7, 1734/1735, 174-193, pub. 1740 = *Opera*, (1), 22, 36-56.

点上的万有引力时就涉及到。然而牛顿用的是几何论述。在 18 世纪,牛顿的工作被人以分析形式加以考虑并推广。这个世纪的上半叶,重积分出现了并被用来表示 $\frac{\partial^2 z}{\partial x \partial y} = f(x, y)$ 的解。例如它也用来确定一个薄片作用在一个质点上的万有引力。这样,厚度为 $\delta c$ 的椭圆薄片作用在椭圆中心正上方 $c$ 个单位处一个质点上的引力是积分

$$\delta c \iint \frac{c \mathrm{d}x \mathrm{d}y}{(c^2 + x^2 + y^2)^{3/2}}$$

的常数倍,其中积分区域是由 $(x^2/a^2) + (y^2/b^2) = 1$ 围成的椭圆。这个积分由欧拉在 1738 年用累次积分①算出。他先对 $y$ 积分,然后将新的被积函数展成 $x$ 的无穷级数。

1770 年左右,欧拉对由弧围成的有界区域上的二重定积分确实已有了清楚的概念。他给出了用累次积分计算这种积分的程序②。拉格朗日在他关于旋转椭球的引力的著作中③用三重积分表示引力。他在发现用直角坐标来计算很困难后,转用球坐标。他引入

$$x = a + r\sin\phi\cos\theta,$$
$$y = b + r\sin\phi\sin\theta,$$
$$z = c + r\cos\phi,$$

其中 $a, b, c$ 是新原点的坐标,$\theta$ 是经度角,$\phi$ 是纬度角,且 $0 \leqslant \phi \leqslant \pi, 0 \leqslant \theta \leqslant 2\pi$。这个积分变换的实质是用 $r^2\sin\theta \mathrm{d}\theta \mathrm{d}\phi \mathrm{d}r$ 代替 $\mathrm{d}x\mathrm{d}y\mathrm{d}z$。自此拉格朗日开始了多重积分变换的课题。其实拉普拉斯也几乎同时作出了球坐标变换④。

## 7. 在微积分中提供严密性的尝试

随着微积分的概念与技巧的扩展,人们努力去补充被遗漏的基础。在牛顿和莱布尼茨不成功地企图去解释概念并证明他们的程序是正确的之后,一些微积分方面的书出现了。它们试图澄清混乱,但实际上却更加混乱。

牛顿探讨微积分的方法比莱布尼茨的方法容易严密化,虽则后者的方法更富于成果,更便于应用。英国人想,他们如果把牛顿和莱布尼茨的方法与欧几里得几何联系起来,就能使两者都保证严密。但是他们将牛顿的瞬(moments,即他的不可分增量)和他处理连续变量时用的流数混淆了。追随莱布尼茨的欧洲大陆上的

---

① *Comm. Acad. Sci. Petrop.*, 10,1738,102 – 115,pub. 1747 = *Opera*, (2),6,175 – 188.
② *Novi Comm. Acad. Sci. Petrop.*, 14,1769,72 – 103,pub. 1770 = *Opera*, (1),17,289 – 315.
③ *Nouv. Mém. de l' Acad. de Perlin*, 1773,121 – 148,pub. 1775 = *Œuvres*, 3,619 – 658.
④ *Mém. des sav. étrangers*, 1772,536 – 544,pub. 1776= *Œuvres*, 8,369 – 477.

人们用微分进行计算，并试图把这个概念严密化。微分有时被当作无穷小量，即非零的但又无任何有限大小的量，有时又被当作零。

泰勒(Brook Taylor, 1685—1731)是 1714 年到 1718 年的皇家学会秘书，在他的《增量法及其逆》(*Methodum Incrementorum Directa et Inversa*, 1715)中，他力图搞清微积分的思想，但他把自己局限于代数函数与代数微分方程。他以为他总能只与有限增量打交道，但在增量过渡到流数时，他就糊涂了。正当英国学者试图将微积分和几何或速度的物理概念联系起来的时候，泰勒的阐述是建立在我们叫做有限差分的基础上的，因为它本质上是算术的，所以得不到许多支持者。

从辛普森(Thomas Simpson, 1710—1761)的《有关流数的一篇新论文》(*A New Treatise on Fluxions*, 1737)一文中，也可以看到 18 世纪致力于严密性的工作是含糊不清的，也是不成功的。辛普森在一些预备定义之后，这样定义流数："一个流动的量，按它在任何一个位置或瞬间所产生的速率(从该位置或瞬间起持续不变)，在一段给定的时间内，所均匀增长的数量称为该流动量在该位置或瞬间的流数。"用我们的话说，辛普森是用 $(dy/dt)\Delta t$ 来定义导数。其他一些作者放弃了这种想法。法国数学家罗尔(Michel Rolle)在一个地方告诫说，微积分是巧妙的谬论的汇集。

18 世纪仍然表明有对微积分的新攻击。其中最强的攻击来自贝克莱主教(1685—1753)，他害怕机械论和决定论对宗教日益增长的威胁。1734 年，他发表了《分析学者，或致一个不信教的数学家。其中审查现代分析的对象、原则与推断是否比之宗教的神秘与信条，构思更为清楚，或推理更为明显》(*The Analyst, Or A Discourse Addressed to an Infidel Mathematician. Wherein It is examined whether the Object, Principles, and Inferences of the modern Analysis are more distinctly conceived, or more evidently deduced, than Religious Mysteries and Points of Faith*)。"先除掉你自己眼睛里的障碍，你才能看得清去拨掉你兄弟眼中的灰尘。"["不信教的数学家"指哈雷(Edmond Halley)。][1]

贝克莱正确地指出了那时数学家们是归纳地而非演绎地推进，他们对自己的每一步既没有给出逻辑，也没有说明理由。贝克莱批判了牛顿的许多论点，例如在《求曲边形的面积》(*De Quadratura*)一文中，牛顿说他避免了无穷小，他给 $x$ 以增量 $o$，展开 $(x+o)^n$，减去 $x^n$，再除以 $o$，求出 $x^n$ 的增量与 $x$ 的增量之比，然后扔掉含 $o$ 的项，从而得到 $x^n$ 的流数。贝克莱说牛顿首先给 $x$ 一个增量，然后又让它是零，这违背了背反律，而且所得的流数实际上是 $0/0$。贝克莱还攻击洛必达和其他欧洲学者提出的微分法。贝克莱说微分之比应该决定割线而不是决定切线；忽略了

---

[1] George Berkeley: *The Works*, G. Bell and Sons, 1898, Vol. 3, 1—51.

高级无穷小才消除了误差。因此"依靠双重错误你得到了虽然不科学却是正确的结果",这是因为错误互相抵偿的缘故。他还挑中二阶微分 $d(dx)$ 做文章,因为 $d(dx)$ 是 $dx$ 的微分,而 $dx$ 本身是一个很难识别的量。他说:"在每一门其他科学中,人们用他们的原理证明他们的结论,而不是用结论来证明他们的原理。"

至于导数被当作 $y$ 与 $x$ 消失了的增量之比,即 $dy$ 与 $dx$ 之比,贝克莱说它们"既不是有限量也不是无穷小量,但又不是无"。这些变化率只不过是"消失了的量的鬼魂。当然……我想,能消化得了二阶或三阶流数的人,是不会吞食了神学论点就要呕吐的"。他下结论说,流数的原理并不比基督教的更清楚。他否定现代分析的对象、原理和推理比宗教的神秘和信仰的论点更为构思清楚,推理明显。

朱林(James Jurin,1684—1750)对《分析学者》作了回击。1734 年他发表了《几何学,非不信教的朋友》(*Geometry*, *No Friend to Infidelity*)。在此文中他坚持认为流数对精通几何的人说来是清楚的。然后他徒劳地试图解释牛顿的瞬与流数。例如朱林将变量的极限定义为"被变量连续地逼近的某确定的量",而且可逼近得比任何给定的差更近。然而,他又加上一句:"但永不超出它。"他将这个定义应用于变量之比(差商)。贝克莱的使人无言以对的回击,名叫《捍卫数学中的自由思想》(*A Defense of Freethinking in Mathematics*, 1735)①的文章指出,朱林是在捍卫他所不了解的东西。朱林作了反击,但并没有把事情搞清楚。

而后,罗宾斯(Benjamin Robins,1707—1751)以他的几篇专论和一本书《论艾萨克·牛顿爵士的流数法以及最初比与最终比方法的本质与可靠性》(*A Discourse Concerning the Nature and Certainty of Sir Isaac Newton's Method of Fluxions and of Prime and Ultimate Ratios*, 1735)参加争论。罗宾斯忽视了牛顿的第一篇文章中的瞬,而强调流数以及最初比和最终比。例如他这样定义极限:"当一个变量能以任意接近程度逼近一最终的量(虽然永不能绝对等于它),我们定义这个最终的量为极限。"他认为流数是一个正确的想法,而最初比和最终比仅仅是一种解释。尽管他是用变量逼近极限来做解释的,但罗宾斯补充说流数法的建立并不求助于极限。他不承认无穷小。

为了回击贝克莱,麦克劳林(Colin Maclaurin,1698—1746)在他的《流数论》(*Treatise of Fluxions*, 1742)中,企图建立微积分的严密性。这是一个值得赞扬的却并不正确的努力。像牛顿一样,麦克劳林喜爱几何,因而他试图根据希腊几何和穷竭法(特别是阿基米德的穷竭法)建立流数学说。他希望这样可以避开极限概念。他的本领是熟练地使用几何,所以他常劝别人用几何而忽视分析。

欧洲大陆上的数学家更多地依靠代数表达式的形式演算,而不是几何。这种方法的最重要代表是欧拉,他拒绝把几何作为微积分的基础,并纯粹形式地研究函

---

① George Berkeley: *The Works*, G. Bell and Sons, 1898, Vol. 3,53 – 89.

数,即从它们的代数(分析)表达式来论证。

他拒绝无穷小的概念,这里所谓的无穷小是指非零而又小于任何指定大小的量。在他 1755 年的《原理》(*Institutiones*)中,他论证道①:

> 毫无疑问,任何一个量可减小到完全消失得无影无踪的程度。但是,一个无穷小量无非是一个正在消失的量,因而它本身就等于 0。这与无穷小的定义也是协调的,按照无穷小的定义,它应小于任一指定的量;它无疑应当就是无;因为除非它等于 0,否则总能给它指定一个和它相等的量,而这是与假设矛盾的。

由于欧拉排除了微分,他就必须解释对他说来是 $0/0$ 的 $\mathrm{d}y/\mathrm{d}x$ 怎么能等于一个确定的数。对此,他像下面这样做:因为对任何数 $n$,有 $n \cdot 0 = 0$,所以 $n = 0/0$。导数正是确定 $0/0$ 的一个方便的途径。为了证明在有 $\mathrm{d}x$ 出现时可以丢掉 $(\mathrm{d}x)^2$,欧拉说 $(\mathrm{d}x)^2$ 在 $\mathrm{d}x$ 之前消失,所以 $\mathrm{d}x+(\mathrm{d}x)^2$ 与 $\mathrm{d}x$ 之比应为 1。他确实承认 $\infty$ 是一个数,例如他认为和 $1+2+3+\cdots$ 是一个数。他也区分 $\infty$ 的阶。例如 $a/0 = \infty$,而 $a/(\mathrm{d}x)^2$ 是二阶无穷大等。

欧拉进而得到 $y=x^2$ 的导数。他给 $x$ 以增量 $\omega$,则 $y$ 的增量就是 $\eta = 2x\omega + \omega^2$,而比 $\eta/\omega$ 就是 $2x+\omega$。然后他说,当较小的 $\omega$ 被舍去,这个比值就趋近 $2x$。然而,他强调说微分 $\eta,\omega$ 是绝对的 0,由它们只能知道它们相互的比值最终化为一个有限值,此外推不出任何其他东西。这样,欧拉不折不扣地接受了如下的说法:存在这样的量,它们本身是绝对的 0,而它们的比值是有限数。在《原理》第 3 章中,欧拉说了这个性质的更多"道理",他在那里鼓励读者说:在导数中并没有隐藏通常想象的那么大的神秘性,而那种神秘性使许多人在心目中怀疑微积分。

作为欧拉推理的另一个例子,我们看一下他在《原理》(1755)第 180 节中关于 $y = \log x$ 的微分的推导。用 $x+\mathrm{d}x$ 代替 $x$ 得

$$\mathrm{d}y = \log(x+\mathrm{d}x) - \log x = \log\left(1+\frac{\mathrm{d}x}{x}\right).$$

这里,他联想他的《引论》(1748)第一卷第 7 章中的结果:

(57) $$\log_e(1+z) = z - \frac{z^2}{2} + \frac{z^3}{3} - \frac{z^4}{4} + \cdots.$$

以 $\mathrm{d}x/x$ 代 $z$ 得

$$\mathrm{d}y = \frac{\mathrm{d}x}{x} - \frac{\mathrm{d}x^2}{2x^2} + \frac{\mathrm{d}x^3}{3x^3} - \cdots.$$

由于第一项后各项均消失了,我们有

---

① *Opera*, (1), 10, 69.

$$d(\log x) = \frac{dx}{x}.$$

我们应该记住欧拉的书是他那时候的标准课本。欧拉形式化方法(formalistic approach)的真正贡献是把微积分从几何解放出来,而使它建立在算术和代数的基础上。这一步至少为基于实数系统的微积分的根本论证开辟了道路。

拉格朗日在1772年的一篇文章①以及在《解析函数论》(*Théorie des fonctions analytigues*)②中作了重建微积分基础的最雄心勃勃的尝试。他的书的小标题暴露了他的无知。这个小标题是:"包含着微分学的主要定理,不用无穷小,或正在消失的量,或极限与流数等概念,而归结为有限量的代数分析艺术。"

拉格朗日批评牛顿的方法时指出,关于弦与弧的极限比,牛顿认为弦与弧不是在它们消失前或消失后相等,而是当它们消失时相等。正如拉格朗日正确地指出的:"此方法有很大不便,即它把所考虑的量在失却其为量的状态下,仍看作是量;因为虽则对两个量,只要它们还保持有限,就总可以适当地设想它们的比,但是,当它们一旦同时都变为无时,它们的比在我们的头脑里就不再有清楚而确切的想法了。"他说,麦克劳林的《流数论》表明要证明流数法是何等困难。他对莱布尼茨和伯努利的小零(即无穷小)及欧拉的绝对零同样不满意,他说,所有这些,"虽然在现实中是对的,但作为一门科学的基础仍不够清楚,因为科学的确实性应基于它自身的证据"。

拉格朗日想给微积分提供古人论证的全部严密性,并且他提出要把微积分归结为代数来做到这一点。他所指的代数,正如我们前面所提到的,包括作为多项式推广的无穷级数。事实上,对拉格朗日来说,函数论只是与函数的导数有关的代数的一部分。拉格朗日特别提倡使用幂级数。他以适合于他的谦卑态度指出,牛顿没有想到这个方法是很奇怪的。

他当时希望使用这一事实,任何一个函数$f(x)$能表示成这样:

(58) $$f(x+h) = f(x) + ph + qh^2 + rh^3 + sh^4 + \cdots.$$

其中系数$p, q, r, \cdots$含$x$,但与$h$无关。然而,他希望在进一步研究之前确认这样的幂级数展开总是可能的。他说,当然,这可以通过任何多个熟悉的例子来说明。但他也的确承认有例外的情况。拉格朗日想到的例外情况有$f(x)$的某些导数可变为无穷,或者函数与导数都变为无穷。这些例外只发生在一些孤立点上,因此拉格朗日不把它们计算在内。他以类似的骑士风度来处理另一个困难。拉格朗日和欧拉都毫无疑问地接受这样一点,将函数展开成$h$的整数幂或分数幂的级数肯定

---

① *Nouv. Mém. de l'Acad. de Berlin*, 1772, pub. 1774 = Œuvres, 3, 441–476.
② 1797; 2nd ed., 1813 = Œuvres, 9.

是可能的。但拉格朗日希望排除对分数幂的需要,他相信只有在 $f(x)$ 中含根式时才会出现分数幂,但他又把这种情况当作例外而不去理它,因此他就立即处理(58)式。

拉格朗日用一个有点累赘、但却是纯形式的论据断定,正如能从 $f(x)$ 得到 $p$ 一样,我们可以从 $p$ 得到 $2q$,并对(58)的其他系数 $r, s, \cdots$ 也可得到类似结论。因此如用 $f'(x)$ 表示 $p$,以 $f''(x)$ 表示从 $f'(x)$ 导出的函数[如同从 $f(x)$ 导出 $f'(x)$ 那样],则

$$p = f'(x), \quad q = \frac{1}{2!}f''(x), \quad r = \frac{1}{3!}f'''(x), \cdots,$$

因此(58)就给出

$$f(x+h) = f(x) + hf'(x) + \frac{h^2}{2!}f''(x) + \cdots.$$

这时,拉格朗日得出这样的结论:最后这个"表达式具有优越性,它清楚地显示出各项之间的相互依赖关系。特别是只要知道怎样形成第一个导函数,就可以照样形成级数中的其他导函数"。稍后,他又补充道:"只要有了微分学的初步知识,就会明白这些导函数正是 $dy/dx$, $d^2y/dx^2$, $\cdots$"。

拉格朗日还指出怎样由 $f(x)$ 导出 $p$ 或 $f'(x)$。在那里,他用(58)式,并忽略第二项以后的各项,得 $f(x+h) - f(x) = ph$。他将两边同除以 $h$,得出 $p = f'(x)$。

实际上,拉格朗日关于函数可展成幂级数的假定是一个系统性的弱点。现在知道的关于这种可展性的各种判据都涉及各阶导数的存在性。但导数的存在性正是拉格朗日想要避免的。他为幂级数辩护的论据只是使函数能否展开的问题更糊涂。即使在函数可以展成级数时,也只有能得到第一个导数[即 $f'(x)$]后,才能用拉格朗日所说的方法,而这里拉格朗日所做的正是他前人比较粗糙的东西的重复。最后,实际上并未讨论级数(58)的收敛问题。他倒的确指出了,当 $h$ 充分小时,保留的最后一项比舍去的各项要大。他在这本书里还给出了泰勒展开余项的拉格朗日形式(第20章第7节),但是它对上面的展开法不起作用。尽管有这些弱点,拉格朗日探讨微积分的方法在相当长一段时期中受到很高的赞赏。后来,它被抛弃了。

拉格朗日相信他已省却了极限概念。他确实承认[1]微积分可以在极限理论的基础上建立起来,但是他说,这种必须使用的抽象推理与分析精神无关。尽管他的方法不妥,但他确实像欧拉那样,为将分析的基础脱离几何与力学做出了贡献;而且在这方面,他的影响是决定性的。虽则这种分离不是教学法所期望的,因为它阻

---

[1] *Œuvres*, 1,325.

碍直观的了解,但是它使逻辑的分析必须自立这一点变得很清楚。

近18世纪末,一个数学家、战士和行政管理人员卡诺(Lazare N. M. Carnot, 1753—1823)写了一本通俗的畅销书《关于无穷小分析的形而上学的思考》(*Réflexions sur la métaphysique du calcul infinitésimal*, 1797),在这本书里,他想使微积分精确化。他试图证明逻辑是以穷竭法为依据的,而处理微积分的全部方法只不过是简化或捷径,把它们建立在穷竭法的基础上,就能够给它们提供逻辑。累加推敲之后,他像贝克莱一样得出这样的结论:微积分的通常论证中的错误是互相抵偿的。

在使微积分严密化的大量努力中,有少数几个是路子对头的,其中最有名的是达朗贝尔的和再早一点的沃利斯的工作。达朗贝尔相信牛顿有正确的想法,而他自己所做的只是解释牛顿的意思,在著名的《科学、艺术和工艺的百科全书》(*Encyclopédie ou Dictionnaire Raisonné des Sciences, des Arts, et des Métiers*, 1751—1780)中,达朗贝尔在"微分"这个条目下写道:"牛顿从未把微分学当作无穷小量的计算,而是作为最初比和最终比的方法,即求出这些比的极限的一种方法。"但是达朗贝尔把微分定义为"无穷小量或者至少小于任何给定值的量。"他是相信莱布尼茨的微积分能建立在微分三规则之上的;然而他更喜欢把导数看成极限。在关于极限的使用的研究中,他也像欧拉那样论证 $0/0$ 可以等于任何量。

他在另一篇论文中说道:"极限、极限论是微积分的真正抽象……它决不是微分学中的无穷小量的一个问题,它独特地是有限量的极限问题。这样,无穷大和无穷小量,它们相互间较大、较小的空谈,对微分学说来是全然无用的。"无穷小仅仅是一种说法,用以避免冗长的极限术语的描述。事实上,达朗贝尔给出了极限的正确定义的一个很好的近似:一个变量趋近一个固定量,趋近的程度小于任何给定量。虽则这里他也讲到变量永远达不到极限,但他没有结合并利用他的基本正确思想做出微积分的形式阐述。

他在许多观点上仍然是含糊的,例如他把曲线的切线定义为当割线与曲线的两个交点变成一个的时候割线的极限。这种含糊性,特别是他叙述极限概念时的含糊性,使许多人怀疑一个变量能否达到它的极限。由于没有明白而正确的表达,达朗贝尔告诫学习微积分的学生们:"坚持,你就会有信心。"

拉克鲁瓦(Sylvestre-François Lacroix,1765—1843)在他的著作《微积分学教程》(*Traité du calcul différentiel et du calcul intégral*)的第二版(1810—1819)中,对两个量的比,当其中每一个都趋近 0 时,能趋近于一个作为极限的确定值这个问题有较明确的思想。他给出了比 $ax/(ax+x^2)$,并指出这个比与 $a/(a+x)$ 相同,而 $a/(a+x)$ 当 $x$ 趋近于 0 时趋近于 1。进而,他指出 1 是当 $x$ 甚至通过负值趋于 0 时的极限。然而,他也说当分子与分母是 0 时的极限的比值这样的话,其至还用 0/0 这个记号。他确实引进用导数表示的函数 $y = f(x)$ 的微分 $\mathrm{d}y$，即 $\mathrm{d}y = f'(x)\mathrm{d}x$。因此，若 $y = ax^3$，则 $\mathrm{d}y = 3ax^2\mathrm{d}x$。他第一次使用"微分系数"这个术语表示导数，于是 $3ax^2$ 就是微分系数。

18 世纪的几乎每一个数学家都对微积分的逻辑作了一些努力，或至少是讲了一些这方面的话，虽则有一两个路子对头，但所有的努力都没有结果。区别很大的数和无穷大"数"是很困难的。当时，人们认为这样的结论似乎是很清楚的：对每一个 $n$ 成立的定理，必须对 $n$ 是无穷大也成立。同样，差商可以被导数代替，有限项的和与积分也是很难区分的。那时，数学家们在有限同无限情形之间随意通行。1755 年，欧拉在《原理》中区分了函数的增量与该函数的微分，也区分了和与积分，但这种区分并未立即被大家采用。18 世纪所有这方面的努力可以用伏尔泰(Voltaire)关于微积分的描述来概括，他把微积分描述为"计算和度量一个其存在性是不可思议的事物的艺术"。

在几乎完全缺乏基础的情况下，数学家们怎么可能对各种函数进行演算呢？除了大大地依靠物理和直观的意义之外，他们思想上的确还有一个模型——较简单的代数函数，如多项式与有理函数等。他们把他们在这些简单而具体的函数中发现的性质推广到所有的函数上去。这些性质诸如连续性、孤立的无穷大和不连续点的存在性可展成幂级数，以及导数和积分的存在性等。在很大程度上，由于研究振动弦，他们被迫将函数概念(像欧拉那样)推广到任何随意画出的曲线(例如欧拉的混合函数、不规则函数或不连续函数)，这时，他们不能再以较简单的函数为前导了。而当对数函数必须推广到负数与复数时，他们实际上是在完全没有可靠基础的情况下工作的，这正是为什么那时对这类事情的争论很普遍的原因。直到 19 世纪前，微积分的严密化一直未完成。

# 参 考 书 目

Bernoulli, James：*Opera*, 2 vols., 1744, reprinted by Birkhaüser, 1968.

Bernoulli, John：*Opera Omnia*, 4 vols., 1742, reprinted by Georg Olms, 1968.

Boyer, Carl B.：*The Concepts of the Calculus*, Dover (reprint), 1949, Chap. 4.

Brill, A. & M. Nöther："Die Entwicklung der Theorie der algebraischen Funktionen in älterer and neueurer Zeit," *Jahres. der Deut. Math. -Verein.*, 3, 1892/1893, 107 - 566.

Cajori, Florian："History of the Exponential and Logarithmic Concepts," *Amer. Math. Monthly*, 20, 1913, 5 - 14, 35 - 47, 75 - 84, 107 - 117, 148 - 151, 173 - 182, 205 - 210.

Cajori, Florian：*A History of the Conceptions of Limits and Fluxions in Great Britain from Newton to Woodhouse*, Open Court, 1919.

Cajori, Florian："The History of Notations of the Calculus," *Annals of Math.*, (2), 25,

1923,1 - 46.

Cantor, Moritz: *Vorlesungen über Geschichte der Mathematik*, B. G. Teubner, 1898 and 1924, Vols. 3 and 4, relevant sections.

Davis, Philip J. : "Leonhard Euler's Integral: A Historical Profile of the Gamma Function," *Amer. Math. Monthly*, 66,1959,849 - 869.

Euler, Leonhard: *Opera Omnia*, B. G. Teubner and Orell Füssli, 1911—; see references to specific volumes in the chapter.

Fagnano, Giulio Carlo: *Opera matematiche*, 3 vols. , Albrighi Segati, 1911.

Fuss, Paul H. von: *Correspondance mathématique et physique de quelques célèbres géomètres du XVIIIème siècle*, 2 vols. , 1843, Johnson Reprint Corp. , 1967.

Hofmann, Joseph E. : "Über Jakob Bernoullis Beiträge zur Infinitesimal-mathematik," *L'Enseignement Mathématique*, (2),2,61 - 171,1956; also published separately by Institut de Mathématiques, Genéve, 1957.

Mittag-Leffler, G. : "An Introduction to the Theory of Elliptic Functions," *Annals of Math.*, (2),24,1922—1923,271 - 351.

Montucla, J. F. : *Histoire des mathématiques*, A. Blanchard (reprint), 1960, Vol. 3, pp. 110 - 380.

Pierpont, James: "Mathematical Rigor, Past and Present," *Amer. Math. Soc. Bulletin*, 34, 1928,23 - 53.

Struik, D. J. : *A Source Book in Mathematics*, 1200—1800, Harvard University Press, 1969, pp. 333 - 338,341 - 351,374 - 391.

# 第 20 章

## 无 穷 级 数

> 读读欧拉,读读欧拉,他是我们大家的老师。
>
> 拉普拉斯

## 1. 引　言

在 18 世纪,甚至到今天,无穷级数一直被认为是微积分的一个不可缺少的部分。实际上,牛顿研究级数是和他的流数法分不开的,因为对于稍为复杂一些的代数函数和超越函数,只有把它们展成无穷级数并进行逐项微分或积分,他才能处理它们。莱布尼茨在他 1684 年和 1686 年初期发表的一些文章中,也强调了"一般的或不定的方程"。伯努利家族、欧拉以及他们同时代的人,都大量依靠级数的使用。数学家们只是逐渐地,正如在上一章所指出的那样,学会用有尽的形式(也就是简单的分析表达式)来研究初等函数。虽然如此,级数仍然是某些函数的唯一表达式,而且是计算初等超越函数的最有效的工具。

随着研究领域的逐渐扩展,数学家们运用无穷级数所取得的成功变得越来越多。新概念中存在的困难,起码在一段时间里是没有认识到的。级数只是无穷多项式,并且也就当作多项式来处理。此外,正如欧拉和拉格朗日所相信的,每个函数都能表示为级数,似乎是显然的事。

## 2. 无穷级数的早期工作

无穷级数在数学中是出现得很早的,出现的形式通常是公比小于 1 的无穷几何级数。亚里士多德[①]就已认识到这种级数有和。无穷级数还散见在中世纪后期数学家的著作中,被用来计算变速运动的物体所走过的路程。曾经研究过一些这类级数的奥雷姆(Nicole Oresme),在他的小册子《欧几里得几何问题》(*Quæstiones*

---

① *Physica*, Book III, Chap. 6, 206b, 3-33.

*Super Geometriam Euclidis*, 约 1360 年)中,甚至证明了调和级数
$$1+\frac{1}{2}+\frac{1}{3}+\frac{1}{4}+\frac{1}{5}+\cdots$$
是发散的,他用的正是今天的方法,就是代之以一个每项都较小的级数
$$\frac{1}{2}+\frac{1}{2}+\left(\frac{1}{4}+\frac{1}{4}\right)+\left(\frac{1}{8}+\frac{1}{8}+\frac{1}{8}+\frac{1}{8}\right)+\cdots$$
并看出后者是发散的,因为我们能够得到要多少就有多少的括号,其中每一个的值都等于 1/2。然而,人们不应由此断言,奥雷姆或一般数学家们,已经开始识别收敛级数与发散级数。

韦达在他的《各种各样的解答》(*Varia Responsa*, 1593, *Opera*, 347 – 435)中给出了一个**无穷几何级数**的求和公式。他从欧几里得的《原本》知道,$n$ 项和 $a_1+a_2+\cdots+a_n$ 可用
$$\frac{s_n-a_n}{s_n-a_1}=\frac{a_1}{a_2}$$
给出。这样,如果 $\frac{a_1}{a_2}>1$,则当 $n$ 变为无穷时 $a_n$ 趋向于 0,所以
$$s_\infty=\frac{a_1^2}{a_1-a_2}.$$

17 世纪中叶,圣文森特的格雷戈里在他的《几何著作》(*Opus Geometricum*, 1647)中,证明了阿喀琉斯(Achilles)追龟的悖论可以用无穷几何级数的求和来解决。和是有限的这件事表明,阿喀琉斯可以在一个确定的时间与地点追上乌龟。圣文森特的格雷戈里第一次明白指出了无穷级数表示一个数,即级数的和。他称这个数为级数的极限。他说:"过程的结束就是级数的终点,即使延续到无穷,过程也永远达不到这个终点,但是它能够趋向于它并接近到任何给定的程度。"他还有许多其他的不够准确和清楚的论述,但他对这个课题做出了贡献并影响了很多学生。

墨卡托(Nicholas Mercator)和牛顿(第 17 章第 2 节)发现了级数
$$\log(1+x)=x-\frac{1}{2}x^2+\frac{1}{3}x^3+\cdots.$$
人们观察到,在 $x=2$ 时级数的值为无穷,而根据左边,它却应该取 log 3。沃利斯注意到了这个困难,但不能解释它。牛顿得到了许多其他表示代数函数和超越函数的级数。例如,在 1666 年,为了得到 arcsin $x$ 的级数,他用了这样的事实(图 20.1),面积 $OBC=\frac{1}{2}\arcsin x$,因此 $\frac{1}{2}\arcsin x=\int_0^x\sqrt{1-x^2}\mathrm{d}x-\frac{x}{2}\sqrt{1-x^2}$。他把右边展开为级数,逐项积分,并项,得到了结果。他还得到了 arctan $x$ 的级数。在 1669 年的《分析学》(*De Analysi*)中,他给出了 sin$x$, cos$x$, arcsin$x$ 和 $\mathrm{e}^x$ 的级数。这些级数中的某些是用从其他级数求逆的办法得到的,即把自变量作为应变

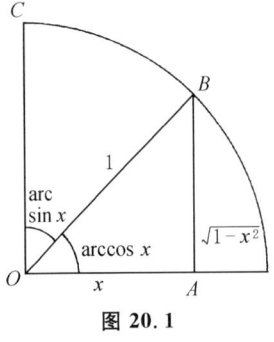

图 20.1

量解出来。他用的方法是粗糙的和归纳的。虽然如此,牛顿对自己推导出了如此之多的级数还是感到莫大的欣慰。

柯林斯(John Collins)在 1669 年收到了牛顿的《分析学》,并于 1670 年 12 月 24 日把级数方面的结果告诉了詹姆斯·格雷戈里。詹姆斯·格雷戈里在 1671 年 2 月 15 日答复说[滕博尔(Turnbull),《通信》(*Correspondence*),1,52—58 和 61—64],他得到了其他一些级数,其中包括

$$\tan x = x + \frac{x^3}{3} + \frac{2}{15}x^5 + \frac{17}{315}x^7 + \cdots,$$
$$\sec x = 1 + \frac{x^2}{2} + \frac{5}{24}x^4 + \frac{61}{720}x^6 + \cdots.$$

他如何推导出这些级数是无从知道的。莱布尼茨也在 1673 年大概独立地得到了 $\sin x$, $\cos x$ 和 $\arctan x$ 的级数。在微积分早期阶段,研究超越函数时用它们的级数来处理是所用方法中最富有成效的,也是牛顿和莱布尼茨微积分工作的一个重要部分。

这些人和其他使用分数指数与负指数的二项式定理的人,为了得到很多级数,不仅不顾由于运用这些级数而产生的问题,甚至也没有证明二项式定理。他们认为级数等于展成这个级数的函数是没有问题的。

詹姆斯·伯努利在 1702 年①推导出了 $\sin x$ 和 $\cos x$ 的级数。用的方法是,他先把 $\sin n\alpha$ 按 $\sin \alpha$ 展开,然后让 $\alpha$ 趋向于 0 而 $n$ 变成无穷,使得 $n\alpha$ 趋向于 $x$ 而同时 $n\sin\alpha$ 即 $\frac{n\alpha \sin\alpha}{\alpha}$ 也趋向于 $x$。沃利斯在他的《代数》(*Algebra*, 1693)的拉丁文版中指出,牛顿在 1676 年再次给出了这些级数;詹姆斯·伯努利看到了这句话,但未申明牛顿的优先权;此外,棣莫弗在 1698 年的《哲学汇刊》(*Philosophical Transactions*)②中已给出了牛顿结果的证明;虽然詹姆斯·伯努利在其他工作中用过并引证过这个杂志,但他并没有表明他是通过这渠道注意到牛顿的工作的。

除了用于微积分之外,级数的主要应用之一在于计算一些特殊的量,如 π 和 e,以及对数函数和三角函数。牛顿、莱布尼茨、詹姆斯·格雷戈里、科茨、欧拉和其他许多人,都是为了这个目的而对级数感兴趣的。然而,有些级数收敛得这样慢,对于计算来说几乎不能使用。例如,莱布尼茨在 1674 年得到了有名的结果③

---

① *Opera*, 2, 921—929.
② Vol. 20, 190—193.
③ *Math. Schriften*, 5, 88—92;也见 *Acta Erud.*, 1682 = *Math. Schriften*, 5, 118—122.

$$\frac{\pi}{4} = 1 - \frac{1}{3} + \frac{1}{5} - \frac{1}{7} + \cdots.$$

但为了计算 $\pi$，即使是达到阿基米德已经得到的精确度，也得算 100 000 项。同样，$\log(1+x)$ 的级数收敛也十分慢，必须取很多项才能达到小数点后几位的精确度。有各种方法把这个级数变成收敛比较快的级数。例如，詹姆斯·格雷戈里[《几何练习》($Exercitations\ Geometricae$)，1668]得到了

$$\frac{1}{2}\log\frac{(1+z)}{(1-z)} = z + \frac{1}{3}z^3 + \frac{1}{5}z^5 + \cdots,$$

并证明了它在计算对数中更有用。把一个级数变成另一个收敛比较快的级数的问题，在整个 18 世纪有许多人继续研究过。有一个这样的变换，是属于欧拉的，我们将在第 4 节中给出。

级数还有另一应用，是由牛顿开始的。给定一个隐函数 $f(x, y) = 0$，人们希望把 $y$ 表示为 $x$ 的显函数。这样的显函数可能有好几个，例如 $x^2 + y^2 - 1 = 0$ 这个最简单的情形，显然就是这样，它有两个通过点 $(1, 0)$ 的解 $y = \pm\sqrt{1-x^2}$。在这简单的情形里，两个解都能够表示为有尽的分析表达式。但是，一般说来，$y$ 的每一个表达式都必须表示为 $x$ 的无穷级数。当然，这些级数并不一定是幂级数，特别是在奇点 ($f_x = f_y = 0$) 处的展开式更是这样。牛顿在他的《流数法》中发表了决定这几个级数的形式的一个方法，每一个显函数解就是这些级数之一。他的方法(其中用到了有名的所谓牛顿平行四边形)指出，在形如

$$y = a_1 x^m + a_2 x^{m+n} + a_3 x^{m+2n} + \cdots$$

的级数中，如何决定前头几个指数。然后，这些级数的系数可以用待定系数法定出来。事实上，牛顿也只是给出了一些特殊的例子，人们只能从中推断他的方法。

对每一个级数来说，决定指数的方法是很麻烦的，泰勒、斯特林和麦克劳林给出了一些法则；麦克劳林还试图推广和证明这些法则，但未成功。牛顿方法的一个证明由克莱姆(Gabriel Cramer)和克斯特纳(Abraham G. Kästner，1719—1800)独立地给出。

## 3. 函数的展开

17 世纪后期和 18 世纪，摆在数学家面前的问题之一是函数表的插值。为了适应航海、天文学和地理学的进展，要求三角函数、对数函数和航海表的插值有较大的精确度。插值(这个词是沃利斯的)的常用方法叫线性插值法，因为它假设了在两个已知值之间的区间中，函数是自变量的线性函数。然而，问题中的函数往往是非线性的，因而数学家感到需要有一种较好的插值方法。

我们将要叙述的方法是布里格斯(Henry Briggs)在他的《对数的算术》

(*Arithmetica Logarithmica*, 1624)中引进的,不过关键的公式是由詹姆斯·格雷戈里在他 1670 年 11 月 23 日给柯林斯的信(滕博尔,《通信》,1,45 − 48)中给出,并且牛顿也独立地给出过。牛顿的工作出现在《原理》第三卷的引理 5 和《微分法》(*Methodus Differentialis*)中,后者虽然出版于 1711 年,但却是 1676 年写成的。用的方法叫做有限差方法,这是有限差计算的第一个重大的结果。

假设 $f(x)$ 是一个函数,它在 $a, a+c, a+2c, a+3c, \cdots, a+nc$ 上的值已知。令

$$\Delta f(a) = f(a+c) - f(a),$$
$$\Delta f(a+c) = f(a+2c) - f(a+c),$$
$$\Delta f(a+2c) = f(a+3c) - f(a+2c),$$
$$\cdots\cdots$$

进一步令

$$\Delta^2 f(a) = \Delta f(a+c) - \Delta f(a),$$
$$\Delta^3 f(a) = \Delta^2 f(a+c) - \Delta^2 f(a),$$
$$\cdots\cdots$$

那么格雷戈里-牛顿公式可以叙述为

(1) $$f(a+h) = f(a) + \frac{h}{c}\Delta f(a) + \frac{\frac{h}{c}\left(\frac{h}{c}-1\right)}{1 \cdot 2}\Delta^2 f(a) + \cdots.$$

牛顿粗略地给出了一个证明,而詹姆斯·格雷戈里却没有。

为了计算 $f(x)$ 在已知值之间的任一 $x$ 处的值,只需让 $h$ 等于 $x-a$。这样计算出来的值并不一定是函数的真值;公式计算出来的是 $h$ 的一个多项式的值,这个多项式在特殊点 $a, a+c, a+2c, \cdots$ 的值和函数的真值相同。

格雷戈里-牛顿公式还可用来逼近积分。给定一个函数,譬如说 $g(x)$ 要求积分,或者说要找相应曲线下的面积。我们可用 $g(x)$ 的值得到 $g(a), g(a+c), g(a+2c), \cdots$ 以及它们的差分和高阶差分;把这些值代到(1)中,那么(1)就给出了一个逼近 $g(x)$ 的多项式。于是,正如牛顿所指出的,由于多项式是很容易积分的,就得到了 $g(x)$ 的所求积分的一个逼近。

詹姆斯·格雷戈里还把(1)应用于函数 $(1+d)^x$。他知道这个函数在 $x=0, 1, 2, 3, \cdots$ 上的值。因此 $f(0)=1, \Delta f(0)=d, \Delta^2 f(0)=d^2, \cdots$。这样,在(1)中,让 $a=0, c=1$ 和 $h=x-0$,应用 $f(0), \Delta f(0), \cdots$ 的值,他得到了

(2) $$(1+d)^x = 1 + dx + \frac{x(x-1)}{1 \cdot 2}d^2$$
$$+ \frac{x(x-1)(x-2)}{1 \cdot 2 \cdot 3}d^3 + \cdots.$$

这样,对于一般的 $x$,詹姆斯·格雷戈里得到了二项式的展开。

格雷戈里-牛顿内插公式由泰勒发展成一个把函数展成无穷级数的最有力的方法。二项式定理、有理函数的长除法和待定系数法,都是有局限性的方法。泰勒在他研究有限差计算的第一本出版物《增量法及其逆》(*Methodus Incrementorum Directa et Inversa*, 1715)中,推导出他在 1712 年曾经叙述过的定理,这定理至今仍用他的名字命名。他顺便称赞了牛顿,却没有提到莱布尼茨 1673 年在有限差方面的工作,虽然泰勒是知道这些工作的。泰勒定理在 1670 年就已经为詹姆斯·格雷戈里所知,大概稍后又为莱布尼茨独立地发现过;然而,这两个人都没有发表它。实际上,约翰·伯努利确曾于 1694 年在《教师学报》上发表了相同的结果;虽然泰勒知道这个结果,但并没有引证过它。他自己的"证明"是不一样的。他所做的相当于在格雷戈里-牛顿公式中让 $c$ 变成 $\Delta x$。这样一来,例如(1)的右边第三项就变成

$$(3) \qquad \frac{h(h-\Delta x)}{1 \cdot 2} \cdot \frac{\Delta^2 f(a)}{\Delta x^2}.$$

泰勒下结论说,当 $\Delta x = 0$ 时,这一项就变成 $h^2 f''(a)/2!$,从而整个格雷戈里-牛顿公式变成

$$(4) \qquad f(a+h) = f(a) + f'(a)h + f''(a)\frac{h^2}{2!} + f'''(a)\frac{h^3}{3!} + \cdots.$$

当然,泰勒的方法是不严密的,他也没有考虑收敛问题。

泰勒的定理在 $a = 0$ 时就是现在所谓的麦克劳林定理。麦克劳林继承詹姆斯·格雷戈里任爱丁堡的教授,在他的《流数论》(1742)中给出了这个特殊情形,并说明这只是泰勒的结果的一个特殊情形。然而,历史上却把它作为一个独立的定理而归功于麦克劳林。附带地说,斯特林在 1717 年对代数函数,以及在他 1730 年的《微分法》(*Methodus Differentialis*)中对一般函数,也给出了这个特殊情形。

麦克劳林是用待定系数法证明他的结果的。他进行如下证明。

令

$$(5) \qquad f(z) = A + Bz + Cz^2 + Dz^3 + \cdots,$$

那么

$$f'(z) = B + 2Cz + 3Dz^2 + \cdots,$$

$$f''(z) = 2C + 6Dz + \cdots,$$

$$\cdots\cdots$$

在每个等式中令 $z = 0$,就定出 $A, B, C, \cdots$。他并没有为收敛问题担心,而直接去应用结果。

## 4. 级数的妙用

詹姆斯·伯努利和约翰·伯努利在级数方面做了大量工作。詹姆斯·伯努利

在 1689 年到 1704 年间,写了五篇论文,他侄子尼古拉·伯努利(1695—1726)(约翰·伯努利的儿子)把它们作为詹姆斯·伯努利的《推想的艺术》(*Ars Conjectandi*, 1713)的附录发表。这些论文中的大多数是专论使用函数的级数表示的,其目的是求函数的微分和积分,以及求曲线下的面积和曲线的长度。尽管这些应用是对微积分的重大贡献,但没有什么特别新的思想。然而,他用来求级数和的某些方法却是值得注意的,因为它们说明了 18 世纪数学思想的特征。

在第一篇论文(1689)中[1],他从级数

(6) $$N = \frac{a}{c} + \frac{a}{2c} + \frac{a}{3c} + \cdots$$

出发,由此得到

(7) $$N - \frac{a}{c} = \frac{a}{2c} + \frac{a}{3c} + \frac{a}{4c} + \cdots.$$

他现在从(6)减去(7),在这个过程中,(7)的右边的每一项都从位于它上面的那一项减去。这就得到

(8) $$\frac{a}{c} = \frac{a}{1 \cdot 2c} + \frac{a}{2 \cdot 3c} + \frac{a}{3 \cdot 4c} + \cdots.$$

这是一个正确的结果,但推导却是错误的,因为原来的级数发散。詹姆斯·伯努利说,这种做法是有问题的,如果不慎重是不能用的。

接着他考虑通常的调和级数,并证明它的和是无穷[2]。他考虑这样的项

(9) $$\frac{1}{n+1} + \frac{1}{n+2} + \cdots + \frac{1}{n^2},$$

并说这个和大于 $(n^2 - n) \cdot \frac{1}{n^2}$,因为这里有 $n^2 - n$ 项,而每一项至少同最后一项一样大;但是

$$(n^2 - n) \frac{1}{n^2} = 1 - \frac{1}{n}.$$

因此,如果在(9)中加上 $\frac{1}{n}$,就有

$$\frac{1}{n} + \frac{1}{n+1} + \frac{1}{n+2} + \cdots + \frac{1}{n^2} > 1.$$

他说,这样我们可以把项一组接一组地归并起来,使得每一组的和大于 1。这样一来,我们能够得到有限多个项,其和要多大就有多大,从而整个级数的和必须是无穷。由此,他还指出,"最后"一项消失的一个无穷级数,它的和可以是**无穷**。这是和他早期的信念,也是和 18 世纪包括拉格朗日在内的许多数学家的信念相矛盾的。

---

[1] *Opera*, 1, 375 – 402.
[2] *Opera*, 1, 392.

在这之前,约翰·伯努利曾给出过调和级数有无穷和的一个不同的"证明"。它是这样的:

(10) $$\frac{1}{2}+\frac{1}{3}+\frac{1}{4}+\frac{1}{5}+\cdots = \frac{1}{1\cdot 2}+\frac{2}{2\cdot 3}+\frac{3}{3\cdot 4}+\frac{4}{4\cdot 5}+\cdots$$
$$= \left(\frac{1}{1\cdot 2}+\frac{1}{2\cdot 3}+\frac{1}{3\cdot 4}+\frac{1}{4\cdot 5}+\cdots\right)$$
$$+\left(\frac{1}{2\cdot 3}+\frac{1}{3\cdot 4}+\frac{1}{4\cdot 5}+\cdots\right)$$
$$+\left(\frac{1}{3\cdot 4}+\frac{1}{4\cdot 5}+\cdots\right)+\left(\frac{1}{4\cdot 5}+\cdots\right)+\cdots.$$

现在,应用(8),令其中的 $a$ 和 $c$ 为 1,从(10)我们得到
$$\frac{1}{2}+\frac{1}{3}+\frac{1}{4}+\cdots$$
$$= 1+\left(1-\frac{1}{2}\right)+\left(1-\frac{1}{2}-\frac{1}{6}\right)$$
$$+\left(1-\frac{1}{2}-\frac{1}{6}-\frac{1}{12}\right)+\cdots$$
$$= 1+\frac{1}{2}+\frac{1}{3}+\frac{1}{4}+\cdots.$$

如果我们设 $A = \frac{1}{2}+\frac{1}{3}+\frac{1}{4}+\frac{1}{5}+\cdots$,我们就已经证明了 $A = 1+A$。假如 $A$ 为有穷,这结果就会是不可能的。

在接着的四篇论述级数的短文中,詹姆斯·伯努利如此无拘无束地做了许多事,以至使人难以相信他曾认识到必须谨慎地处理无穷级数。例如,在第二篇短文(1692)中[①],他作了如下的讨论:从几何级数的公式我们有
$$1+\frac{1}{2}+\frac{1}{4}+\frac{1}{8}+\cdots = 2.$$
两边乘 $\frac{1}{3}$,有
$$\frac{1}{3}+\frac{1}{6}+\frac{1}{12}+\cdots = \frac{2}{3};$$
原来级数两边乘 $\frac{1}{5}$,有 $\frac{1}{5}+\frac{1}{10}+\frac{1}{20}+\cdots = \frac{2}{5}$ 等。左边加起来就是整个调和级数,应等于右边的和,即
$$1+\frac{1}{2}+\frac{1}{3}+\frac{1}{4}+\cdots = 2+\frac{2}{3}+\frac{2}{5}+\cdots$$
$$= 2\left(1+\frac{1}{3}+\frac{1}{5}+\cdots\right).$$

---

[①] *Opera*, 1, 517-542.

因此,奇数项的和等于调和级数和的一半,从而 $\frac{1}{2}+\frac{1}{4}+\frac{1}{6}+\frac{1}{8}+\cdots$ 也是调和级数的 $\frac{1}{2}$。故

$$1+\frac{1}{3}+\frac{1}{5}+\cdots = \frac{1}{2}+\frac{1}{4}+\frac{1}{6}+\cdots.$$

在第三篇短文(1696)中[1],他写道

$$\frac{l}{m+n} = \frac{l}{m}\left(1+\frac{n}{m}\right)^{-1} = \frac{l}{m} - \frac{ln}{m^2} + \frac{ln^2}{m^3} - \cdots.$$

当 $m = n$ 时,

(11) $$\frac{l}{2m} = \frac{l}{m} - \frac{l}{m} + \frac{l}{m} - \cdots,$$

他把此式说成是一个不无风趣的悖论。

在他关于级数的第二篇文章中,他把级数的一般项用另外两项之和或差来代替,然后作另外一些可以导致特殊结果的运算。这种替换,对绝对收敛的级数是可行的,但对条件收敛的级数就不对了。因此他得到一些错误的结果,这种错误的结果他也说成是悖论。

詹姆斯·伯努利非常有趣的结果之一是处理自然数 $n$ 次幂倒数的级数,即 $1+\frac{1}{2^n}+\frac{1}{3^n}+\frac{1}{4^n}+\cdots$。詹姆斯·伯努利证明了奇数项的和与偶数项的和之比等于 $2^n-1$ 比 1。这对 $n \geqslant 2$ 是正确的。然而,詹姆斯·伯努利却毫不犹豫地把它用到 $n = 1$ 和 $n = \frac{1}{2}$ 的情形。他发现最后这个结果是自相矛盾的。

在级数方面詹姆斯·伯努利的另一结果是,级数 $1+\frac{1}{\sqrt{2}}+\frac{1}{\sqrt{3}}+\cdots$ 的和是无穷,因为它的每一项都大于调和级数的对应项。在这里他成功地用了比较判别法。

在(11)中,当 $l$ 与 $m$ 为 1 时所产生的级数,即

(12) $$1-1+1-1+1-1+\cdots$$

引起了极大的讨论与争议。如果把级数写成

(13) $$(1-1)+(1-1)+(1-1)+\cdots$$

就好像很明显,它的和应该为 0。可是,如果把级数写成

$$1-(1-1)-(1-1)-(1-1)-\cdots,$$

它的和也好像很明显应该是 1。然而,如果我们把级数(12)的和表示为 $S$,则 $S = 1-S$,从而 $S = \frac{1}{2}$;事实上这就是(11)中詹姆斯·伯努利的结果。格朗迪(Guido Grandi,1671—1742)是比萨大学的数学教授,在他的小书《圆和双曲线的求积》

---

[1] *Opera*, 2, 745-764.

($Quadratura\ Circuli\ et\ Hyperbolae$, 1703)中,用另外的方法得到了第三个结果。他在表达式

(14) $$\frac{1}{1+x} = 1 - x + x^2 - x^3 + \cdots$$

中,令 $x = 1$,得到

$$\frac{1}{2} = 1 - 1 + 1 - 1 + \cdots.$$

格朗迪因此主张级数(12)的和是 $\frac{1}{2}$。他还表示,由于级数(12)在形式(13)下的和是 0,他业已证明,世界能够从空无一物创造出来。

在给沃尔夫(Christian Wolf,1678—1754)的、发表在《学报》①上的一封信中,莱布尼茨也研究过级数(12)。他同意格朗迪的结果,但认为不用他的论证也能得到这个结果。事实上,莱布尼茨认为,如果取级数的第一项、前两项的和、前三项的和、前四项的和等,就得到 1,0,1,0,⋯。在这里,取 1 和 0 的可能率是相等的,因此必须取算术平均作为和,因为这个算术平均是最有可能取到的值。这个解答为詹姆斯·伯努利和约翰·伯努利、丹尼尔·伯努利以及我们将要看到的,也为拉格朗日所接受。莱布尼茨承认,在他的论证中,形而上学的成分多于数学的成分。但他接着说,在数学中,有比我们通常承认的更为形而上学的真理。然而,他受格朗迪论证的影响可能比他自己意识到的要多得多。因为,在后来的通信中,当沃尔夫希望把莱布尼茨这种可能率的论证方法推广,从而断言

$$1 - 2 + 4 - 8 + 16 - \cdots = \frac{1}{3},$$
$$1 - 3 + 9 - 27 + 81 - \cdots = \frac{1}{4}$$

时,莱布尼茨表示异议。他指出,有和的级数要有单调下降的项,而(12)至少是带有单调下降的项的级数的极限,这一点由(14)让 $a$ 从小于 1 的值趋向于 1 来看是显然的。

级数方面的真正广阔的工作是 1730 年左右从欧拉开始的,他对这个课题感到莫大的兴趣,但在他的思想中有很大的混乱。为了求

$$1 - 1 + 1 - 1 + 1 - \cdots$$

的和,欧拉主张,由于

(15) $$\frac{1}{1-x} = 1 + x + x^2 + x^3 + \cdots,$$

当 $x = -1$ 时,

(16) $$\frac{1}{2} = 1 - 1 + 1 - 1 + \cdots,$$

---

① $Acta\ Erud.\ Supplementum$, 5, 1713, 264－270 = $Math.\ Schriften$, 5, 382－387.

因此和是 $\frac{1}{2}$。

又当 $x=-2$ 时,(15)表明

(17) $$\frac{1}{3}=1-2+2^2-2^3+\cdots,$$

因此,右边的级数的和是 $\frac{1}{3}$。作为第三个例子,由于

(18) $$\frac{1}{(1+x)^2}=(1+x)^{-2}=1-2x+3x^2-4x^3+\cdots,$$

对 $x=1$ 就得到

$$\frac{1}{4}=1-2+3-4+\cdots,$$

再由

$$\frac{1-x}{(1+x)^2}=(1-x)(1+x)^{-2}=1-3x+5x^2-7x^3+\cdots,$$

取 $x=1$ 我们就有

(19) $$0=1-3+5-7+\cdots.$$

在他的著作中有大量这种推理的例子。

从(18),当 $x=-1$ 时,我们看到

(20) $$\infty=1+2+3+4+5+\cdots,$$

这是欧拉接受了的。进一步,在(15)中,令 $x=2$,我们看到

(21) $$-1=1+2+4+8+\cdots,$$

由于(21)的右边应超过(20)的右边,所以 $1+2+4+8+\cdots$ 的和应该超过 $\infty$。根据(21),它却是 $-1$。欧拉断言,$\infty$ 必须是介于正数和负数之间的一种极限,在这点上和 $0$ 相似。

关于(19),尼古拉·伯努利(1687—1759)在 1734 年给欧拉的一封信上说,这个级数 $1-3+5-7+\cdots$ 的和是 $-\infty(-1)\infty$。他说,欧拉的等于 $0$ 的结果,是一个无法解决的矛盾。尼古拉·伯努利还注意到,在(15)中,当 $x=2$ 时,我们有

$$-1=1+2+4+8+\cdots,$$

而在

(22) $$\frac{1}{1-x-x^2}=1+x+2x^2+3x^3+\cdots$$

中取 $x=1$,得到

$$-1=1+1+2+3+4+\cdots.$$

这两个不同的级数都给出 $-1$ 这一事实,也是一个无法解决的矛盾。否则,我们就可以认为这两个级数相等。

在一篇文章中,欧拉确曾指出过,级数只有对那些使它收敛的 $x$ 值才能应用。

但是就在这同一篇文章①中,他却断言

(23) $$\cdots + \frac{1}{x^2} + \frac{1}{x} + 1 + x + x^2 + x^3 + \cdots = 0.$$

他的论证是

$$\frac{x}{1-x} = x + x^2 + x^3 + \cdots$$

和

$$\frac{x}{x-1} = \frac{1}{1-\frac{1}{x}} = 1 + \frac{1}{x} + \frac{1}{x^2} + \frac{1}{x^3} + \cdots,$$

但两式左边相加为 0,而两式右边相加就是级数(23)。

在一篇较早的文章中②,欧拉从级数

(24) $$y = \sin x = x - \frac{x^3}{3!} + \frac{x^5}{5!} - \cdots$$

或

(25) $$1 - \frac{x}{y} + \frac{x^3}{3!y} - \frac{x^5}{5!y} + \cdots = 0$$

出发。把代数的考虑用到(25)上,把它看成一个**无穷次的多项式**,并用代数方程根与系数关系的定理,欧拉证明了③

$$\frac{1}{1^2} + \frac{1}{3^2} + \frac{1}{5^2} + \cdots = \frac{\pi^2}{8},$$

$$\frac{1}{1^3} - \frac{1}{3^3} + \frac{1}{5^3} - \cdots = \frac{\pi^3}{32},$$

$$\frac{1}{1^4} + \frac{1}{3^4} + \frac{1}{5^4} + \cdots = \frac{\pi^4}{96},$$

$$\frac{1}{1^5} - \frac{1}{3^5} + \frac{1}{5^5} - \cdots = \frac{5\pi^5}{1\,536},$$

$$\frac{1}{1^6} + \frac{1}{3^6} + \frac{1}{5^6} + \cdots = \frac{\pi^6}{960},$$

……

在同一篇文章里,他第一次给出了乘积展开

(26) $$\sin s = \left(1 - \frac{s^2}{\pi^2}\right)\left(1 - \frac{s^2}{4\pi^2}\right)\left(1 - \frac{s^2}{9\pi^2}\right)\cdots.$$

他的论据仅仅是 $\sin s$ 有零点 $\pm\pi$, $\pm 2\pi$, …(他放弃了 0 这个根),类似于每个多项式对于每个根都必有一个一次因式一样,因此(26)成立。(在 1743④ 年,以及在他

---

① *Comm. Acad. Sci. Petrop.*, 11, 1739, 116 - 127, pub. 1750 = *Opera*, (1), 14, 350 - 363.
② *Comm. Acad. Sci. Petrop.*, 7, 1734/1735, 123 - 134, pub. 1740 = *Opera*, (1), 14, 73 - 86.
③ 直到 1739 年,对于 π 他一直用符号 p;π 是在 1706 年由琼斯(William Jones)引入的。
④ *Opera*, (1), 14, 138 - 155.

的《引论》①中,为了回答批评,他给出了另外的推导。)他把(26)的右边看成一个多项式,令它等于零,并再次应用根与系数的关系,他导出了

$$\frac{1}{1^2} + \frac{1}{2^2} + \frac{1}{3^2} + \frac{1}{4^2} + \cdots = \frac{\pi^2}{6},$$

$$\frac{1}{1^4} + \frac{1}{2^4} + \frac{1}{3^4} + \frac{1}{4^4} + \cdots = \frac{\pi^4}{90},$$

以及分母是更高的偶数幂时的类似和。

在以后的一篇文章②中,欧拉得到了他的最优美的成果之一,即

$$\sum_{\nu=1}^{\infty} \frac{1}{\nu^{2n}} = (-1)^{n-1} \frac{(2\pi)^{2n}}{2(2n)!} B_{2n},$$

其中 $B_{2n}$ 是伯努利数(看后面)。这与伯努利数的联系,是欧拉稍后在他 1755 年的《原理》中才真正建立的③。在 1740 年的文章中,他还给出了当 $n$ 是前面几个小奇数时 $\sum_{\nu=1}^{\infty} \frac{1}{\nu^n}$ 的和,但对于所有的奇数 $n$,他没有给出一般的表达式。

欧拉还研究过调和级数,即这样的级数,它的项的倒数构成算术级数。特别地,他表明④,如何能用对数函数来求原来调和级数的有限多个项的和。首先,他从

(27) $$\log\left(1 + \frac{1}{x}\right) = \frac{1}{x} - \frac{1}{2x^2} + \frac{1}{3x^3} - \frac{1}{4x^4} + \cdots$$

出发,于是

$$\frac{1}{x} = \log\left(\frac{x+1}{x}\right) + \frac{1}{2x^2} - \frac{1}{3x^3} + \frac{1}{4x^4} - \cdots.$$

代入 $x = 1, 2, 3, \cdots, n$,就给出

$$\frac{1}{1} = \log 2 + \frac{1}{2} - \frac{1}{3} + \frac{1}{4} - \frac{1}{5} + \cdots,$$

$$\frac{1}{2} = \log \frac{3}{2} + \frac{1}{2 \cdot 4} - \frac{1}{3 \cdot 8} + \frac{1}{4 \cdot 16} - \frac{1}{5 \cdot 32} + \cdots,$$

$$\frac{1}{3} = \log \frac{4}{3} + \frac{1}{2 \cdot 9} - \frac{1}{3 \cdot 27} + \frac{1}{4 \cdot 81} - \frac{1}{5 \cdot 243} + \cdots,$$

······

$$\frac{1}{n} = \log \frac{n+1}{n} + \frac{1}{2n^2} - \frac{1}{3n^3} + \frac{1}{4n^4} - \frac{1}{5n^5} + \cdots$$

---

① *Opera*, (1), 8, 168.
② *Comm. Acad. Sci. Petrop.*, 12, 1740, 53 - 96, pub. 1750 = *Opera*, (1), 14, 407 - 462.
③ Part II, Chap. 5, ¶124 = *Opera*, (1), 10, 327.
④ *Comm. Acad. Sci. Petrop.*, 7, 1734/1735, 150 - 161, pub. 1740 = *Opera*, (1), 14, 87 - 100.

相加,并注意到每一个对数项都是两个对数之差,就得到

$$\frac{1}{1} + \frac{1}{2} + \frac{1}{3} + \cdots + \frac{1}{n}$$
$$= \log(n+1) + \frac{1}{2}\left(1 + \frac{1}{4} + \frac{1}{9} + \cdots + \frac{1}{n^2}\right)$$
$$- \frac{1}{3}\left(1 + \frac{1}{8} + \frac{1}{27} + \cdots + \frac{1}{n^3}\right)$$
$$+ \frac{1}{4}\left(1 + \frac{1}{16} + \frac{1}{81} + \cdots + \frac{1}{n^4}\right) - \cdots$$

或

(28) $$1 + \frac{1}{2} + \frac{1}{3} + \cdots + \frac{1}{n} = \log(n+1) + C,$$

其中 $C$ 表示无穷多个有限算术和的和。欧拉近似地计算过 $C$ 的值(它依赖于 $n$,但当 $n$ 很大时 $n$ 的值并不怎么影响计算的结果),并得到 0.577 218。这个 $C$ 就是现在通称的欧拉常数,用 $\gamma$ 表示。$\gamma$ 的一个更精确的表示,今天是如下得到的。从 (28) 的两边减去 $\log n$。而 $\log(n+1) - \log n = \log\left(1 + \frac{1}{n}\right)$,当 $n \to \infty$ 时它趋向于 0。因此

(29) $$\gamma = \lim_{n \to \infty}\left(1 + \frac{1}{2} + \frac{1}{3} + \cdots + \frac{1}{n} - \log n\right).$$

附带说一下,对于欧拉常数,没有发现比 (29) 更简单的形式了,而对于 $\pi$ 和 $e$ 我们却有许多不同的表达式。不仅如此,到今天我们还不知道 $\gamma$ 是有理数还是无理数。

欧拉在他的《论发散级数》(De Seriebus Divergentibus)[①]中研究了发散级数

(30) $$y = x - (1!)x^2 + (2!)x^3 - (3!)x^4 + \cdots$$

形式上,这个级数满足微分方程

(31) $$x^2 y' + y = x.$$

但这个微分方程有积分因子 $x^2 e^{-1/x}$,因此

(32) $$y = e^{1/x} \int_0^x \frac{e^{-1/t}}{t} dt$$

是一个解,还可以用洛必达法则证明它和 $x$ 一起趋向于 0。欧拉把级数 (30) 看成函数 (32) 的级数展开,而把 (32) 作为级数 (30) 的和。事实上,令 $x = 1$,就得到

$$1 - 1 + 2! - 3! + 4! - \cdots = e\int_0^1 \frac{e^{-1/t}}{t} dt.$$

关于级数 (30) 值得注意的事实是,它可以用来作函数 (32) 的数值计算,因为给定一个 $x$ 值,如果我们从某一项开始忽略后面的所有项,那么可以证明,余项的绝对值小于所忽略的第一项的绝对值。因此,这个级数可以用来作为积分很好的数值逼

---

[①] *Novi Comm. Acad. Sci. Petrop.*, 5, 1754/1755, 205 – 237, pub. 1760 = *Opera*, (1), 14, 585 – 617.

近。欧拉使用发散级数的方式显示了它的优点。这些对发散级数所取得的成就的全部意义,在后来的 150 年里并没有被人赏识(见第 47 章)。

还要指出欧拉关于级数积分的另一个有名的结果。詹姆斯·伯努利在《推想的艺术》中,在研究概率的课题时,引入了现在已用得很广的伯努利数。他找出了一个求整数的正整数次幂之和的公式,并且不加证明地给出了下面的公式:

$$(33) \quad \sum_{k=1}^{n} k^c = \frac{1}{c+1} n^{c+1} + \frac{1}{2} n^c + \frac{c}{2} B_2 n^{c-1}$$
$$+ \frac{c(c-1)(c-2)}{2 \cdot 3 \cdot 4} B_4 n^{c-3}$$
$$+ \frac{c(c-1)(c-2)(c-3)(c-4)}{2 \cdot 3 \cdot 4 \cdot 5 \cdot 6} B_6 n^{c-5} + \cdots,$$

这个级数加到 $n$ 的最后一个正幂截止。$B_2, B_4, B_6, \cdots$ 是伯努利数:

$$(34) \quad B_2 = \frac{1}{6}, \ B_4 = -\frac{1}{30}, \ B_6 = \frac{1}{42},$$
$$B_8 = -\frac{1}{30}, \ B_{10} = \frac{5}{66}, \cdots.$$

詹姆斯·伯努利还给出了可以计算这些系数的递推公式。

欧拉的结果,即欧拉-麦克劳林求和公式,是一个推广①。设 $f(x)$ 是实变量 $x$ 的一个实值函数,那么(用现代的记号)这个公式就是

$$(35) \quad \sum_{i=0}^{n} f(i) = \int_0^n f(x) \mathrm{d}x - \frac{1}{2}[f(n) - f(0)]$$
$$+ \frac{B_2}{2!}[f'(n) - f'(0)] + \frac{B_4}{4!}[f'''(n) - f'''(0)] + \cdots$$
$$+ \frac{B_{2k}}{(2k)!}[f^{(2k-1)}(n) - f^{(2k-1)}(0)] + R_k,$$

其中

$$(36) \quad R_k = \int_0^n f^{(2k+1)}(x) P_{2k+1}(x) \mathrm{d}x.$$

这里 $n$ 与 $k$ 是正整数,$P_{2k+1}$ 是 $2k+1$ 阶伯努利多项式(它也出现在詹姆斯·伯努利的《推想的艺术》中),由下式给出:

$$(37) \quad P_k(x) = \frac{x^k}{k!} + \frac{B_1}{1!} \frac{x^{k-1}}{(k-1)!} + \frac{B_2}{2!} \frac{x^{k-2}}{(k-2)!} + \cdots + \frac{B_k}{k!},$$

其中 $B_1 = -\frac{1}{2}$,$B_{2k+1} = 0$,$k = 1, 2, \cdots$,级数

$$(38) \quad \sum_{k=1}^{\infty} \frac{B_{2k}}{(2k)!}[f^{(2k-1)}(n) - f^{(2k-1)}(0)]$$

---

① *Comm. Acad. Sci. Petrop.*, 6,1732/1733,68 - 97,pub. 1738 = *Opera*,(1),14,42 - 72;和 *Comm. Acad. Sci. Petrop.*, 8,1736,147 - 158,pub. 1741 = *Opera*,(1),14,124 - 137.

对几乎所有在应用中出现的 $f(x)$ 都是发散的。然而,余项 $R_k$ 小于所忽略的第一项,所以级数(35)给出
$$\sum_{i=0}^{n} f(i)$$
的一个有用的逼近。

伯努利数 $B_i$ 现在常常用后来由欧拉给出的一个关系来定义①,这就是

(39) $$t(\mathrm{e}^t - 1)^{-1} = \sum_{i=0}^{\infty} B_i \frac{t^i}{i!}.$$

独立于欧拉、麦克劳林②得到同样的求和公式(35),所用的方法的确实性稍好一些,离我们今天用的方法更近一些。余项是由泊松(Simeon-Denis Poisson)首先加上去并加以认真研究的③。

欧拉又引进了④一个至今还为人们所熟知和使用的级数变换。给定一个级数 $\sum_{n=0}^{\infty} b_n$,他把它写成 $\sum_{n=0}^{\infty} (-1)^n a_n$。通过一系列形式的代数步骤,他证明了

(40) $$\sum_{n=0}^{\infty} (-1)^n a_n = \sum_{n=0}^{\infty} (-1)^n \frac{\Delta^n a_0}{2^{n+1}},$$

其中 $\Delta^n$ 表示 $n$ 阶有限差分(第3节)。这个变换的好处,用现代的说法就是把一个收敛级数转换成一个收敛比较快的级数。然而,对惯常并不区别级数的收敛与发散的欧拉来说,这个变换还可以把发散级数变成收敛级数。如果我们把(40)用到

(41) $$1 - 1 + 1 - 1 + \cdots$$

(40)的右边便得到 $\frac{1}{2}$。同样,对于级数

(42) $$1 - 2 + 2^2 - 2^3 + 2^4 - \cdots,$$

(40)给出

(43) $$\sum_{n=0}^{\infty} (-1)^n 2^n = \frac{1}{2}(1) + \frac{1}{4}(-1) + \frac{1}{8}(1)$$
$$+ \frac{1}{16}(-1) \cdots = \frac{1}{3}.$$

自然,这些结果和欧拉以前得到的相同,以前他用的方法是把级数的和取作导出这个级数的函数的值(看[16]或[17])。

欧拉方法的精神应该是清楚的。他是一个伟大的巧匠,他指出了一条通向数以千计的、以后可以严密建立起来的结果的途径。

---

① *Opera*, (1), 14, 407–462.
② *Treatise of Fluxions* 1742, p. 672.
③ *Mém. de l'Acad. des Sci.*, Inst. France, 6, 1823, 571–602, pub. 1827.
④ *Inst. Cal. Diff.*, 1755, p. 281.

必须提到另外一个著名的级数。斯特林在他的《微分法》(*Methodus Differentialis*)①中给出了一个级数,今天我们把它写成

(44) $$\log n! = \left(n + \frac{1}{2}\right)\log n - n + \log\sqrt{2\pi} + \frac{B_2}{1 \cdot 2}\frac{1}{n}$$
$$+ \frac{B_4}{3 \cdot 4}\frac{1}{n^3} + \cdots + \frac{B_{2k}}{(2k-1)(2k)}\frac{1}{n^{2k-1}} + \cdots,$$

它等价于

(45) $$n! = \left(\frac{n}{e}\right)^n \sqrt{2\pi n}\exp\left[\frac{B_2}{1 \cdot 2}\frac{1}{n} + \cdots\right.$$
$$\left. + \frac{B_{2k}}{(2k-1)(2k)}\frac{1}{n^{2k-1}} + \cdots\right].$$

斯特林给出了前五个系数,并给出了一个决定后面系数的递推公式。虽然,$\log n!$ 的级数是发散的,但斯特林却只用了级数的前几项,就算出了 $\log_{10}(1\,000!)$ 等于 2 567 加上一个准确到小数点后十位的小数。棣莫弗在 1730 年[《分析杂论》(*Miscellanea Analytica*)]给出了一个类似的公式。对很大的 $n$, $n! \sim \left(\frac{n}{e}\right)^n\sqrt{2\pi n}$;这虽然是棣莫弗给出的,但却叫做斯特林逼近。

## 5. 三角级数

18 世纪的数学家还广泛研究了三角级数,特别是在他们的天文学理论中。这种级数在天文学中之所以有用,显然是由于它们是周期函数,而天文现象大多是周期的。这种研究是一个广泛课题的开始,而这课题的全部深刻意义在 18 世纪还没有被意识到。开始使用三角级数的问题是插值问题,特别是要确定行星在介于观测到的位置之间的位置。这类级数在偏微分方程的早期工作中也曾用到(看第 22 章),但奇怪的是这两条思路却一直分开,甚至对同时研究两类问题的人也是这样。

三角级数是指形如

(46) $$\frac{1}{2}a_0 + \sum_{n=1}^{\infty}(a_n\cos nx + b_n\sin nx)$$

的任一级数,其中 $a_n$ 和 $b_n$ 是常数。如果这样一个级数表示一个函数 $f(x)$,那么对于 $n = 0, 1, 2, \cdots$,就有

(47) $$a_n = \frac{1}{\pi}\int_0^{2\pi}f(x)\cos nx\,dx, \quad b_n = \frac{1}{\pi}\int_0^{2\pi}f(x)\sin nx\,dx.$$

这些系数公式的获得是这理论的主要结果之一,至于这些 $a_n$ 和 $b_n$ 的值,要在什么条件下才确实由上式给出,现在且一概从略。

---

① 1730, p. 135.

早在 1729 年,欧拉已经着手研究插值问题。这就是,已知一个函数 $f(x)$ 在 $x=n$ 处的值,其中 $n$ 是正整数,求 $f(x)$ 在其他 $x$ 处的值。在 1747 年,他把他已经得到的方法用到行星扰动理论中出现的一个函数上,得到了函数的三角级数表示。在 1753 年[①],他发表了他在 1729 年发现的方法。

首先,他处理这样的问题,已知条件是:对每一 $n$,$f(n)=1$,而要求一个周期解,对于整数 $x$,它的值为 1。他的推理很有趣,因为它反映出那个时期的分析学。他令 $f(x)=y$,用泰勒定理写出

(48) $$f(x+1) = y + y' + \frac{1}{2}y'' + \frac{1}{6}y''' + \cdots,$$

由于 $f(x+1)$ 等于 $f(x)$,$y$ 必须满足无穷阶的线性微分方程

(49) $$y' + \frac{1}{2}y'' + \frac{1}{6}y''' + \cdots = 0.$$

这时,他运用他在 1743 年(见第 21 章)发表的解有限阶线性常微分方程的方法。这就是,他建立辅助方程

(50) $$z + \frac{1}{2}z^2 + \frac{1}{6}z^3 + \cdots = 0.$$

注意到 e 的级数,这方程就是

$$e^z - 1 = 0.$$

然后,他求这个方程的根。他从方程

$$\left(1 + \frac{z}{n}\right)^n = 1$$

出发,这是一个 $n$ 次多项式。根据科茨(1722)的一个定理(这个定理欧拉在他的《引论》[②]中也独立地证明过),这个多项式有一次因子 $z$ 和平方因子

$$\left(1 + \frac{z}{n}\right)^2 - 2\left(1 + \frac{z}{n}\right)\cos\frac{2k\pi}{n} + 1,\ k = 1, 2, \cdots, < \frac{n}{2}.$$

应用联系 $\sin z$ 和 $\cos 2z$ 的三角恒等式,这些因子等于

$$4\left(1 + \frac{z}{n}\right)\sin^2\frac{k\pi}{n} + \frac{z^2}{n^2}.$$

如果我们用 $4\sin^2\frac{k\pi}{n}$(对相应的 $k$)除每一个因子,(50)的根不受影响,这样平方因子就是

$$1 + \frac{z}{n} + \frac{z^2}{4n^2\sin^2\frac{k\pi}{n}}.$$

---

[①] *Novi Comm. Acad. Sci. Petrop.*, 3, 1750/1751, 36-85, pub. 1753 = *Opera*, (1), 14, 463-515.
[②] Vol. 1, Chap. 14.

当 $n = \infty$ 时，$\frac{z}{n}$ 为 0。用 $\frac{k\pi}{n}$ 代替 $\sin \frac{k\pi}{n}$，因子就变成

$$1 + \frac{z^2}{4k^2\pi^2}.$$

辅助方程(50)的每一个这样的因子都有对应的根 $z = \pm \mathrm{i} 2k\pi$，从而有对应于(49)的积分

$$\alpha_k \sin 2k\pi x + A_k \cos 2k\pi x.$$

上面提到的一次因子 $z$ 导致一个积分常数。由于 $f(0) = 1$ 是一个初始条件，欧拉最后得到

$$y = 1 + \sum_{k=1}^{\infty} \{\alpha_k \sin 2k\pi x + A_k (\cos 2k\pi x - 1)\}.$$

系数 $\alpha_k$ 和 $A_k$ 还得根据条件 $f(n) = 1$（对每个 $n$）而定。

这篇文章还包含一个结果，其形式和现在所谓的任意函数的傅里叶展开是一样的，即用积分来决定系数。欧拉特别地证明了函数方程

$$f(x) = f(x-1) + X(x)$$

的通解是

$$f(x) = \int_0^x X(\xi) \mathrm{d}\xi + 2 \sum_{n=1}^{\infty} \cos 2n\pi x \int_0^x X(\xi) \cos 2n\pi \xi \mathrm{d}\xi$$
$$+ 2 \sum_{n=1}^{\infty} \sin 2n\pi x \int_0^x X(\xi) \sin 2n\pi \xi \mathrm{d}\xi.$$

这里，在 1750 年至 1751 年，我们已有了一个展成三角级数的函数。欧拉还主张，他的解是插值问题的最一般的解。如果真的如此，它一定包含了用三角级数来表示多项式。但是，我们在第 22 章将要看到，欧拉在关于弦振动和有关问题的论述中否认了这一点。

在 1754 年，达朗贝尔[1]研究了这样的问题，就是把两个行星间距离的倒数，展开为原点到行星的两条射线间的夹角的余弦级数，这里也能够找到傅里叶级数的系数的定积分表示。

欧拉在另一工作中，以完全不同的形式，得到了函数的三角级数表示[2]。他从几何级数

$$\sum_{n=0}^{\infty} a^n (\cos x + \mathrm{i}\sin x)^n, \quad \mathrm{i} = \sqrt{-1}$$

出发，求和，得到

---

[1] *Recherches sur différens points importans du système du monde*, 1754, Vol. II, p. 66.
[2] *Novi Comm. Acad. Sci. Petrop.*, 5, 1754/1755, 164 - 204, pub. 1760 = *Opera*, (1), 14, 542 - 584; 对另一方法，也参看 *Opera*, (1), 15, 435 - 497。

$$\frac{1}{1-a(\cos x + i\sin x)}.$$

然后他应用以 $\cos nx$ 和 $\sin nx$ 代替 $\cos x$ 和 $\sin x$ 的幂的标准公式(相当于棣莫弗的公式),得到

$$\frac{1}{1-a(\cos x + i\sin x)} = \sum_{n=0}^{\infty} a^n(\cos nx + i\sin nx).$$

在左边,分子分母同乘以分母的共轭复数,在右边,分出 $n=0$ 的项并移至左边,分离实部与虚部,他得到

$$\frac{a\cos x - a^2}{1-2a\cos x + a^2} = \sum_{n=1}^{\infty} a^n \cos nx,$$

$$\frac{a\sin x}{1-2a\cos x + a^2} = \sum_{n=1}^{\infty} a^n \sin nx.$$

至此,他的结果并不令人吃惊。现在他让 $a = \pm 1$,得到例如

(51) $\qquad \dfrac{1}{2} = 1 \pm \cos x + \cos 2x \pm \cos 3x + \cos 4x \pm \cdots,$

(实际上,这个级数是发散的。)他然后积分,从而得到

(52) $\qquad \dfrac{\pi - x}{2} = \sin x + \dfrac{1}{2}\sin 2x + \dfrac{1}{3}\sin 3x + \cdots$

(它对 $0 < x < \pi$ 成立,在 $x=0$ 与 $\pi$ 时它等于 0)和

(53) $\qquad \dfrac{x}{2} = \sin x - \dfrac{1}{2}\sin 2x + \dfrac{1}{3}\sin 3x - \dfrac{1}{4}\sin 4x + \cdots$

(它在 $-\pi < x < \pi$ 收敛)。积分后一个等式,为了定出积分常数,在 $x=0$ 计算函数值,得到

(54) $\qquad \dfrac{x^2}{4} - \dfrac{\pi^2}{4} = -\cos x + \dfrac{1}{4}\cos 2x - \dfrac{1}{9}\cos 3x + \dfrac{1}{16}\cos 4x - \cdots.$

欧拉相信,后面两个级数[它们在 $-\pi < x < \pi$ 是收敛的]对所有的 $x$ 值分别表示了左边的函数。然而,继续微分(51),欧拉推导出了

$$\sin x \pm 2\sin 2x + 3\sin 3x \pm \cdots = 0,$$
$$\cos x \pm 4\cos 2x + 9\cos 3x \pm \cdots = 0$$

和其他这类等式。丹尼尔·伯努利也曾给出过(52),(53),(54)这样一类表示式,他认为,级数只是在 $x$ 值的某些区间上表示这些函数。

在 1757 年,由于研究因太阳而引起的摄动,克莱罗[1]采取了一个大胆得多的步骤。他说,他将把任何一个函数写成形式

---

[1] *Hist. de l'Acad. des Sci.*, Paris, 1754, 545 ff., pub. 1759.

(55) $$f(x) = A_0 + 2\sum_{n=1}^{\infty} A_n \cos nx.$$

他把问题看作一个插值问题,因此用到函数在 $x$ 为

$$\frac{2\pi}{k}, \frac{4\pi}{k}, \frac{6\pi}{k}, \cdots$$

时的值,经过某种处理以后得到

$$A_0 = \frac{1}{k} \sum_{\mu} f\left(\frac{2\mu\pi}{k}\right),$$

$$A_n = \frac{1}{k} \sum_{\mu} f\left(\frac{2\mu\pi}{k}\right) \cos \frac{2\mu n\pi}{k}.$$

让 $k$ 变成无穷,克莱罗就得到了

(56) $$A_n = \frac{1}{2\pi} \int_0^{2\pi} f(x) \cos nx \, \mathrm{d}x,$$

这是 $A_n$ 的正确公式。

    拉格朗日在他对声的传播的研究中[①],得到了级数(51),并为它的和是 1/2 进行辩护。无论欧拉还是拉格朗日,都没有评论过这样一件惊人的事实,这就是他们已经把一个非周期函数表示成三角级数的形式。但是稍后,他们在别的地方确实观察到了这个事实。达朗贝尔经常拿 $x^{2/3}$ 作为一个不能展成三角级数的函数的例子。拉格朗日在 1768 年 8 月 15 日的一封信[②]中对他说明,$x^{2/3}$ 真的能够表示成形式

$$x^{2/3} = a + b\cos 2x + c\cos 4x + \cdots.$$

达朗贝尔表示反对并给出相反的论证,譬如说两边的微商在 $x=0$ 就不相等。还有,用拉格朗日的方法,人们可以把 $\sin x$ 表示成余弦级数,但 $\sin x$ 是奇函数,而右边却是偶函数,这个问题在 18 世纪一直没有解决。

    在 1777 年[③],欧拉在研究天文问题的时候,实际上用三角函数的正交性得到了三角级数的系数,这方法就是我们今天所用的。就是说,从

(57) $$f(x) = \frac{a_0}{2} + \sum_{k=1}^{\infty} a_k \cos \frac{k\pi x}{l}$$

他推导出

$$a_k = \frac{2}{l} \int_0^l f(s) \cos \frac{k\pi s}{l} \mathrm{d}s.$$

在这篇文章前的一篇文章里,他先用稍微复杂的方式得到这个结果,后来他发现可以直接得到它,就是把(57)的两边乘以 $\cos \frac{\nu \pi x}{l}$,逐项积分,并应用关系式

---

    ① *Misc. Taur.*, 1, 1759 = *Œuvres*, 1, 110.
    ② *Lagrange*, *Œuvres*, 13, 116.
    ③ *Nova Acta Acad. Sci. Petrop.*, 11,1793,114 - 132, pub. 1798 = *Opera*,(1),16,Part 1, 333 - 355.

$$\int_0^l \cos\frac{\nu\pi x}{l}\cos\frac{k\pi x}{l}\mathrm{d}x = \begin{cases} 0 & \text{如果 } \nu \neq k, \\ \frac{l}{2} & \text{如果 } \nu = k \neq 0, \\ l & \text{如果 } \nu = k = 0. \end{cases}$$

上面关于三角级数的全部工作,处处都渗透了这样一个矛盾现象:虽然当时正在进行着把所有类型的函数都表示成三角级数,而欧拉、达朗贝尔、拉格朗日却始终没有放弃过这样的立场,即认为并非**任意**的函数都可以用这样的级数表示。这个矛盾的部分解释是:在三角级数被认为是成立的那些地方,总有其他的论据,在某些情况下是物理的论据,似乎能够保证它们的成立。因此,人们就可以随意假设级数,并推导出系数公式。是否任意函数都能用三角级数表示的争论,就成了人们注意的中心了。

## 6. 连 分 式

我们曾经指出过(第 13 章第 2 节),用连分式可以得到无理数的逼近。欧拉研究过这个课题。在他论述这个问题的第一篇题为《连分式》(De Fractionibus Continuis)的文章[1]中,他得到一组有趣的结果,例如每一个有理数都能表示为一个有限的连分式。然后他给出了表达式

$$\mathrm{e} - 1 = 1 + \frac{1}{1+}\frac{1}{2+}\frac{1}{1+}\frac{1}{1+}\frac{1}{4+}\frac{1}{1+}\frac{1}{1+}\frac{1}{6+}\cdots$$

和

$$\frac{\mathrm{e}+1}{\mathrm{e}-1} = 2 + \frac{1}{6+}\frac{1}{10+}\frac{1}{14+}\cdots,$$

前者曾经在 1714 年《哲学年刊》科茨的一篇文章中出现过。欧拉实质上还证明了 e 和 $\mathrm{e}^2$ 是无理数。

连分式的理论基础是由欧拉在他的《引论》(第 18 章)中奠定的。在那里,他证明了怎样从一个级数得到这个级数的连分式表示以及反过来怎样做。

欧拉在连分式方面的工作,由欧拉和拉格朗日在柏林科学院的一位同事兰伯特(1728—1777)用来证明[2]:如果 $x$ 是有理数(不是 0),那么 $\mathrm{e}^x$ 和 $\tan x$ 都不能是有理数。因此,他不仅证明了 $\mathrm{e}^x$ 对正整数 $x$ 是无理数,而且证明了所有有理数都有着无理的自然(底为 e)对数。从关于 $\tan x$ 的结果推出,由于 $\tan\frac{\pi}{4} = 1$,所以 $\frac{\pi}{4}$ 和 π 都不能是有理数。兰伯特实际上证明了 $\tan x$ 的连分式展开的收敛性。

---

[1] *Comm. Acad. Sci. Petrop.*, 9, 1737, 98 - 137, pub. 1744 = *Opera*, (1), 14, 187 - 215.

[2] *Hist. de l'Acad. de Berlin*, 1761, 265 - 322, pub. 1768 = *Opera*, 2, 112 - 159.

拉格朗日①用连分式找到了求方程无理根的近似方法,在同一杂志②的另一篇文章中,他用连分式的形式给出了微分方程的近似解。在1768年的文章中,拉格朗日证明了欧拉在1744年文章中证明的一个定理的反定理,这个反定理说:二次方程的实根是周期连分式。

## 7. 收敛与发散问题

今天,我们知道,18世纪在级数方面的工作大都是形式的,收敛与发散的问题无疑是不太认真对待的。然而,也不能说它完全被忽视了。

牛顿③、莱布尼茨、欧拉,甚至拉格朗日都把级数看作多项式的代数的推广。他们大概没有认识到,由于把求和推广到无穷多项,他们已经引进了新的问题。因此,他们完全不准备正视无穷级数强加给他们的问题;可是,工作中产生的明显困难使他们至少偶然地又提出这些问题。最有兴趣的问题是,如何正确地解决悖论,以及那些经常被提到而又经常被忽视的其他困难。

甚至某些17世纪的人就已经观察到了收敛同发散的区别。1668年,布龙克尔(William Brouncker)勋爵在研究 $y = \dfrac{1}{x}$ 下的面积和 $\log x$ 两者之间的关系时,用与几何级数作比较的方法,证明了 $\log 2$ 和 $\log \dfrac{5}{4}$ 的级数的收敛性。牛顿和詹姆斯·格雷戈里大量应用级数的数值去计算对数表与其他函数表及积分值,他们已经知道级数的和可以是有穷,也可以是无穷。"收敛"与"发散"的名称,实际上是詹姆斯·格雷戈里于1668年就用过了,但他并没有发展这些概念。牛顿认识到必须考虑收敛性,但他仅仅断言幂级数至少同几何级数一样,对变量的一些小的值是收敛的。他还注明,有些级数对 $x$ 的某些值可能是无穷,因而是无用的。

莱布尼茨也多少意识到收敛性的重要。他在1713年10月25日给约翰·伯努利的信中提到(现在已是一定理):如果一个级数的项,其符号交替变化,其绝对值单调趋向于零,那么这级数收敛④。

麦克劳林在他的《流数论》(1742)中,把级数用作求积分的标准方法。他说:"当一个流量不能真正地用代数项表示时,则它应可表示成一个收敛级数。"他还

---

① *Nouv. Mém. de l'Acad. de Berlin*, 23, 1767, 311 – 352, pub. 1769 = *Œuvres*, 2, 539 – 578,和 24, 1768, 111 – 180, pub. 1770 = *Œuvres*, 2, 581 – 652.

② 1776 = *Œuvres*, 4, 301 – 334.

③ 参看第17章第3节牛顿的引文。

④ *Math. Schriften*, 3, 922 – 923. 莱布尼茨在1714年1月10日致约翰·伯努利的一封信中还给出了一个错误的证明 = *Math. Schriften*, 3, 926.

认为,收敛级数的项必须持续下降并小于任意指定的小量。"在这时,级数开头几项就几乎等于它整个的值了。"在《流数论》中,麦克劳林给出了(独立于柯西的发现)无穷级数收敛的积分判别法: $\sum_n \phi(n)$ 收敛,当且仅当 $\int_a^\infty \phi(x) \mathrm{d}x$ 有穷,其中 $\phi(x)$ 在 $a \leqslant x \leqslant \infty$ 有穷并且是同号的。麦克劳林用几何形式给出了这个判别法。

关于收敛性的某些思想,尼古拉·伯努利(1687—1759)在 1712 年和 1713 年给莱布尼茨的信中也曾表达过。在 1713 年 4 月 7 日的信①中,尼古拉·伯努利谈到级数

$$(1+x)^n = 1 + nx + \frac{n(n-1)}{2}x^2 + \cdots,$$

当 $x$ 是负数且数值大于 1,而 $n$ 是一个分母为偶数的分数时,是没有和的。这就是说,级数的(算术的)发散性并不是级数没有和的唯一原因。例如,对 $x > 1$,两个级数

$$(1-x)^{-\frac{1}{3}} = 1 + \frac{1}{3}x + \frac{1 \cdot 4}{3 \cdot 6}x^2 + \frac{1 \cdot 4 \cdot 7}{3 \cdot 6 \cdot 9}x^3 + \cdots,$$

$$(1-x)^{-\frac{1}{2}} = 1 + \frac{1}{2}x + \frac{1 \cdot 3}{2 \cdot 4}x^2 + \frac{1 \cdot 3 \cdot 5}{2 \cdot 4 \cdot 6}x^3 + \cdots$$

都是发散的,但第一个级数有一个可取的值,而第二个却有一个虚数值。人们不能通过对级数的检查来区别这两者,因为余项是丢掉了的。然而,尼古拉·伯努利并没有给出收敛性一个清楚的概念。在 1713 年 6 月 28 日的答复中,莱布尼茨②对收敛级数(和我们今天的意义大致一样)用了"收缩"(advergent)这个词,并同意说,非收缩的级数可以是没有值,也可以是无穷大。

无疑,欧拉看到了关于发散级数的某些困难,特别是在用它们进行计算时产生的困难,但他关于收敛与发散的概念仍然是不清楚的。他确实认识到,收敛级数的项必须变为无穷小。下面提到的一些通信将间接地告诉我们他的某些看法。

尼古拉·伯努利在 1742 年至 1743 年间,在和欧拉的通信中,曾经向欧拉的某些思想和工作挑战。他指出,欧拉在他 1734 年或 1735 年的文章(见第 4 节)中,用

$$\sin s = s - \frac{s^3}{3!} + \frac{s^5}{5!} + \cdots = \left(1 - \frac{s^2}{\pi^2}\right)\left(1 - \frac{s^2}{4\pi^2}\right)\left(1 - \frac{s^2}{9\pi^2}\right)\cdots$$

确实得到

$$\frac{\pi^2}{6} = 1 + \frac{1}{2^2} + \frac{1}{3^2} + \frac{1}{4^2} + \cdots,$$

---

① Leibniz: *Math. Schriften*, 3,980-984.
② *Math. Schriften*, 3,986.

但是没有证明 $s$ 的基本级数的收敛性。在 1743 年 4 月 6 日的一封信①中,他说,他不能想象,欧拉会相信一个发散级数竟能给出某些量或函数的精确值。他指出,余项是丢掉了的。例如,$\frac{1}{1-x}$ 不能等于 $1+x+x^2+\cdots$,因为余项,也就是 $x^{\infty+1}/(1-x)$,是丢掉了的。

在 1743 年的另一封信中,尼古拉·伯努利说,欧拉必须区别有限多项的和与无穷多项的和。在后一种情形下,是没有最后项的。因此,人们对无穷的多项式不能应用(像欧拉所做的)有限次多项式的根与系数的关系。对于一个有无穷多个项的多项式,人们不能说它的根的和。

欧拉对尼古拉·伯努利这些信是怎样回答的就不知道了。在 1745 年 8 月 7 日给哥德巴赫的信②中,欧拉引用了尼古拉·伯努利的推理,就是说,像
$$+1-2+6-24+120-720+\cdots$$
这样的发散级数是没有和的,但他说这些级数有一个确定的值。他注明,我们不应当用"和"这个名称,因为这是指真正的加法。他因此叙述了一个一般原理,这个原理说明所谓一个确定的值究竟指的是什么。他指出发散级数来自有限的代数表达式,因此他说,级数的值就是级数由之而来的代数表达式的值。在 1754 年或 1755 年的文章(见第 4 节)中,他补充说:"无论如何,一个无穷级数可作为某些有尽的表达式的展开而得到,在数学运算中它可以用作同那些表达式等价的东西,甚至对那些使级数发散的变量值也是如此。"在他 1755 年的《原理》中,他重述了前面的原理:

> 因此,让我们说,任何无穷级数的和是这样一个有限表达式,这级数是通过展开它而产生的。在这个意义下,无穷级数 $1-x+x^2-x^3+\cdots$ 的和将是 $1/(1+x)$,因为只要我们用数代到 $x$ 的位置上去,这个级数就来自分式的展开。如果同意这一点,那么和这个词的新定义,当级数收敛时,同它原来所指是一致的;而就和这个词的本来意义说,发散级数没有和,因此,用这个词也不会产生什么不便。最后,借助于这个定义,我们能够保留发散级数的功用,并对所有反对意见给它们的用处作辩护③。

毫无疑义,欧拉意在把这原理限制在幂级数的范围之内。

欧拉在 1743 年写给尼古拉·伯努利的信中说,他过去对于发散级数的使用是

---

① Fuss: *Correspondance*, 2, 701 ff.
② Fuss: *Correspondance*, 1, 324.
③ Paragraphs 108-111.

十分怀疑的,但用他关于和的定义,却从来没有出过差错①。对于这一点,尼古拉·伯努利答复说,两个不同的函数的展开可能给出同一级数,如果真是这样,和就不是唯一的了②。为此,欧拉在给哥德巴赫的信(1745 年 8 月 7 日)中写道:"尼古拉·伯努利提不出例子,我也不相信同样的级数能够来自两个完全不同的代数表达式。由此可毫无疑问地推出,任何级数,不管是收敛的还是发散的,都有一个确定的和或值。"

这场争论还有一个很有意思的余波。欧拉依据的是他自己的论点,就是像
(58) $$1-1+1-1+1-\cdots$$
这样的级数的和,可以取级数所由之而来的那个函数的值。因为上面这个级数是从 $\frac{1}{1+x}$ 当 $x=1$ 时来的,所以有值 $1/2$。然而卡莱[Jean-Charles (François) Callet,1744—1799]在一篇没有发表的致拉格朗日的便笺[拉格朗日赞成把它发表在巴黎科学院的《记要》(*Mémoires*)上,但还是没有发表出来]中,在将近 40 年以后指出
(59) $$\frac{1+x+\cdots+x^{m-1}}{1+x+\cdots+x^{n-1}}=\frac{1-x^m}{1-x^n}$$
$$=1-x^m+x^n-x^{n+m}+x^{2n}-\cdots.$$
对 $x=1$(且 $m<n$),由于左边是 $m/n$,故右边的和也必须是 $m/n$,其中 $m$ 和 $n$ 可由我们自由选取。

拉格朗日③考虑了卡莱的不同意见后,认为它是不正确的。他用莱布尼茨的可能率论证说:假定 $m=3$ 和 $n=5$,那么(59)右边的**完整的**级数是
$$1+0+0-x^3+0+x^5+0+0-x^8+0+x^{10}+0+\cdots.$$
现在,如果对 $x=1$,取前一项、前两项、前三项……的和,那么每五个这样的部分和就有三个等于 1,两个等于 0。因此,最大可能的值(平均值)是 $3/5$;而这是级数(59)当 $m=3$ 与 $n=5$ 时的值。顺便说明,泊松没有提到拉格朗日,而把拉格朗日的推理重作了一遍④。

欧拉说过,在求发散级数的和时,演算必须十分小心。他还给出了发散级数同半收敛级数的区别。半收敛级数就是像(58)这样的级数,把它加起来,当项数越来越多但又没有变成无穷时,它的值是摆动的。毫无疑问,他认识到了收敛级数和发散级数的区别。有一次(1747),当他用无穷级数去计算地球(作为一个扁球)对北极处一质点的吸引力时,他说,级数"激烈地"收敛。

---

① *Opera Posthuma*,1,536.
② April 6, 1743;Fuss:*Correspondance*,2,701 ff.
③ *Mém. de l'Acad. des Sci.*,*Inst. France*,3,1796,1-11,pub.1799;这篇文章在 *Œuvres* 中没有.
④ *Jour. de l'Ecole Poly.*,12,1823,404-509.如果坚持用完全幂级数,那么拉格朗日的推理更有意义些,它可以用弗罗贝尼乌斯(F. Georg Frobenius)的求和定义(第 47 章第 4 节)严密化.

拉格朗日也多少意识到收敛与发散的区别。在他早期的著作中,对这方面的确是不清楚的。他在一篇文章①中说,一个级数将表示一个数,如果它收敛到它的尽头,即如果它的第 $n$ 项趋向于 0 的话。后来,将近 18 世纪末,当他研究泰勒级数时,他给出了我们今天所谓的泰勒定理②,这就是

$$f(x+h) = f(x) + f'(x)h + f''(x)\frac{h^2}{2!} + \cdots + f^{(n)}(x)\frac{h^n}{n!} + R_n,$$

其中

$$R_n = f^{(n+1)}(x+\theta h)\frac{h^{n+1}}{(n+1)!},$$

而 $\theta$ 的值在 0 与 1 之间。这个 $R_n$ 的表达式就是有名的余项的拉格朗日形式。拉格朗日说,泰勒的(无穷的)级数,不考虑余项是一定不能用的。然而,他并没有研究收敛性的概念,或者余项的值与无穷级数收敛性的关系。他想,我们只需考虑级数的有限多项,使得所剩的余项很小就够了。收敛性后来由柯西加以研究。他强调泰勒定理是首要的,并且强调这样的事实:为了得到收敛的级数展开,余项必须趋向于 0。

达朗贝尔也区别过收敛与发散的级数。在《百科全书》"级数"那一条中,他说:"当级数越来越趋向某有限量,从而级数的项(即组成级数的量)继续减小,就称它为收敛级数,而如果继续到无穷,它最后就变成等于这有限量。例如 $\frac{1}{2} + \frac{1}{4} + \frac{1}{8} + \frac{1}{16} + \cdots$ 组成一个级数,它一直趋向于 1,而当级数继续到无穷时,它最后变成等于 1。"在 1768 年,达朗贝尔对使用不收敛的级数表示了怀疑,他说:"至于说到我,我承认,所有基于不收敛级数的推理,在我看来,都是十分可疑的,即使它的结果能用其他方法表明是真的,也是这样。"③鉴于约翰·伯努利和欧拉对级数的有效运用,像达朗贝尔这样的怀疑,在 18 世纪并没有受到注意。达朗贝尔在同一册书中给出级数 $u_1 + u_2 + u_3 + \cdots$ 绝对收敛的一个检验法,这就是,如果对所有大于固定数 $r$ 的 $n$,有 $|u_{n+1}/u_n| < \rho$,其中 $\rho$ 和 $n$ 无关且小于 1,则级数绝对收敛④。

华林(Edward Waring,1734—1798),剑桥大学的卢卡斯数学教授,在级数方面有过先进的观点。他讲过,级数

---

① *Hist. de l'Acad. de Berlin*, 24, 1770 = *Œuvres*, 3, 5 - 73,特别是 p. 61.
② *Théorie des fonctions*, 2nd. ed., 1813, Chap. 6 = *Œuvres*, 9, 69 - 85. 微分中值定理 $f(b) - f(a) = f'(c)(b-a)$ 属于拉格朗日(1797)。后来它被用来推导泰勒定理,就像在近代书中那样。
③ *Opuscules mathématiques*, 5, 1768, 183.
④ 第 171 - 182 页。

$$1+\frac{1}{2^n}+\frac{1}{3^n}+\frac{1}{4^n}+\cdots$$

当 $n>1$ 时收敛,当 $n<1$ 时发散。他还给出(1776)一个有名的关于级数收敛与发散的判别法,即现在认为是属于柯西的比值判别法:取级数的第 $n+1$ 项与第 $n$ 项作比,如果当 $n\to\infty$ 时它的极限小于1,则级数收敛;如果极限大于1,则级数发散;当极限是1时得不到任何结论。

虽然拉克鲁瓦在他的有影响的《微积分学教程》的1797年版中,关于级数说了许多荒谬的话,但在第二版中,他却小心得多了。在谈到

$$\frac{a}{a-x}=1+\frac{x}{a}+\frac{x^2}{a^2}+\frac{x^3}{a^3}+\cdots$$

时,他说,我们一定要把级数说成是函数的一个**发展**,因为级数并不永远取它所属的函数的值[①]。他说,级数仅仅对于 $|x|<|a|$ 才给出函数的值。他保留了欧拉曾经表示过的一个思想,即无穷级数还是对所有的 $x$ 与函数联系起来的;在涉及级数的任何解析研究中,我们应正确地认为,我们是在处理函数。因此,如果我们发现了级数的某些性质,那么我们可以相信,这些性质对函数也成立。为了理解这个断言的正确性,只需注意到,许多级数都满足刻画函数特征的方程。例如,对 $y=a/(a-x)$,我们有

$$a-(a-x)y=0.$$

但如果谁在这最后的方程中用级数来代替 $y$,他就会看到,级数也是满足这方程的。拉克鲁瓦接下去说,人们知道,对于任何其他的例子,结果都是一样的。他还指出了大量的在今天教材中仍然保留着的例子。

平心而论,18世纪无穷级数方面的工作中,形式的观点是占统治地位的。总的说来,数学家甚至憎恨任何限制,例如憎恨有必要去考虑一下收敛性的问题。他们的工作产生了很有用的结果,而他们也就满足于得到实用上的支持。他们确已超越了他们所能给出正确理由的界限,但他们在运用发散级数时至少还是小心的。我们将要看到,坚持只能使用收敛级数的主张,是经历大半个19世纪才取得成功的。但是,18世纪的人们最后还是得到了谅解;他们预见到的关于无穷级数的两个很有生命力的思想,后来得到了承认。第一个是发散级数可以用来给函数作数值逼近;第二个是级数可以在解析运算中代表函数,即使这个级数是发散的也行。

---

[①] 1810-1819, 3 vols.; Vol. 1, p.4.

# 参 考 书 目

Bernoulli, James: *Ars Conjectandi*, 1713, reprinted by Culture et Civilisation, 1968.

Bernoulli, James: *Opera*, 2 vols., 1744, reprinted by Birkhaüser, 1968.

Bernoulli, John: *Opera Omnia*, 4 vols., 1742, reprinted by Georg Olms, 1968.

Burkhardt, H.: "Trigonometrische Reihen und Integrale bis etwa 1850," *Encyk. der math. Wiss.*, B. G. Teubner, 1914–1915, 2, Part 1, pp. 825–1354.

Burkhardt, H.: "Entwicklungen nach oscillirenden Funktionen," *Jahres. der Deut. Math.-Verein.*, Vol. 10, 1908, pp. 1–1804.

Burkhardt, H.: "Über den Gebrauch divergenter Reihen in der Zeit 1750–1860," *Math. Ann.*, 70, 1911, 189–206.

Cantor, Moritz: *Vorlesungen über Geschichte der Mathematik*, B. G. Teubner, 1898, Vol. 3, Chaps. 85, 86, 97, 109, 110.

Dehn, M., and E. D. Hellinger: "Certain Mathematical Achievements of James Gregory," *Amer. Math. Monthly*, 50, 1943, 149–163.

Euler, Leonhard: *Opera Omnia*, (1), Vols. 10, 14, and 16 (2 parts), B. G. Teubner and Orell Füssli, 1913, 1924, 1933, and 1935.

Fuss, Paul Heinrich von: *Correspondance mathématique et physique de quelques célébres géomètres du XVIIIème siècle*, 2 vols., 1843, Johnson Reprint Corp., 1967.

Hofmann, Joseph E.: "Über Jakob Bernoullis Beiträge zur Infinitesimal-mathematik," *L'Enseignement Mathématique*, (2), 2, 1956, 61–171; also published separately by Institut de Mathématiques, Genève, 1957.

Montucla, J. F.: *Histoire des mathématiques*, A. Blanchard (reprint), 1960, Vol. 3, pp. 206–243.

Reiff, R. A.: *Geschichte der unendlichen Reihen*, H. Lauppsche Buchhandlung, 1889; Martin Sändig (reprint), 1969.

Schneider, Ivo: "Der Mathematiker Abraham de Moivre (1667–1754)," *Archive for History of Exact Sciences*, 5, 1968, 177–317.

Smith, David Eugene: *A Source Book in Mathematics*, Dover (reprint), 1959, Vol. 1, pp. 85–90, 95–98.

Struik, D. J.: *A Source Book in Mathematics*, 1200—1800, Harvard University Press, 1969, pp. 111–115, 316–324, 328–333, 338–341, 369–374.

Turnbull, H. W.: *James Gregory Tercentenary Memorial Volume*, Royal Society of Edinburgh, 1939.

Turnbull, H. W.: *The Correspondence of Issac Newton*, Cambridge University Press, 1959, Vol. 1.

# 第 21 章

## 18 世纪的常微分方程

> 一个不亲自检查桥梁每一部分的坚固性就不过桥的旅行者,是不可能走远的;甚至在数学中,有些事情亦须冒险。
>
> 拉姆(Horace Lamb)

## 1. 主 题

数学家谋求用微积分解决越来越多的物理问题,他们很快发现不得不对付一类新的问题。他们做的比他们有意识去探求的还多。比较简单的问题引导到可以用初等函数计算的积分,而某些比较困难的问题则引出不能如此表达的积分,如椭圆积分就是实例(第 19 章第 4 节)。这两类问题都属于微积分范围。然而,解决更为复杂的问题,就需要专门的技术,这样,微分方程这门学科就应时兴起了。

有几类物理问题促进了微分方程的研究,其中一类就是现在通常称为弹性理论这一领域中的问题。一个物体如果在外力作用下产生变形,而当外力移去时就恢复原状,我们就说它是弹性的。最有实际意义的问题是考虑垂直梁和水平梁在外加载荷下所成的形状。中世纪宏伟教堂的建筑师们用经验处理的这些问题,到 17 世纪由伽利略、马略特(Edme Mariotte,1620？—1684)、胡克(Robert Hooke,1635—1703)和雷恩(Christopher Wren)这样一些人作了数学的探讨。梁的性态是伽利略在《关于两门新科学的对话》中所研究的两门科学之一。胡克对弹簧的研究引导他发现了定律:一个被伸长或被缩短的弹簧的恢复力,正比于它伸长或缩短的相对长度。18 世纪的人们用更多的数学武装了头脑,他们关于弹性的工作是从钻研这样一些问题开始的,如:一根悬挂在两固定点的非弹性柔软细绳所取的形状;一根悬挂在一固定点并使之振动的弦或链的形状;一根固定在两端的弹性振动弦所取的形状;一根两端固定的杆子在外加载荷下的形状,或在振动时的形状。

摆的问题不断激发着数学家的兴趣。圆周摆的精确微分方程 $d^2\theta/dt^2 + (g/l)\sin\theta = 0$ 向研究工作挑战了,甚至用 $\theta$ 代替 $\sin\theta$ 所得到的近似方程在分析上也是未曾研究过的。而且圆周摆的周期与运动的振幅不是严格无关的,这样就要求寻找一条曲线,使得摆锤沿这条曲线摆动的周期与振幅严格无关。惠更斯引进了摆线,在几何上解决了这个问题;但是分析的解还没有形成。

摆的问题密切联系着18世纪的另外两项比较重要的研究:地球的形状和引力的平方反比定律的验证。因为摆的近似周期 $T = 2\pi\sqrt{l/g}$ 依赖于重力加速度 $g$,所以用摆的周期可以测量地球表面不同地点的重力。只要沿着一条经线,依次测量出相当于纬度改变 $1°$ 的长度,再利用某一理论和相应的 $g$ 值,就可确定地球的形状。事实上,牛顿根据观察到的摆周期随地球表面不同地点的变化,推断出地球在赤道上是鼓起的。

在牛顿用理论推断出地球的赤道半径比极半径超过 $1/230$(这个值的百分之三十是大过头的)之后,欧洲的科学家们急欲加以核实。方法之一是测量赤道附近和极点附近纬度 $1°$ 所跨经线的长度。如果地球是扁的,那么后一长度要比前一长度长一些。

卡西尼(Jacques Cassini,1677—1756)及其家庭中的一些成员作了这样的测量,而且在1720年给出了相反的结果。他们发现两极之间的直径比赤道的直径大了 $1/95$。为了澄清这个问题,法国科学院在1730年派遣了两个探险队,一队在数学家莫佩尔蒂(Pierre-Louis Morean de Maupertuis)的领导下去拉普兰(Lapland),另一队去秘鲁。莫佩尔蒂分遣队里有一名是数学家克莱罗。他们的测量证实了地球在两极是扁平的;伏尔泰欢呼莫佩尔蒂是"两极和卡西尼们的压平者"。其实,莫佩尔蒂的值是 $1/178$,比不上牛顿的精确。地球的形状问题仍旧是一个重大的课题,而且在一个很长的时期内没有弄清楚,这形状是否是一个扁的球面,或一个扁长的球面,或一般的椭球面,或别的什么旋转面。

如果已经知道了地球的形状,那么与此有关的问题,即引力定律的验证,就可进行了。知道了地球的形状,就能确定把一物体保持在旋转着的地球表面上或表面附近所需的向心力。于是,在知道了地球表面上的重力加速度 $g$ 之后,我们就可查对由向心加速度和 $g$ 所提供的全部重力是否确实符合平方反比定律。有些人怀疑这个定律,克莱罗就是其中一个,他有一个时期曾经相信引力的形式应该是 $F = A/r^2 + B/r^3$。引力定律和地球的形状,这两个问题有着更深刻的内在联系,这是因为如果把地球看成旋转的平衡流体,那么平衡的条件就牵涉到流体质点之间的相互吸引力。

主导着这一世纪的物理研究领域是天文学。牛顿已经解决了所谓的二体问题,即在太阳的引力作用下,一个单一的行星的运动,考虑时把两个物体都理想化成质点。他也曾经提出了一些办法去研究比较重要的三体问题:月球在太阳和地球引力作用下的性态。然而,这正是研究行星及其卫星在太阳引力和所有别的星体的相互吸引下的运动的开端。牛顿在《原理》中的工作,虽然实际上构造了微分方程的解,但是还有待于翻译成分析的形式。而这个工作是在18世纪逐步完成的。那个优秀的法国数学家和物理学家瓦里尼翁在进行把动力学从几何学的束缚下解放出来的探索中,顺便开始了这个工作。牛顿也确实用过分析的形式解决了某些微分方程,例如他在1671年的《流数法》中(第17章第3节)和1676年的《专论》(Tractatus)中,都讲到了微分方程 $d^n y/dx^n = f(x)$ 的解在 $x$ 的一个 $n-1$ 次多项式的范围内是任意的。在《原理》第三版命题34的注解中,他只讲了什么样形状的旋转曲面在流体中运动时受到的阻力最小;而在1694年给大卫·格雷戈里的一封信中,他说明了他是怎样得到他的结果的,并且在说明中用了微分方程。

在天文学的问题中,月球的运动受到最大的注意,这是由于确定船只在大海中的经度的一般方法(第16章第4节),同17世纪所介绍的别的方法一样,都有赖于知道月球每时每刻相对于一标准位置(它在该世纪的后期定为英国的格林尼治)的方位。为了决定误差不超过 $1'$ 的格林尼治时间,就需要知道误差不超过角度 $15''$ 的月球的方位;甚至这样的误差也可能导致船只的定位有30千米的偏差。但是在牛顿的时候,通用的月球位置表远没有达到这样的精度。对月球的运动理论产生兴趣的另一个原因是:它可以用来预报日蚀和月蚀,这反过来对整个天文学理论是一种检验。

常微分方程的主题产生于刚才谈到的一些问题。数学发展了,偏微分方程的课题也引导出常微分方程进一步的工作。现在叫做微分几何与变分法的这两个分支就是这样。在这一章内,我们将讨论那些直接引导到常微分方程(即只包含一个自变量的导数的方程)的基本的早期著作。

## 2. 一阶常微分方程

像微积分在17世纪后期与18世纪前期的著作一样,常微分方程最早的著作出现在数学家们彼此的通信中(其中有许多已失传了),或者出现在那些常常重登书信中建立的或说明的结果的刊物中。某人宣布一个结果往往引起另一个人的申辩,说他更早做了完全相同的工作。由于存在着激烈的竞争,这种申辩不一定是真实的。有些证明只有概述,而且弄不清作者掌握的详情;同样,在信上写着的一般解法也仅仅是特例的说明。由于这些理由,我们即使不考虑整个严密性的问题,也很难指出谁是首先得到这些结果的人。

惠更斯在1693年的《教师学报》[①]中明确说到了微分方程,而莱布尼茨在同年

---

① Œuvres, 10, 512-514.

的《教师学报》的另一篇文章中称微分方程为特征三角形的边的函数①。我们通常首先学到的关于常微分方程的观点,即由给定的函数及其导数中消去任意常数后得到微分方程,大约直到 1740 年才出现,并且是由方丹提出来的。

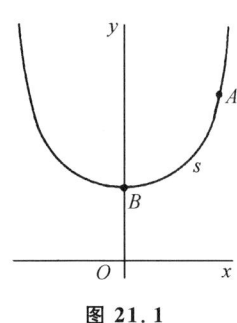

图 21.1

詹姆斯·伯努利是用微积分求常微分方程问题分析解的先驱者之一。在 1690 年 5 月②,他发表了他关于等时问题的解答,虽然莱布尼茨已经给出了这问题的一个分析解。这个问题是:求一条曲线,使得一个摆沿着它作一次完全的振动,都取相等的时间,不管摆所经历的弧长的大小。这微分方程,用詹姆斯·伯努利的记号写出,就是

$$\mathrm{d}y\sqrt{b^2 y - a^3} = \mathrm{d}x\ \sqrt{a^3}.$$

詹姆斯·伯努利由微分等式得出结论:两端的积分(这个词第一次被使用)必须相等,并且给出了解答

$$\frac{2b^2 y - 2a^3}{3b^2}\sqrt{b^2 y - a^3} = x\ \sqrt{a^3},$$

这曲线自然是摆线。

詹姆斯·伯努利在 1690 年的同一篇文章中提出了一个问题:一根柔软而不能伸长的弦自由悬挂于两固定点,求这弦所形成的曲线。莱布尼茨称此曲线为悬链线。这个问题早在 15 世纪,达·芬奇(Leonardo da Vinci)已经考虑过。伽利略猜想这条曲线是抛物线。惠更斯证实,这是不对的,并且主要用物理的推论证明:如果弦的重量以及加在弦上的总载荷按水平方向计算是均匀的,那么曲线是抛物线。而对于实在的悬链线,则沿曲线方向的重量是均匀的。

在 1691 年 6 月的《学报》中,莱布尼茨、惠更斯和约翰·伯努利都发表了各自的解答。惠更斯的解答是几何的,而且是不清楚的。约翰·伯努利③用微积分的方法给出一个解答。在他的 1691 年的微积分教本中有完整的阐述,这就是现代在微积分与力学中所采用的那个讲法,它建立在微分方程

(1) $$\frac{\mathrm{d}y}{\mathrm{d}x} = \frac{s}{c}$$

的基础上,其中 $s$ 是由 $B$ 到任意点 $A$(图 21.1)之间的弧长,而 $c$ 依赖于弦在单位长度内的重量。从这个微分方程推导出我们现在写成 $y = c\cosh \dfrac{x}{c}$ 的解。莱布尼茨用微积分的方法也得到这个结果。

---

① *Math. Schriften*, 5, 306.
② *Acta Erud.*, 1690, 217 - 219 = *Opera*, 1, 421 - 424.
③ *Acta Erud.*, 1691, 274 - 276 = *Opera*, 1, 48 - 51.

约翰·伯努利能够解决悬链线问题,而他的哥哥詹姆斯·伯努利提出这个难题却不能解决,所以他感到莫大的骄傲。他在 1718 年 9 月 29 日给蒙莫(Pierre Rémond de Montmort,1678—1719)的一封信中夸耀自己[①]:

> 我的哥哥的努力没有成功;至于我,比较幸运,因为我找到了彻底解决问题的技巧(我说这一点是毫不夸张的,为什么我要隐瞒真情呢?)并且把它转化为抛物线的求长法。千真万确的是,我为了钻研这个问题牺牲了通宵的休息。在那些日子里,对于我当时轻轻的年纪和业务而言,这是够呛的。但是,第二天早晨我满怀喜悦,跑到我哥哥那里。他深居不出,为了解开这个戈尔丹的绳结(Gordian knot)仍在苦苦地奋斗呢。像伽利略一样,他老是想象悬链线是一根抛物线。我对他说,停止!停止!再不要折腾你自己去证明悬链线与抛物线的等同性了,因为那是完全错误的。抛物线对悬链线的构造的确有用,但是这两种曲线是如此的不同:一个是代数的,另一个是超越的……然而,你使我不胜惊讶,说我的哥哥曾找到了解决这个问题的方法……我问你,难道你真的会想象,如果我的哥哥已经解决了这个疑难的问题,他对我会这样谦虚,一如他不是一个解决者,而让我与惠更斯和莱布尼茨一道独享首创者的光荣吗?

在 1691 年与 1692 年间,詹姆斯·伯努利与约翰·伯努利还解决了悬挂着的变密度非弹性软绳、等厚度的弹性绳,以及在每一点上的作用力都指向一固定中心的细绳所成形状的问题。约翰·伯努利还解决了逆问题:已知一悬挂着的非弹性细绳所成形状的曲线方程,求绳子密度相对于弧长的变化规律。在力学的教科书中,通常见到的就是约翰·伯努利的解答。詹姆斯·伯努利在 1691 年的《学报》中发表了一个证明:一根给定的绳子悬挂在两固定点,它能取的所有形状中,以悬链线的重心为最低。

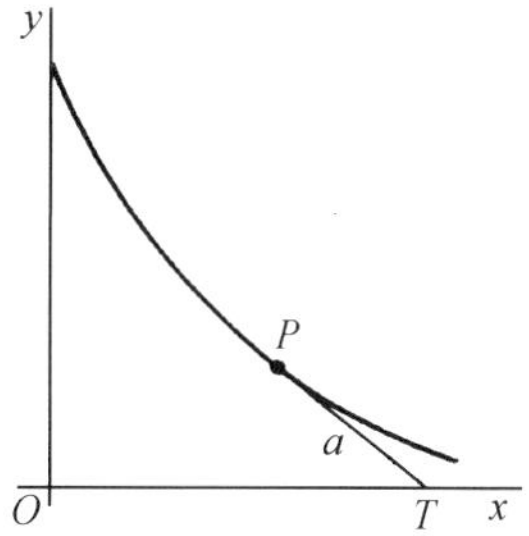

在 1691 年的《学报》中,詹姆斯·伯努利推导出跟踪曲线的方程,在图 21.2 的曲线中,对于曲线上任一点 $P$, $PT/OT$ 是常数。詹姆斯·伯努利首先推出 $dy/ds = y/a$,这里 $s$ 是弧长。从这个方程他推得

(2) $$\int y dx = \int dy \sqrt{a^2 - y^2}$$

与

图 21.2

---

[①] Johann Bernoulli, *Der Briefwechsel von Johann Bernoulli*, Birkhäuser Verlag, 1955, 97-98.

(3)
$$\int y^2 \mathrm{d}x = -\frac{1}{3}\sqrt{(a^2-y^2)^3}$$

作为曲线的特征积分。方程(2)可以积分成

$$x+\sqrt{a^2-y^2} = a\log[(a+\sqrt{a^2-y^2})/y].$$

莱布尼茨想到了常微分方程的变量分离法,并且于1691年函告惠更斯。这样他就解决了形如 $y\mathrm{d}x/\mathrm{d}y = f(x)g(y)$ 的方程,只要把它写成 $\mathrm{d}x/f(x) = g(y)\mathrm{d}y/y$,就能在两边进行积分。他并没有建立一般的方法。他(1691)还把一阶齐次方程 $y' = f(y/x)$ 化成积分。他令 $y = vx$,并代入方程,就使变量可以分离。所有这些概念——变量分离与齐次方程的求解,约翰·伯努利在1694年的《教师学报》中作了更加完整的说明。其后,莱布尼茨在1694年证明如何把线性一阶常微分方程 $y' + P(x)y = Q(x)$ 化成积分。他的方法使用了应变量的变换。一般说来,莱布尼茨只解了一阶的常微分方程。

詹姆斯·伯努利后来在1695年的《学报》中[1]提出了求解现在叫做伯努利方程

(4)
$$\frac{\mathrm{d}y}{\mathrm{d}x} = P(x)y + Q(x)y^n$$

的问题。莱布尼茨在1696年证明[2]:利用变量替换 $z = y^{1-n}$,可以把方程化成线性方程($y$ 和 $y'$ 的一次方程)。约翰·伯努利给出了另一种解法。詹姆斯·伯努利在1696年的《学报》中本质上用变量分离法把它解出。

莱布尼茨和约翰·伯努利在1694年引进了找等交曲线或曲线族的问题,即找一曲线或曲线族使得与一已知曲线族相交于给定的角度。约翰·伯努利称等交曲线为轨线,并且在惠更斯的光学工作基础上指出,因为光线与光的波前是正交的,所以等交轨线的问题在求光线通过非均匀介质时的路径是重要的。这个问题一直到1697年都没有公开,那时约翰·伯努利把它作为向詹姆斯·伯努利提出的一个挑战。詹姆斯·伯努利只解决了一些特殊的实例。约翰·伯努利导出了一特殊曲线族的正交轨线的微分方程,并且在1698年[3]解出了它。后来莱布尼茨找到一曲线族的正交轨线:考虑 $y^2 = 2bx$,其中 $b$ 是曲线族参数(他引进的一个名词)。从这个方程推出 $y\mathrm{d}y/\mathrm{d}x = b$。莱布尼茨再令 $b = -y\mathrm{d}x/\mathrm{d}y$,代入 $y^2 = 2bx$,就得到轨线的微分方程 $y^2 = -2xy\mathrm{d}x/\mathrm{d}y$,它的解为 $a^2 - x^2 = y^2/2$。虽然他只解出了一些特例,但他却料想到一般的问题与解法。

正交轨线的问题一直处于沉寂状态,直到1715年,莱布尼茨向英国数学家主

---

[1] 第141页。
[2] *Acta Erud.*, 1696, 145.
[3] *Opera*, 1, 266.

要对准牛顿提出挑战:找出求一已知曲线族的正交轨线的一般方法。牛顿在造币厂,白天劳累之后,用睡觉前的时间解出了这个问题,他的解答发表在1716年的《哲学汇刊》上[1]。牛顿还指明了如何求与一已知曲线族相交成定角的曲线,或相交的角是按照给定的规律随族中曲线变化的曲线。虽然牛顿用了二阶常微分方程,但他的方法与现代所用方法没有太大的不同。

关于这个问题的更进一步的工作是由尼古拉·伯努利(1695—1726)在1716年完成的。詹姆斯·伯努利的学生赫尔曼(1678—1733)在1717年的《学报》中给出了一个规则:若 $F(x,y,c)=0$ 是一已知曲线族,则 $y'=-F'_x/F'_y$,其中 $F'_x$ 与 $F'_y$ 为 $F$ 的偏微商,从而正交轨线的斜率[2]就是 $F'_y/F'_x$。于是赫尔曼说,$F(x,y,c)=0$ 的正交轨线的常微分方程为

(5) $$F'_y \mathrm{d}x = F'_x \mathrm{d}y.$$

他从(5)解出 $c$,把它代入原来的方程 $F(x,y,c)=0$,并且解出最后得到的微分方程。这个方法实际上是莱布尼茨的,只不过赫尔曼阐述得更为明确而已。现在更习惯于找出 $F=0$ 所满足的真的微分方程,这方程不含 $c$;在这个方程中再用 $-1/y'$ 代替 $y'$,这样就得到正交轨线的微分方程。

约翰·伯努利向英国人提出了另外一些轨线的难题,他特别讨厌的是牛顿。由于英国人与大陆的伙伴已经不和,所以挑战是冷酷的并带有敌意。

约翰·伯努利后来解决了一个抛射体在阻力正比于速度任何次幂的介质中运动的问题,这里的微分方程是

(6) $$m\frac{\mathrm{d}v}{\mathrm{d}t} - kv^n = mg.$$

那时也认识了一阶恰当方程,即方程 $M(x,y)\mathrm{d}x+N(x,y)\mathrm{d}y=0$ 中的 $M\mathrm{d}x+N\mathrm{d}y$ 是某个函数 $z=f(x,y)$ 的恰当微分。克莱罗——他关于地球形状的著作是很有名的——已经在1739年与1740年(第19章第6节)的论文中给出方程是恰当的条件:$\partial M/\partial y = \partial N/\partial x$。这个条件也由欧拉独立地在1734年至1735年写的一篇论文中给出[3]。假如方程是恰当的,那么如克莱罗和欧拉所指出的那样,它是可以积分的。

当一个一阶方程不是恰当时,往往可以将方程乘上一个叫做积分因子的量,使它化成恰当的。虽然积分因子在一阶常微分方程的特殊问题中早已采用了,但是领会到这个概念提供了一个方法的却是欧拉(在1734年或1735年的论文中),他确立了可采用积分因子的方程类属。他还证明如果知道了任何一阶常微分方程的

---

[1] Phil. Trans., 29,1716,399-400.
[2] Acta Erud., 1717,349 ff. 也见约翰·伯努利,Opera, 2,275-279.
[3] Comm. Acad. Sci. Petrop., 7,1734/1735,174-193, pub. 1740 = Opera,(1),22,36-56.

两个积分因子,那么令它们的比等于常数,就是微分方程的一个积分。克莱罗在他 1739 年的文章中独立地引进了积分因子的概念,而且在 1740 年的论文中加上了理论。求解一阶方程的所有初等方法到 1740 年都已清楚了。

## 3. 奇　　解

奇解不能通过给积分常数以一个确定值的方法从通解得到;这就是说,它不是特解。这是泰勒在他的《增量法》[①]中求解一阶二次方程时观察到的。莱布尼茨在 1694 年已经看到一个解族的包络也是一个解。克莱罗和欧拉对奇解作了更加完整的探讨。

克莱罗在 1734 年的著作[②]中处理了现在以他的名字命名的方程

(7) $$y = xy' + f(y').$$

令 $p$ 表示 $y'$,则

(8) $$y = xp + f(p).$$

对 $x$ 求微商,克莱罗得到

$$p = p + \{x + f'(p)\}\frac{\mathrm{d}p}{\mathrm{d}x}.$$

从而

(9) $$\frac{\mathrm{d}p}{\mathrm{d}x} = 0 \text{ 和 } x + f'(p) = 0.$$

方程 $\mathrm{d}p/\mathrm{d}x = 0$ 导致 $y' = c$,再由原方程我们有

(10) $$y = cx + f(c).$$

这就是通解,而且它是一个直线族。第二个因子 $x + f'(p) = 0$,可以与原方程一起用来消去 $p$,这就给出了一个新的解,它就是奇解。为了弄清它是通解的包络,我们利用(10),并且关于 $c$ 求微商,这样就有

(11) $$x + f'(c) = 0.$$

从(10)与(11)之间消去 $c$ 得到的曲线就是包络。但是,这两个方程恰好与上面给出奇解的两个方程一样。奇解是一包络这一事实还是不甚了然的,但是奇解不包括在通解中,克莱罗却是清楚的。

克莱罗与欧拉已经给出方法,从微分方程本身求出奇解,即从 $f(x, y, y') = 0$ 与 $\partial f / \partial y' = 0$ 消去 $y'$。这一点以及奇解不包括在通解中的事实,困住了欧拉。他在 1768 年的《原理》中[③],给出了一个从特殊积分鉴别奇解的判别法,此法在未知

---

① 1715, p. 26.
② *Hist. de l'Acad. des Sci.*, *Paris*, 1734, 196 - 215.
③ Vol. 1, pp. 393 ff.

通解的情况下,也可以应用。达朗贝尔①加强了这个判别法。后来拉普拉斯②把奇解(他称作特殊解)的概念推广到高阶方程和三个变量的方程。

拉格朗日③对奇解与通解的联系作了系统的研究。他给出一般的方法,用明确而漂亮的手法从通解消去常数而得到奇解,这超过了拉普拉斯的贡献。设已知通解 $V(x, y, \alpha)=0$,拉格朗日的方法是求出 $dy/d\alpha$,并令它等于0,再从这个方程与 $V=0$ 消去 $\alpha$。同样的程序也适用于 $dx/d\alpha=0$。他还扩大了克莱罗与欧拉从微分方程求奇解的知识。最后,拉格朗日给出奇解是积分曲线族的包络的几何解释。在奇解的理论中,有些特殊的困难他是没有认识到的。例如,他没有了解到,别的奇异曲线,但不是奇解,也可以从 $f(x, y, y')=0$ 与 $\partial f/\partial y'=0$ 消去 $y'$ 得到,或者说,一个奇解可以包括一支特解。奇解的完整理论是在19世纪发展起来的,而且由凯莱(Arthur Cayley)和达布(Gaston Darboux)在1872年才把它处理成现代的形式。

## 4. 二阶方程与黎卡蒂方程

二阶常微分方程早在1691年就在物理问题中出现了。詹姆斯·伯努利研究了船帆在风力下的形状问题,即**膜盖**问题,而且引出一个二阶方程 $d^2x/ds^2 = (dy/ds)^3$,这里 $s$ 为弧长。约翰·伯努利在他的1691年的微积分教科书中处理了这个问题,并且证明它与悬链线问题在数学上是相同的。二阶方程后来在确定两端固定的弹性振动弦(例如小提琴的弦)的形状问题中也出现了。泰勒在研究这个问题时是在研究一个古老的主题。由毕达哥拉斯(Pythagoras)的信徒开端的数学和乐声的整个主题为中世纪的人们所继承,并且传到了17世纪。贝内代蒂(Giovanni Battista Benedetti)、贝克曼(Isaac Beeckman)、梅森、笛卡儿、惠更斯和伽利略在这方面都是杰出的,虽然没有什么新的数学成果值得在此一提。一根弦可以按许多模式,即二分之一、三分之一等模式振动;一根分成 $k$ 部分振动的弦所产生的音是第 $k$ 谐音或第 $k-1$ 泛音(基音为第一谐音)。这些知识大部分是通过索弗尔(Joseph Sauveur,1653—1716)的实验工作到1700年在英国就已熟知了。

泰勒④导出了一根伸张的振动弦的基频。他解出了方程 $a^2\ddot{x}=\dot{s}y\ddot{y}$,这里 $\dot{s}=\sqrt{\dot{x}^2+\dot{y}^2}$,而微商是对时间取的,并且给出了 $y=A\sin(x/a)$ 作为弦在任何时

---

① *Hist. de l'Acad. des Sci.*, Paris, 1769, 85 ff., pub. 1772.
② *Hist. de l'Acad. des Sci.*, Paris, 1772, Part 1, 344 ff., pub. 1775 = *Œuvres* 8, 325 - 366.
③ *Nouv. Mém. de l'Acad. de Berlin*, 1774, pub. 1776 = *Œuvres*, 4, 5 - 108.
④ *Phil. Trans.*, 28, 1713, 26 - 32, pub. 1714;亦见 *Phil. Trans. Abridged*, 6, 1809, 7 - 12, 14 - 17.

刻的形状,这里 $a = l/\pi$ ,$l$ 是弦的长度。泰勒关于基频的结果(按照现代的记号)是

$$\nu = \frac{1}{2l}\sqrt{\frac{T}{\sigma}},$$

其中 $T$ 为弦的张力,$\sigma = m/g$ ,$m$ 是单位长度的质量,而 $g$ 为重力加速度。

约翰·伯努利在努力研究弦振动问题时,在 1727 年给他的儿子丹尼尔·伯努利的一封信中和一篇论文中[1],考虑了一根无重量的弹性弦,在弦上等间隔地放置着 $n$ 个等质量的质点。当放置 1,2,…,6 个质点时,他推出了质点系的基频。(质点系还存在着别的振动频率。)约翰·伯努利认为在每个质点上的力是它的位移的 $-K$ 倍,而且用分析方法解出了简谐运动方程 $d^2x/dt^2 = -Kx$。然后他过渡到连续弦,从而证明在任何时刻弦的形状必定是正弦曲线(与泰勒一样),他又算出了基频。这里他解出了 $d^2y/dx^2 = -ky$。约翰·伯努利和泰勒两人都没有研究过弹性振动体更高阶的振动模式。

在 1728 年欧拉开始考虑二阶方程。他对这方面的兴趣部分地是由他的力学工作引起的。例如,他已经对摆在有阻尼介质中的运动进行研究,这就引到二阶的微分方程。他为普鲁士国王研究了空气阻力对投射体的影响。这里他接受并改进了英国人罗宾斯的工作,译了一个德文的译本(1745)。这个德文译本又翻译成英文与法文,并且为炮兵学所应用。

欧拉还考虑了一类二阶方程[2],他利用变量替换把它们化到一阶方程。例如,他考虑了方程

(12) $$ax^m dx^p = y^n dy^{p-2} d^2 y,$$

或它的微商形式

(13) $$\left(\frac{dy}{dx}\right)^{p-2} \frac{d^2 y}{dx^2} = \frac{ax^m}{y^n}.$$

欧拉通过方程

(14) $$y = e^v t(v),\quad x = e^{av}$$

引进新的变量 $t$ 与 $v$,这里 $a$ 是待定的常数。方程(14)可以看成 $x$ 与 $y$ 关于 $v$ 的参数方程,这样就可计算 $dy/dx$ 与 $d^2y/dx^2$,而且代入(13)后就得到 $t$ 作为 $v$ 的函数的一个二阶方程。欧拉然后固定 $a$,从而消去指数因子,这样 $v$ 就不再明显地出现了。再作变换 $z = dv/dt$,就把二阶方程化到一阶的了。

因为这个方法只适用于一类二阶方程,所以其细节就不值得再去深究。但是这部分工作是有历史意义的,因为它开始了二阶方程的系统研究,而且因为欧拉在

---

[1] *Comm. Acad. Sci. Petrop.*, 3,1728,13 - 28, pub.1732=*Opera*, 3,198 - 210.

[2] *Comm. Acad. Sci. Petrop.*, 3,1727,124 - 137, pub. 1732 = *Opera* ,(1),22,1 - 14.

这里引进了指数函数,我们将看到它在求解二阶与高阶方程时将起特别重要的作用。

丹尼尔·伯努利在 1733 年离开圣彼得堡之前,完成了一篇论文《关于用柔软细绳联结起来的一些物体以及垂直悬挂的链线的振动定理》[①]。他开始研究的是上端固定的悬链线,没有重量,但带着等间隔的重荷。当链线振动时,他发现质点系相对于通过悬挂点的垂线作不同模式的(小)振动。这些模式中的每一个都有各自的特征频率[②]。对于长度为 $l$ 的均匀的振动悬链线,他给出了从最低点算起相距 $x$ 处的位移 $y$(图 21.3)满足方程

(15) $$\alpha \frac{d}{dx}\left(x \frac{dy}{dx}\right) + y = 0,$$

它的解是一个无穷级数,用现代的记号可表示成

(16) $$y = A J_0\left(2\sqrt{\frac{x}{\alpha}}\right),$$

其中 $J_0$ 是零阶贝塞尔函数(第一类)[③]。而且 $\alpha$ 满足

(17) $$J_0\left(2\sqrt{\frac{l}{\alpha}}\right) = 0,$$

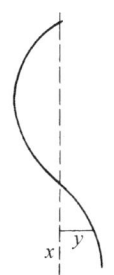

图 21.3

这里 $l$ 是悬链的长度。他断定(17)有无穷多个根,而且这些根变得越来越小,最后趋向于 0。他得到了这种 $\alpha$ 的最大值。对应于每一个 $\alpha$,就有一个振动的模式和一个特征频率。

他当时说:"从这个理论推导出符合于泰勒和我父亲建立的音乐弦理论将是不困难的……实验表明,在音乐弦中存在着类似于振动链的交点(节点)。"确实,这里丹尼尔·伯努利在认识弦振动的谐音或高阶模式方面超过了泰勒和他的父亲。

他关于悬链线的论文还讨论了非均匀厚度的振动链,那里他引进了微分方程

(18) $$\alpha \frac{d}{dx}\left[g(x) \frac{dy}{dx}\right] + y \frac{dg(x)}{dx} = 0,$$

其中 $g(x)$ 是链线的重量分布。对于 $g(x) = (x/l)^2$,他给出了一个级数解,用现代的记号可以把它写成

(19) $$y = 2A\left(\frac{2x}{\alpha}\right)^{-\frac{1}{2}} J_1\left(2\sqrt{\frac{2x}{\alpha}}\right),$$

---

① *Comm. Acad. Sci. Petrop.*, 6,1732/1733,108 – 122, pub. 1738.

② 在 $n$ 个质点的情形,每个质点都有它自己的运动,这些运动由 $n$ 个正弦项组成,每个正弦项有一个特征频率。整个系统有 $n$ 个不同的带一个特征频率的主要模式。到底出现哪一些主要模式,要视初始条件而定。

③ $J_n(x) = \left(\frac{x}{2}\right)^n \sum_{k=0}^{\infty} \frac{(-1)^k (x/2)^{2k}}{k!(k+n)!}$ ($n$ 是正整数或 0)。

其中
$$J_1\left(2\sqrt{\frac{2l}{\alpha}}\right) = 0,$$
$J_1$ 是第一类的一阶贝塞尔函数。

在丹尼尔·伯努利的解答中有两点失误：第一，不提位移是时间的函数，这样一来，他的工作在数学上就停留在常微分方程的范围；第二，不提他认识到的那些实在的简单运动模式（泛音）可以叠加成更复杂的运动。

在完成了一本以乐声为主题的著作《建立在确切的谐振原理基础上的音乐理论的新颖研究》(*Tentamen Novae Theoriae Musicae ex Certissimis Harmoniae Principiis Dilucide Expositae*，写于1731年，出版于1739年[①]）之后，欧拉在一篇论文《关于带有任意多个重量的柔软细绳的振动》(On the Oscillations of a Flexible Thread Loaded with Arbitrarily Many Weights)中紧跟丹尼尔·伯努利的工作[②]，欧拉的结果与丹尼尔·伯努利的结果是极为相似的，只不过欧拉的数学更为清楚。对于连续链的一种形式，即重力正比于 $x^n$ 的特殊情形，欧拉求解方程
$$\frac{x}{n+1}\frac{d^2y}{dx^2} + \frac{dy}{dx} + \frac{y}{\alpha} = 0.$$
他推得级数解，用现代的记号就是[③]
$$y = Aq^{-\frac{n}{2}}I_n(2\sqrt{q}), \quad q = -\frac{(n+1)x}{\alpha},$$
这里 $n$ 是一般的。这样欧拉就引进了任意实指标的贝塞尔函数。他还求出了用积分表示的解
$$y = A\frac{\int_0^1 (1-t^2)^{(2n-1)/2}\cosh\left[2t\sqrt{\frac{(n+1)x}{\alpha}}\right]dt}{\int_0^1 (1-\tau^2)^{(2n-1)/2}d\tau}.$$
这恐怕是二阶微分方程的解用积分来表示的最早情形。

欧拉在1739年的一篇论文[④]中研究了谐振子的微分方程 $\ddot{x} + kx = 0$ 以及谐振子的强迫振动方程

(20) $\qquad M\ddot{x} + Kx = F\sin\omega_a t.$

他用积分法得到了解，而且发现（实际上是重新发现，因为别人早已发现过了）共振

---

① *Opera*, (3), 1, 197-427.
② *Comm. Acad. Sci. Petrop.*, 8, 1736, 30-47, pub. 1741 = *Opera*, (2), 10, 35-49.
③ 对于一般的 $\nu$（包括复数），
$$I_\nu(z) = \sum_{n=0}^\infty \frac{(z/2)^{\nu+2n}}{n!\Gamma(\nu+n+1)}.$$
函数 $I_\nu(z)$ 叫做修正贝塞尔函数。
④ *Comm. Acad. Sci. Petrop.*, 11, 1739, 128-149, pub. 1750 = *Opera*, (2), 10, 78-97.

现象；就是说，如果 $\omega$ 是振子的自然频率 $\sqrt{K/M}$（它在 $F=0$ 时得出），则当 $\omega_a/\omega$ 趋于 1 时，强迫振动的振幅无限变大。

在试图建立声在空气中传播的模型时，欧拉在他的论文《关于脉动波通过弹性介质的传播》(On the Propagation of Pulses Through an Elastic Medium)[①]中考虑了 $n$ 个质量为 $M$ 的质点系，设它们放置在一水平线 $PQ$ 上，并用相同的弹簧（无重量）连接起来。设讨论的运动是纵向的，即运动沿着 $PQ$ 进行。对于第 $k$ 个质点，他得到

$$M\ddot{x}_k = K(x_{k+1} - 2x_k + x_{k-1}), \quad k=1, 2, \cdots, n,$$

这里 $K$ 是弹簧常数，而 $x_k$ 是第 $k$ 个质点的位移。对每个质点，他求出精确的特征频率以及一般解

(21) $$x_k = \sum_{r=1}^{n} A_r \sin\frac{rk\pi}{n+1} \cos\left(2\sqrt{\frac{K}{M}}t\, \frac{\sin r\cdot\pi/2}{n+1}\right),$$

这里 $k=1, 2, \cdots, n$。从而他不仅求得了每个质点个别的模式，而且还求出了作为简谐振动模式叠加而成的质量的一般运动。可能出现的特定模式依赖于初始条件，就是说，依赖于各质点如何进入运动。所有这些结果也可用受荷弦的横向运动（垂直于 $PQ$）来解释。

某些已经研究过的方程，例如伯努利方程，是非线性的，即方程中出现变量 $y$, $y'$ 和 $y''$（如果它出现的话）的二次或更高次的项。在这种一阶方程中，有几个具有特殊的重要性，因为它们与线性二阶方程密切相关。在常微分方程的早期历史中，非线性的黎卡蒂方程

(22) $$\frac{\mathrm{d}y}{\mathrm{d}x} = a_0(x) + a_1(x)y + a_2(x)y^2$$

博得了极大的注意。

黎卡蒂方程是由研究声学的威尼斯的黎卡蒂（Jacopo Francesco Riccati, 1676—1754）伯爵引进的，它受到重视是因为可用来帮助求解二阶常微分方程。他考虑了曲率半径只依赖于纵坐标的曲线而得到[②]

$$x^m \frac{\mathrm{d}^2 x}{\mathrm{d}p^2} = \frac{\mathrm{d}^2 y}{\mathrm{d}p^2} + \left(\frac{\mathrm{d}y}{\mathrm{d}p}\right)^2$$

[黎卡蒂写成 $x^m \mathrm{d}^2 x = \mathrm{d}^2 y + (\mathrm{d}y)^2$]，这里必须理解，$x$ 与 $y$ 是依赖于 $p$ 的。作变量替换后，黎卡蒂得到一阶方程

$$x^m \frac{\mathrm{d}q}{\mathrm{d}x} = \frac{\mathrm{d}u}{\mathrm{d}x} + \frac{u^2}{q},$$

然后他假定 $q$ 是 $x$ 的幂函数，例如 $x^n$，从而化成形式

---

① Novi Comm. Acad. Sci. Petrop., 1, 1747/1748, 67–105, pub. 1750 = Opera, (2), 10, 98–131.
② Acta Erud., 1724, 66–73.

$$\text{(23)} \qquad \frac{\mathrm{d}u}{\mathrm{d}x} + \frac{u^2}{x^n} = nx^{m+n-1}.$$

于是他说明,对于特殊的 $n$,如何用常微分方程的分离变量法求解(23)。后来,伯努利们确定了 $n$ 的另外一些值,使得相应的(23)可用分离变量法求解。

黎卡蒂工作之所以值得重视,不仅由于他处理了二阶微分方程,而且由于他有了把二阶方程化到一阶方程的想法。用这种或那种手段降低常微分方程的阶,这种想法将是处理高阶常微分方程的主要方法。

欧拉在 1760 年①考虑了黎卡蒂方程

$$\text{(24)} \qquad \frac{\mathrm{d}z}{\mathrm{d}x} + z^2 = ax^n,$$

而且证明若已知一特殊积分 $v$,则变换

$$z = v + u^{-1},$$

把方程化成线性的。而且,若已知两个特殊积分,则求解原方程的问题就可化为求积分的问题。

达朗贝尔②最先考虑黎卡蒂方程的一般形式(22),而且对这种形式采用了"黎卡蒂方程"这一名称。他由

$$\text{(25)} \qquad \frac{\mathrm{d}^2 S}{\mathrm{d}x^2} = \frac{-\lambda^2 x \pi^2 S}{2aL\mathrm{e}}$$

开始,令

$$\text{(26)} \qquad S = \exp\left[\int p\mathrm{d}x\right], \quad p = f(x),$$

由此他得到形如(22)的 $p$(作为 $x$ 的函数)的方程。

## 5. 高 阶 方 程

1734 年 12 月,丹尼尔·伯努利给当时在圣彼得堡的欧拉写信说,他已经解决了一端固定在墙上而另一端自由的弹性横梁(钢的或木的一维物体)的横向位移问题。丹尼尔·伯努利得到微分方程

$$\text{(27)} \qquad K^4 \frac{\mathrm{d}^4 y}{\mathrm{d}x^4} = y,$$

其中 $K$ 是常数,$x$ 是横梁上距自由端的距离,$y$ 是在 $x$ 点的相对于横梁未弯曲位置的垂直位移。欧拉在 1735 年 6 月前的一封回信中说道,他也已发现了这个方程,而对这个方程除了用级数外无法积分。他确实得到了四个独立的级数解。这些级数代表圆函数和指数函数,但是欧拉在当时没有了解到这一点。

---

① *Novi Comm. Acad. Sci. Petrop.*, 8,1760/1761,3 - 63,pub. 1763 = *Opera*,(1),22,334 - 394,与 9,1762/1763,154 - 169,pub. 1764 = *Opera*,(1),22,403 - 420.

② *Hist. de l'Acad. de Berlin*,19,1763,242 ff.,pub. 1770.

四年以后,欧拉在给约翰·伯努利的信(1739 年 9 月 15 日)中指出,他的解可以表示成

(28) $$y = A\left[\left(\cos\frac{x}{K} + \cosh\frac{x}{K}\right) - \frac{1}{b}\left(\sin\frac{x}{K} + \sinh\frac{x}{K}\right)\right],$$

其中 $b$ 由条件"当 $x = l$ 时, $y = 0$"来确定,从而

$$b = \left(\sin\frac{l}{K} + \sinh\frac{l}{K}\right) \Big/ \left(\cos\frac{l}{K} + \cosh\frac{l}{K}\right).$$

弹性问题促使欧拉考虑求解常系数一般线性方程的数学问题,他在 1739 年 9 月 15 日给约翰·伯努利的信中说,他已经取得成功。约翰·伯努利回信说,他在 1700 年就已考虑了这样的方程,甚至是变系数的方程。实际上他只考虑过一个特殊的三阶方程,并且证明如何把它化为一个二阶方程。

欧拉在他出版的著作中考虑了方程①

(29) $$0 = Ay + B\frac{dy}{dx} + C\frac{d^2y}{dx^2} + D\frac{d^3y}{dx^3} + \cdots + L\frac{d^ny}{dx^n},$$

其中系数是常数。这方程由于与 $y$ 及其微商无关的项等于 0,所以叫做齐次的。他指出,通解必定包含 $n$ 个任意常数,而且是由 $n$ 个特解分别乘以任意常数后相加而成的。然后他作替换

$$y = \exp\left[\int r dx\right],$$

$r$ 是常数,从而得到 $r$ 的方程

$$A + Br + Cr^2 + \cdots + Lr^n = 0,$$

它叫做特征方程或指标方程或辅助方程。当 $q$ 是这个方程的一个实的单根时,则

$$a \cdot \exp\left[\int q dx\right]$$

是原微分方程的一个解。在特征方程有重根 $q$ 时,欧拉令 $y = e^{qx}u(x)$,代入微分方程,他求得

(30) $$y = e^{qx}(\alpha + \beta x + \gamma x^2 + \cdots + \kappa x^{k-1})$$

是包含 $k$ 个任意常数的解,这里 $k$ 是特征方程的根 $q$ 的重数。他还讨论了共轭复根和复重根的情形。这样,欧拉完整地解决了常系数线性齐次方程。

稍后他讨论了非齐次的 $n$ 阶线性常微分方程②。他的方法是对方程乘以 $e^{\alpha x}dx$,在两边积分,再去确定 $\alpha$,从而把方程的阶降低。例如,考虑

(31) $$C\frac{d^2y}{dx^2} + B\frac{dy}{dx} + Ay = X(x),$$

---

① *Misc. Berolin.*, 7,1743,193 – 242 = *Opera*, (1),22,108 – 149.
② *Novi Comm. Acad. Sci. Petrop.*, 3,1750/1751,3 – 35, pub. 1753=*Opera*, (1),22,181 – 213.

他乘以 $e^{\alpha x} dx$,得到
$$\int \left[ e^{\alpha x} C \frac{d^2 y}{dx^2} + e^{\alpha x} B \frac{dy}{dx} + e^{\alpha x} A y \right] dx = \int e^{\alpha x} X(x) dx.$$
但是左端必定是
$$e^{\alpha x} \left( A' y + B' \frac{dy}{dx} \right)$$
的形式,其中 $A'$ 与 $B'$ 是适当的常数。对它进行微分,并与原方程进行比较,他得到

(32) $\qquad B' = C, \ A' = B - \alpha C, \ A' = \dfrac{A}{\alpha},$

因此,由后两个方程得

(33) $\qquad\qquad\qquad A - B\alpha + C\alpha^2 = 0.$

于是可求出 $\alpha$, $A'$, $B'$,而原方程化为

(34) $\qquad\qquad A' y + B' \dfrac{dy}{dx} = e^{-\alpha x} \int e^{\alpha x} X(x) dx.$

这个方程的一个积分因子是 $e^{\beta x} dx$,这里 $\beta = A'/B'$,因此由(32)他得到 $\alpha\beta = A/C$ 与 $\alpha + \beta = B/C$,再由(33)推出 $\alpha$ 与 $\beta$ 是方程(33)的两个根。

这个方法应用于 $n$ 阶常系数的常微分方程,像上述例子一样,可以逐步把方程的阶降低。欧拉还仔细讨论了 $\alpha$ 满足的方程有重根和复根的情形。

拉格朗日在研究了常系数常微分方程之后,对变系数的方程也迈出了一步①。这样就引出了如我们将看到的伴随方程的概念。拉格朗日从下列方程出发:

(35) $\qquad\qquad Ly + M \dfrac{dy}{dt} + N \dfrac{d^2 y}{dt^2} + \cdots = T,$

这里 $L, M, N, \cdots$ 和 $T$ 都是 $t$ 的函数。为了简单起见,我们将限于二阶方程。拉格朗日用 $z dt$ 乘其两端,其中 $z(t)$ 尚未确定,再分部积分,从而
$$\int Mzy' dt = Mzy - \int (Mz)' y dt,$$
$$\int Nzy'' dt = Nzy' - (Nz)' y + \int (Nz)'' y dt.$$
于是原方程变成
$$y[Mz - (Nz)'] + y'(Nz) + \int [Lz - (Mz)' + (Nz)''] y dt = \int Tz dt.$$
积分号下的方括号,令其等于 0,可以看成 $z$ 的一个常微分方程。如果由它可以求出 $z(t)$,那么留下的方程是一个比原方程低一阶的 $y$ 的常微分方程。这个关于 $z$ 的新方程,叫做原方程的伴随方程,这个名字是由富克斯(Lazarus Fuchs)在1873年取的,拉格朗日并未给它取名。

---

① *Misc. Taur.*, 3, 1762/1765, 179 - 186 = *Œuvres*, 1, 471 - 478.

为了处理 $z$ 的方程(伴随方程),拉格朗日用同样的方法去降阶。他用 $w(t)\mathrm{d}t$ 乘两端,重复上述步骤,得到 $w$ 的一个方程,降低了 $z$ 的方程的阶。$w$ 的方程除了右端等于 0 外又回到了原来的方程(35)。因此拉格朗日发现了一个定理:原来非齐次常微分方程的伴随方程的伴随方程,就是原来方程对应的齐次方程。欧拉在 1778 年本质上做了相同的事。他曾经看到过拉格朗日的工作,但显然是忘记了。

在对变系数齐次线性常微分方程的进一步的工作中,拉格朗日[1]把欧拉对常系数线性微分方程得到的某些结果推广到这些方程。拉格朗日发现,齐次方程的通解是由一些独立的特解分别乘以任意常数后相加而成的,而且在知道了 $n$ 阶齐次方程的 $m$ 个特解后,可以把方程降低 $m$ 阶。

## 6. 级 数 法

我们曾经顺便提到,某些微分方程是用无穷级数去解的。这个方法的重要性甚至到现在还值得对这一课题作一些特别的评注。自从 1700 年以来,级数解用得如此广泛,以至现在我们不得不限于少量的例子。

我们知道,牛顿利用了级数去积分稍为复杂一点的函数,其中甚至只牵涉到求曲线下的面积问题。他也用级数去求解一阶方程。例如,求解
$$\dot{y} = 2 + 3x - 2y + x^2 + x^2 y, \tag{36}$$
牛顿假定
$$y = A_0 + A_1 x + A_2 x^2 + \cdots, \tag{37}$$
于是
$$\dot{y} = A_1 + 2A_2 x + 3A_3 x^2 + \cdots. \tag{38}$$
把(37)与(38)代入(36),并使 $x$ 的同次幂的系数相等,就得到
$$A_1 = 2 - 2A_0,\ 2A_2 = 3 - 2A_1,\ 3A_3 = 1 + A_0 - 2A_2,\ \cdots.$$
于是,除了 $A_0$ 以外,我们确定了所有的 $A_i$。那时已经注意到 $A_0$ 是不定的,因而有无穷多个解。但是,直到 1750 年左右,对任意常数的意义还不是完全了解的。莱布尼茨用无穷级数解某些初等的微分方程[2],也用了上述的未定系数法。

大约在 1750 年以后,欧拉把级数方法提到了重要的位置,用来求解那些不能以紧凑形式积分的微分方程。虽然他求解的是特殊的微分方程,而且其细节往往是复杂的,但是他的方法就是我们现在采用的方法。他假定解的形式为
$$y = x^\lambda (A + Bx + Cx^2 + \cdots),$$
把 $y$ 与它的微商代入微分方程,利用所得级数中 $x$ 的各次幂的系数必须等于 0 这

---

[1] Misc. Taur., 3, 1762/1765, 190 – 199 = Œuvres, 1, 481 – 490.
[2] Acta Erud., 1693 = Math. Schriften, 5, 285 – 288.

个条件,就确定出 λ 与系数 $A$, $B$, $C$, $\cdots$,这样,对他在振动薄膜的著作中出现的常微分方程①(第 22 章第 3 节),即

$$\frac{d^2 u}{dr^2} + \frac{1}{r}\frac{du}{dr} + \left(\alpha^2 - \frac{\beta^2}{r^2}\right)u = 0,$$

现在叫做贝塞尔方程,欧拉是用一个无穷级数求解的。他给出的解

$$u(r) = r^\beta \left\{ 1 - \frac{1}{1 \cdot (\beta+1)}\left(\frac{\alpha r}{2}\right)^2 + \frac{1}{1 \cdot 2(\beta+1)(\beta+2)}\left(\frac{\alpha r}{2}\right)^4 \right.$$
$$\left. - \frac{1}{1 \cdot 2 \cdot 3(\beta+1)(\beta+2)(\beta+3)}\left(\frac{\alpha r}{2}\right)^6 + \cdots \right\},$$

除了一个只依赖于 $\beta$ 的因子外,就是我们现在所写的 $J_\beta(r)$。在有关这些函数的进一步的著作中,他证明,对于半奇整数的 $\beta$,相应的级数化成初等函数。他而且注意到,对于实的 $\beta$,$u(r)$ 有无穷多个零点,他还给出了 $u(r)$ 的积分表示。最后,对于 $\beta = 0$ 与 $\beta = 1$,他给出了微分方程第二个线性独立的级数解。

欧拉在《积分学原理》②中研究了超几何方程

(39) $$x(1-x)\frac{d^2 y}{dx^2} + [c - (a+b+1)x]\frac{dy}{dx} - aby = 0,$$

并且给出了级数解

(40) $$y = 1 + \frac{a \cdot b}{1 \cdot c}x + \frac{a(a+1)b(b+1)}{1 \cdot 2 \cdot c(c+1)}x^2$$
$$+ \frac{a(a+1)(a+2)b(b+1)(b+2)}{1 \cdot 2 \cdot 3 \cdot c(c+1)(c+2)}x^3 + \cdots.$$

在 1778 年写的关于这个题目的重要论文③中,他再一次给出了上述形式的方程(39)和级数解(40)。他曾经写了另外几篇论文,讨论了他称之为超几何级数的级数,但这名字原先是由沃利斯用来称呼别的级数的。"超几何"一词是高斯的朋友和老师普法夫(Johann Friedrich Pfaff, 1765—1825)提出的,用来形容微分方程(39)和级数(40)。级数(40)中的 $y$ 现在用记号 $F(a, b, c; z)$ 来表示。我们用它表示欧拉得到的有名的关系式

$$F(-n, b, c; z) = (1-z)^{c+n-b} F(c+n, c-b, c; z),$$

(41)
$$F(-n, b, c; z) = \frac{n!}{c(c+1)\cdots(c+n-1)} \int_0^1 t^{-n-1}(1-t)^{c+n-1}(1-tz)^{-b} dt.$$

---

① *Novi Comm. Acad. Sci. Petrop.*, 10, 1764, 243 - 260, pub. 1766 = *Opera*, (2), 10, 344 - 359.
② Vol. 2, 1769, Chaps. 8 - 11.
③ *Nova Acta Acad. Sci. Petrop.*, 12, 1794, 58 - 70, pub. 1801 = *Opera*, (1), $16_2$, 41 - 55.

## 7. 微分方程组

在弹性理论的研究中，直到现在涉及的一些微分方程是颇为简单的，因为数学家使用了相当粗略的物理原理，而且仍在为掌握更好的原理而奋斗着。然而，在天文学领域中，物理原理，主要是牛顿的运动定律和引力定律，是很清楚的，其数学问题也深刻得多。在研究两个或多个物体在相互吸引作用下的运动时，基本的数学问题是求解常微分方程组，虽然这个问题往往化成求解单独一个方程的问题。

除了个别情况外，有关方程组方面的著作主要是讨论天文学的问题。列出微分方程的基础是牛顿的第二运动定律 $\boldsymbol{f} = m\boldsymbol{a}$，这里 $\boldsymbol{f}$ 是吸引力。这是一个向量形式的定律，它表示 $\boldsymbol{f}$ 的每个分量在该分量的方向上产生一个加速度。欧拉在 1750 年的一篇论文①中给出牛顿第二定律的分析形式：

$$(42) \qquad f_x = m\frac{\mathrm{d}^2 x}{\mathrm{d}t^2}, \quad f_y = m\frac{\mathrm{d}^2 y}{\mathrm{d}t^2}, \quad f_z = m\frac{\mathrm{d}^2 z}{\mathrm{d}t^2}.$$

这里他用了固定的直角坐标系。他还指出，对于点状的物体，即质量可以看成集中于一点的物体，$m$ 是总质量；而对于分布质量的物体，$m$ 是 $\mathrm{d}M$。

我们将简略地考虑一下微分方程的建立。假定一个质量为 $M$ 的物体固定于原点，另一个质量为 $m$ 的运动体位于 $(x, y, z)$。于是沿坐标轴方向的引力分量（图 21.4）为

$$f_x = -\frac{GMmx}{r^3}, \quad f_y = -\frac{GMmy}{r^3}, \quad f_z = -\frac{GMmz}{r^3},$$

其中 $G$ 是引力常数，而 $r = \sqrt{x^2 + y^2 + z^2}$。

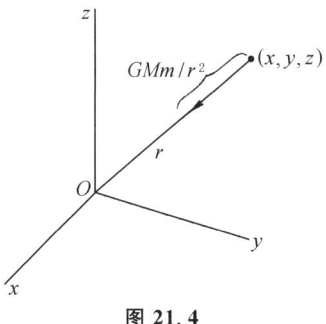

**图 21.4**

---

① *Hist. de l'Acad. de Berlin*, 6, 1750, 185–217, pub. 1752 = *Opera*, (2), 5, 81–108.

容易证明,运动物体保持在一个平面内,这样方程组(42)化为

$$\frac{\mathrm{d}^2 x}{\mathrm{d}t^2} = -\frac{kx}{r^3}, \quad \frac{\mathrm{d}^2 y}{\mathrm{d}t^2} = -\frac{ky}{r^3},$$
(43)

而 $k = GM$。在极坐标中,这些方程变成

$$\frac{\mathrm{d}^2 r}{\mathrm{d}t^2} - r\left(\frac{\mathrm{d}\theta}{\mathrm{d}t}\right)^2 = -\frac{k}{r^2},$$

$$r\frac{\mathrm{d}^2 \theta}{\mathrm{d}t^2} + 2\frac{\mathrm{d}r}{\mathrm{d}t}\frac{\mathrm{d}\theta}{\mathrm{d}t} = 0.$$
(44)

一个物体在另一个固定物体的引力下运动的情况,两个微分方程可以合成一个只含 $x$ 和 $y$ 或 $r$ 和 $\theta$ 的微分方程,这是由于例如第二个极坐标方程可以积分成 $r^2 \frac{\mathrm{d}\theta}{\mathrm{d}t} = C$,再把 $\frac{\mathrm{d}\theta}{\mathrm{d}t}$ 的值代入第一个方程。由此可以弄清楚,运动物体的轨迹是一条以第一个固定物体为焦点的圆锥曲线。

如果两个物体在互相吸引下一起运动,那么微分方程就稍有不同了。令 $m_1$ 与 $m_2$ 是两个具有球对称质量的球形物体的质量,而且 $m_1 + m_2 = M$。选取一个固定坐标系(取两物体的质量中心为原点),并且令 $(x_1, y_1, z_1)$ 是一个物体的坐标,而 $(x_2, y_2, z_2)$ 是另一个物体的坐标;设 $r$ 是距离

$$\sqrt{(x_1 - x_2)^2 + (y_1 - y_2)^2 + (z_1 - z_2)^2}.$$

于是描述它们运动的方程组就是

$$m_1 \frac{\mathrm{d}^2 x_1}{\mathrm{d}t^2} = -km_1 m_2 \frac{(x_1 - x_2)}{r^3},$$

$$m_1 \frac{\mathrm{d}^2 y_1}{\mathrm{d}t^2} = -km_1 m_2 \frac{(y_1 - y_2)}{r^3},$$

$$m_1 \frac{\mathrm{d}^2 z_1}{\mathrm{d}t^2} = -km_1 m_2 \frac{(z_1 - z_2)}{r^3},$$

$$m_2 \frac{\mathrm{d}^2 x_2}{\mathrm{d}t^2} = -km_1 m_2 \frac{(x_2 - x_1)}{r^3},$$

$$m_2 \frac{\mathrm{d}^2 y_2}{\mathrm{d}t^2} = -km_1 m_2 \frac{(y_2 - y_1)}{r^3},$$

$$m_2 \frac{\mathrm{d}^2 z_2}{\mathrm{d}t^2} = -km_1 m_2 \frac{(z_2 - z_1)}{r^3}.$$

这是六个二阶方程的方程组,它的解要求有 12 个积分,而每个积分都有一个任意常数。这些常数是由每个物体的初始位置的三个坐标和初始速度的三个分量来确定的。方程可以解出,而且它的解表明,每个物体都是按(以两个物体的质量中心为焦点的)圆锥曲线运动的。

实际上,这个在引力相互吸引下两个球体的运动问题,是由牛顿在《原理》(卷

Ⅰ第11节)中用几何方法解决的。然而,分析方面的工作暂时还没有动手进行。在力学方面,法国人追随了笛卡儿的系统,一直到伏尔泰在1727年访问伦敦之后,才宣扬牛顿的体系。甚至在剑桥(牛顿的母校)还继续用笛卡儿的信徒罗奥(Jacques Rohault,1620—1675)的教科书教授自然哲学。另外,17世纪后半期最著名的数学家——惠更斯、莱布尼茨和约翰·伯努利——是反对引力的观念及其应用的。用分析方法研究行星运动是由丹尼尔·伯努利着手进行的,他由于1734年关于二体问题的一篇论文而得到了法国科学院的奖金。欧拉在他的书《行星和彗星的运动理论》(*Theoria Motuum Planetarum et Cometarum*)[①]中就完全用分析方法了。

设有 $n$ 个物体,每个都是球形的,而且质量分布是球对称的(密度为半径的函数),那么它们之间的吸引一如它们的质量集中在各自的质量中心一样。令 $m_1$, $m_2$, $\cdots$, $m_n$ 表示质量,$(x_i, y_i, z_i)$ 表示第 $i$ 个质量相对于固定坐标系的可变坐标,令 $r_{ij}$ 为从 $m_i$ 到 $m_j$ 的距离。于是作用在 $m_1$ 上的力沿 $x$ 方向的分量为

$$-\frac{k}{r_{12}^3}m_1 m_2 (x_1-x_2), \quad -\frac{k}{r_{13}^3}m_1 m_3 (x_1-x_3), \cdots,$$
$$-\frac{k}{r_{1n}^3}m_1 m_n (x_1-x_n),$$

对于沿 $y$ 方向与 $z$ 方向的分量,有类似的表达式。每个物体上都有这种力的分量作用着。

于是,第 $i$ 个物体的运动方程是

(45)
$$m_i \frac{d^2 x_i}{dt^2} = -km_i \sum_{j=1}^n m_j \frac{(x_i-x_j)}{r_{ij}^3},$$
$$m_i \frac{d^2 y_i}{dt^2} = -km_i \sum_{j=1}^n m_j \frac{(y_i-y_j)}{r_{ij}^3},$$
$$m_i \frac{d^2 z_i}{dt^2} = -km_i \sum_{j=1}^n m_j \frac{(z_i-z_j)}{r_{ij}^3},$$

$j \neq i$, $i=1,2,\cdots,n$。共有 $3n$ 个二阶方程。原点可以取在 $n$ 个物体的质量中心或其中的一个物体上,例如在太阳上。共有 $6n$ 个积分,其中 10 个可以相当容易地找到,这 10 个积分就是我们在一般问题中所知道的仅有的积分。

$n$ 体问题,实际上甚至三体问题是不能精确解出的。因此对这个问题的研究已经选择了两个一般的方向。第一个方向是探索人们可以导出什么样的,至少可以阐明运动的定理。第二个方向是找近似解,在某个可以利用初始资料的时刻以后的一个时期内,这种近似解可能是有用的,这就是大家知道的摄动法。

---

① 1744 = *Opera*, (2),28,105-251.

第一种类型的研究,对 $n$ 体质量中心的运动,产生了几个定理,由牛顿在他的《原理》中给出。例如,$n$ 体质量中心在一直线上做匀速运动。上面提到的 10 个积分,它们是所谓运动守恒律的推论,也算是第一种类型的定理。这些积分,欧拉是知道的。对于三体问题的一些特殊情形,还有某些精确的结果,这些结果应归功于天体力学大师之一——拉格朗日。

拉格朗日(1736—1813)是法国和意大利血统的人。在少年时,他对数学没有好印象,但是还在学校的时候,他读了哈雷写的关于牛顿微积分的功劳的一篇短文,而变得热爱这门学科了。在 19 岁的时候,他就成为他的故乡都灵的皇家炮兵学校的数学教授。他很快对数学做出大量的贡献,甚至在早年时,他已被公认为那个时代的最大数学家之一。虽然拉格朗日的工作涉及许多数学分支——数论、代数方程论、微积分、微分方程和变分法——与许多物理分支,但是他的主要兴趣是把引力定律应用于行星运动。他在 1775 年说过:"算术研究是最叫我伤脑筋的,而且恐怕是最少价值的。"阿基米德是拉格朗日崇拜的偶像。

拉格朗日最有名的著作,他的《分析力学》(*Mécanique analytique*,1788;第二版,1811—1815;他死后又出一版,1853)扩大并完善了牛顿关于力学的工作。拉格朗日有一次曾经发牢骚说,牛顿是一个最侥幸的人,因为只有一个宇宙而牛顿已经发现了它的数学规律。然而,拉格朗日在使世界了解牛顿理论的完美性方面也有功绩。虽然他的《分析力学》是一本科学经典,并且对常微分方程的理论与应用也很重要,但是拉格朗日却难于找到一个出版者。

在三体问题中得到的一些特殊精确解,是拉格朗日在 1772 年一篇得奖论文《论三体问题》(*Essai sur le problème des trois corps*)[1]中给出的。这些解中,有一个是说这些物体能够作这样的运动,使得它们的轨道是同时描出的三个相似椭圆,而且以三物体的质量中心为共同的焦点。另一个是,假定三个物体从一个等边三角形的三个顶点开始运动,那么它们就好像粘住在这个三角形上运动着,而这个三角形本身围绕着三物体的质量中心转动。第三个是,假定三物体是从一直线上的初始位置投入运动的,那么在适当的初始条件下,它们将继续固定在这一直线上,而这条直线在一平面上围绕物体的质量中心转动。对于拉格朗日来说,这三种情况是没有物理实在性的,然而那个等边三角形的情况在 1906 年被发现适用于太阳、木星和一个名叫阿喀琉斯(Achilles)的小游星。

关于 $n$ 体问题的第二类问题,如已经指出的,是从事于近似解或摄动理论的研究。两个球形的物体,在它们的引力相互作用下,是沿圆锥曲线运动的,称这种运动为非摄动的。对这种运动的任何偏离,不管是位置的还是速度的,都称为被摄动

---

[1] *Hist. de l'Acad. des Sci.*, Paris, 9, 1772 = *Œuvres*, 6, 229–331.

的运动。如果两个球体所处的介质对运动具有阻力,或者如果两个物体不再是球形的,比如说是扁球形的,或者如果除这两个物体外还牵涉更多的物体,那么这些物体的轨道将不再是圆锥曲线了。在应用望远镜以前,摄动现象是不引人注目的。在 18 世纪,计算摄动成为一大数学问题,而克莱罗、达朗贝尔、欧拉、拉格朗日以及拉普拉斯都做出了贡献。在这个领域中,拉普拉斯的著作是最杰出的。

拉普拉斯(1749—1827)出生于诺曼底(Normandy)的博蒙(Beaumont)镇,他的父母家境还算不错。拉普拉斯在 16 岁那年就进了卡昂(Caen)大学学习数学,当时他很有可能成为一个牧师。他在卡昂度过了 5 年,那时他写了一篇关于有限差分的论文。在完成他的学业后,拉普拉斯带着几封介绍信到巴黎去找达朗贝尔,遭到达朗贝尔的回绝。后来拉普拉斯向达朗贝尔写了一封信,阐述了力学的一般原理,这回引起了达朗贝尔的重视而召见他,并给他取得巴黎军事学校数学教授的职位。

拉普拉斯还在青年时代就发表了丰硕的成果。巴黎科学院在他 1773 年入选后不久所写的一份报告书中指出,还没有一个如此年轻的人就在这样多方面和困难的主题上提出如此多的论文。在 1783 年,他接替了军事考试委员贝祖(Etienne Bezout),而且考试了拿破仑(Napoleon)。在革命期间,他是度量衡委员会的委员,但是后来与拉瓦锡(A. L. Lavoisier)还有其他人由于不是好的共和人士而被开除了。拉普拉斯就隐居在巴黎附近的一个小城市默伦(Melun),在那里他写了他有名的通俗的《宇宙系浅说》(*Exposition du système du monde*, 1796)。革命后,他是师范学院的教授,当时拉格朗日也在那里教书。拉普拉斯在政府的几个委员会里工作,后来历任内政部长、议会委员和议会大臣。拉普拉斯虽然由拿破仑封为伯爵,但是他在 1814 年投票反对拿破仑,而依附了路易十八(Louis XVIII)。路易封他为法兰西的侯爵与贵族。

在参与政治活动的这些年月里,他继续从事科研工作。在 1799 年与 1825 年期间,出版了他的五卷本《天体力学》(*Mécanique céleste*)。在这部著作中,拉普拉斯给出了太阳系力学问题的"完全的"分析解。他尽可能少用观察资料。《天体力学》把牛顿、克莱罗、达朗贝尔、欧拉、拉格朗日以及拉普拉斯自己的结果和发现,统一成一个整体。这部杰作是如此的完全,以至他的最接近的后继者不能再添加什么了。恐怕唯一的缺点是,拉普拉斯经常不交代他的结果的来源,给人的印象好像都是他自己的。

1812 年,他出版了《概率的分析理论》(*Théorie analytique des probabilités*)。第二版(1814)的序言是一篇通俗的短文,题为《关于概率的哲学浅说》(*Essai philosophique sur les probabilités*),其中有一段著名的议论,大意是说,世界的未来是完全由它的过去决定的,而且只要掌握了这个世界在任一给定时刻的状态的数学信息,就能预报未来。

拉普拉斯在数学物理中有许多重要的发现,其中有一些我们将在以后几章中谈到。事实上,凡是有助于解释世界的任何事情,他都感兴趣。他研究过流体动力学、声波的传播和潮汐。在化学方面,他的关于物质液态的著作是经典的。他的关于在毛细管中使水上升的表面张力的研究和在液体中内聚力的研究,都是重要的。拉普拉斯与拉瓦锡设计了一个测量热量的冰块量热计(1784),测定了许多物质的比热,对他们来说,热仍旧是一种特殊的物质。不过,拉普拉斯的大半生致力于天体力学的研究,他在1827年逝世。据说他的遗言是:"我们知道的,是很微小的;我们不知道的,是无限的。"——可是德摩根(Augustus de Morgan)说,那遗言是"人们了解的只是幻象"。

拉普拉斯与拉格朗日有经常的联系,但是他们的个性与工作都是不相同的。拉普拉斯的虚荣心使他不能充分肯定他认为是他对手的工作;事实上,他利用了拉格朗日的许多概念而不作声明。通常在一同谈到拉格朗日和拉普拉斯时,总是要对拉普拉斯的个人品德进行批评。拉格朗日是数学家,他写作时很精心,写得很清楚,很优美。拉普拉斯创造了许多新的数学方法,它们后来发展成为数学的分支。但是,他从来不关心数学,除非它有助于研究自然。当他在物理学的研究中碰到一个数学问题时,他解决得几乎是很随便的,并且仅仅说"容易看出……",从不耐心解释他是如何得出结果的。可是,他也承认,要重新建立他自己的结果是不容易的。美国数学家与天文学家鲍迪奇(Nathaniel Bowditch,1773—1838)翻译了《天体力学》五卷本的四卷以及附加的说明。他说,只要一碰见"容易看出……"这句话,我就知道总得花几个小时的苦功夫去填补这个空白。的确,拉普拉斯对数学是不耐烦的,而爱好应用。他对纯粹数学不感兴趣,至于他在这方面的贡献乃是他在自然哲学中的伟大著作的副产品。数学是一种手段,而不是目的,是人们为了解决科学问题而必须精通的一种工具。

在与本章主题有关的范围内,拉普拉斯的工作是处理行星运动问题的近似解。用近似方法得到有用解的可能性在于下列原因。太阳系是由太阳主宰的,太阳占整个系统总质量的99.87%。这就是说,由于行星相互之间的摄动力是微小的,所以行星的轨道近乎椭圆。然而,木星占行星总质量的70%。又地球的卫星相当接近于地球,这样它们就互相影响,因此必须考虑摄动。

三体问题,特别是太阳、地球和月球;在18世纪研究得最多,一部分原因是由于它是二体问题之后接着要考虑的一步,另一部分原因是由于航海需要对月球运动有精确的认识。在太阳、地球和月球的实例中,可以利用某些有利的事实,即太阳与其余两个星球离得较远,从而可以认为它对地球和月球之间的相对运动只产生微小的影响。在太阳和两个行星的实例中,通常认为一个行星摄动了另一个行星绕太阳的运动。如果其中一个行星是微小的,那么它对另一个行星的引力效应可以忽略,但是必须考虑大行星对小行星的引力效应。三体问题的这些特例叫做受限制的三体问题。

三体问题的摄动理论最先应用于月球的运动,这是牛顿在《原理》的第三卷中用几何方法作出的。欧拉与克莱罗试图求得一般三体问题的精确解而抱怨困难,因而只得用近似方法。这里克莱罗用微分方程的级数解作出了第一个实在的进展(1747)。然后他及时地把他的结果应用到哈雷彗星的运动。在1531年、1607年和1682年曾经观察到这颗彗星,他预计在1759年彗星将出现在它绕地球的轨道的近地点上。克莱罗计算了由木星和土星的引力所产生的摄动,并且在1758年11月14日在巴黎科学院宣读的一篇论文中预报,1759年4月13日彗星将出现在近地点。他附带说明,精确的时间不能肯定,但不出一个月的范围,这是因为木星和土星的质量还知道得不很精确,而且还有别的行星所引起的微小摄动。在3月13日,彗星到达了它的近地点。

为了计算摄动,产生了所谓的元素变值法或参数变值法——或积分常数变值法,这是一个最有效的方法。我们将只限于讨论它的数学原理,所以不考虑完整的物理背景。

数学上,三体问题的参数变值法可追溯到牛顿的《原理》。在研究月球绕地球运动而得到椭圆轨道后,牛顿考虑了月球轨道的变值,算出太阳对它的影响。约翰·伯努利在1697年的《教师学报》[①]上用这个方法去解个别情况下的非齐次方程,而欧拉在1739年用它来研究二阶方程 $y'' + k^2 y = X(x)$。欧拉在1748年的一篇论文[②]中最先用它去研究行星运动的摄动,这篇论文研究了木星和土星的相互摄动,获得了法国科学院的奖金。对这个方法,拉普拉斯写了许多论文[③]。这个方法是由拉格朗日在两篇论文中[④]充分发展的。

单个常微分方程的参数变值法由拉格朗日应用到 $n$ 阶方程

$$Py + Qy' + Ry'' + \cdots + Vy^{(n)} = X,$$

其中 $X, P, Q, R, \cdots, V$ 是 $x$ 的函数。为了简单起见,我们将假定方程是二阶的。

在 $X = 0$ 的情况,拉格朗日已知通解是

(46) $$y = ap(x) + bq(x),$$

---

① 第113页。

② *Opera*, (2), 25, 45 – 157.

③ 例如见 *Hist. de l'Acad. des Sci.*, Paris, 1772, Part 1, 651 ff., pub. 1775 = *Œuvres*, 8, 361 – 366, 和 *Hist. de l'Acad. des Sci.*, Paris, 1777, 373 ff., pub. 1780 = *Œuvres*, 9, 357 – 380.

④ *Nouv. Mém. de l'Acad. de Berlin*, 5, 1774, 201 ff., 和 6, 1775, 190 ff. = *Œuvres*, 4, 5 – 108 和 151 – 251.

其中 $a$ 与 $b$ 是积分常数,而 $p$ 与 $q$ 是齐次方程的特殊积分。接着,拉格朗日说,让我们把 $a$ 与 $b$ 看作 $x$ 的函数。因而

$$\frac{\mathrm{d}y}{\mathrm{d}x} = ap' + bq' + pa' + qb'. \tag{47}$$

拉格朗日令

$$pa' + qb' = 0; \tag{48}$$

就是说,他让 $y'$ 中由 $a$ 与 $b$ 的变值而引起的那一部分等于 0。由(47),根据(48),有

$$\frac{\mathrm{d}^2 y}{\mathrm{d}x^2} = ap'' + bq'' + a'p' + b'q'. \tag{49}$$

如果方程高于二阶,拉格朗日再令 $p'a' + q'b' = 0$,并且求出 $\mathrm{d}^3 y/\mathrm{d}x^3$。由于在我们这个情形,方程是二阶的,他就保留了(49)中的全部项。

他接着把(46),(47)和(49)给出的 $y$,$\mathrm{d}y/\mathrm{d}x$ 和 $\mathrm{d}^2 y/\mathrm{d}x^2$ 的表达式代入原方程。由于(46)是齐次方程的解,而(48)扔掉了由 $a$ 与 $b$ 的变化而引起的那些项,所以在代入后留下

$$p'a' + q'b' = \frac{X}{R}. \tag{50}$$

这个方程与方程(48)组成了关于未知函数 $a'$ 与 $b'$ 的代数方程组。从这方程组可以解出 $a'$ 和 $b'$,用已知函数 $p$,$q$,$p'$,$q'$,$X$ 与 $R$ 表示。然后可用积分求得 $a$ 与 $b$,或者至少可以化成积分。以这些 $a$ 与 $b$ 代入(46),就得到原来的非齐次方程的一个解。这个解与齐次方程的解一起组成非齐次方程的通解。

拉格朗日以更一般的形式处理了参数变值法[1],而且指出,这个方法可以应用于许多物理问题。在 1808 年的一篇论文中,他把这个方法应用到由三个二阶方程组成的方程组。技巧上自然更复杂了,但是基本思想还是把相应的齐次方程的六个积分常数看成是变化的,并确定它们,使表达式满足非齐次方程组。

拉格朗日与拉普拉斯在他们正在发展参数变值法期间以及其后,写了一些解答太阳系基本问题的读物。拉普拉斯在他的无与伦比的著作《天体力学》中,总结了他们工作成果的概况:

> 在这本著作的第一部分,我们给出了物体平衡与运动的一般原理。这些原理对天体运动的应用,通过几何的[分析的]论证,不必作任何假设,就导出万有引力定律,而重力的作用与抛射物运动则是这个定律的特例。然后我们考虑了服从于这个伟大自然定律的体系,用奇妙的分析得到了它们的运动和图形的一般表达式,以及覆盖在它们表面上的流体振动的

---

[1] *Mém. de l'Acad. des Sci.*, Inst. France, 1808, 267 ff. = *Œuvres*, 6, 713–768.

一般表达式。从这些表达式,我们推断出所有大家知道的潮汐现象、纬度的变化与地球表面的引力、岁差、月球的引力作用,以及土星环的形状与转动。我们还指出这些环永远停留在土星赤道平面上的理由。而且从同一个引力理论,我们还推出行星运动的主要方程,特别是木星和土星的方程,木星与土星最大的均差有一个 900 年以上的周期①。

拉普拉斯总结说:大自然安排的天体布局,"永远根据同一原理,这些原理在地球上如此奇妙地适合于个体的生存和物种的永存"。

一方面求解微分方程的数学方法有了改进,一方面关于行星的新的物理事实有所发现,整个 19 世纪与 20 世纪,在拉普拉斯提到过的各种课题方面,特别是关于 $n$ 体问题和太阳系的稳定性方面,人们为了求得更好的结果而做出了努力。

## 8. 总　　结

如我们已经看到的,为了解决最初只不过涉及一些积分的物理问题,逐渐引导到一个新的数学分支的出现,即常微分方程的建立。到 18 世纪中期,微分方程的课题成为一门独立的学科,而这种方程的求解成为它本身的一个目标。

对解的理解与寻求,在本质上逐渐起了变化。最初,数学家用初等函数找解,接着他们满足于用一个没有积出的积分来表示解。在用初等函数及其积分来寻找解的巨大努力失败之后,数学家就变得满足于用无穷级数求解了。

把解表示成积出形式的难题没有被遗忘掉,但数学家们不是企图用这种方式去解物理问题中出现的特殊微分方程,而是去寻找那些可以用有限个初等函数表示其解的微分方程。可以用这种方式积分的大量微分方程找到了。达朗贝尔(1767)研究过这一问题,并把椭圆积分列入了可以接受的解答中。对这问题的一个典型研究方法是由欧拉(1769)和其他一些人做出的,这是从解可以表示成积出形式的微分方程出发,然后从这些已知方程导出其他的方程。另外一种研究是寻找级数解可以只含有限多个项的条件。

在孔多塞(1743—1794)著的《积分计算》(*Du calcul intégral*, 1765)中,一个有趣而没有结果的篇章是,他企图把求解常微分方程所用的许多孤立的方法与技巧整理出一个条理。他把这种运算列成微分、消去和替换,并想把所有的方法都划归到这些规范运算。这个工作是失败了。与这个计划类似的是,欧拉证明凡是可用变量分离法的地方都可用积分因子,但是反之不然。他还证明对于高阶微分方

---

① Vol. 3 序言。

程,变量分离法将是不可行的。至于寻找替换,他发现没有一般原则①,而且它与直接求解微分方程的难度相同。但是,变换可以降低微分方程的阶。欧拉用这个概念去解 $n$ 阶非齐次线性常微分方程,甚至在齐次的情况,他想适当地选取 $p$,使得每个 $\exp\int p\mathrm{d}x$ 给出常微分方程的一阶因子。降阶法也是黎卡蒂的方案。还有许多其他的方法,包括拉格朗日的未定乘子法。最早以为拉格朗日方法是普遍适用的,但是结果并非如此。

探索常微分方程的一般积分方法大概到 1775 年终止。许多新的著作仍旧是研究常微分方程的,特别是那些从求解偏微分方程中得出的常微分方程。但是,除了我们这里已提到过的那些方法以外,一百年上下没有发现别的重大的新方法;直到 19 世纪末才引进了算子方法和拉普拉斯变换。事实上,人们对于一般的求解方法的兴趣减退了,因为得到了一些适合于应用的这种或那种形式的方法。求解常微分方程广泛的综合原则仍付阙如。总的说来,这门学科还是各种类型的孤立技巧的汇编。

# 参 考 书 目

Bernoulli, James: *Opera*, 2 vols., 1744, reprinted by Birkhaüser, 1968.

Bernoulli, John: *Opera Omnia*, 4 vols., 1742, reprinted by Georg Olms, 1968.

Berry, Arthur: *A Short History of Astronomy*, Dover (reprint), 1961, Chaps. 9 - 11.

Cantor, Moritz: *Vorlesungen über Geschichte der Mathematik*, B. G. Teubner, 1898 and 1924, Vol. 3, Chaps. 100 and 118, Vol. 4, Sec. 27.

Delambre, J. B. J.: *Histoire de l'astronomie moderne*, 2 vols., 1821, Johnson Reprint Corp., 1966.

Euler, Leonhard: *Opera Omnia*, Orell Füssli, Series 1, Vols. 22 and 23, 1936 and 1938; Series 2, Vols. 10 and 11, Part 1, 1947 and 1957.

Hofmann, J. E.: "Über Jakob Bernoullis Beiträge zur Infinitesimal-mathematik," *L'Enseignement Mathématique*, (2), 2, 61 - 171. Published separately by Institut de Mathématiques, Geneva, 1957.

Lagrange, Joseph-Louis: *Œuvres de Lagrange*, Gauthier-Villars, 1868 - 1873, relevant papers in Vols. 2, 3, 4, and 6.

Lagrange, Joseph-Louis: *Mécanique analytique*, 1788; 4th ed., Gauthier-Villars, 1889. The fourth edition is an unchanged reproduction of the third edition of 1853.

Lalande, J. de: *Traité d'astronomie*, 3 vols., 1792, Johnson Reprint Corp., 1964.

---

① *Institutiones Calculi Integralis*, 1, 290.

Laplace, Pierre-Simon: *Œuvres complètes*, Gauthier-Villars, 1891 – 1904, relevant papers in Vols. 8, 11 and 13.

Laplace, Pierre-Simon: *Traité de mécanique céleste*, 5 vols., 1799 – 1825. Also in *Œuvres complètes*, Vols. 1 – 5, Gauthier-Villars, 1878 – 1882. English trans. of Vols. 1 – 4 by Nathaniel Bowditch, 1829 – 1839, Chelsea (reprint), 1966.

Laplace, Pierre-Simon: *Exposition du système du monde*, 1st ed., 1796, 6th ed. in *Œuvres complètes*, Gauthier-Villars, 1884, Vol. 6.

Montucla, J. F.: *Histoire des mathématiques*, 1802, Albert Blanchard (reprint), 1960, Vol. 3, 163 – 200; Vol. 4, 1 – 125.

Todhunter, I.: *A History of the Mathematical Theories of Attraction and the Figure of the Earth*, 1873, Dover (reprint), 1962.

Truesdell, Clifford E.: *Introduction to Leonhardi Euleri Opera Omnia*, Vol. X et XI Seriei Secundae, in Euler, *Opera Omnia*, (2), 11, Part 2, Orell Füssli, 1960.

# 第22章

## 18世纪的偏微分方程

> 数学分析与自然界本身同样的广阔。
>
> 傅里叶

## 1. 引 言

跟常微分方程的情况一样，数学家们并不是自觉地创立偏微分方程学科的。他们不断地探索那些引导出前一学科的同样的物理问题；当他们更好地掌握了构成这些现象基础的物理原理时，他们就确切阐明了现在包含在偏微分方程中的这些物理现象的数学表述。例如，由于曾经把振动弦的位移分别作为时间的函数以及作为从一个端点到弦上一点的距离的函数来进行研究，于是把位移作为这两个变量的函数来研究并试图了解所有可能的运动就导致了一个偏微分方程。这一研究的自然继续，即考察弦发出的声音在空气中的传播，又导出了一些偏微分方程。在研究了这种声音之后，数学家们处理了各种形状的号角、管风琴、铃、鼓和其他乐器发出的声音。

用物理的术语来说，空气是一种流体，不过恰好是可压缩的。液体实际上是不可压缩的流体。这类流体的运动规律，特别地，还有能在这两者中传播的波变成了一个广阔的研究领域，现在构成了流体动力学这门学科。这个领域同样也提出了偏微分方程。

整个18世纪，数学家们继续致力于不同形状的物体，尤其是椭球体所产生的万有引力问题的研究。虽然基本上这是一个三重积分的问题，但是拉普拉斯以我们即将考察的一种方式把它变成了偏微分方程的问题。

## 2. 波 动 方 程

虽然特殊的偏微分方程早在1734年就出现在欧拉的著作[①]中，并于1743年出

---

[①] *Comm. Acad. Sci. Petrop.*, 7, 1734/1735, 184-200, pub. 1740 = *Opera*, (1), 22, 57-75.

现在达朗贝尔的《论动力学》(*Traité de dynamique*)中,但其中并无值得注意的东西。关于偏微分方程的第一次真正的成功来自对以小提琴弦为典型的弦振动问题的重新进攻。为使偏微分方程易于处理,加上了振动很小的近似。达朗贝尔(1717—1783)在 1746 年的论文①《张紧的弦振动时形成的曲线的研究》(Researches on the Curve Formed by a Stretched String Set into Vibrations)中说,他提议证明无穷多种与正弦曲线不同的曲线是振动的模式。

我们也许记得在上一章中首次接触弦振动时,弦被当成"小珠的弦",即弦被看成由 $n$ 个离散的、相等的和等间隔的、彼此间用没有重量的柔软的弹性绳相连接的重物构成。为了处理连续的弦,重物的数目允许变成无穷多个,同时每一个的大小和质量都减小,使得当"珠子"个数增加时总质量趋近连续弦的质量。在取极限时存在着数学上的困难,不过这种细微的地方被忽视了。

约翰·伯努利在 1727 年(第 21 章第 4 节)处理了离散质量的情况。如果弦的长度是 $l$,位于 $0 \leqslant x \leqslant l$,又如果第 $k$ 个质量的横坐标是 $x_k$, $k = 1, 2, \cdots, n$(在 $x = l$ 处的第 $n$ 个质量是不动的),那么

$$x_k = k \frac{l}{n}, k = 1, 2, \cdots, n.$$

通过分析第 $k$ 个质量上的力,约翰·伯努利已经证明,如果 $y_k$ 是第 $k$ 个质量的位移,则

$$\frac{d^2 y_k}{dt^2} = \left(\frac{na}{l}\right)^2 (y_{k+1} - 2y_k + y_{k-1}), \ k = 1, 2, \cdots, n-1,$$

其中 $a^2 = lT/M$,$T$ 是弦中的张力(弦振动时它被当作常数),$M$ 是总质量。达朗贝尔用 $y(t, x)$ 代替 $y_k$,用 $\Delta x$ 代替 $l/n$。于是

$$\frac{\partial^2 y(t, x)}{\partial t^2} = a^2 \left[\frac{y(t, x + \Delta x) - 2y(t, x) + y(t, x - \Delta x)}{(\Delta x)^2}\right].$$

然后他注意到当 $n$ 变成无穷时 $\Delta x$ 趋于 0,方括号内的表达式就变成 $\partial^2 y/\partial x^2$。因此

(1) $$\frac{\partial^2 y(t, x)}{\partial t^2} = a^2 \frac{\partial^2 y(t, x)}{\partial x^2},$$

其中 $a^2$ 现在是 $T/\sigma$,$\sigma$ 是单位长度的质量。这样一来,现在称为一维的波动方程就第一次出现了。

因为弦固定在端点 $x = 0$ 和 $x = l$,所以解必须满足边界条件

(2) $$y(t, 0) = 0, \ y(t, l) = 0.$$

当 $t = 0$ 时,弦被拉到某形状 $y = f(x)$ 然后放开,这意味着每一质点出发时初速为

---

① *Hist. de l'Acad. de Berlin*, 3, 1747, 214 - 219 和 220 - 249, pub. 1749.

0。这些初始条件在数学上被表示为

(3) $$y(0, x) = f(x), \quad \frac{\partial y(t, x)}{\partial t}\bigg|_{t=0} = 0,$$

它们也必须被解所满足。

这个问题被达朗贝尔以现代教科书中还经常引用的非常巧妙的方法解出来了。为了节省篇幅,我们将不引全部细节。他首先证明

(4) $$y(t, x) = \frac{1}{2}\phi(at+x) + \frac{1}{2}\psi(at-x),$$

其中 $\phi$ 和 $\psi$ 暂时还是未知函数。

至此达朗贝尔已推出偏微分方程(1)的**每个**解都是 $(at+x)$ 的函数与 $(at-x)$ 的函数之和。将(4)直接代入(1),容易证明逆命题成立。当然达朗贝尔还必须满足边界条件和初始条件。把条件 $y(t, 0) = 0$ 用于(4),对一切 $t$ 有

(5) $$\frac{1}{2}\phi(at) + \frac{1}{2}\psi(at) = 0.$$

因为对任一 $x$,$ax+t = t'$ 总对某一 $t'$ 成立,我们可以说对任何 $x$ 及 $t$ 都有

(6) $$\phi(x+at) = -\psi(x+at).$$

从(4)看出条件 $y(t, l) = 0$ 变成

(7) $$\frac{1}{2}\phi(at+l) = \frac{1}{2}\phi(at-l);$$

而由于上式对 $t$ 恒等,这就证实了 $\phi$ 一定是关于 $at+x$ 的以 $2l$ 为周期的周期函数。

由(4)及 $\phi = -\psi$,条件

(8) $$\frac{\partial y(t, x)}{\partial t}\bigg|_{t=0} = 0$$

产生出

(9) $$\phi'(x) = \phi'(-x).$$

积分后变成

(10) $$\phi(x) = -\phi(-x),$$

所以 $\phi$ 是 $x$ 的奇函数。如果现在在(4)中用 $\phi = -\psi$ 确定出 $y(0, x)$,并且用(10),我们就有

(11) $$y(0, x) = \phi(x),$$

而因初始条件是 $y(0, x) = f(x)$,我们便有

(12) $$\phi(x) = f(x), \text{当} 0 \leqslant x \leqslant l \text{时}.$$

总结起来就有

(13) $$y(t, x) = \frac{1}{2}\phi(at+x) - \frac{1}{2}\phi(at-x),$$

其中 $\phi$ 适合上述周期性和奇性的条件。此外,如果初始状态是 $y(0, x) = f(x)$,

则(12)必然在 0 到 $l$ 之间成立。这样,对给定的 $f(x)$ 应该恰有一个解。达朗贝尔当时认为函数是由代数和微积分的步骤构成的解析表达式。因此,如果两个这样的函数在 $x$ 的一个区间上相等,它们必然对一切 $x$ 相等。因为在 $0 \leqslant x \leqslant l$ 上 $\phi(x) = f(x)$,而 $\phi$ 又具有奇性和周期性,所以 $f(x)$ 必定适合同一组条件。最后,因为 $y(t,x)$ 要满足微分方程,它必须是二次可微。但 $y(0,x) = f(x)$,所以 $f(x)$ 也必须是二次可微的。

在看到达朗贝尔 1746 年论文的几个月内,欧拉写了他自己的论文《论弦的振动》(On the Vibration of Strings),提出于 1748 年 5 月 16 日①。虽然在解法上他沿用了达朗贝尔的方法,但这时,在允许什么函数可以作为初始曲线,因而也可以作为偏微分方程的解上,欧拉却有着全然不同的想法。甚至在讨论弦振动问题之前,事实上在 1734 年的一个工作中,他就允许了由不同的熟知曲线的部分所构成的,甚至是随手画出的曲线所构成的函数。例如(图 22.1),在区间 $(a, c)$ 中由抛物线的弧,在区间 $(c, b)$ 中由三次曲线的弧组成的曲线在这种概念下构成了一条曲线或一个函数。欧拉称这样的曲线是不连续的,虽然按照现代术语,它

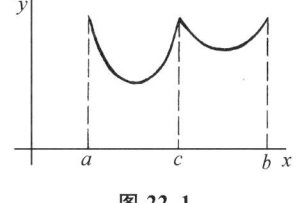

图 22.1

们是有间断的导数的连续函数。他在 1748 年的教科书《引论》中,还在坚持 18 世纪的标准概念:函数必须用单一的解析表达式给出。可是,看来弦振动问题的物理学是促使他把他的函数新概念公开出来的使人非相信不可的理由。他接受了在 $-l \leqslant x \leqslant l$ 中用公式 $\phi(x)$ 定义的任何函数,并认为在 $(-l, l)$ 外 $\phi(x+2l) = \phi(x)$ 就是曲线的定义。在后来的一篇论文②中,他走得更远了,他说对任意的 $\phi$ 和 $\psi$,

(14) $$y = \phi(ct+x) + \psi(ct-x)$$

都是方程

(15) $$\frac{1}{c^2}\frac{\partial^2 y}{\partial t^2} = \frac{\partial^2 y}{\partial x^2}$$

的解。这可由代入微分方程推得。但是,无论初始曲线是由某一方程表示的,还是它是用不能以一个方程表示的任一方式描绘出来的,都同样是符合要求的。只有初始曲线在 $0 \leqslant x < l$ 内的部分才与弦振动有关。这部分之外的延伸无需考虑。所以,该曲线的不同部分并不按任一种连续性法则(单个的解析表达式)彼此连接,它们只被说成是连在一起的。由于这个原因,整条曲线不可能包含在一个方程内,除非曲线碰巧是某个正弦函数。

---

① *Nova Acta Erud.*, 1749, 512-527 = *Opera*, (2), 10, 50-62;也还有法文的, *Hist. de l'Acad. de Berlin*, 4, 1748, 69-85 = *Opera*, (2), 10, 63-77.

② *Hist. de l'Acad. de Berlin*, 9, 1753, 196-222, pub. 1755 = *Opera*, (2), 10, 232-254.

1755年欧拉给函数下了一个新定义:"如果某些量这样地依赖于另一些量:当后者变化时前者经受变化,就称前者为后者的函数。"在另一篇文章①中他又说:"不连续"函数的各部分彼此不属于对方,在函数的整个范围中也不能用一个方程来确定。此外,在 $0 \leqslant x \leqslant l$ 内给定初始形状后,在 $-l \leqslant x \leqslant 0$ 中用反序重复它(使它是奇的),并且设想在每一长为 $2l$ 的区间内不断重复这段曲线直到无穷远。那么如果该曲线 $[y = f(x)]$ 被用来表示初值函数,经过时间 $t$ 后,对应于振动的弦上横坐标 $x$ 的纵坐标将是(参阅公式[13]和[12])

$$(16) \qquad y = \frac{1}{2}f(x+ct) + \frac{1}{2}f(x-ct).$$

欧拉在他的1749年的基本论文中指出:振动弦的一切可能的运动,无论弦的形状怎样,关于时间都是周期的,也就是说,该周期(通常)是我们现在所谓的基本周期。他也认识到周期为基本周期的一半、三分之一等的单个的模式能够作为振动的图像出现。他给出这样的特解为

$$(17) \qquad y(t, x) = \sum A_n \sin \frac{n\pi x}{l} \cos \frac{n\pi ct}{t},$$

如果初始形状是

$$(18) \qquad y(0, x) = \sum A_n \sin \frac{n\pi x}{l}$$

的话。但是,他没有说明是对有限多个项还是对无穷多个项求和。然而他还是有了模式的叠加的思想。所以,欧拉与达朗贝尔的主要分歧点是,他允许一切种类的初始曲线,因此,也就允许非解析解,而达朗贝尔只接受解析的初始曲线和解析解。

欧拉在引进他的"不连续"函数时,他意识到了他已经向前迈进了一大步。1763年12月20日他写信给达朗贝尔说:"考虑这类不服从连续性[解析性]法则的函数,为我们开辟了一个全新的分析领域。"②

丹尼尔·伯努利以全然不同的形式给出弦振动问题的解,这个工作激起了另一场关于可允许的解的争论。丹尼尔·伯努利(1700—1782)是约翰·伯努利的儿子,1725年到1733年是圣彼得堡的数学教授,后来在巴塞尔又相继是医学、形而上学和自然哲学的教授。他主要工作是在流体动力学和弹性力学方面。在前一领域,他关于潮汐流动的一篇论文赢得了奖金;他还打算把流体流动的理论应用到人类血管的血液流动上。他是一个熟练的实验家并通过实验在1760年前发现了静

---

① *Novi Comm. Acad. Sci. Petrop.*, 11, 1765, 67-102, pub. 1767 = *Opera*, (1), 23, 74-91.
② *Opera*, (2), 11, sec. 1, 2.

电荷的引力定律。这个定律通常被归于库仑(Charles Coulomb)。丹尼尔·伯努利的《流体动力学》(*Hydrodynamica*, 1738)是这个领域的第一本主要的教科书,书中包括曾在许多研究论文中出现过的课题。其中一章是热的力学理论(反对热是一种物质),并给出了气体理论中的许多结果。

在前一章引用过的 1732 年或 1733 年的论文中,丹尼尔·伯努利明确地说明振动的弦能有较高的振动模式。在后来一篇关于有载荷的垂直柔软弦上重物的合成振荡的论文[①]中,他作了如下的说明:

> 类似地,绷紧的乐器弦能够以很多方式,甚至按理论上讲能以无穷多种方式发生等时振动……此外,在每一种模式中它发生较高的或较低的音调。当弦振动产生一个单拱的时候发生了第一个和最自然的模式,于是弦产生最慢的振动,发出它的所有可能的音调中的最低音,对于其他一切音来说这是基音。下一个模式要求弦产生两个拱,位于(弦的静止位置的)两边,于是振动加快一倍,这时弦发出基音的高八度音。

然后他描述了更高的模式。但是,他没有给出数学的说明,不过,他有数学的思想好像是明显的。

在一篇关于杆的振动以及振动杆发出的声音的论文[②]中,丹尼尔·伯努利不仅给出杆振动的各个模式,而且还明确地说明两类声音(基音和高次谐音)能够同时存在。这是小谐振共存的第一次陈述。丹尼尔·伯努利基于对杆及声音怎样能发生作用的物理的理解,而不是从数学上证明两个模式的和是一个解。

当他见到达朗贝尔 1746 年的第一篇论文和欧拉 1749 年关于弦振动的文章后,他赶忙发表了他已有了多年的想法[③]。在任性地挖苦达朗贝尔和欧拉工作的抽象性之后,他再次断言振动弦的许多模式能够同时存在(于是这条弦响应所有这些模式的和或叠加),并且声称这就是欧拉和达朗贝尔所说明的全部内容。随后说到一个要点:他坚持全体可能的初始曲线可表示成

(19) $$f(x) = \sum_{n=1}^{\infty} a_n \sin \frac{n\pi x}{l},$$

因为有足够的常数 $a_n$ 使级数适合任一曲线。所以,他断定全体后继运动应是

(20) $$y(t, x) = \sum_{n=1}^{\infty} a_n \sin \frac{n\pi x}{l} \cos \frac{n\pi ct}{l}.$$

这样一来,每一个对应于任一初始曲线的运动不外乎是正弦周期模式的和,并且这

---

① *Comm. Acad. Sci. Petrop.*, 12, 1740, 97 – 108, pub. 1750.
② *Comm. Acad. Sci. Petrop.*, 13, 1741/1743, 167 – 196, pub. 1751.
③ *Hist. de l'Acad. de Berlin*, 9, 1753, 147 – 172 和 173 – 195, pub. 1755.

一组合有着基音的频率。然而,他未给出数学论据以支持他的论点;他依靠物理。在 1753 年的文章中丹尼尔·伯努利说:

> 我的结论是:一切能发声的物体都含有对应于无穷多种规则振动的无穷多种声音……但是,这许多声音并不是达朗贝尔先生和欧拉先生所说的……每一种类型[由某初始曲线产生的每一基本模式]乘以无穷多个倍数在每一区间上与无穷多条曲线相一致,使得每一点发生这些振动的在同一瞬间也获得这些振动,而按照泰勒先生的理论,两节点间的每一区间内所应取得的形状都是极度拉长的相似旋轮线[正弦函数]。
>
> 那么我们要指出,弦 AB 不可能产生仅仅与第一图像[基音]或第二[第二谐音]或第三等直到无穷的谐音相一致的振动,但它能够产生在一切可能组合中这些振动的一个组合,而且达朗贝尔和欧拉给出的一切新曲线都不过是泰勒振动的组合而已。

在这最后一段话里丹尼尔·伯努利把泰勒从未展示过的知识归到泰勒身上了。然而,撇开这一点,丹尼尔·伯努利的论点是极为重要的。

欧拉马上反对丹尼尔·伯努利的后一断言。事实上,欧拉 1753 年提交给柏林科学院(上面已经引用过)的文章就是部分地对丹尼尔·伯努利两篇文章的一个回答。欧拉强调了波动方程作为处理弦振动问题的出发点的重要性,他赞赏丹尼尔·伯努利关于许多模式能够同时存在使得在一个运动中弦能发出许多谐音的认识,但是,跟达朗贝尔一样,他否认所有可能的运动能用(20)表示出。他承认形如

(21) $$f(x) = \frac{c\sin(ax/l)}{1 - a\cos(ax/l)}, \ |a| < 1$$

的初始曲线能用形如(19)的一个级数来表示。如果每一个函数能被表示成无穷三角级数,那么丹尼尔·伯努利的论点就会得到证实,但是欧拉认为这是不可能的。他说,正弦函数的和总是一个奇的周期函数,但是在他的解(见[16])

(22) $$y(t, x) = \frac{1}{2}f(x+ct) + \frac{1}{2}f(x-ct)$$

里,$f$ 是任意的(在欧拉的意义下是不连续的),因而肯定是不能被表示成正弦函数的和的。他说,实际上,$f$ 能够是伸展到无穷远的 $x$ 范围的弧的组合,并且是奇的和周期的;还因为它是不连续的(在欧拉的意义下),所以它不能表作正弦曲线的和。他断言他自己的解无论从哪方面来看都没有限制。实际上,初始曲线不需要能用一个方程(单独一个解析表达式)表示出来。

正是在这种情况下,欧拉也针对麦克劳林级数说,这是不能表示任何一个任意函数的,所以无穷正弦级数也不可能这样。他所承认的一切就是丹尼尔·伯努利

的三角级数表示特解,而他(欧拉)本人确实在他自己的 1749 年的文章中就已经得到过这样的解(见公式[17]和[18])。

达朗贝尔在《百科全书》第 7 卷(1757)他写的关于"基音"的条目中也抨击丹尼尔·伯努利。他不相信一切奇的周期函数能表示成形如(19)的级数,因为这个级数是二次可微的,而全体奇的周期函数并不需要是这样。然而即使当初始曲线是足够多次可微的时候——并且达朗贝尔在他的 1746 年的文章中确实要求了它是二次可微的——它也并不需要能表示成丹尼尔·伯努利的形式。基于同样的理由,达朗贝尔也反对欧拉的不连续曲线。实际上,达朗贝尔要求初始曲线 $y = f(x)$ 必须二次可微是正确的,因为从在 $x$ 的某一个或几个值上没有二阶导数的 $f(x)$ 得出的解,在这些奇点处必须满足一些特殊的条件。

丹尼尔·伯努利没有从他的看法后退。他在 1758 年的一封信[①]中照旧说,他有无穷多个系数 $a_n$ 可供处置,从而适当地选择它们就能使级数(19)与任何函数 $f(x)$ 在无穷多个点上相一致。在任何情况下他坚持(20)是最一般的解。达朗贝尔、欧拉和丹尼尔·伯努利间的辩论持续近十年之久而未获一致。问题的实质在于能够用正弦级数,或更一般地,用傅里叶级数表示的函数类的宽窄。

1759 年,年轻尚不知名的拉格朗日参加了争论。在他论述声音的性质与传播的论文[②]中,他给出了这个课题的一些结果,然后把他的方法用到弦振动上。他进行得好像他抓住了一个新问题,而只不过重复了欧拉和丹尼尔·伯努利在前面已经做过的很多工作。拉格朗日也是从负载着有限个相等的、等间隔的质量的弦出发,然后过渡到无穷多个质量的极限。虽然他批评欧拉的方法要把结果限制为连续(解析)曲线,但拉格朗日说他将证明欧拉的结论——任一初始曲线能够合用——是正确的。我们将立即说到拉格朗日对连续弦的结论。他已得到

$$(23) \quad y(x, t) = \frac{2}{l} \sum_{r=1}^{\infty} \sin \frac{r\pi x}{l} \sum_{q=1}^{\infty} \sin \frac{r\pi x}{l} \mathrm{d}x \left[ Y_q \cos \frac{c\pi r t}{l} + \frac{l}{r\pi c} V_q \sin \frac{c\pi r t}{l} \right].$$

这里 $Y_q$ 和 $V_q$ 是第 $q$ 个质量的初位移和初速度。然后他用 $Y(x)$ 和 $V(x)$ 分别代替 $Y_q$ 和 $V_q$。拉格朗日把量

$$(24) \quad \sum_{q=1}^{\infty} \sin \frac{r\pi x}{l} Y(x) \mathrm{d}x \quad \text{和} \quad \sum_{q=1}^{\infty} \sin \frac{r\pi x}{l} V(x) \mathrm{d}x$$

看作是积分,并且他把积分运算取在和号 $\sum_{r=1}^{\infty}$ 之外。由这些步骤得到

---

[①] *Jour. des Sçavans*, March 1758, 157 – 166.
[②] *Misc. Taur.*, $1_3$, 1759. i – x, 1 – 112 = *Œuvres*, 1, 39 – 148.

(25) $$y(x,t) = \left[\frac{2}{l}\int_0^l Y(x)\sum_{r=1}^{\infty}\sin\frac{r\pi x}{l}\mathrm{d}x\right]\sin\frac{r\pi x}{l}\cos\frac{r\pi ct}{l}$$
$$+\left[\frac{2}{\pi c}\int_0^l V(x)\sum_{r=1}^{\infty}\frac{1}{r}\sin\frac{r\pi x}{l}\mathrm{d}x\right]\times\sin\frac{r\pi x}{l}\sin\frac{r\pi ct}{l}.$$

这里和号和积分号的交换不仅引导出发散级数,而且毁掉了拉格朗日有可能认出

(26) $$\int_0^l Y(x)\sin\frac{r\pi x}{l}\mathrm{d}x$$

是傅里叶系数的任何一点机会。经过其他冗长的、困难而又可疑的步骤之后,拉格朗日得到了欧拉和达朗贝尔的结果

(27) $$y = \phi(ct+x) + \psi(ct-x).$$

他断定上述推导使得这位伟大的几何学家(欧拉)的理论

> 毫无疑问是建立在直接而清楚的原理之上的,这些原理决不依靠达朗贝尔先生所要求的连续性[解析性]法则。此外,这就是怎么会发生以下情况的原因:当物体数目……有限时,曾经支持和证明了丹尼尔·伯努利先生关于等时振动的复合的理论的同一个公式,当物体数目变成无穷多时……却向我们表明了它是不充分的。事实上,从一种情况过渡到另一种情况下这一公式经历的变化是,使得那些组成整个系统的绝对运动的简单运动大部分互相抵消了,而留下的那些简单运动又被歪曲和改变得完全不可认识了。令人气恼的是这样巧妙的理论在主要情况下竟被证实是谬误的,而所有出现在自然界中的小的相互运动可能都与这种情况互相关联。

几乎全是无意义的话。

拉格朗日在他的解无需对初始曲线 $Y(x)$ 和初速度 $V(x)$ 施加限制这一争论中,他的主要根据是他没有对它们进行微分,但是,如果人们要把他所作的推导严密化,施加限制就是必要的了。

欧拉和达朗贝尔批评拉格朗日的工作,但是实际上并未击中要害;他们却偏偏挑中了欧拉称之为"奇妙的计算"的细节。拉格朗日试图回答这些批评。双方的答辩和反驳太广泛了,不能在这里叙述,尽管有很多确实揭示了那时的思想。例如,拉格朗日当 $m = \infty$ 时用 $\frac{\pi}{m}$ 代替 $\sin\frac{\pi}{m}$,并用 $\frac{\nu\pi}{2m}$ 代替 $\sin\frac{\nu\pi}{2m}$。达朗贝尔允许前一个但不允许后一个,因为所涉及的 $\nu$ 值与 $m$ 是可比的。达朗贝尔还对形如

$$\cos x + \cos 2x + \cos 3x + \cdots$$

的级数可能是发散的提出异议,而拉格朗日用作答复的是当时很普通的论点,即级

数的值就是这级数所由之而来的函数的值。

虽然欧拉确实批评了拉格朗日的数学细节,但他在1759年10月23日的信①中对拉格朗日的文章作了全面的答复,他赞扬了拉格朗日的数学技巧,并且说这使得争论避免了任何诡辩,还说每个人现在必须认识到不规则的以及(按欧拉的意义下)不连续的函数在这类问题中的用处。

1759年10月2日,欧拉给拉格朗日写道:"我高兴地读到你赞成我的解……而达朗贝尔却百般挑剔试图暗中败坏它,唯一的原因在于他自己没能得到它。他曾吓唬说要发表一篇有分量的反驳;是否他真正这样做了我不知道。他想他能够用他的雄辩来欺骗半通者。我怀疑他是否严肃,要不也许他是完全被自私蒙住了眼睛。"②

在1760年或1761年拉格朗日试图回答达朗贝尔和丹尼尔·伯努利在信件来往中提出的批评,他给出了弦振动问题的一个不同的解③。这次他直接从波动方程($c=1$)出发,利用乘上一个未知函数以及另外的一些步骤把偏微分方程归结为解两个常微分方程。然后,又通过更多的不全是正确的步骤,拉格朗日得到解

$$y(t, x) = \frac{1}{2}f(x+t) + \frac{1}{2}f(x-t) - \frac{1}{2}\int_0^{x+t} g\mathrm{d}x + \frac{1}{2}\int_0^{x-t} g\mathrm{d}x,$$

这里$f(x)=y(0,x)$和$g(x)=\partial y/\partial t$(当$t=0$时)是给定的初始条件。如同拉格朗日所证明的,这与达朗贝尔的结果是一致的。但是后来没有引用他自己的工作,他试图使他的读者相信,他对初始曲线没有用到任何连续性(解析性)法则。确实地,他对初始函数没有使用任何直接的微分运算。但是,也就是在这篇文章中,为了严密地证明他的极限过程,就不能回避关于初始函数的连续性和可微性的假设。

激烈的争论贯穿了18世纪的整个60年代和70年代,甚至拉普拉斯也在1779年参加到这场吵闹中来了④,并且站在达朗贝尔一边。在1768年开始出现的题名为《短文集》(*Opuscules*)的小丛书中,达朗贝尔继续这场辩论。他反驳欧拉,理由是欧拉允许太一般的初始曲线,又反驳丹尼尔·伯努利,理由是他(达朗贝尔)的解不能表示成正弦曲线的和,因此丹尼尔·伯努利的解不够一般。三角函数的无穷级数$\sum_{n=1}^{\infty} a_n \sin nx$可以被作得适合于任一初始曲线,因为它有无穷多个$a_n$可供确定,这种想法(丹尼尔·伯努利有这样的主张)被欧拉作为办不到的事情而拒不接受。他还提出这样的问题:当初始时刻只有弦的一部分被扰动时,一个三角级数怎

---

① Lagrange, *Œuvres*, 14, 164 - 170.
② *Œuvres*, 14, 162 - 164.
③ *Misc. Taur.*, $2_2$, 1760/1761, 11 - 172, pub. 1762 = *Œuvres*, 1, 151 - 316.
④ *Mém. de l'Acad. des Sci.*, Paris, 1779, 207 - 309, pub. 1782 = *Œuvres*, 10, 1 - 89.

样能表示这样的初始曲线。欧拉、达朗贝尔和拉格朗日始终否认三角级数能够表示任一解析函数,更不用说更加任意的函数了。

每个人提出的许多论据大体上是不正确的;而其结果,在 18 世纪内,也是没有说服力的。用三角级数来表示一个任意函数这一重要问题,直到傅里叶着手研究之前一直没有得到解决。欧拉、达朗贝尔和拉格朗日虽然到了发现傅里叶级数的意义的门槛边沿,但是却没有鉴别出摆在他们面前的是什么东西。用当时的知识来判断,所有这三个人和丹尼尔·伯努利在他们的主要的争论中都是正确的。达朗贝尔循着莱布尼茨时期建立的传统,坚持函数必须是解析的,因而认为任何在这种意义上不能解的问题就是不可解的。他在给出 $y(t, x)$ 关于 $x$ 必须是周期的论证方面也是正确的。但是,他没有认识到,在某区间上,例如说在 $0 \leqslant x \leqslant l$ 上,给定了一个任意的函数,那么就可以对整数 $n$ 在每一区间 $[nl, (n+1)l]$ 内重复这个函数使它成为周期的。当然,这类周期函数有可能不能用一个(闭)公式来表示。欧拉和拉格朗日(至少在他们的时代)相信不是所有的"不连续"函数都能表示成傅里叶级数,这是合理的。然而也同样正确的是,他们相信(可是他们没有证明)初始曲线能够是非常一般的函数。它既不必是解析的,也不必是周期的。丹尼尔·伯努利确实在物理基础上采取了正确的立场,但他不能用数学来支持它。

在函数的三角级数表示问题上争论的一个非常奇怪的特点是,所有卷入的人都知道非周期函数(在一个区间内)能够被表示成三角级数。第 20 章(第 5 节)的引证就说明,克莱罗、欧拉、丹尼尔·伯努利和其他一些人实际上获得了这样的表达式,他们的很多文章也有求三角级数系数的公式。事实上所有这些工作在 1759 年都出版了,在这一年拉格朗日提出了他的关于振动弦的基本论文。所以他本来是可以推出任一函数都有三角展开式,并能够以确定的形式指出系数公式的,但是他没有能这样做,仅仅是在 1773 年,当激烈的争论已经过去,丹尼尔·伯努利确实才注意到一个三角级数的和在不同区间内可表示不同的代数表达式。为什么所有这些结果都没有影响关于弦振动的辩论呢?可以从几方面来解释。很多关于用三角级数表示非常一般的函数的结果是在天文学的论文中,因此丹尼尔·伯努利可能没有读到它们,以至不能指出它们来捍卫他的立场。欧拉和达朗贝尔他们必然是知道克莱罗 1757 年的工作的(第 20 章第 5 节),但是也许不喜欢研究它,因为该文驳斥了他们自己的论点。而且克莱罗所做的这个天文学上的工作很快就被废弃和忘却了。另一方面,尽管欧拉用了三角级数——如像在他的内插理论中——表示多项式表达式,但他并不接受十分任意的函数都能够这样表示的一般事实;当他用到这种级数表达式时,它们的存在性是用别的方法保证的。

另一个问题是,具有解析系数(例如常系数)的偏微分方程为什么能有非解析解,这个问题也没有真正弄清楚。在常微分方程的情形,如果系数解析,解必然也是解析的。但是对偏微分方程这就不对了。虽然欧拉正确地指出具有角点的解是允许的(并且他坚持这一点),但是偏微分方程的解中可允许的奇性的确定则是很久以后的事了。

## 3. 波动方程的推广

正当弦振动问题的论战还在进行的时候,对乐器的兴趣引起了进一步的工作,不仅有物理结构的振动方面的,而且还有与声音在空气中传播有关的水力学问题方面的。从数学上来说,这些问题都牵涉到波动方程的推广。

在1762年欧拉着手研究粗细可变弦的振动问题,他曾受到一个音乐审美学主要问题的推动。拉莫(Jean-Philippe Rameau,1683—1764)在1726年阐明乐音的和谐乃是由于下述事实:任一声音的音调的成分是基音的音调的泛音;也就是说,它们的频率是基音频率的整数倍。但是,欧拉在他的《音乐理论的新颖研究》(*Tentamen Novae Theoriae Musicae*,1739)[①]中主张只是在合适的乐器里才有基调的和谐的泛音。于是他力图证明变粗细的或有不均匀密度 $\sigma(x)$ 及张力 $T$ 的弦发出不和谐的泛音。

现在偏微分方程变成

(28) $$\frac{1}{c^2}\frac{\partial^2 y}{\partial t^2} = \frac{\partial^2 y}{\partial x^2},$$

而其中 $c$ 是 $x$ 的函数。第一个重要的结果是由欧拉在《粗细不匀弦的振动》(On the Vibratory Motion of Non-Uniformly Thick Strings)一文[②]中得到的。欧拉断言求其通解超过了分析的能力,他得到当给定质量分布为

$$\sigma = \frac{\sigma_0}{\left(1+\frac{x}{\alpha}\right)^4}$$

的特殊情况时的一个解,其中 $\sigma_0$ 和 $\alpha$ 是常数。那么

$$y = \left(1+\frac{x}{\alpha}\right)\left[\phi\left(\frac{x}{1+\frac{x}{\alpha}}+c_0 t\right)+\psi\left(\frac{x}{1+\frac{x}{\alpha}}-c_0 t\right)\right],$$

这里 $c_0 = \sqrt{T/\sigma_0}$。模式或谐音的频率由

$$\nu_k = \frac{k}{2l}\left(1+\frac{l}{\alpha}\right)\sqrt{\frac{T}{\sigma_0}}, \; k=1,2,3,\cdots$$

给出。所以相继两个频率的比值和粗细均匀的弦振动的相继两个频率的比是相同

---

[①] *Opera*, (3), 1, 197-427.
[②] *Novi Comm. Acad. Sci. Petrop.*, 9, 1762/1763, 246-304, pub. 1764 = *Opera*, (2), 10, 293-343.

的,但是基音的频率不再与长度成反比例。

在 1762 年或 1763 年的这篇文章中,欧拉还考察由不同的粗细 $m$, $n$ 且分别长 $a$, $b$ 的两段弦连接而成的弦的振动。他推导了各个模式的各个频率 $\omega$ 的方程。这些都终于被证明是

(29) $$m\tan\frac{\omega a}{m} + n\tan\frac{\omega b}{n} = 0$$

的解,而且他在特殊情况下解得了 $\omega$。(29)的解称为该问题的特征值或本征值。我们将会看到,这些值在偏微分方程理论中有根本的重要性。从(29)显然可见特征频率不是基频的整数倍。

然而欧拉在另一篇关于粗细可变的弦振动问题的文章①中再次研究这个问题,他从(28)出发,证明了存在函数 $c(x)$,对它说来较高音调的频率不是基频的整倍数。

达朗贝尔也研究了变粗细弦②。这里他用了他早些时候对常密度弦引进的一种重要解法。前些时候在试图解弦振动问题时达朗贝尔引进了分离变量的思想,这是现在解偏微分方程的一种基本方法③。为解方程

$$\frac{\partial^2 y(t, x)}{\partial t^2} = a^2 \frac{\partial^2 y(t, x)}{\partial x^2},$$

达朗贝尔令

$$y = h(t)g(x),$$

代入微分方程,得到

(30) $$\frac{1}{a^2}\frac{h''(t)}{h(t)} = \frac{g''(x)}{g(x)}.$$

然后,像我们现在所做的一样,他论证由于 $g''/g$ 当 $t$ 变化时不变,它必是常数,类似的论证也适用于 $h''/h$,这个表达式也必须是常数。这两个常数相等,并记之为 $A$。这样他得到两个分离的常微分方程

(31) $$h''(t) - a^2 Ah(t) = 0,$$
$$g''(x) - Ag(x) = 0.$$

因为 $a$ 和 $A$ 是常数,上述每个方程都容易求解,达朗贝尔得到

$$y(t, x) = h(t)g(x) = [Me^{a\sqrt{A}t} + Ne^{-a\sqrt{A}t}] \cdot [Pe^{\sqrt{A}x} + Qe^{-\sqrt{A}x}].$$

端点条件 $y(t, 0) = 0$ 和 $y(t, l) = 0$ 使达朗贝尔断定 $g(x)$ 必然形如 $k\sin Rx$,而 $h(t)$ 也必有同样的形式,因为 $y(t, x)$ 对 $t$ 必是周期的。他把问题就搁在那里了。

丹尼尔·伯努利在 1732 年处理一端吊起的链的振动时曾经用了分离变量的思想,

---

① *Misc. Taur.*, 3,1762/1765,25-59, pub. 1766 = *Opera*, (2),10,397-425.
② *Hist. de l'Acad. de Berlin*, 19,1763,242 ff., pub. 1770.
③ *Hist. de l'Acad. de Berlin*, 6,1750,335-360, pub. 1752.

但是达朗贝尔更为明确,尽管他没有完成这种解法。

达朗贝尔在他的 1763 年的文章中,把波动方程写成

$$\frac{\partial^2 y}{\partial t^2} = X(x)\frac{\partial^2 y}{\partial x^2},$$

并寻找形状为

$$u = \zeta(x)\cos\lambda\pi t$$

的解。对 $\zeta$ 他得到方程

(32) $$\frac{d^2\zeta}{dx^2} = -\frac{\lambda^2\pi^2\zeta}{X(x)}.$$

现在达朗贝尔必须确定 $\zeta$,使得在弦的两端 $\zeta$ 是 $0$。经过详细的分析,他证明存在 $\lambda$ 的一些值,对这样的值,$\zeta$ 满足这些条件。可是,在这里他确实没有洞察到存在着无穷多个 $\lambda$ 的值。这类研究的重要性在于,它是常微分方程边值或特征值问题方向上的另一个步骤。

连续水平重绳的横振动受到欧拉的研究。在《弦自身重力对弦运动的效应修正》(On the Modifying Effect of Their Own Weight on the Motion of Strings)[①]一文中,他得到微分方程

$$\frac{1}{c^2}y_{tt} = \frac{g}{c^2} + y_{xx}.$$

对于 $c$ 为常数及在端点 $x = 0$, $x = l$ 处固定的情形,欧拉求得

$$y = -\frac{(1/2)gx(x-l)}{c^2} + \phi(ct+x) + \psi(ct-x).$$

这样一来,除去产生了一个对称抛物线图像

$$y = -\frac{(1/2)gx(x-l)}{c^2}$$

的振动之外,结果与"无重量"的弦(即重量被忽略的)一样。

马上我们就要看到,欧拉在鼓振动的文章中(也可见第 21 章第 4,6 节)引进了全部第一类贝塞尔函数,而且在这篇发表于 1781 年的文章中他注意到用贝塞尔函数的级数表示任一运动是可能的[尽管他不同意丹尼尔·伯努利(在弦振动问题中)关于任一函数能表示成三角函数级数的主张]。

直到 18 世纪末,别的很多人还在发表关于振动弦和悬链的文章,前面提到过的文章仅仅是这类文章的代表。作者们继续持不同意见,互相纠正,并在这样做的时候犯种种错误,其中包括与他们自己以前讲过的甚至证明过的相矛盾的东西。他们是在不严密的论证的基础上,并且常常在恰恰是个人的偏爱和执信的基础上做出断言、论点和反驳的。他们为了证明他们的论点而引用的文章并没有证明他

---

① Acta Acad. Sci. Petrop., 1, 1781, 178-190, pub. 1784 = Opera, (2), 11, 324-334,但注明日期是从 1774 年开始。

们所主张的东西。他们还求助于使用挖苦、讽刺、谩骂和自吹自擂等办法,与这些攻击混杂在一起的是为了求宠,特别是为了求宠于达朗贝尔[因为他对普鲁士的腓特烈二世(Frederich Ⅱ)有相当大的影响,又是柏林科学院的领导]而表现出的表面上的一致。

迄今为止讲到的二阶偏微分方程只包含一个空间变量和时间。18 世纪也没有超出这个范围太远。欧拉在 1759 年的一篇文章①中研究了矩形鼓的振动,这就考虑了二维物体。对于鼓表面的垂直位移 $z$,欧拉得到方程

$$(33) \qquad \frac{1}{c^2}\frac{\partial^2 z}{\partial t^2} = \frac{\partial^2 z}{\partial x^2} + \frac{\partial^2 z}{\partial y^2},$$

其中 $x$ 和 $y$ 代表鼓上任一点的坐标,$c$ 由质量和张力确定。欧拉试用

$$z = v(x, y)\sin(\omega t + \alpha)$$

求解,并发现

$$0 = \frac{\omega^2 v}{c^2} + \frac{\partial^2 v}{\partial x^2} + \frac{\partial^2 v}{\partial y^2}.$$

这个方程有形如

$$v = \sin\left(\frac{\beta x}{a} + B\right)\sin\left(\frac{\gamma y}{b} + C\right)$$

的正弦形解,这里

$$\frac{\omega^2}{c^2} = \frac{\beta^2}{a^2} + \frac{\gamma^2}{b^2}.$$

鼓的尺寸是 $a$ 和 $b$,所以 $0 \leqslant x \leqslant a$ 和 $0 \leqslant y \leqslant b$。当初速为 0 时,$B$ 和 $C$ 可取为 0。如果边界固定,则 $\beta = m\pi$ 和 $\gamma = n\pi$,其中 $m$,$n$ 是整数。于是由于 $\omega = 2\pi\nu$(此处 $\nu$ 是每秒频率),他立即得到频率是

$$\nu = \frac{1}{2}c\sqrt{\frac{m^2}{a^2} + \frac{n^2}{b^2}}.$$

然后,他考虑圆形鼓,把(33)变换成极坐标(一个具有高度独创性的步骤),得到

$$(34) \qquad \frac{1}{c^2}\frac{\partial^2 z}{\partial t^2} = \frac{\partial^2 z}{\partial r^2} + \frac{1}{r}\frac{\partial z}{\partial r} + \frac{1}{r^2}\frac{\partial^2 z}{\partial \phi^2}.$$

他用形式

$$(35) \qquad z = u(r)\sin(\omega t + A)\sin(\beta\phi + B)$$

试解,因此 $u(r)$ 满足

$$(36) \qquad u'' + \frac{1}{r}u' + \left(\frac{\omega^2}{c^2} - \frac{\beta^2}{r^2}\right)u = 0.$$

---

① *Novi Comm. Acad. Sci. Petrop.*, 10, 1764, 243-260, pub. 1766 = *Opera*, (2), 10, 344-359.

这里出现了通用形式的贝塞尔方程(参阅第 21 章第 6 节)。接着,欧拉计算一个幂级数解

$$u\left(\frac{\omega}{c}r\right) = r^{\beta}\left\{1 - \frac{1}{1(\beta+1)}\left(\frac{\omega}{c}\frac{r}{2}\right)^2 + \frac{1}{1\cdot 2(\beta+1)(\beta+2)}\left(\frac{\omega}{c}\frac{r}{2}\right)^4 + \cdots\right\},$$

这可以用我们现在的记号写成

$$u\left(\frac{\omega}{c}r\right) = \left(\frac{c}{\omega}\right)^{\beta} 2^{\beta}\Gamma(\beta+1)\mathrm{J}_{\beta}\left(\frac{\omega}{c}r\right).$$

因为边缘 $r = a$ 必须保持固定,所以

(37) $$\mathrm{J}_{\beta}\left(\frac{\omega}{c}a\right) = 0.$$

因为 $z$ 必须关于 $\phi$ 以 $2\pi$ 为周期,从(35)可推知 $\beta$ 是一整数。欧拉断言,对一固定的 $\beta$ 存在无穷多个根 $\omega$,所以可发出无穷多种单音。然而,他没有算出这些根来。他确曾试图寻求(36)的第二个解,但是失败了。泊松①独立地得到了膜振动理论,通常把这完全归于他。

欧拉、拉格朗日和其他人都对声音在空气中的传播进行了研究。欧拉从 20 岁(1727)起经常写关于声音这一主题的文章,并把这一领域建成数学物理的一个分支。这门学科他最好的工作是 1750 年代关于水力学的一些重要论文。空气是可压缩的流体,因而声音的传播理论是流体力学的一部分(因为空气也是弹性介质,它也是弹性力学的一部分)。然而,为了处理声音的传播,他对水力学的一般方程组作了合理的简化。

三篇很好的决定性的论文 1759 年在柏林科学院宣读了,第一篇《论声的传播》(On the Propagation of Sound)②中,欧拉考虑声音在一维空间中的传播,经过一些近似,相当于考虑小振幅的波动之后他导出一维波动方程

$$\frac{\partial^2 y}{\partial t^2} = 2gh\frac{\partial^2 y}{\partial x^2},$$

其中 $y$ 是波在点 $x$ 和时间 $t$ 的振幅,$g$ 是重力加速度,$h$ 是与压强和密度有关的常数。欧拉当然知道这个方程和弦振动方程是一样的,因而在解这个方程时他没有在数学上做出什么新东西。

在第二篇文章③中,欧拉给出了二维传播方程,形如

---

① *Mém. de l'Acad. des Sci.*, *Paris*, (2),8,1829,357 - 570.
② *Mém. de l'Acad. de Berlin*, 15,1759,185 - 209, pub. 1766 = *Opera*, (3),1,428 - 451.
③ *Mém. de l'Acad. de Berlin*, 15,1759,210 - 240, pub. 1766 = *Opera*, (3),1,452 - 483.

$$\text{(38)} \quad \frac{\partial^2 x}{\partial t^2} = c^2 \frac{\partial^2 x}{\partial X^2} + c^2 \frac{\partial^2 y}{\partial X \partial Y},$$
$$\frac{\partial^2 y}{\partial t^2} = c^2 \frac{\partial^2 y}{\partial Y^2} + c^2 \frac{\partial^2 x}{\partial X \partial Y},$$

其中 $x$ 和 $y$ 分别是波在 $X$ 方向和 $Y$ 方向的振幅,或位移的分量,而 $c = \sqrt{2gh}$。他给出平面波解

$$x = \alpha \phi(\alpha X + \beta Y + c\sqrt{\alpha^2 + \beta^2}\, t),$$
$$y = \beta \phi(\alpha X + \beta Y + c\sqrt{\alpha^2 + \beta^2}\, t),$$

这里 $\phi$ 是任意函数,而 $\alpha$, $\beta$ 是任意常数。然后令

$$\text{(39)} \quad v = \frac{\partial x}{\partial X} + \frac{\partial y}{\partial Y}$$

($v$ 称为位移的散度),他就得到二维波动方程

$$\text{(40)} \quad \frac{1}{c^2} \frac{\partial^2 v}{\partial t^2} = \frac{\partial^2 v}{\partial X^2} + \frac{\partial^2 v}{\partial Y^2}.$$

他还指出,为了得到问题的最一般的解以便适合某些初始条件,也就是说,$v$ 或 $x$, $y$ 在 $t = 0$ 的值,必须把解叠加起来。

然后欧拉还展示他怎样得到其解称为圆柱波的微分方程,圆柱波的得名是因为波的传播像一个扩展开去的圆柱面。他令 $Z = \sqrt{X^2 + Y^2}$ 并引入 $v = f(Z, t)$,这里 $f$ 是任意的。再令 $x = vX$ 和 $y = vY$,他从(40)得到

$$\frac{1}{c^2} \frac{\partial^2 v}{\partial t^2} = \frac{3}{Z} \frac{\partial v}{\partial Z} + \frac{\partial^2 v}{\partial Z^2}.$$

在同一篇文章中,他还用类似的方式得到三维波动方程

$$\text{(41)} \quad \frac{1}{c^2} \frac{\partial^2 v}{\partial t^2} = \frac{\partial^2 v}{\partial X^2} + \frac{\partial^2 v}{\partial Y^2} + \frac{\partial^2 v}{\partial Z^2},$$

这里 $v$ 仍然是位移 $(x, y, z)$ 的散度。利用刚才对柱面波指出的那种变换,欧拉给出平面波解和球面波解。球面波的基本方程是

$$\frac{1}{c^2} \frac{\partial^2 s}{\partial t^2} = \frac{4}{V} \frac{\partial s}{\partial V} + \frac{\partial^2 s}{\partial V^2}, \quad V = \sqrt{X^2 + Y^2 + Z^2}.$$

关于球面波和柱面波的上述很多结果,也曾由拉格朗日在 1759 年末独立地做出。他们每个人都把自己的结果通知对方。虽然拉格朗日的工作中有很多细节与欧拉的不同,但没有什么数学上的要点值得在此叙述。

研究声波在空气中的传播只是为了研究那些利用空气运动发声的乐器的一个步骤。这种研究是由丹尼尔·伯努利在 1739 年开创的。丹尼尔·伯努利、欧拉和拉格朗日写了许许多多涉及由种类繁多到难以置信的这类乐器所发出的音调的论文。1762 年丹尼尔·伯努利在一个出版物[①]中证明,在圆柱形管(风琴管)的开

---

① *Mém. de l'Acad. des Sci.*, Paris, 1762, 431–485, pub. 1764.

口一端不能发生空气的压缩,在封闭的一端空气质点一定处于静止状态。他由此得出结论:两端封闭的或两端开口的管子,与长度减半一端开口一端封闭的管子有相同的基本模式。他还发现了风琴管泛音的频率是基音频率奇数倍的定理。在同一篇文章中,丹尼尔·伯努利还研究了圆柱形以外的管,特别是锥形管,对此他得到单个音调(模式)的表达式,而且认识到这些式子仅仅对无穷长的锥成立,而对截下一段的锥不成立。他还证明了(无穷长)锥形管的泛音与基音是和谐的。丹尼尔·伯努利用实验来证实了他的很多理论上的结果。

欧拉也研究了圆柱形管和非圆柱形的旋转面[①],考察了开口端和封口端的反射。这些人致力于了解长笛,管风琴,双曲面形的、锥形的和圆柱形的各类喇叭,小号,军号和别的管乐器。

总之,关于解三四个变量的偏微分方程的这些努力受到了限制,主要因为与分别表示成 $x$ 和 $t$ 的简单的三角级数相反,现在解要表示成包含多个变量的级数。但是,数学家们对出现在这类更复杂的级数中的函数,以及确定系数的方法却知道得太少了,这样的方法很快得到了发展。

值得提到的是,欧拉在考虑铃的声音时,以及在重新考虑杆振动的某些问题时,引出了四阶偏微分方程。不过,他不能对此做很多的事,事实上,这个世纪其余时间内在这方面也没有什么进展。

## 4. 位势理论

偏微分方程这门学科的发展受到另一类物理研究的推进。18 世纪的主要问题之一是确定一个物体对另一物体作用的万有引力的大小,最重要的情况是,太阳对一个行星,地球对它外部或内部的一个质点,地球对另一连续质量的引力。当两个物体的质量比起其大小来差得非常远时,它们是可以当作质点处理的;但是在别的情况下,特别是在地球吸引一个质点时,就必须考虑地球的大小。很显然,如果要计算地球的质量分布对一质点或对另一质量分布的万有引力,就必须知道地球的形状。虽然它的精确形状仍是一个研究的课题(第 21 章第 1 节),但在 1700 年左右就已经清楚地知道它一定是某种形状的椭球体,也许是一个扁球体(一椭圆绕其短轴旋转形成的椭球体)。在计算实心扁球体对一个外部质点和一个内部质点所作用的引力时,都不能把扁球体质量看作集中在中心。

麦克劳林在 1740 年关于潮汐的获奖论文和他的《流数论》(*Treatise of Fluxions*, 1742)中证明了对以等角速度转动的密度均匀的流体,扁球形是一种平衡形

---

[①] *Novi Comm. Acad. Sci. Petrop.*, 16, 1771, 281-425, pub. 1772 = *Opera*, (2),13,262-369.

状。后来,麦克劳林综合地证明了给定两个共焦的均匀旋转椭球体,它们对外部同一质点的吸引力,当这个质点位于旋转轴的延长线上或位于赤道平面内时,与两物体的体积成比例。一些别的受局限的结果在 19 世纪中也由艾沃里(James Ivory,1765—1842)和沙勒(Michel Chasles)用几何方法建立。

牛顿、麦克劳林和其他人用于万有引力问题的几何方法仅仅对于特殊的物体和特殊位置上的被吸引质量才是有效的。这种方法很快就让位给分析方法了,在克莱罗的文章中,特别是在他的名著《关于地球形状的理论》(*Théorie de la figure de la terre*, 1743)中,首次发现了这种方法,在该书中他同时考虑了地球的形状和万有引力两者。

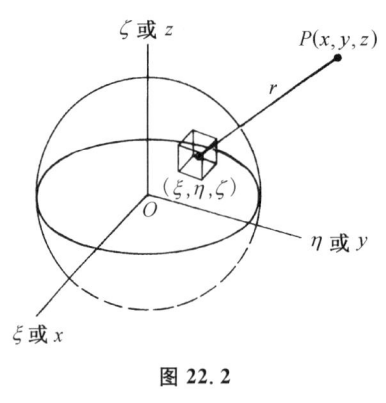

图 22.2

让我们先看一下关于分析上确切阐述的一些事实。一个连续体对一个被看作质点的单位质量 $P$ 所作用的万有引力是对构成该物体的全体小质量所作用的力的总和。如果物体的小体积元 $d\xi d\eta d\zeta$(图 22.2)如此之小,以至可看作集中在点 $(\xi, \eta, \zeta)$ 的一个质点,此外,如果 $P$ 的坐标是 $(x, y, z)$,那么密度为 $\rho$ 的小质量对单位质点的引力是从 $P$ 指向小质量的一个向量,按牛顿万有引力定律,这向量的分量是(第 21 章第 7 节)

$$-k\rho\frac{x-\xi}{r^3}d\xi d\eta d\zeta, \quad -k\rho\frac{y-\eta}{r^3}d\xi d\eta d\zeta, \quad -k\rho\frac{z-\zeta}{r^3}d\xi d\eta d\zeta,$$

其中 $k$ 是牛顿定律中的常数,并且

$$r=\sqrt{(x-\xi)^2+(y-\eta)^2+(z-\zeta)^2}.$$

当然 $\rho$ 可以是 $\xi, \eta, \zeta$ 的函数,或者在均匀物体的情况下是一个常数。

整个物体对 $P$ 处单位质量的引力分量是

(42)
$$f_x=-k\iiint\rho\frac{x-\xi}{r^3}d\xi d\eta d\zeta,$$
$$f_y=-k\iiint\rho\frac{y-\eta}{r^3}d\xi d\eta d\zeta,$$
$$f_z=-k\iiint\rho\frac{z-\zeta}{r^3}d\xi d\eta d\zeta,$$

其中积分展布在整个吸引体上。这些积分是有限的,当 $P$ 在吸引体内部时也是正确的。

为了代替分别处理力的每个分量,可引入一个函数 $V(x, y, z)$,它对 $x, y, z$ 的偏导数分别是力的三个分量。这个函数就是

(43) $$V(x, y, z) = \iiint \frac{\rho}{r} \mathrm{d}\xi \mathrm{d}\eta \mathrm{d}\zeta.$$

在积分号下对包含在 $r$ 内的 $x, y, z$ 求微分可得

$$\frac{\partial V}{\partial x} = \frac{1}{k} f_x, \frac{\partial V}{\partial y} = \frac{1}{k} f_y, \frac{\partial V}{\partial z} = \frac{1}{k} f_z,$$

这些方程当 $P$ 在吸引体内部时也成立。函数 $V$ 称为势函数。当包含三个分量 $f_x$, $f_y$ 和 $f_z$ 的问题能化归为对 $V$ 的问题时,这样用一个函数代替三个函数来做是很有好处的。

如果知道物体内部的质量分布,亦即 $\rho$ 是 $\xi, \eta, \zeta$ 的已知函数,如果又知道物体的精确形状,有时就能通过实际计算积分值来算出 $V$。可是对大多数形状的物体,这个三重积分是不能用简单函数积出来的。此外,我们也不知道地球或其他物体内部的真实的质量分布。因此 $V$ 必须用其他方法来确定。关于 $V$ 的主要事实是,对吸引体外部的点 $(x, y, z)$,它满足偏微分方程

(44) $$\frac{\partial^2 V}{\partial x^2} + \frac{\partial^2 V}{\partial y^2} + \frac{\partial^2 V}{\partial z^2} = 0,$$

注意其中 $\rho$ 不出现。这个微分方程称为位势方程,也叫做拉普拉斯方程。

从势函数能够导出力的想法,甚至"势函数"这个术语本身,都由丹尼尔·伯努利在《流体动力学》($Hydrodynamica$,1738)中用过。位势方程本身首次出现在欧拉 1752 年编写的重要论文《流体运动原理》(Principles of the Motion of Fluids)[①]中。在处理流体内任一点的速度分量 $u, v$ 和 $w$ 时,欧拉曾证明 $u \mathrm{d}x + v \mathrm{d}y + w \mathrm{d}z$ 必定是一个恰当微分。他引进函数 $S$,使得 $\mathrm{d}S = u \mathrm{d}x + v \mathrm{d}y + w \mathrm{d}z$,于是

$$u = \frac{\partial S}{\partial x}, v = \frac{\partial S}{\partial y}, w = \frac{\partial S}{\partial z}.$$

但是不可压缩流体的运动遵从所谓连续性定律,即

(45) $$\frac{\partial u}{\partial x} + \frac{\partial v}{\partial y} + \frac{\partial w}{\partial z} = 0,$$

这在数学上表达了运动过程中既没有物质被消灭也没有物质产生这个事实。于是由此推得

$$\frac{\partial^2 S}{\partial x^2} + \frac{\partial^2 S}{\partial y^2} + \frac{\partial^2 S}{\partial z^2} = 0.$$

怎样一般地解这个方程呢,欧拉说,不知道。所以他仅仅考察 $S$ 是 $x, y, z$ 的多项式的特殊情况。函数 $S$ 后来(1868)被亥姆霍兹(Hermann von Helmholtz)称为速度势。拉格朗日在 1762 年发表的一篇文章中[②]重新得到了所有这些量,这是从欧

---

① Novi Comm. Acad. Sci. Petrop. ,6,1756/1757,271 – 311, pub. 1761 = Opera ,(2),12,133 – 168.
② Misc. Taur. , $2_2$ ,1760/1761,196 – 298, pub. 1762 = Œuvres ,1,365 – 468.

拉那里接受过来而未正式申明的,虽然他确实改善了思路和表达的条理。

在我们能够研究为了求解代表万有引力的位势方程而做的工作之前,我们必须回顾一下那些通过积分(42)或它在别的坐标系中的等价公式来直接计算吸引力数值的那些努力。

勒让德在写于1782年而发表于1785年的题为《球状体吸引力的研究》(Recherches sur l'attraction des sphéroïdes)[①]的论文中,对旋转体的引力感兴趣,证明了定理:如果旋转体对位于轴的延长线上每一外点的引力已知,则它对每一外部点的引力也就知道了。他先通过

(46) $$P(r, \theta, 0) = \iiint \frac{(r-r')\cos\gamma}{(r^2 - 2rr'\cos\gamma + r'^2)^{3/2}} r'^2 \sin\theta' d\theta' d\phi' dr'$$

表示沿矢径 $r$ 方向的吸引力的分量,这里(图 22.3) $r$ 是被吸引点的矢径,$r'$ 是吸引

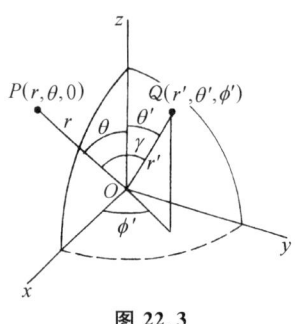

图 22.3

物体上的任一点的矢径,$\gamma$ 是这两个矢径在物体中心处的夹角。因为物体是绕 $z$ 轴旋转生成的图形,故外点的 $\phi$ 坐标可取作 0。然后,他把被积函数按 $\frac{r'}{r}$ 的方幂展开。为了做到这一点,他把分母写成

$$r^3 \left[ 1 - \left( 2\frac{r'}{r}\cos\gamma - \frac{r'^2}{r^2} \right) \right]^{3/2},$$

再把方括号内的量移到分子上去,然后用二项式定理来展开,把圆括号内的量作为二项式的第二项。除开体积元之外,勒让德得到被积表达式是级数

$$\frac{1}{r^2} \left\{ 1 + 3P_2(\cos\gamma)\frac{r'^2}{r^2} + 5P_4(\cos\gamma)\frac{r'^4}{r^4} + 7P_6(\cos\gamma)\frac{r'^6}{r^6} + \cdots \right\},$$

其中系数 $P_2$, $P_4$, $\cdots$ 都是 $\cos\gamma$ 的有理整函数。这些函数就是现在我们所谓的勒让德多项式,或拉普拉斯系数,或带调和函数。勒让德给出了这些函数的形式,从而可以推得一般的 $P_n$,即

(47) $$P_n(x) = \frac{(2n-1)(2n-3)\cdots 1}{n!} \cdot \left[ x^n - \frac{n(n-1)}{2(2n-1)} x^{n-2} + \frac{n(n-1)(n-2)(n-3)}{2\cdot 4 \cdot (2n-1)(2n-3)} x^{n-4} + \cdots \right].$$

他于是就能对 $r'$ 求积分而得到

$$\frac{2}{r^2} \iint \left\{ \frac{R^3}{3} + \frac{3}{5} P_2(\cos\gamma) \frac{R^5}{r^2} + \frac{5}{7} P_4(\cos\gamma) \frac{R^7}{r^4} + \cdots \right\} \sin\theta' d\theta' d\phi',$$

---

① *Mém. des sav. étrangers*, 10, 1785, 411 – 434.

此处 $R = f(\theta')$ 是 $r'$ 在给定的 $\theta'$ 处的值(它不依赖于 $\phi'$)。他于是又需对 $\phi'$ 求积。为此他利用①

$$\cos\gamma = \cos\theta\cos\theta' + \sin\theta\sin\theta'\cos\phi'.$$

在建立了辅助的结果

$$\frac{1}{\pi}\int_0^\pi P_{2n}(\cos\gamma)d\phi' = P_{2n}(\cos\theta)P_{2n}(\cos\theta')$$

之后,他终于得到了

$$P(r,\theta,0) = \frac{3M}{r^2}\sum_{n=0}^\infty \frac{2n-3}{2n-1}P_{2n}(\cos\theta)\frac{\alpha_n}{r^{2n}},$$

其中

$$\alpha_n = \frac{4\pi}{3M}\int_0^{\pi/2} R^{2n+3}P_{2n}(\cos\theta')\sin\theta'd\theta'.$$

积分值依赖于子午线 $R = f(\theta')$ 的形状。

然后,勒让德从上面的结果并在同拉普拉斯通信的基础上得到了关于这个问题的势函数的表达式,并从势推出垂直于矢径的引力分量。

在 1784 年写的第二篇文章②中,勒让德推导出函数 $P_{2n}$ 的一些性质。例如,对每一个关于 $x^2$ 的次数低于 $n$ 的 $x^2$ 的有理整函数都有

(48) $$\int_0^1 f(x^2)P_{2n}(x)dx = 0.$$

如果 $n$ 是任一正整数,则

(49) $$\int_0^1 x^n P_{2m}(x)dx = \frac{n(n-2)\cdots(n-2m+2)}{(n+1)(n+3)\cdots(n+2m+1)}.$$

如果 $m$ 和 $n$ 是正整数,则

(50) $$\int_0^1 P_{2n}(x)P_{2m}(x)dx = \begin{cases} 0, & \text{当 } m \neq n, \\ \dfrac{1}{4m+1}, & \text{当 } m = n. \end{cases}$$

他还证明了每个 $P_{2n}$ 的零点都是实数,彼此不相同,关于 0 对称,且绝对值小于 1。还有当 $0 < x < 1$ 时,$P_{2n}(x) < 1$。

然后,借助正交条件(50),他用级数逐项积分法证明了一个给定的 $x^2$ 的函数能用唯一的方式表示成函数 $P_{2n}(x)$ 的级数。

---

① 这个表达式推导如下:由于球坐标到直角坐标的变换方程是 $x = r\sin\theta\cos\phi$, $y = r\sin\theta\sin\phi$, $z = r\cos\theta$,$P$ 的直角坐标是 $(r\sin\theta\cos\phi, r\sin\theta\sin\phi, r\cos\theta)$,$Q$ 的直角坐标是 $(r'\sin\theta'\cos\phi', r'\sin\theta'\sin\phi', r'\cos\theta')$。于是我们可用距离公式表示 $PQ$,但按余弦定理 $\overline{PQ}^2 = r^2 + r'^2 - 2rr'\cos\gamma$。让 $PQ$ 的两个表达式相等就给出上述 $\cos\gamma$ 的表达式。

② *Mém. de l'Acad. des Sci.*, Paris, 1784, 370–389, pub. 1787.

最后，运用他的多项式的这些和其他一些性质，勒让德回到了万有引力的主要问题上，并用位势的表达式(43)及旋转流体质量的平衡条件，他得到该质量的、表示成他的多项式的级数形式的子午线方程。他相信这个方程包括了关于旋转球体的一切可能的平衡形态。

现在拉普拉斯登场了。他写了几篇关于旋转体引力的论文(1772年写，发表于 1776 年；1773 年写，发表于 1776 年；1775 年写，发表于 1778 年)，文中他用的是力的分量而不是势函数。受到勒让德写于 1782 年发表于 1785 年那篇论文的激发，拉普拉斯写了著名的值得注意的第四篇文章《球状体和行星状物体的引力理论》(Théorie des attractions des sphéroïdes et de la figure des planètes)[1]。文中没有提到勒让德，拉普拉斯研究的是与勒让德的旋转图形不同的任意球状体的引力问题，所谓球状体(其表面)，拉普拉斯是指 $r, \theta, \phi$ 的一个方程给出的任一曲面。

他从下述定理出发：任意物体作用在它外部一点的引力的势 $V$，若用球坐标 $r$, $\theta, \phi$ 表示并取 $\mu = \cos\theta$ 时，必定满足位势方程

$$(51) \qquad \frac{\partial}{\partial\mu}\left[(1-\mu^2)\frac{\partial V}{\partial\mu}\right] + \frac{1}{1-\mu^2}\frac{\partial^2 V}{\partial\phi^2} + r\frac{\partial^2(rV)}{\partial r^2} = 0.$$

拉普拉斯在这里没有说明他是怎样得到这个方程的。在后来的一篇论文[2]中他给出直角坐标形式(44)。完全可以肯定，他是先得到直角坐标形式然后再从它推出球坐标形式的。事实上，两种形式已经由欧拉和拉格朗日给出了，但是拉普拉斯没有提到他们。他可能不知道他们的工作，虽然这是可疑的。

在 1782 年的文章中，拉普拉斯令

$$(52) \qquad V(r, \theta, \phi) = \frac{U_0}{r} + \frac{U_1}{r^2} + \frac{U_2}{r^3} + \cdots,$$

这里 $U_n = U_n(\theta, \phi)$，他将它代入(51)，则单个的 $U_n$ 满足[3]

$$(53) \qquad \frac{\partial}{\partial\mu}\left[(1-\mu^2)\frac{\partial U}{\partial\mu}\right] + \frac{1}{1-\mu^2}\frac{\partial^2 U}{\partial\phi^2} + n(n+1)U = 0.$$

借助勒让德的 $P_{2n}$，他就能证明

$$(54) \qquad U_n(\theta, \phi) = \iiint r'^{n+2} P_{2n}[\cos\theta\cos\theta' + \sin\theta\sin\theta'\cos(\phi-\phi')]\sin\theta'\,d\theta'\,d\phi'\,dr'.$$

---

[1] Mém. de l'Acad. des Sci., Paris, 1782, 113 - 196, pub. 1785 = Œuvres, 10, 339 - 419.
[2] Mém. de l'Acad. des Sci., Paris, 1787, 249 - 267, pub. 1789 = Œuvres, 11, 275 - 292.
[3] 如果我们忽略中项($\phi$ 不出现)，这样得到的常微分方程就是现在所谓的勒让德微分方程

$$(1-x^2)\frac{d^2z}{dx^2} - 2x\frac{dz}{dx} + n(n+1)z = 0.$$

$P_n(x)$ 满足这个方程。另一方面，$U_n$(和[57]中的 $Y_n$)作为两个变量 $\mu = \cos\theta$ 和 $\phi$ 的函数满足(53)。这 $U_n$ 和 $Y_n$，德国人称为球函数，而开尔文(Lord Kelvin)称为球调和或球面调和函数。

接着拉普拉斯利用这个结果与(52)来计算与一球有小差异的球状体的势。他把球状体的表面方程写成

$$r = a(1+\alpha y), \tag{55}$$

这里 $\alpha$ 很小, 而 $y$ 是在球状体上 $\theta'$ 和 $\phi'$ 的函数。拉普拉斯假定 $y(\theta,\phi)$ 能展成函数项级数

$$y = Y_0 + Y_1 + Y_2 + \cdots, \tag{56}$$

其中 $Y_n$ 是 $\theta,\phi$ 的函数, 满足微分方程(53)。这里他得到的结果首先是

$$Y_n = \frac{2n+1}{4\pi\alpha a^{n+1}} U_n. \tag{57}$$

于是, 这些 $Y_n$ 可用到(52)中, 展开式(56)还可改写成

$$y(\mu,\phi) = \frac{1}{4\pi}\sum_{n=0}^{\infty}(2n+1)\times\int_{-1}^{1}\int_{0}^{2\pi}Y_n(\mu',\phi')P_n(\mu,\phi,\mu',\phi')d\mu'd\phi', \tag{58}$$

其中 $\mu' = \cos\theta'$。这时, 用 $y$ 的值, 他就有了一个关于(55)中的 $r$ 的表达式, 而利用这个结果和(54)中的 $U_n$, 他就得到了(52)中的 $V$。

拉普拉斯在这里并没有考虑把 $\theta,\phi$ 的任一函数展开成 $Y_n$ 的级数的一般问题。他在这里所做的和后来的文章中, 深信这样的表达式是可能的并且是唯一的。他只处理 $\mu, \sqrt{1-\mu^2}\cos\phi$ 和 $\sqrt{1-\mu^2}\sin\phi$ 的有理整函数, 因而他对于一般结果的需要是有限制的。他证明了基本的正交性质

$$\int_{-1}^{1}\int_{0}^{2\pi}U_n(\mu,\phi)U_m(\mu,\phi)d\mu d\phi = 0, \quad \text{当 } m\neq n. \tag{59}$$

但是, 在他的《天体力学》第二卷里, 他证明 $\theta$ 和 $\phi$ 的任意函数能展开成 $U_n$ (或 $Y_n$) 的级数, 并且证明(59)蕴涵着展开式的唯一性。

拉普拉斯还写了关于球状体的引力和地球形状的几篇别的论文(例如, 1783 年写, 发表于 1786 年; 1787 年写, 发表于 1789 年); 在这些文章中用了球函数展开式。在最后的那篇文章中, 拉普拉斯给出了直角坐标形式的位势方程, 但他作了一个错误的结论, 他假设这个方程当被吸引的质点位于物体内部时也成立。这个错误由泊松加以更正(第 28 章第 4 节)。

18 世纪 80 年代勒让德继续进行他的研究。在写于 1790 年的第四篇论文①中, 他对奇数 $n$ 引进了 $P_n(x)$。(47)给出的 $P_n(x)$ 的表达式对一切 $n$ 都是正确的, 勒让德证明了对任何正整数 $m$ 和 $n$, 成立

$$\int_{-1}^{1}P_m(x)P_n(x)dx = \begin{cases} 0, & \text{当 } m\neq n, \\ \dfrac{2}{2n+1}, & \text{当 } m = n. \end{cases} \tag{60}$$

---

① *Mém. de l'Acad. des Sci.*, Paris, 1789, 372-454, pub. 1793.

后来,他也引进了球函数。就是说,他令 $Y_n$ 是 $(1-2zt+z^2)^{-1/2}$ 展开式中 $z^n$ 的系数,这里 $t = \cos\theta\cos\theta' + \sin\theta\sin\theta'\cos(\phi-\phi')$。然后令 $\mu = \cos\theta$, $\mu' = \cos\theta'$ 和 $\psi = \phi - \phi'$,他就证得

$$Y_n(t) = P_n(\mu)P_n(\mu') + \frac{2}{n(n+1)} \frac{dP_n(\mu)}{d\mu} \frac{dP_n(\mu')}{d\mu'}$$
$$\times \sin\theta\sin\theta'\cos\psi + \frac{2}{(n-1)n(n+1)(n+2)} \frac{d^2P_n(\mu)}{d\mu^2}$$
$$\times \frac{d^2P_n(\mu')}{d\mu'^2} \sin^2\theta\sin^2\theta'\cos 2\psi + \cdots,$$

更高的项包含 $P_n$ 的更高阶导数。这个方程等价于

$$P_n[\cos\theta\cos\theta' + \sin\theta\sin\theta'\cos(\phi-\phi')]$$
$$= \sum_{m=1}^{n} P_n^m(\cos\theta) P_n^m(\cos\theta') \cos m(\phi-\phi'),$$

其中 $m$ 是上标而不是指数。$P_n^m(x)$ 满足

(61) $$\frac{d}{dx}\left[(1-x^2)\frac{dP_n^m(x)}{dx}\right] + \left[n(n+1) - \frac{m^2}{1-x^2}\right]P_n^m(x) = 0,$$

并且 $P_n^m(x)$ 与

$$(1-x^2)^{m/2} \frac{d^m P_n(x)}{dx^m}$$

只差一个常数因子。这样引进的 $P_n^m(x)$ 现在称为连带勒让德多项式。然后,勒让德证明了

(62) $$\int_{-1}^{1}\int_{0}^{2\pi} U_n(\mu',\phi') P_n(\mu,\phi,\mu',\phi') d\mu' d\phi' = \frac{4\pi}{2n+1} U_n(\mu,\phi)$$

和

(63) $$\int_{-1}^{1}\int_{0}^{2\pi} \{P_n(\mu)\}^2 d\mu d\phi = \frac{4\pi}{2n+1}.$$

这篇文章中用到了 $P_n(x)$ 满足勒让德微分方程的事实。

还有许多包含着勒让德多项式和球调和函数的别的特殊结果,是由勒让德、拉普拉斯和其他人得到的。一个基本结果是 1816 年[①]得到的罗德里格斯(Olinde Rodrigues,1794—1851)公式

(64) $$P_n(x) = \frac{1}{2^n n!} \frac{d^n(x^2-1)^n}{dx^n}.$$

拉普拉斯解球状体引力位势方程方面的工作是这个课题上浩瀚工作的开始。他和

---

[①] *Corresp. sur l'Ecole Poly.*, 3, 1816, 361-385.

勒让德在关于勒让德多项式 $P_n(x)$、连带勒让德多项式 $P_n^m(x)$ 及球(球面)调和 $Y_n(\mu,\phi)$ 方面的工作同等重要,因为更加任意的函数都能表示成 $P_n$, $P_n^m$ 和 $Y_n$ 的无穷级数。这一系列函数类似于三角函数,对后者丹尼尔·伯努利曾断言它们能用来表示任意函数。至于函数类的选择则要依赖于被解的微分方程以及初值和边界条件。当然,对这些函数以前曾经完成了很多工作,过去又做过很多工作,才使得它们在解偏微分方程中更为有用。

## 5. 一阶偏微分方程

直到拉格朗日的时代,在一阶偏微分方程方面还很少有系统的研究。二阶方程首先受到注意,因为物理问题直接引导出它们。只有很少几种特殊的一阶方程被解出来,但是这些方程或者是容易被积分出来的,或者是通过技巧被积分出来的。只有一个例外,就是形如

$$P\mathrm{d}x + Q\mathrm{d}y + R\mathrm{d}z = 0 \tag{65}$$

的今天通常称为全微分方程的这种方程,这里 $P$, $Q$, $R$ 是 $x$, $y$, $z$ 的函数。这类方程如果能积分的话,就把 $z$ 定义成 $x$ 和 $y$ 的函数。克莱罗 1739 年在他关于地球形状的研究①中遇到了这样的方程。如果(65)左端的表达式是一个恰当微分,就是说,如果存在函数 $u(x,y,z) = C$ 使得

$$\mathrm{d}u = P\mathrm{d}x + Q\mathrm{d}y + R\mathrm{d}z, \tag{66}$$

那么,克莱罗指出

$$\frac{\partial P}{\partial y} = \frac{\partial Q}{\partial x}, \quad \frac{\partial P}{\partial z} = \frac{\partial R}{\partial x}, \quad \frac{\partial Q}{\partial z} = \frac{\partial R}{\partial y}. \tag{67}$$

克莱罗讲明怎样用一种现代教科书中仍在使用着的方法求解(65)。如果 $P$, $Q$, $R$ 是流体运动的速度分量,则(65)就是一恰当微分方程,这个事实使人们对方程(65)发生了兴趣。

如果(65)不是恰当微分方程,那么克莱罗也说明了有可能求得积分因子,即这样一个函数 $\mu(x,y,z)$,当用它去乘(65)后,新的左端便是一恰当微分。克莱罗②和后来达朗贝尔[《论流体运动的平衡》(*Traité de l'équilibre et du mouvement des fluides*, 1744)]都给出了(65)可积分的一个必要条件(借助于积分因子)。这个条件(同时也是充分的)是

$$P\left(\frac{\partial Q}{\partial z} - \frac{\partial R}{\partial y}\right) + Q\left(\frac{\partial R}{\partial x} - \frac{\partial P}{\partial z}\right) + R\left(\frac{\partial P}{\partial y} - \frac{\partial Q}{\partial x}\right) = 0. \tag{68}$$

---

① *Mém. de l'Acad. des Sci.*, Paris, 1739, 425 – 436.
② *Mém. de l'Acad. des Sci.*, Paris, 1740, 293 – 323.

一般的两个自变量的一阶偏微分方程形如

(69) $$f(x, y, z, p, q) = 0,$$

这里 $p = \partial z/\partial x$，$q = \partial z/\partial y$。如果方程关于 $p$，$q$ 是线性的，则称之为线性偏微分方程，否则称为非线性的。最重要的理论是拉格朗日贡献的。

为了了解拉格朗日的工作，首先必须记住他的至今仍旧通用的术语。他把一阶非线性方程的解分类如下。任一包含两个任意常数的解 $V(x, y, z, a, b) = 0$ 是**完全解**或**完全积分**。令 $b = \phi(a)$，这里 $\phi$ 是任意的，我们就得到一个单参数解族。当 $\phi(a)$ 任意时，该族的包络称为**通积分**。当一个确定的 $\phi(a)$ 被使用时，这个包络是通积分的一个特殊情况。完全积分中的所有解的包络称为**奇解（奇积分）**。不久我们将看到这些解在几何上是怎么回事。完全积分不是唯一的，因为能够有许多不相同的完全积分，它们之间通过简单地改变任意常数是不能相互得到的。但是，从任一完全积分，通过特殊情况和奇解，能够得到由另一完全积分给出的所有的解。

在我们将要简短地讲到的 1772 年和 1779 年的两篇重要文章之间，拉格朗日在 1774 年写了一篇讨论一阶偏微分方程的完全解、通解和奇解之间的关系的论文。从 $V[x, y, z, a, \phi(a)] = 0$ 及 $\partial V/\partial a = 0$ [其中 $\phi(a)$ 任意] 中消去 $a$ 就得到通积分①。[对于一个特殊的 $\phi(a)$，我们得到一个特解。] 从 $V(x, y, z, a, b) = 0$，$\partial V/\partial a = 0$ 和 $\partial V/\partial b = 0$ 中消去 $a$ 和 $b$ 就得到奇解。

拉格朗日首次给出非线性一阶方程的一般理论。在 1772 年的文章②中，他考察了两个自变量 $x$，$y$ 及一个应变量 $z$ 的一般一阶方程。这里他改进并推广了欧拉早些时候做的工作。他把方程(69)看作是这样的形式，其中 $q$ 是 $x$，$y$，$z$ 和 $p$ 的函数，即

(70) $$q - Q(x, y, z, p) = 0,$$

并且试图确定 $p$ 作为 $x$，$y$，$z$ 的一个函数 $P$，从而使得两个方程

(71) $$q - Q(x, y, z, p) = 0 \text{ 和 } p - P(x, y, z) = 0$$

有单重无穷多个公共积分曲面，或者像拉格朗日从分析上阐明它那样，使得表达式

(72) $$dz - pdx - qdy$$

乘以适当因子 $M(x, y, z)$ 就变成 $N(x, y, z) = 0$ 的恰当微分 $dN$。为此必须有

$$\frac{\partial N}{\partial z} = M, \frac{\partial N}{\partial x} = -Mp, \frac{\partial N}{\partial y} = -Mq.$$

对于这些方程，可积条件(67)蕴涵

---

① 对任意的 $\phi$，实际上实现 $a$ 的消去一般是不可能的。通积分是一个相当于特解族的概念。

② *Nouv. Mém. de l'Acad. de Berlin*, 1772 = *Œuvres*, 3, 549 – 575.

$$\frac{\partial M}{\partial x} = -\frac{\partial (Mp)}{\partial z}, \quad \frac{\partial M}{\partial y} = -\frac{\partial (Mq)}{\partial z}, \quad \frac{\partial (Mp)}{\partial y} = \frac{\partial (Mq)}{\partial x}.$$

如果把这三个方程中的前两个所给出的 $\partial M/\partial x$ 和 $\partial M/\partial y$ 的值代入最后一个,就得到

(73) $$\frac{\partial p}{\partial y} - \frac{\partial q}{\partial x} - p\frac{\partial q}{\partial z} + q\frac{\partial p}{\partial z} = 0.$$

这就是使(72)可积的条件(68),而(68),正如拉格朗日所评注的,是一个早就知道的条件。在(73)中 $q$ 能取为 $x$, $y$, $z$ 和 $p$ 的给定函数 $Q$,因而这方程显然变成

(74) $$-Q_p\frac{\partial p}{\partial x} + \frac{\partial p}{\partial y} + (Q - pQ_p)\frac{\partial p}{\partial z} - Q_x - pQ_z = 0.$$

现在,拉格朗日的计划便是寻找这个一阶方程的解 $p = P$,它关于 $p$ 的导数是线性的,其解包含一个任意常数 $a$。得到它以后,他再积分两个方程

(75) $$q - Q(x, y, z, p) = 0, \quad p - P(x, y, z, a) = 0,$$

这表示 $\partial z/\partial x$ 和 $\partial z/\partial y$ 是 $x$, $y$, $z$ 的函数,就求得了原方程(70)的一族 $\infty^2$ 个积分曲面;也就是说,他求得了完全解。那么至此,拉格朗日是用解线性方程(74)的问题来代替解非线性方程(70)的问题。

1779 年拉格朗日给出了他的解线性一阶偏微分方程的方法①。他考虑至今仍称为拉格朗日方程的线性方程

(76) $$Pp + Qq = R,$$

其中 $P$, $Q$, $R$ 是 $x$, $y$, $z$ 的函数。这个方程称为非齐次的,因为有 $R$ 这项出现。这个方程与三个自变量的齐次方程

(77) $$P\frac{\partial f}{\partial x} + Q\frac{\partial f}{\partial y} + R\frac{\partial f}{\partial z} = 0$$

紧密相连。拉格朗日容易地证明了如果 $u(x, y, z) = c$ 是(76)的一个解,那么 $f = u(x, y, z)$ 就是(77)的一个解,反之亦然。因此解(76)的问题等价于解(77)。而方程(77)又转而联系着常微分方程组

(78) $$\frac{\mathrm{d}x}{P} = \frac{\mathrm{d}y}{Q} = \frac{\mathrm{d}z}{R} \text{ 或 } \frac{\mathrm{d}y}{\mathrm{d}x} = \frac{Q}{P} \text{ 和 } \frac{\mathrm{d}z}{\mathrm{d}x} = \frac{R}{P}.$$

事实上,如果 $f = u(x, y, z)$ 和 $f = v(x, y, z)$ 是(77)的两个独立的解,那么 $u = c_1$ 和 $v = c_2$ 就是(78)的一个解,反之亦然。因此,如果我们能求得(78)的解 $u = c_1$ 和 $v = c_2$, $f = u$ 和 $f = v$ 就将是(77)的解,并且 $u = c$ 和 $v = c$ 将是(76)的解。此外容易证明:当 $\phi$ 是 $u$, $v$ 的任意函数时, $f = \phi(u, v)$ 也满足(77)。于是 $\phi(u, v) = c$,或因 $\phi$ 是任意的, $\phi(u, v) = 0$ 就是(76)的通解。拉格朗日在 1779 年

---

① *Nouv. Mém. de l'Acad. de Berlin*, 1779 = *Œuvres*, 4, 585 - 634.

给出了上述纲要,并在 1785 年[①]给出了证明。或许值得顺便指出,欧拉也知道(77)的解能被化成(78)的解。

如果把线性方程方面的这一工作与 1772 年在非线性方程方面的工作联系起来,就会看到拉格朗日已经成功地把一个关于 $x, y, z$ 的任意一阶方程化成为一组联立常微分方程。他没有明显地陈述这个结果,但这是可以从上面的工作直接推出来的。奇怪的是,在 1785 年他解一个特殊的一阶偏微分方程时却说它不可能用这个方法,看来他忘掉了他较早(1772)的工作!

后来,据推测沙比(Paul Charpit,死于 1784 年)在 1784 年把非线性方程和线性方程的方法结合起来,将任一 $f(x, y, z, p, q) = 0$ 化归为一个常微分方程组。在 1798 年拉克鲁瓦说,沙比在 1784 年提出了一篇文章(未出版),其中他把一阶偏微分方程化归到常微分方程组。雅可比发现了拉克鲁瓦惊人的说法,表示希望发表沙比的工作。但是这件事一直没有办到,以至我们不知道拉克鲁瓦的说法是不是正确。事实上,是拉格朗日做了完整的工作,而沙比可能并未增加什么内容。现代教科书中给出的方法——称为拉格朗日、拉格朗日-沙比或沙比方法,是拉格朗日在 1772 年和 1779 年文章中提出的思想的融和。这个方法说明为解一般的一阶偏微分方程 $f(x, y, z, p, q) = 0$,就必须解常微分方程组( $f = 0$ 的特征方程)

(79)
$$\frac{dx}{dt} = f_p, \frac{dy}{dt} = f_q, \frac{dz}{dt} = pf_p + qf_q,$$
$$\frac{dp}{dt} = -f_x - f_z p, \frac{dq}{dt} = -f_y - f_z q.$$

如果求得(79)的任何一个积分,比如说 $u(x, y, z, p, q) = A$,就可得到解。把这些方程和 $f = 0$ 联立,解出 $p, q$ 并代入 $dz = pdx + qdy$(见公式[72]),最后,用对(65)用过的方法就可求积分。

拉格朗日的方法常常称为柯西的特征方法,因为把拉格朗日和沙比对两个自变量的方程过渡到(79)的方法推广到 $n$ 个变量时出现了困难,而这一困难是由柯西在 1819 年[②]克服的。

## 6. 蒙日和特征理论

拉格朗日纯粹是从分析上来进行工作的。蒙日(1746—1818)引进了几何语言。对偏微分方程,他的工作虽不如欧拉、拉格朗日和勒让德那么重大,但是他开

---

① *Nouv. Mém. de l'Acad. de Berlin*, 1785 = *Œuvres*, 5, 543 - 562.
② *Bull. de la Société Philomathique*, 1819, 10 - 21;也可见 *Exercices d'analyse et de phys. math.*, 2, 238 - 272 = *Œuvres*, (2), 12, 272 - 309.

创了用几何来解释分析研究的运动,并且因此引进了许多富有成果的想法。他说明:如同包含曲线的问题引导出常微分方程一样,包含曲面的问题就引导出偏微分方程。更一般地,对于蒙日来说,几何和分析是同一个课题,而对该世纪别的数学家来说,这两个分支是分离的,仅有一些接触点。蒙日在1770年开始他的研究,但直到很久以后也没有发表他的成果。

在非线性一阶方程学科中首要的是,蒙日不仅引进几何解释,而且还强调一个新概念——特征曲线[1]。他关于特征的思想以及积分作为包络的思想没有被他同时代的人所理解,还被称为形而上学的原理,但是在后来的研究中特征理论却变成了一种非常重要的主题。在他的讲义和随后的著名出版物《关于把分析应用于几何的活页论文》(*Feuilles d'analyse appliquée à la géométrie*,1795)中,蒙日把他的思想发展得更加完整。这思想最好用他自己的例子来说明。

考虑半径是常数 $R$,中心在 $x$-$y$ 平面上无论何处的双参数球面族。这个族的方程是

$$(80) \qquad (x-a)^2 + (y-b)^2 + z^2 = R^2.$$

这个方程是非线性一阶偏微分方程

$$(81) \qquad z^2(p^2 + q^2 + 1) = R^2$$

的完全积分,因为(80)包含两个任意常数 $a$ 和 $b$,并且显然满足(81)。令 $b = \phi(a)$ 来引进任一子球面族,这是中心在 $x$-$y$ 平面上的曲线 $y = \phi(x)$ 上的球面族。这个单参数球面族的包络(管状曲面)也是(81)的一个解。这个特解可从

$$(82) \qquad (x-a)^2 + (y-\phi(a))^2 + z^2 = R^2$$

及(82)对 $a$ 的偏导数,即

$$(83) \qquad (x-a) + (y-\phi(a))\phi'(a) = 0$$

两式中消去 $a$ 得到。对每一特别选定的 $a$,方程(82)和(83)表示两张特定的曲面,因此联立考察两曲面就表示一条曲线,称为特征曲线。这条曲线也是该子族中两"相邻"曲面的交线。特征曲线的集合填满包络;也就是包络与子族中每一成员沿一条特征线相切触。通积分是特征曲线集合生成的每一曲面(单参数族的包络)的总体。(80)的全体解的包络,也就是奇解 $z = \pm R$ 可从(80)与(80)分别对 $a$,$b$ 的偏导数中消去 $a$ 和 $b$ 而得到。

特征曲线也以另一种方式表现出来。考察两个球面子族,它们各自的包络沿任一球面相切。我们可称这样的包络是相邻包络。两相邻包络的交线是球面上的特征曲线,它与通过考虑各子族的相邻成员得到的特征曲线是相同的。任一球面可属于包络完全不同的无穷多个相异的子球面族,所以在同一球面上将有不同的

---

[1] *Hist. de l'Acad. des Sci.*, Paris, 1784, 85 - 117, 118 - 192, pub. 1787.

特征曲线。所有这些特征曲线都是垂直平面中的大圆。

蒙日建立了特征曲线的微分方程的分析形式,它相当于方程(79)确定(69)的特征曲线这一事实。(蒙日利用全微分方程表示特征曲线的方程。)

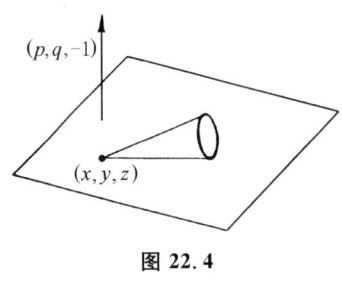

图 22.4

蒙日还引进了(1784)特征锥的概念。在空间任一点$(x, y, z)$(图 22.4)可考虑一平面,它的法线有方向数 $p, q, -1$. 对一固定的$(x, y, z)$,满足

(84) $\qquad F(x, y, z, p, q) = 0$

的 $p$ 和 $q$ 的集合确定一全部通过$(x, y, z)$的单参数平面族。这个平面集是一个顶点在$(x, y, z)$的锥的包络。这就是$(x, y, z)$的特征锥或蒙日锥。如果我们现在来考察方程为 $z = g(x, y)$ 的曲面 $S$,则它在每一$(x, y, z)$有一个切平面。这样一张曲面是 $F = 0$ 的积分曲面的必要充分条件是:在每点$(x, y, z)$上,$F$ 的切平面是$(x, y, z)$处蒙日锥的切平面。积分曲面 $S$ 上的曲线 $C$ 称为特征曲线,如果 $C$ 上每点的切线是蒙日锥在该点的母线。这些特征曲线与蒙日把(80)看成完全积分推得的是同样的,并且也是联立方程(79)的解。蒙日还在 1802 年收编在他的《分析在几何中的应用》(*Application de l'analyse à la géométrie*①, 1807)中的一篇文章中指出:每一积分曲面都是特征曲线的轨迹,并且仅有一条特征曲线通过这一积分曲面的每一点。

特征曲线的重要性在于:如果取一空间曲线 $x(t), y(t), z(t)$(对 $t$ 值的某一区间)不是特征曲线,那么恰好存在 $F = 0$ 的一个积分曲面通过该曲线;即恰好存在一个 $z = g(x, y)$ 使得 $z(t) = g[x(t), y(t)]$(对 $t$ 值的范围)。另一方面,如同蒙日在 1806 年讲义中指出的:对每一特征曲线都能有无穷多个积分曲面通过它。此外,通过该曲线的无穷多个积分曲面都沿这条曲线彼此相切。

## 7. 蒙日和非线性二阶方程

除了我们已经回顾过的二阶线性方程外,18 世纪的数学家们还有需要考虑更一般的两个自变量的线性二阶方程,甚至非线性方程。例如,他们研究了线性方程

$$A\frac{\partial^2 z}{\partial x^2} + B\frac{\partial^2 z}{\partial x \partial y} + C\frac{\partial^2 z}{\partial y^2} + D\frac{\partial z}{\partial x} + E\frac{\partial z}{\partial y} + Fz + G = 0,$$

这里 $A, B, \cdots, G$ 是 $x$ 和 $y$ 的函数。这个方程通常写成

---

① 这是他的 *Feuilles d'analyse* 第三版的书名。

$$(85) \qquad Ar + Bs + Ct + Dp + Eq + Fz + G = 0,$$

这里字母 $r$, $s$, $t$, $p$ 和 $q$ 有显然的意义。拉普拉斯在 1773[①] 年证明假如 $B^2 - 4AC \neq 0$，方程(85)就能经过变量替换化成如下形式：

$$(86) \qquad s + ap + bq + cz + g = 0,$$

这里 $a$, $b$, $c$ 和 $g$ 是 $x$ 和 $y$ 的函数。然后他用无穷级数来解这个方程。

蒙日在他的《关于把分析应用于几何的活页论文》中，考察了非线性方程

$$(87) \qquad Rr + Ss + Tt = V,$$

其中 $R$, $S$, $T$ 和 $V$ 是 $x$, $y$, $z$, $p$ 和 $q$ 的函数，因而方程关于二阶导数 $r$, $s$ 和 $t$ 是线性的。在拉格朗日关于极小曲面(即由给定的空间曲线界住的面积最小的曲面)的工作中出现了这类方程，在那里具体的微分方程是 $(1+q^2)r - 2pqs + (1+p^2)t = 0$ (也可见第 24 章第 4 节)。虽然蒙日对方程(87)曾经作了一些研究，但在现在的文章(1795)中，他才能够用我们将要扼要介绍的方法漂亮地解出它。

利用下面这些直接的事实：

$$(88) \qquad dz = pdx + qdy,$$
$$(89) \qquad dp = rdx + sdy,$$
$$(90) \qquad dq = sdx + tdy,$$

并从(87),(89)及(90)中消去 $r$ 和 $t$，他得到方程

$$(91) \qquad s(Rdy^2 - Sdxdy + Tdx^2) - (Rdydp + Tdxdq - Vdxdy) = 0.$$

然后，他的论证是：每当可以联立地求解

$$(92) \qquad Rdy^2 - Sdxdy + Tdx^2 = 0$$

和

$$(93) \qquad Rdydp + Tdxdq - Vdxdy = 0$$

时，则(91)将被满足，从而(87)也将被满足。

方程(92)等价于两个一阶方程

$$(94) \qquad dy - W_1(x, y, z, p, q)dx = 0 \text{ 和 } dy - W_2(x, y, z, p, q)dx = 0.$$

方程(88),(93)与(94)的任一个一起，组成五个变量 $x$, $y$, $z$, $p$ 和 $q$ 的三个全微分方程的方程组。这三个方程能解时，就可求得两个解

$$u_1(x, y, z, p, q) = C_1 \text{ 和 } u_2(x, y, z, p, q) = C_2,$$

于是

$$(95) \qquad u_1 = \phi(u_2)$$

是一个一阶偏微分方程，其中 $\phi$ 是任意的。方程(95)称为中间积分。它的通解是(87)的解。如果(94)的另一方程能与(88)和(93)一起用，我们就得到另一函数

---

[①] Hist. de l'Acad. des Sci., Paris, 1773, pub. 1777 = Œuvres, 9, 5-68.

(96) $$u_3 = \phi(u_4).$$

在这种情形(95)和(96)能联立地解出 $p$ 和 $q$，把这些值代入(88)，那么这个全微分方程就能解出来。这至少是一个一般的格式，虽然还有很多细节我们未及详述。蒙日关于极小曲面方程的积分法是他为之自豪的成就之一。

对于方程(87)，蒙日也引进了特征理论。特征的全微分方程是(92)，即
$$R\mathrm{d}y^2 - S\mathrm{d}x\mathrm{d}y + T\mathrm{d}x^2 = 0.$$

早在他的 1784 年的工作①中就出现了这个方程，它在积分曲面的每一点上定义该点的两个特征方向。积分曲面的每一点都有两条特征曲线通过，沿其中每一条都有两个相邻的积分曲面彼此相切。

## 8. 一阶偏微分方程组

18 世纪在流体动力学和水力学研究中首次提出了偏微分方程组。诸如设计船身以减少它在水中运动的阻力，以及潮汐、河水的流动，从喷口射出的水流，水对船舷的压力的计算等实际问题推动了对不可压缩流体例如水的研究工作。对可压缩流体，特别是空气的研究工作，是为了要分析空气在船帆上的作用，设计风车叶片和了解声音的传播。我们早些时候研究过的声音传播方面的工作，在历史上是把水力学上的研究特殊化，使之适用于小振幅波动的一个应用。

欧拉在 1752 年一篇题为《流体运动原理》②的文章中处理了不可压缩流体，之后他在 1755 年一篇题为《流体运动的一般原理》(General Principles of the Motion of Fluids)③的文章中，推广了前一个工作。这里他给出了至今仍然著名的关于理想(无黏性)可压缩和不可压缩流体的流体流的方程。流体被认为是连续的，其质点是数学上的点。他考察了受到压力为 $p$，密度为 $\rho$ 以及单位质量上分量为 $P$, $Q$, $R$ 的外力作用的流体小体积上的作用力。

欧拉创立的流体动力学的两种方法之一，文献中称之为空间描写，其中流体速度的分量 $u$, $v$ 和 $w$ 在流体中每一点由
(97) $$u = u(x, y, z, t), \quad v = v(x, y, z, t), \quad w = w(x, y, z, t)$$
给出。这里
$$\mathrm{d}u = \frac{\partial u}{\partial x}\mathrm{d}x + \frac{\partial u}{\partial y}\mathrm{d}y + \frac{\partial u}{\partial z}\mathrm{d}z + \frac{\partial u}{\partial t}\mathrm{d}t.$$

---

① Hist. de l'Acad. des Sci., Paris, 1784, 118 - 192, pub. 1787.
② Novi Comm. Acad. Sci. Petrop., 6, 1756/1757, 271 - 311, pub. 1761 = Opera, (2), 12, 133 - 168.
③ Hist. de l'Acad. de Berlin, 11, 1755, 274 - 315, pub. 1757 = Opera, (2), 12, 54 - 91.

在时间 $dt$，质点 $(x, y, z)$ 在 $x$ 方向走过距离 $u\,dt$，在 $y$ 方向走过距离 $v\,dt$，在 $z$ 方向走过 $w\,dt$。于是在 $du$ 的表达式中的实际变化量 $dx$，$dy$ 及 $dz$ 就由这些量给出，因而

$$du = \frac{\partial u}{\partial x} u\,dt + \frac{\partial u}{\partial y} v\,dt + \frac{\partial u}{\partial z} w\,dt + \frac{\partial u}{\partial t} dt$$

或者

(98)
$$\frac{du}{dt} = u\frac{\partial u}{\partial x} + v\frac{\partial u}{\partial y} + w\frac{\partial u}{\partial z} + \frac{\partial u}{\partial t},$$

对 $dv/dt$ 和 $dw/dt$ 也有相应的表达式。这些量给出现在称为 $(x, y, z)$ 处的速度变化的对流率或对流加速度。计算 $(x, y, z)$ 处质点上的作用力,并应用牛顿第二定律,欧拉得到微分方程组

(99)
$$P - \frac{1}{\rho}\frac{\partial p}{\partial x} = \frac{du}{dt},$$
$$Q - \frac{1}{\rho}\frac{\partial p}{\partial y} = \frac{dv}{dt},$$
$$R - \frac{1}{\rho}\frac{\partial p}{\partial z} = \frac{dw}{dt}.$$

欧拉还推广了达朗贝尔的连续性微分方程(45),并且得到关于可压缩流的方程

(100)
$$\frac{\partial \rho}{\partial t} + \frac{\partial(\rho u)}{\partial x} + \frac{\partial(\rho v)}{\partial y} + \frac{\partial(\rho w)}{\partial z} = 0.$$

这里有四个方程和五个未知函数,但是压力 $p$ 作为密度的函数——状态方程——必须指定。

在 1755 年的文章中欧拉说:"如果我们不能洞察关于流体运动完全的知识的话,那么归结其原因,不在于力学,或不在于已知的运动原理不够充分,这里是分析本身抛弃了我们,因为流体运动的全部理论正好被化归成分析公式的解。"不幸的是,要很好地处理这些方程,分析仍嫌无能为力。于是他动手讨论某些特殊的解法。在这个题目上他还写了一些别的文章,处理船受到的阻力和船的推力。欧拉的方程并不是水力学的最终的方程。欧拉忽略了的黏性是 70 年后由纳维(Claude L. M. H. Navier)和斯托克斯(George Gabriel Stokes)引进的(第 28 章第 7 节)。

拉格朗日也从事流体运动的研究。在他的《分析力学》第一版中,包括一些这类的研究,他给出了欧拉的基本方程并推广了它们。这里,他把荣誉归于达朗贝尔,而没有归于欧拉。他也说流体运动方程用分析来处理是太困难了,能严密计算的只是无穷小运动的情况。

在偏微分方程组领域中,在 18 世纪里水力学方程是这门学科数学研究的主要启发。实际上,18 世纪在方程组的解方面成就甚少。

## 9. 这一门数学学科的产生

直到 1765 年偏微分方程只在解决物理问题中出现。贡献给偏微分方程的纯数学研究的第一篇论文是欧拉的《方程 $\left(\dfrac{\mathrm{d}\mathrm{d}z}{\mathrm{d}t^2}\right)=aa\left(\dfrac{\mathrm{d}\mathrm{d}z}{\mathrm{d}x^2}\right)+\dfrac{b}{x}\left(\dfrac{\mathrm{d}z}{\mathrm{d}x}\right)$ 的积分法研究》。① 稍后欧拉在他的《积分学原理》②第三卷中发表了这个题目的一篇论文。

在达朗贝尔 1747 年弦振动的工作以前，偏微分方程是作为条件方程为人所知的，并且只是求特解。在这个工作和达朗贝尔关于风的一般成因的书(1746)以后，数学家才认识到特解和通解之间的区别。但是一旦意识到了这个差别，他们似乎相信通解更为重要。拉普拉斯在 1799 年《天体力学》第一卷中还抱怨说球坐标的位势方程不能用一般形式求积分。在这个世纪里没有意识到下述事实：欧拉和达朗贝尔对振动弦得到的那种通解并不像满足初值和边界条件的特解那么有用。

数学家们确实认识到了偏微分方程并没有包含什么新的运算技巧，它与常微分方程不同之处只在于在解中可以出现任意函数。他们期望把偏微分方程化为常微分方程去确定这些任意函数。拉普拉斯(1773)和拉格朗日(1784)明确地说，他们认为一个偏微分方程被化成常微分方程问题时，这个偏微分方程就已被积分出来了。另一种方法，如像丹尼尔·伯努利对波动方程及拉普拉斯对位势方程那样，用的是寻求特殊函数的级数展开式。

18 世纪在偏微分方程研究中的主要成就是揭示了它们对于弹性力学、水力学和万有引力问题的重要性。除了拉格朗日在一阶方程方面的工作外，普遍的方法没有发展起来，人们也没有意识到特殊函数展开法的潜力。人们的努力方向是求解物理问题中提出的特殊方程。偏微分方程解的理论还有待形成，这门学科整个说来还处在它的幼年时代。

# 参 考 书 目

Burkhardt, H.: "Entwicklungen nach oscillirenden Funktionen und Integration der Differentialgleichungen der mathematischen Physik," *Jahres. der Deut. Math.-Verein.*, 10, 1908, 1-1804.

Burkhardt, H., and W. Franz Meyer: "Potentialtheorie," *Encyk. der Math. Wiss.*, B. G. Teubner, 1899-1916, 2, A7b, 464-503.

---

① *Misc. Taur.*, $3_2$, 1762/1765, 60-91, pub. 1766 = *Opera*, (1), 23, 47-73.
② 1770 = *Opera*, (1), 13.

Cantor, Moritz: *Vorlesungen über Geschichte der Mathematik*, B. G. Teubner, 1898 and 1924; Johnson Reprint Corp., 1965, Vol. 3, 858 – 878, Vol. 4, 873 – 1047.

Euler, Leonhard: *Opera Omnia*, Orell Füssli, (1), Vols. 13(1914) and 23(1938); (2), Vols. 10, 11, 12, and 13(1947 – 1955).

Lagrange, Joseph-Louis: *Œuvres*, Gauthier-Villars, 1868 – 1870, relevant papers in Vols. 1, 3, 4, 5.

Laplace, Pierre-Simon: *Œuvres complètes*, Gauthier-Villars, 1893 – 1894, relevant papers in Vols. 9 and 10.

Montucla, J. F.: *Histoire des mathématiques* (1802), Albert Blanchard (reprint), 1960, Vol. 3, pp. 342 – 352.

Langer, Rudolph E.: "Fourier Series: The Genesis and Evolution of a Theory," *Amer. Math. Monthly*, 54, No. 7, Part 2, 1947.

Taton, René: *L'Œuvre scientifique de Monge*, Presses Universitaires de France, 1951.

Todhunter, Isaac: *A History of the Mathematical Theorise of Attraction and the Figure of the Earth* (1873), Dover (reprint), 1962.

Truesdell, Clifford E.: *Introduction to Leonhardi Euleri Opera Omnia Vol. X et XI Seriei Secundae*, in Euler, *Opera Omnia*, (2), 11, Part 2, Orell Füssli, 1960.

Truesdell, Clifford E.: *Editor's Introduction* in Euler, *Opera Omnia*, (2), Vol. 12, Orell Füssli, 1954.

Truesdell, Clifford E.: *Editor's Introduction* in Euler, *Opera Omnia*, (2), Vol. 13, Orell Füssli, 1956.

# 第 23 章

## 18 世纪的解析几何和微分几何

> 几何看来有时候要领先于分析,但事实上,几何的先行于分析,只不过像一个仆人走在主人的前面一样,是为主人开路的。
>
> 詹姆斯·西尔维斯特(James Joseph Sylvester)

## 1. 引　言

物理问题的探索不可避免地要导致去寻求关于曲线和曲面的更多的知识,因为运动物体经过的路径都是曲线,而物体本身则是由曲面界住的三维体。早已热衷于坐标几何的方法和微积分的力量的数学家们曾经用这两个主要工具研究过几何问题。在已经建立起来的坐标几何领域以及由于把微积分应用到几何问题中去而创立的新领域——微分几何方面,在 18 世纪得到了令人难忘的结果。

## 2. 基本解析几何

18 世纪广泛地探讨了二维解析几何。初等平面解析几何的改善是容易总结的。牛顿和詹姆斯·伯努利对于特殊的曲线从本质上说已经引进并使用了所谓的极坐标系(第 15 章第 5 节),而赫尔曼则在 1729 年不仅正式宣布了极坐标的普遍可用,而且自由地应用极坐标去研究曲线。他还给出了从直角坐标到极坐标的变换公式。确切地讲,赫尔曼把 $p$, $\cos\theta$, $\sin\theta$ 当作变量来使用,而且用 $z$, $n$ 和 $m$ 来表示 $p$, $\cos\theta$ 和 $\sin\theta$。欧拉扩充了极坐标的使用范围而且明确地使用三角函数的记号,欧拉那个时候的极坐标系实际上就是现代的极坐标系。

虽然一些 17 世纪的数学家——例如威特(Jan de Witt, 1625—1672)在他的《曲线初步》(*Elementa Curvarum Linearum*, 1659)中——确曾把 $x$ 和 $y$ 的某些二次方程化为标准型,斯特林在他的《牛顿的三次曲线》(*Lineae Tertii Ordinis Neutonianae*, 1717)中则把 $x$ 和 $y$ 的一般的二次方程化为几种标准型。

在欧拉的《引论》(1748)中,他引进了曲线的参数表示,那里 $x$ 和 $y$ 是用第三个变量表示出来的。在这本著名的教科书中欧拉系统地讨论了平面坐标几何。

就我们所知道的,在费马、笛卡儿和拉伊尔的著作中能找到关于三维坐标几何细微的迹象。但真正的发展是 18 世纪的工作。尽管某些早期的工作,例如皮托(Henri Pitot)和克莱罗的工作,是和微分几何的发展有联系的,但我们在这里将只讨论真正的坐标几何。

第一件工作是改善拉伊尔关于三维坐标系的建议。约翰·伯努利在 1715 年给莱布尼茨的一封信中引进了我们现在通用的三个坐标平面。通过帕朗(Antoine Parent,1666—1716)、约翰·伯努利、克莱罗和赫尔曼的贡献(为了节省篇幅,这里不作详细介绍),弄清了曲面能用三个坐标变量的一个方程表示出来这个观念。克莱罗在他的《关于双重曲率曲线的研究》(*Recherche sur les courbes à double courbure*, 1731)一书中不仅给出了一些曲面的方程,而且弄清楚了描述一条空间曲线需要两个曲面方程。他还看出过一条曲线的两个曲面方程的某种组合,例如,两个方程相加,给出过这条曲线的另一曲面的方程。利用这个事实,他说明怎样能够得到这些空间曲线的投影的方程,也就是求垂直于投影平面的柱面的方程。

二次曲面,例如球面、柱面、抛物面、双叶双曲面和椭球面,当然在 1700 年前就已经从几何上知道了;事实上,这些曲面中的某些已出现在阿基米德的著作中。克莱罗在他 1731 年的书中给出了这些曲面中某几个的方程。他还说明了 $x$, $y$ 和 $z$ 的齐次方程(各项的次数都相同)表示顶点在原点的一个锥面。对于这个结果,赫尔曼在 1732 年的一篇论文中[①]加上一条,即方程 $x^2 + y^2 = f(z)$ 是绕 $z$ 轴的一个旋转曲面。克莱罗和赫尔曼首先都关心地球的形状,在他们那个时代,人们都相信地球是某种形状的椭球。

尽管欧拉对曲面方程已经做过一些早期工作,但是系统地致力于三维坐标几何,还是在他的《引论》(1748)第二卷第 5 章的附录[②]中。他介绍了许多早已做过的工作,然后研究了一般的三个变量的二次方程

(1) $$ax^2 + by^2 + cz^2 + dxy + exz + fyz + gx + hy + kz = l.$$

他企图通过坐标变换把这个方程化成这样的形式,使(1)所表示的二次曲面的主轴正好是坐标轴。他引进了从 $xyz$-坐标系到 $x'y'z'$-坐标系的变换,其方程是用角 $\phi$, $\psi$ 和 $\theta$ 表示出来的(图 23.1)。角 $\phi$ 是 $x$-$y$ 平面上从 $x$ 轴到结点线(即 $x'$-$y'$ 平面和 $x$-$y$ 平面的交线)间的夹角,角 $\psi$ 是 $x'$-$y'$ 平面上 $x'$ 轴和结点线间的夹角,角 $\theta$ 就是图中所示 $z$ 和 $z'$ 的夹角。因此包括平移在内的变换方程是

---

[①] *Comm. Acad. Sci. Petrop.*, 6, 1732/1733, 36 – 67, pub. 1738.
[②] *Opera*, (1), 9.

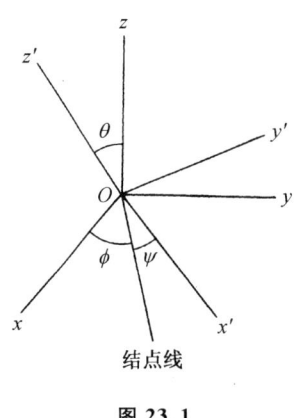

图 23.1 结点线

$$x = x_0 + x'(\cos\psi\cos\phi - \cos\theta\sin\psi\sin\phi)$$
$$\quad - y'(\cos\psi\sin\phi + \cos\theta\sin\psi\sin\phi) + z'\sin\theta\sin\phi,$$
(2) $\ y = y_0 + x'(\sin\psi\cos\phi + \cos\theta\cos\psi\sin\phi)$
$$\quad - y'(\sin\psi\sin\phi - \cos\theta\cos\psi\sin\phi) - z'\sin\theta\sin\phi,$$
$$z = z_0 + x'\sin\psi\sin\phi + y'\sin\theta\cos\phi + z'\cos\theta.$$

欧拉就用这个变换把(1)化成标准形,而且得到了六种曲面:锥面、柱面、椭球面、单叶和双叶双曲面、双曲抛物面(这是他发现的)以及抛物柱面。和笛卡儿一样,欧拉主张按方程的次数来进行分类是正确的原则;欧拉的理由是,次数是线性变换下的不变量。

在对坐标轴变换问题继续进行工作之后,欧拉写了另一篇论文①,文中研究了把 $x^2 + y^2 + z^2$ 变到 $x'^2 + y'^2 + z'^2$ 的变换。在这篇文章中欧拉——稍后一点拉格朗日在一篇关于球体引力的论文中②——给出了轴的旋转的对称形式的变换,即齐次线性正交变换

$$x = \lambda x' + \mu y' + \nu z',$$
$$y = \lambda' x' + \mu' y' + \nu' z',$$
$$z = \lambda'' x' + \mu'' y' + \nu'' z',$$

其中

$$\lambda^2 + \lambda'^2 + \lambda''^2 = 1, \quad \lambda\mu + \lambda'\mu' + \lambda''\mu'' = 0,$$
$$\mu^2 + \mu'^2 + \mu''^2 = 1, \quad \lambda\nu + \lambda'\nu' + \lambda''\nu'' = 0,$$
$$\nu^2 + \nu'^2 + \nu''^2 = 1, \quad \mu\nu + \mu'\nu' + \mu''\nu'' = 0.$$

这些带撇和不带撇的 $\lambda$, $\mu$, $\nu$,用现代的术语来说,当然就是方向余弦。

蒙日的写作包含大量的三维解析几何的内容。他在 1802 年和他的学生阿谢特(Jean-Nicolas-Pierre Hachette,1769—1834)一起写的一篇论文《代数在几何中的应用》(Application de l'algèbre à la géométrie)中可以找到他对解析几何本身的突出贡献③。作者们证明二次曲面的每一个平面截口是一条二次曲线,还证明了平行截面截得的是相似的二次曲线而且其放法也是相似的。这些结果可与阿基米德的几何定理相比。作者还证明了单叶双曲面和双曲抛物面是直纹曲面,即它们都能用一根直线按两种不同的方式运动而得到,或者说,它们是由两组直线族构成的。关于单叶双曲面的结果,雷恩大约在 1669 年就知道了。他说单叶双曲面的图形能够通过一条直线绕另一条和它不在同一平面上的直线旋转而得到。由于欧拉、拉格朗日和蒙日的工作,解析几何变成了一个独立的而且充满活力的数学分支。

---

① *Novi Comm. Acad. Sci. Petrop.*, 15,1770,75-106, pub. 1771=*Opera*, (1),6,287-315.
② *Nouv. Mém. de l' Acad. de Berlin*, 1773,85-120=*Œuvres*, 3,619-658.
③ *Jour. de l' Ecole Poly.*, 11 cahier, 1802,143-169.

## 3. 高次平面曲线

至此所述解析几何还是专门讲述一次和二次曲线、曲面的。当然研究高次方程表示的曲线是自然的。事实上笛卡儿早就讨论过一些高次方程及其所代表的曲线。次数高于 2 的曲线的研究变成众所周知的高次平面曲线理论,尽管它是坐标几何的组成部分。18 世纪所研究的曲线都是代数曲线,即它们的方程由 $f(x, y) = 0$ 给出,其中 $f$ 是 $x$ 和 $y$ 的多项式。曲线的次数或阶数就是项的最高次数。

牛顿第一个对高次平面曲线进行了广泛的研究。笛卡儿按照曲线方程的次数来对曲线进行分类的计划深深地打动了牛顿,于是牛顿用适合于各该次曲线的方法系统地研究了各次曲线,他从研究三次曲线着手。这个工作出现在他的《三次曲线列举》(*Enumeratio Linearum Tertii Ordinis*)中,这是作为他的《光学》(*Opticks*)英文版的附录在 1704 年出版的,但实际上大约在 1676 年就做出来了。虽然在拉伊尔和沃利斯的著作中使用了负 $x$ 值和负 $y$ 值,但牛顿不仅用了两个坐标轴和负 $x$ 负 $y$ 值,而且还在所有四个象限中作图。

牛顿证明了怎样能够把一般的三次方程

$$(3) \qquad ax^3 + bx^2y + cxy^2 + dy^3 + ex^2 + fxy + gy^2 + hx + jy + k = 0$$

所代表的一切曲线通过坐标轴的变换化为下列四种形式之一:

(a) $xy^2 + ey = ax^3 + bx^2 + cx + d$,

(b) $xy = ax^3 + bx^2 + cx + d$,

(c) $y^2 = ax^3 + bx^2 + cx + d$,

(d) $y = ax^3 + bx^2 + cx + d$.

牛顿把第三类曲线叫做发散抛物线(diverging parabolas),它包括图 23.2 所示的五种曲线。这五种曲线是根据等式右边三次式的根的性质来区分的:全部是相异实根;两个根是复根;都是实根但有两个相等而且重根大于或小于单根;三个根都相等。牛顿断言,先从一点出发对这五种曲线之一作射影,然后取射影的交线就能分别得到每一个三次曲线。

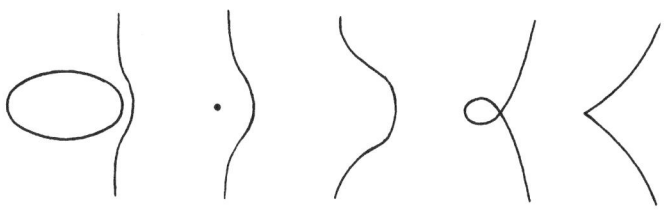

图 23.2

牛顿对他在《列举》中的许多断言都没有给出证明。斯特林在他的《三次曲线》中证明了或用别的方法重新证明了牛顿的大多数断言,但是没有证明射影定理,射影定理是克莱罗①和尼科尔(François Nicole,1683—1758)②证明的。其实牛顿识别了 72 种三次曲线,斯特林加上了 4 种,修道院院长瓜德马尔韦斯在他 1740 年题为《利用笛卡儿的分析而不借助于微积分去进行发现……》(*Usage de l'analyse de Descartes pour découvrir sans le secours du calcul différential* …)的小书里又加上了 2 种。

牛顿关于三次曲线的工作激发了关于高次平面曲线的许多其他研究工作。按照这个或那个原则对三次和四次曲线进行分类的课题继续使 18 和 19 世纪的数学家们感兴趣。随着分类方法的不同所找到的分类数目也不同。

从牛顿的 5 种三次曲线的图形显然可见,高次方程所代表的曲线呈现着许多在一次和二次曲线中没有发现过的特性。称为奇点的初等特性是拐点和多重点。在继续讲下去以前,我们先来看一下这些奇点是什么样子的。

拐点在微积分里是熟悉的。在曲线上一点处,若有两条或多条可以重合的切线,这样的点就叫做多重点。在这样的点上曲线有两个或多个分支相交。如果有两条分支曲线交于多重点,这种点就叫做二重点。如果三条分支曲线交于多重点,则这种点叫做三重点,如此等等。

如果我们把一条代数曲线的方程取作
$$f(x, y) = 0,$$
$f$ 为 $x, y$ 的一个多项式,我们总可以通过一个平移把常数项消去。如果消去了常数项,又如果 $f$ 中有一次项,记作 $a_1 x + b_1 y$,那么 $a_1 x + b_1 y = 0$ 给出了曲线在原点处的切线方程。这时原点不是多重点。如果曲线没有一次项,又如果 $a_2 x^2 + b_2 xy + c_2 y^2$ 是二次项,那么就会出现几种情形。方程 $a_2 x^2 + b_2 xy + c_2 y^2 = 0$ 可以代表两条不同的直线。这两条直线与曲线在原点相切(这是可以证明的),而因为有两条不同的切线,所以原点就是一个二重点,这个点叫做结点(node)。例如双纽线(图 23.3)的方程是

(4) $$a^2(y^2 - x^2) + (y^2 + x^2)^2 = 0,$$

而由二次项得到 $y^2 - x^2 = 0$,于是 $y = x$ 和 $y = -x$ 是切线的方程。类似地,笛卡儿叶形线的方程是(图 23.4)

(5) $$x^3 + y^3 = 3axy,$$

切于原点的切线由 $x = 0$ 和 $y = 0$ 给出,原点是一个结点。

---

① *Mém. de l'Acad. des Sci.*, *Paris*, 1731, 490-493, pub. 1733.
② *Mém. de l'Acad. des Sci.*, *Paris*, 1731, 494-510, pub. 1733.

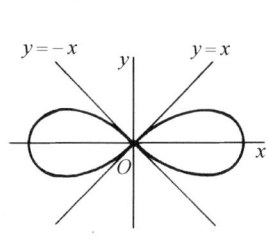
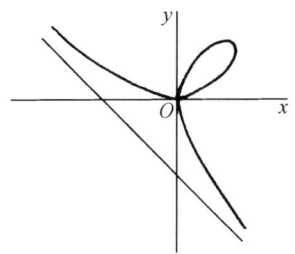

图 23.3　双纽线　　　　　图 23.4　笛卡儿叶形线

当两条切线重合时,这一条直线看作是二重切线,而曲线的两个分支就在相切的点上互相接触,这种点叫尖点(cusp)。(有时把尖点包括在二重点中。)例如半立方抛物线(图 23.5)

(6) $$ay^2 = x^3$$

在原点有一个尖点,而两条重合的切线的方程是 $y^2 = 0$。对于曲线 $(y-x^2)^2 = x^5$ (图 23.6),原点是一个尖点。这里曲线的两个分支都位于二重切线 $y = 0$ 的同一侧。瓜德马尔韦斯在他的《利用笛卡儿的分析》中曾试图证明不会出现这种类型的尖点,但是欧拉[1]给出了有这种尖点的许多例子。尖点也叫做平稳点或逆行点,因为一个沿着曲线移动的点,在尖点处继续其运动之前一定要停顿一下。

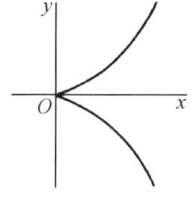
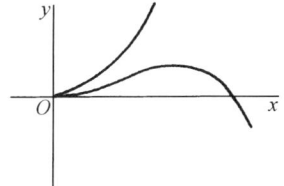

图 23.5　半立方抛物线　　　　　图 23.6

当两条切线是虚的时候,二重点叫做共轭点。共轭点的坐标满足曲线的方程,但是这个点和曲线的其余部分隔离开来。例如曲线 $y^2 = x^2(2x-1)$ (图 23.7)在原点有一个共轭点。这里二重切线的方程是 $y^2 = -x^2$,而切线都是虚线。

曲线 $ay^3 - 3ax^2y = x^4$ (图 23.8)在原点有一个三重点。这三条切线的方程是

$$ay^3 - 3ax^2y = 0,$$

或 $y = 0$ 和 $y = \pm\sqrt{3}x$。

---

[1] *Mém. de l'Acad. de Berlin*, 5,1749,203-221, pub. 1751 = *Opera*, (1),27,236-252.

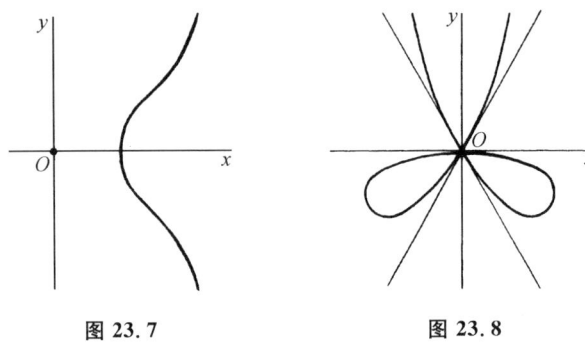

图 23.7　　　　　　图 23.8

曲线 $ay^4 - ax^2y^2 = x^5$（图 23.9）在原点有一个四重点。在这里原点是结点和尖点的结合。切线是 $y=0$，$y=0$，$y=\pm x$。

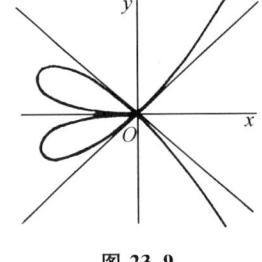

图 23.9

三次（阶）曲线可以有一个二重点（它可以是尖点），但没有别的多重点。当然存在没有二重点的三次曲线。

回到纯粹的历史角度来看，莱布尼茨及其后继者研究了曲线上许多这种样子特别的或奇异的点。至于出现这种点的解析条件——诸如在拐点处 $\ddot{y}=0$，在二重点处 $\dot{y}$ 不确定——甚至微积分的奠基者们都已经知道。

克莱罗在上面引用过的 1731 年的书中假设了一条三次曲线不能有多于三个的实拐点，但至少必有一个实拐点。瓜德马尔韦斯在《利用》中证明了，如果一条三次曲线有三个实拐点，则通过两个拐点的连线一定过第三个拐点。人们常常把这个定理归功于麦克劳林。瓜德马尔韦斯也研究了二重点，而且给出了二重点的条件，即如果 $f(x, y) = 0$ 是曲线的方程，则在二重点处 $f_x$ 和 $f_y$ 一定等于 0。$k$ 重点由所有直到 $(k-1)$ 阶导数都等于零来表征。他证明了奇点是尖点、普通点和拐点的混合点。此外，瓜德马尔韦斯论述了曲线的中点，曲线延伸到无穷的分支的形式，以及这种分支的性质。

麦克劳林在他 19 岁时写的《有机的几何学》(Geometria Organica, 1720) 中证明了，一条 $n$ 次不可约曲线的二重点的最多个数是 $(n-1)(n-2)/2$。为此他把一个 $k$ 重点当作 $\frac{k(k-1)}{2}$ 个二重点。他还给出了各类更高重数多重点的个数的上界。然后他引进了代数曲线亏数(deficiency, 后来叫做 genus)的概念，即二重点的最大可能的个数减去实际二重点的个数。亏数为 0 或具有最大可能二重点个数的曲线受到了很大的注意。这些曲线也叫做有理曲线或单行(unicursal)曲线。几何上，一条单行曲线可以由一个动点的连续运动描出（但是可以通过无穷远点）。例如圆锥曲线，包括双曲线，都是单行曲线。

牛顿在他的《流数法》中,给出了在一个多重点上,确定曲线各分支的级数表示的方法,通常叫做牛顿图或牛顿平行四边形(第 20 章第 2 节)。瓜德马尔韦斯在《利用》中用一个代数三角形(triangle algébrique)来代替牛顿平行四边形。因此,如果原点是奇点,则对于小的 $x$,代数曲线的方程就分解成形如 $y^m - Ax^n$ 的因子,其中 $m$ 是正整数而 $n$ 是整数。$n$ 是正整数的那些因子给出了曲线的分支。欧拉注意到(1749)瓜德马尔韦斯忽略了虚的分支。

克莱姆(1704—1752)在他的《代数曲线的解析引论》(Introduction à l'analyse des lignes courbes algébriques, 1750)中,为了确定曲线的每个分支的级数表达式,特别是确定延伸到无穷远的分支的级数表达式,他还解决了当 $y$ 和 $x$ 之间的关系是由隐函数即 $f(x,y)=0$ 给出时,$y$ 用 $x$ 来展开的问题。他把 $y$ 展成 $x$ 的升幂级数或降幂级数。和瓜德马尔韦斯一样,他也用三角形来代替牛顿的平行四边形,他也和别的作者一样忽略了曲线的虚分支。

对于曲线在一个多重点上的各分支,由于求得了它们的级数展开而产生的结论,在更晚一些时候由皮瑟(Victor Puiseux,1820—1883)[①]推得,因而通常叫做皮瑟定理:代数平面曲线上一点 $(x_0, y_0)$ 的全邻域能表示为有限个展开

(7) $$y - y_0 = a_1(x-x_0)^{q_1/q_0} + a_2(x-x_0)^{q_2/q_0} + \cdots.$$

这些展开在 $x_0$ 的某个区间内收敛而且所有的 $q_i$ 没有公因子。每一个展开给出的那些点就叫做这条代数曲线的一个分支。

曲线和直线的交点,以及两条曲线的交点,是另一个受到很大注意的课题。斯特林在他 1717 年写的《三次曲线》中证明了($x$ 和 $y$ 的)$n$ 次代数曲线由该曲线的 $n(n+3)/2$ 个点所决定,因为这种曲线有 $n(n+3)/2$ 个本质系数。他还断言,任两平行线切割一条给定的曲线,它们的交点(实的或虚的)个数相同,而且他证明了延伸到无穷远的曲线的分支个数是偶数。麦克劳林的《有机的几何学》创立了高次平面曲线交的理论。他的工作推广了由特殊情形所得到的结果,而且在此基础上得出结论:$m$ 次方程和 $n$ 次方程交于 $mn$ 个点。

1748 年欧拉和克莱姆企图证明这个结果,但都没有给出正确的证明。欧拉[②]依靠一种类比的论证;认识到他的这种论证是不完全的,他说人们应该把这种方法用到特殊的例子上去。克莱姆在他 1750 年的书中的"证明"完全依靠例子,这种证明无疑是不能接受的。两个人都考虑了具有虚坐标的交点和无穷远的公共点,而且注意到,仅当两种类型的点都包括在内而且两条曲线没有 $ax+by$ 那样的公因子时,交点个数才能达到 $mn$。然而,两个人都没能确定若干类型交点的特有的相重数。1764 年贝祖(1730—1783)对这个定理给出了一个较好的证明,但是在计算无

---

[①] Jour. de Math., 13, 1850, 365-480.
[②] Mém. de l' Acad. de Berlin, 4,1748,234-248 = Opera,(1),26,46-59.

穷远点和多重点的相重数方面,证明也是不完全的。真正计算相重数的问题是由阿尔方(Georges-Henri Halphen,1844—1889)在1873年解决的[①]。

克莱姆在他1750年的书中重新研究了麦克劳林在他的《几何》中已经注意到的一个涉及两条曲线的交点个数的悖论。一条$n$次曲线由$n(n+3)/2$个点决定。两条$n$次曲线相交于$n^2$个点。如果现在$n$是3,则由第一句话,这条曲线应该由九个点决定。但是由于两条三次曲线相交于九个点,这九个点不能唯一地决定一条三次曲线。当$n=4$时产生了类似的悖论。克莱姆关于这个悖论(现在被看作是他的)的解释是:确定$n^2$个交点的$n^2$个方程不是独立的。通过一条给定三次曲线上八个固定点的所有三次曲线都一定通过该曲线上第九个固定点,即第九个点是依赖于头八个点的。欧拉在1748年给出了同样的解释[②]。

1756年古丹(Matthieu B. Goudin,1734—1817)和迪奥尼斯·杜·塞茹尔(Achille-Pierre Dionis du Séjour,1734—1794)写成了《代数曲线论》(*Traité des courbes algébriques*)。该书的新特点是:一条$n$阶(次)曲线在一给定方向不可能有多于$n(n-1)$条的切线,其渐近线也不能多于$n$条。就像麦克劳林已经指出过的那样,他们指出一条渐近线与曲线相交,交点不能多于$n-2$个。

18世纪关于高次平面曲线成果的两本最好的简明而广泛的著述,是欧拉的《引论》第二卷(1748)和克莱姆的《代数曲线论》(*Lignés courbes algébriques*)。后一本书有统一的观点,出色地作了详细的阐述,并包括许多好的例题。这本书经常被引用,以至把原来并非克莱姆的结果也当作是克莱姆的了。

## 4. 微分几何的开端

当解析几何正在发展的时候,微分几何也就开始了,而且这两门学科的发展常常是交织在一起的。18世纪后期对代数曲线理论的兴趣衰落了,但是就几何而言,微分几何变得更加重要了。微分几何是研究曲线和曲面逐点变化的那些性质的,因此只有用微积分的技巧才能掌握。"微分几何"这个术语是比安基(Luigi Bianchi,1856—1928)在1894年第一次使用的。

微分几何在很大程度上是微积分本身的问题的自然产物。曲线的法线、拐点和曲率的研究实际上就是平面曲线的微分几何。但是,17世纪后期和18世纪早期的许多新问题,关于平面和空间曲线的曲率、曲线族的包络、曲面上的测地线、光线及光的波阵面的研究、沿着曲线以及曲面施加约束的运动的动力学问题,尤其是

---

[①] *Bull. Soc. Math. de France*,1,1873,130-148;2,1873,34-52;3,1875,76-92 *Œuvres*,1,98-157,171-193,337-357.

[②] *Mém. de l'Acad. de Berlin*,4,1748,219-233,pub. 1750 = *Opera*,(1),26,33-45.

地图绘制方面的知识都导致关于曲线和曲面的问题,显然所有这一切必须应用微积分。

尽管分析的论证优于图形,但 18 世纪甚至 19 世纪前期的微分几何的研究家都把几何论证和分析论证结合在一起使用。分析仍是粗糙的。自变量的无穷小(infinitesimal)或微分(differential)被认为是一个极小的常数。应变量的增量及其微分之间没有做出实质的区别。考虑了高阶微分,但认为它们都是小量而且可以自由地略掉。如果曲线上相邻两点间的距离充分小,数学家们就说它们是曲线上的相邻点或说是曲线上靠近的点,好像两个相邻点之间再也没有别的点似的;因此曲线的切线是连接曲线上一点及其相邻点的连线。

## 5. 平 面 曲 线

微积分对曲线研究的第一个应用是处理平面曲线。惠更斯引进了后来用微积分处理的几个概念,他用的是纯几何方法。他对光线研究和摆钟设计的兴趣推动了他在这方面的工作。1673 年,在他的《钟表的振动》(*Horologium Oscillatorium*)第三章中他引进了平面曲线 $C$ 的渐伸线。设想一条绳子从 $P_1$ 点往右绕在 $C$ 上(图 23.10)。端点 $P_1$ 固定在 $C$ 上,绳的另一端不绕在 $C$ 上但使绳子保持绷紧。自由端的轨迹 $C'$ 是 $C$ 的一条渐伸线。惠更斯证明了,在绳子的自由端,绳子垂直于轨迹 $C'$。绳的每一点也描出一条渐伸线,例如 $C''$ 也是一条渐伸线。但惠更斯证明了各条渐伸线不能互相接触。由于绳子在它刚要离开 $C$ 点处与 $C$ 相切,由此可见曲线切线族的每一个正交轨道是曲线的一条渐伸线。

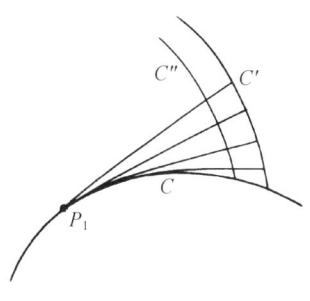

图 23.10

然后惠更斯讨论了平面曲线的渐屈线。设在曲线上 $P$ 点处给了一条固定的法线,当一条相邻的法线移向这固定的法线时,这两条法线的交点在固定法线上达到一个极限位置,它就叫做曲线在 $P$ 点的曲率中心。惠更斯证明了曲线上的点沿固定法线到这极限位置的距离(用现代的记号)是

$$\frac{[1+(dy/dx)^2]^{3/2}}{d^2y/dx^2}.$$

这个长度是曲线在 $P$ 点的曲率半径。连接每一法线上的曲率中心的轨迹叫做原曲线的渐屈线。因此,前面所说的曲线 $C$ 就是它的任一渐伸线的渐屈线。在这部著作中惠更斯证明了摆线的渐屈线还是摆线,或者更确切地说,图 23.11 中下方摆线的左半部分的渐屈线是上方摆线的右半部分。欧拉在 1764 年解析地证明了这

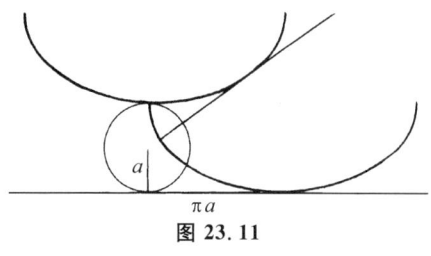

图 23.11

个定理①。对于惠更斯的摆钟工作来说,摆线的重要意义就在于:沿着摆线弧摆动的摆锤,不论其振幅是大是小,作一次完全摆动所用的时间是完全相同的。由于这个缘故,摆线又叫做等时曲线。

牛顿在他的《解析几何》(*Geometria Analytica*)中(虽然该书的大部分大约写于1671年,但出版于1736年)也引进了曲率中心,作为 $P$ 点的法线及其邻点法线的交点的极限点。然后牛顿说,圆心在曲率中心、半径等于曲率半径的圆是在 $P$ 点与曲线最密接的圆;就是说,在曲线和最密接圆之间,不会有别的圆在 $P$ 点和曲线相切。这个最密接的圆叫做密切圆,莱布尼茨在1686年的一篇文章②中已经用了"密切"这个术语。密切圆的曲率是其半径的倒数而且是曲线在 $P$ 点的曲率。牛顿也给出了曲率的公式,并计算了一些曲线,包括摆线在内的曲率。他注意到曲线在拐点处的曲率为零。这些结果都是重复惠更斯的结果,但可能是牛顿想表明他能用解析方法来建立这些结果。

1691年约翰·伯努利着手研究平面曲线的课题,并得到了关于包络的一些新结果。奇恩豪森(Ehrenfried Walter von Tschirnhausen)在1682年曾引进过光线族的焦散(caustic),即光线族的包络。在1692年的《教师学报》中,约翰·伯努利得到了某些焦散的方程,例如当一束平行光线投射到球面镜上时,从球面镜上反射出来的光线的焦散的方程③。然后他解决了法蒂奥·德杜伊利埃(Nicholas Fatio de Duillier)向他提出的问题,即要找出一族抛物线的包络,这族抛物线是一门大炮以相同的初速度但以不同的仰角发射的炮弹的路径。约翰·伯努利证明了这包络是一条以炮位为焦点的抛物线。这个结果是托里拆利曾经从几何上证实了的。在1692年和1694年的《教师学报》上④,莱布尼茨给出了求一族曲线的包络的普遍方法。设曲线族(用我们的记号)是由 $f(x, y, \alpha) = 0$ 给出,其中 $\alpha$ 是曲线族的参数,这个方法要求在 $f = 0$ 和 $\partial f/\partial \alpha = 0$ 间消去 $\alpha$。洛必达的教科书《无穷小分析》(*L'Analyse des infiniment petits*, 1696),帮助完成并传播了平面曲线的理论。

## 6. 空间曲线

克莱罗开创了空间曲线的理论——三维微分几何的第一个重大发展。克莱罗

---

① *Novi Comm. Acad. Sci. Petrop.*, 10, 1764, 179 - 198, pub. 1766 = *Opera*, (1), 27, 384 - 400.
② *Acta Erud.*, 1686, 289 - 292 = *Math. Schriften*, 7, 326 - 329.
③ *Opera*, 1, 52 - 59.
④ 第311页;也见 *Math. Schriften*, 2, 166; 3, 967, 969.

(1713—1765)是早熟的。早在 12 岁时他就写了一本关于曲线的很好的书。1731 年他发表了《关于双重曲率曲线的研究》(*Recherche sur les courbes à double courbure*),该书写于 1729 年,那时他只有 16 岁。在该书中他论述了曲面和空间曲线的解析学(第 2 节)。克莱罗的另一篇论文使他在 17 岁这样前所未有的年龄被选进了法国科学院。1743 年他出版了他关于地球形状的经典著作。这里他以比牛顿或麦克劳林更完全的形式论述了旋转体的形状,例如当地球在其各部分相互间的万有引力作用下所取的形状。他还在三体问题方面进行过工作,主要是研究月球的运动(第 21 章第 7 节)而且写了几篇关于这个问题的论文,其中有一篇得到了彼得堡科学院 1750 年的奖金。1763 年他发表了《关于月球的理论》(*Théorie de la lune*)。克莱罗具有伟人的魅力而且是巴黎社会中的一个知名人物。

在他 1731 年的著作中,他解析地论述了空间中曲线的基本问题。他把空间曲线叫做"双曲率曲线",因为他信奉笛卡儿,考虑了空间曲线在两个垂直平面上的投影。于是空间曲线就分享了两条平面曲线的曲率。几何上他把一条空间曲线看作是两个曲面的交线;分析上每个曲面的方程表示为一个三变量的方程(第 2 节)。然后克莱罗研究了双曲率曲线的切线。他领悟到一条空间曲线在一个垂直于切线的平面上可以有无穷多条法线。空间曲线弧长的表达式以及某些曲面面积的求积公式也是属于他的。

虽然克莱罗在空间曲线的理论方面迈出了几步,但是在 1750 年前后在空间曲线理论或曲面理论方面所做的工作是微不足道的。这一点反映在欧拉 1748 年的《引论》中,该书介绍了平面和空间图形的微分几何。平面部分相当完全,但空间部分是不够的。

空间曲线微分几何发展中的第二个重大步骤是由欧拉采取的。欧拉在力学中应用了曲线和曲面,推动了他在微分几何方面的许多工作。他 29 岁时写的《力学》(*Mechanica*,1736)[①]是对力学分析基础的一个重大贡献。在他的《固体或刚体的运动理论》(*Theoria Motus Corporum Solidorum seu Rigidorum*,1765)[②]中,他给出了关于这个课题的另一种处理。在该书中他导出了通常所用的沿一条平面曲线运动的质点的加速度的径向和法向分量的极坐标公式,即

$$a_r = \frac{d^2 r}{dt^2} - r\left(\frac{d\theta}{dt}\right)^2, \quad a_\theta = r\frac{d^2\theta}{dt^2} + 2\frac{dr}{dt}\frac{d\theta}{dt}.$$

他在 1774 年开始在空间曲线理论方面进行写作。对扭曲橡皮带所取形状的研究很像是推动欧拉去研究空间曲线理论的一个特殊问题,这个问题是:开始是直的橡皮带,在两端压力作用下扭弯成一条扭曲的曲线,求这曲线所取的形状。为了

---

① *Opera*,(2),1 和 2.
② *Opera*,(2),3 和 4.

处理这个问题,他在 1774 年引进了一些新的概念①。然后他在 1775 年提出的一篇论文②中给出了关于扭曲线理论的完整论述。

欧拉用参数方程 $x=x(s)$,$y=y(s)$,$z=z(s)$ 表示空间曲线,其中 $s$ 是弧长,他和 18 世纪的其他作者一样用球面三角来进行分析。从参数方程他得到
$$\mathrm{d}x = p\mathrm{d}s,\ \mathrm{d}y = q\mathrm{d}s,\ \mathrm{d}z = r\mathrm{d}s,$$
其中 $p$,$q$ 和 $r$ 都是逐点变化的方向余弦,当然要 $p^2+q^2+r^2=1$。量 $\mathrm{d}s$,即自变量的微分,他是作为一个常量看待的。

为了研究曲线的性质,他引进了球面指标线。围绕曲线的任一点 $(x,y,z)$,

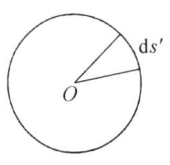

图 23.12

欧拉画了一个半径为 1 的球。可以把球面指标线定义为单位球上那样一些点的轨迹,从中心 $O$ 射向这些点的位置向量,就等于 $(x,y,z)$ 点的单位切向量和 $(x,y,z)$ 的邻近点的单位切向量。比如图 23.12 中的两个半径就表示曲线在 $(x,y,z)$ 点的单位切向量和其一个邻近点的单位切向量。设 $\mathrm{d}s'$ 是曲线上相距 $\mathrm{d}s$ 的两点的两个相邻切线间的弧或角。欧拉关于该曲线的曲率半径的定义便是
$$\frac{\mathrm{d}s'}{\mathrm{d}s}.$$

然后他推导了曲率半径的一个解析表达式:

(8) $$\rho = \frac{\mathrm{d}s^2}{\sqrt{(\mathrm{d}^2 x)^2+(\mathrm{d}^2 y)^2+(\mathrm{d}^2 z)^2}}\left[=\frac{1}{\sqrt{x''^2+y''^2+z''^2}}\right].$$

通过 $\mathrm{d}s'$ 和中心 $O$ 的平面就是欧拉的关于曲线在 $(x,y,z)$ 点的密切平面的定义。约翰·伯努利——他引进了密切平面这个术语——认为密切平面是由三个"重叠"的点决定的。欧拉给出的密切平面的方程是
$$x(r\mathrm{d}q - q\mathrm{d}r) + y(p\mathrm{d}r - r\mathrm{d}p) + z(q\mathrm{d}p - p\mathrm{d}q) = t,$$
其中 $t$ 是由曲线与密切平面的交点 $(x,y,z)$ 确定的。这个方程等价于现今我们用向量记号写的方程
$$(\mathbf{R}-\mathbf{r})\cdot \mathbf{r}' \times \mathbf{r}'' = 0,$$
其中 $\mathbf{r}(s)$ 是曲线与密切平面的交点关于空间某点的位置向量,而 $\mathbf{R}$ 是密切平面上任一点的位置向量。$\mathbf{r}$ 的向量形式由
$$x(s)\mathbf{i} + y(s)\mathbf{j} + z(s)\mathbf{k}$$
给出,而 $\mathbf{R}$ 的形式为 $X\mathbf{i}+Y\mathbf{j}+Z\mathbf{k}$,其中 $(X,Y,Z)$ 是 $\mathbf{R}$ 的坐标。

---

① *Novi Comm. Acad. Sci. Petrop.*,19,1774,340-370,pub. 1775 = *Opera*,(2),11,158-179.
② *Acta Acad. Sci. Petrop.*,1,1782,19-57,pub. 1786 = *Opera*,(1),28,348-381.

克莱罗曾经引进了空间曲线有两个曲率的想法。其中的一个曲率由欧拉以刚才叙述过的方式加以标准化。另一个曲率，现在叫"挠率"，几何上表示一条曲线从 $(x,y,z)$ 点处的一个平面离开的速率，是由工程师和数学家朗克雷(Michel-Ange Lancret,1774—1807)用分析方法求出它的显式表示的。朗克雷是蒙日的学生而且按蒙日的精神进行研究工作。他在曲线的任一点处选出了三个主方向①。第一个主方向是切线方向。"逐次的"切线位于密切平面内。位于密切平面内的法线是主法线，第二个主方向是主法线方向。垂直于密切平面的法线是次法线，次法线方向是第三个主方向。挠率是次法线方向关于弧长的变化率。朗克雷用了逐次密切平面的拐度(flexion)或逐次次法线之类的术语。

朗克雷用
$$x = \phi(z),\ y = \psi(z)$$
表示一条曲线，并把 d$\mu$ 叫做逐次法平面之间的夹角，而把 d$\nu$ 叫做逐次密切平面之间的夹角。于是用近代的记号来写便有
$$\frac{\mathrm{d}\mu}{\mathrm{d}s} = \frac{1}{\rho},\ \frac{\mathrm{d}\nu}{\mathrm{d}s} = \frac{1}{\tau},$$
其中 $\rho$ 是曲率半径，而 $\tau$ 是挠率半径。

柯西在他著名的《无穷小计算在几何上的应用教程》(*Leçons sur les applications du calcul infinitésimal à la géométrie*, 1826)中改进了概念的陈述而且澄清了空间曲线理论中的许多问题②。他抛弃了常量无穷小 d$s$，并且纠正了存在于增量和微分间的混乱。他指出，当人们写下
$$\mathrm{d}s^2 = \mathrm{d}x^2 + \mathrm{d}y^2 + \mathrm{d}z^2$$
时，就应该理解为
$$\left(\frac{\mathrm{d}s}{\mathrm{d}t}\right)^2 = \left(\frac{\mathrm{d}x}{\mathrm{d}t}\right)^2 + \left(\frac{\mathrm{d}y}{\mathrm{d}t}\right)^2 + \left(\frac{\mathrm{d}z}{\mathrm{d}t}\right)^2.$$
柯西喜欢把曲面写成 $w(x,y,z)=0$ 来代替不对称的形式 $z=f(x,y)$，他把通过点 $(\xi,\eta,\zeta)$ 的直线方程写作
$$\frac{\xi-x}{\cos\alpha} = \frac{\eta-y}{\cos\beta} = \frac{\zeta-z}{\cos\gamma},$$
其中 $\cos\alpha,\cos\beta$ 和 $\cos\gamma$ 是直线的方向余弦，不过柯西更常用方向数来代替方向余弦。

柯西发展的曲线的几何理论实际上是现代的。他在证明中摆脱了球面三角学，但他也把弧长取作自变量。他得到了任一点处切线的方向余弦

---

① *Mém. divers Savans*, 1,1806,416-454.
② *Œuvres*,(2),5.

$$\frac{\mathrm{d}x}{\mathrm{d}s}, \frac{\mathrm{d}y}{\mathrm{d}s}, \frac{\mathrm{d}z}{\mathrm{d}s} \quad \text{或} \quad x'(s), y'(s), z'(s).$$

证明了主法线的方向数是

$$\frac{\mathrm{d}^2 x}{\mathrm{d}s^2}, \frac{\mathrm{d}^2 y}{\mathrm{d}s^2}, \frac{\mathrm{d}^2 z}{\mathrm{d}s^2} \quad \text{或} \quad x''(s), y''(s), z''(s),$$

而且曲线的曲率 $k$ 是

$$k = \frac{1}{\rho} = \sqrt{(x'')^2 + (y'')^2 + (z'')^2}.$$

然后他证明了，如果切线的方向余弦是 $\cos\alpha, \cos\beta$ 和 $\cos\gamma$，则

(9)
$$x'' = \frac{\mathrm{d}(\cos\alpha)}{\mathrm{d}s} = \frac{\cos\lambda}{\rho}, \quad y'' = \frac{\mathrm{d}(\cos\beta)}{\mathrm{d}s} = \frac{\cos\mu}{\rho},$$
$$z'' = \frac{\mathrm{d}(\cos\gamma)}{\mathrm{d}s} = \frac{\cos\nu}{\rho},$$

其中 $\rho$ 是已经介绍过的曲率半径，而 $\cos\lambda, \cos\mu$ 和 $\cos\nu$ 是一条法线的方向余弦，这条法线他取为主法线。其次他证明了

$$\frac{1}{\rho} = \frac{\mathrm{d}\omega}{\mathrm{d}s},$$

其中 $\omega$ 是相邻切线间的夹角。

他把切线和主法线决定的平面作为密切平面。这个平面的法线是次法线，而次法线的方向余弦 $\cos L, \cos M$ 和 $\cos N$ 由下列公式给出：

$$\frac{\cos L}{\mathrm{d}y\mathrm{d}^2 z - \mathrm{d}z\mathrm{d}^2 y} = \frac{\cos M}{\mathrm{d}z\mathrm{d}^2 x - \mathrm{d}x\mathrm{d}^2 z} = \frac{\cos N}{\mathrm{d}x\mathrm{d}^2 y - \mathrm{d}y\mathrm{d}^2 x}.$$

然后他能证明

(10)
$$\frac{\mathrm{d}\cos L}{\mathrm{d}s} = \frac{\cos\lambda}{\tau}, \quad \frac{\mathrm{d}\cos M}{\mathrm{d}s} = \frac{\cos\mu}{\tau}, \quad \frac{\mathrm{d}\cos N}{\mathrm{d}s} = \frac{\cos\nu}{\tau},$$

其中 $\frac{1}{\tau}$ 是挠率，并证明挠率等于 $\mathrm{d}\Omega/\mathrm{d}s$，这里 $\Omega$ 是密切平面间的夹角。

公式(9)和(10)是三个著名的塞雷特-弗勒内公式中的两个，第三个公式是

(11)
$$\frac{\mathrm{d}\cos\lambda}{\mathrm{d}s} = -\frac{\cos\alpha}{\rho} - \frac{\cos L}{\tau},$$
$$\frac{\mathrm{d}\cos\mu}{\mathrm{d}s} = -\frac{\cos\beta}{\rho} - \frac{\cos M}{\tau},$$
$$\frac{\mathrm{d}\cos\nu}{\mathrm{d}s} = -\frac{\cos\gamma}{\rho} - \frac{\cos N}{\tau},$$

其中 $1/\tau$ 是挠率而 $1/\rho$ 是曲率。公式(9)，(10)和(11)分别给出了切线、次法线和

法线的方向余弦的导数,它们是由塞雷特(Joseph Alfred Serret,1819—1885)在1851年①和弗勒内(Fréderic-Jean Frenét,1816—1900)在1852年②发表的。曲率和挠率的意义在于它们是空间曲线的两个根本的性质。作为曲线弧长的函数的曲率和挠率给定之后,除了曲线在空间的摆法外,曲线就完全被决定了。这个定理在塞雷特-弗勒内公式的基础上是容易证明的。

## 7. 曲面的理论

和空间曲线的理论一样,曲面理论也经历了一个漫长的开端。曲面理论是从曲面(主要是地球)上的测地线的研究开始的。在1697年的《博学者杂志》(Journal des Sçavans)中,约翰·伯努利提出了在一凸曲面上求两点间最短弧的问题③。他在1698年写信给莱布尼茨指出,测地线上任何一点处的密切平面(密切圆平面)在该点垂直于曲面。1698年詹姆斯·伯努利解决了柱面、锥面和旋转曲面上的测地线问题。尽管在1728年约翰·伯努利④用詹姆斯·伯努利的方法取得了某种成功并且求得了另外几类曲面的测地线,但詹姆斯·伯努利的方法是有局限性的方法。

1728年欧拉⑤给出了曲面上测地线的微分方程。欧拉用的是他在变分法中引进的方法(见第24章第2节),1732年赫尔曼⑥也求出了一些特殊曲面上的测地线。

克莱罗在他1733年和1739年⑦关于地球形状的著作中更充分地讨论了旋转曲面上的测地线。他在1733年的论文中证明了,对于任何旋转曲面来说,测地线和穿过这测地线的任何子午线(任何位置的母曲线)的夹角的正弦同交点到旋转轴的垂直距离成反比。在另一篇论文⑧中,他还证明了一个漂亮的定理,即在旋转曲面的任何一点 $M$ 处,如果一平面通过 $M$ 点且垂直于曲面和过 $M$ 点的子午面,则这平面与曲面的交线在 $M$ 点的曲率半径等于法线在 $M$ 点和旋转轴之间的长度。克莱罗用的是分析的方法,但他和他的大多数前辈一样,他没有使用现在与变分法联系在一起的那些思想。

---

① *Jour. de Math.*, 16, 1851, 193-207.
② *Jour. de Math.*, 17, 1852, 437-447.
③ *Opera*, 1, 204-205.
④ *Opera*, 4, 108-128.
⑤ *Comm. Acad. Sci. Petrop.*, 3, 1728, 110-124, pub. 1732 = *Opera*, (1), 25, 1-12.
⑥ *Comm. Acad. Sci. Petrop.*, 6, 1732/1733, 36-67.
⑦ *Hist. de l'Acad. des Sci.*, Paris, 1733, 186-194, pub. 1735 和 1739, 83-96, pub. 1741.
⑧ *Mém. de l'Acad. des Sci.*, Paris, 1735, 117-122, pub. 1738.

1760 年欧拉在他的《关于曲面上曲线的研究》(*Recherches sur la courbure des surfaces*)①中建立了曲面的理论。这本著作是欧拉对微分几何最重要的贡献,而且是微分几何发展史中的一个里程碑。他把曲面表示为 $z = f(x, y)$ 而且引进了现代的标准符号

$$p = \frac{\partial z}{\partial x}, \quad q = \frac{\partial z}{\partial y}, \quad r = \frac{\partial^2 z}{\partial x^2}, \quad s = \frac{\partial^2 z}{\partial x \partial y}, \quad t = \frac{\partial^2 z}{\partial y^2}.$$

然后他说:"我从决定曲面的任何平面截线的曲率半径开始,然后把这种做法应用到曲面在任一给定点处的垂直截线上去,最后我在这些截线的相互倾斜程度方面比较它们的曲率半径,这种倾斜程度就使我们能够建立曲面曲率的真正概念。"

他首先对曲面的任何平面截线的曲率半径得到一个相当复杂的表达式。然后把这个结果用到法向截面(包含曲面的一条法线的平面)上去,将所得的结果特殊化。对于法截线,曲率半径的一般表达式稍稍简化了一点。其次他把垂直于 $x$-$y$ 平面的法向截面定义为主法向截面。("主"的这种用法今天是不用了。)设法向截面和主法向截面的夹角为 $\phi$,则法截线的曲率半径的公式为

(12)
$$\frac{1}{L + M\cos 2\phi + N\sin 2\phi},$$

其中 $L$, $M$ 和 $N$ 是 $x$ 和 $y$ 的函数。为了得到过曲面上一点的所有法截线的最大和最小曲率[或者当(12)中分母的形式是不定时,为了得到两个最大曲率],他令分母关于 $\phi$ 的导数等于零而且(在两种情形都)得到 $\tan 2\phi = N/M$。存在两个相差 $90°$ 的根,所以有两个互相垂直的法平面。我们把这两个平面上相应的曲率叫做主曲率 $\kappa_1$ 和 $\kappa_2$。

从欧拉的结果推得,任何一个和主曲率所在法截面之一成 $\alpha$ 角的法截面,其上截线的曲率 $\kappa$ 为

(13)
$$\kappa = \kappa_1 \cos^2 \alpha + \kappa_2 \sin^2 \alpha.$$

这个结果叫做欧拉定理。

蒙日的学生默尼耶(Jean-Baptiste-Marie-Charles Meusnier de La Place,1754—1793),在 1776 年以更加精细的方式得到同样的结果,他和拉瓦锡一起还在流体静力学和化学方面进行工作。然后默尼耶②处理了非法截线的曲率,欧拉对此曾经得到过一个非常复杂的表达式。默尼耶的结果,也叫默尼耶定理,说:曲面在 $P$ 点的平面截线的曲率是通过在 $P$ 点的同一切线的法截线的曲率除以原平面和 $P$ 点的切平面之夹角的正弦。由此得到一个漂亮的结果,即如果考虑通过曲面上同一条切线 $MM'$ 的平面族,这些平面截曲面所得各截线的曲率中心就都位

---

① *Mém. de l'Acad. de Berlin*, 16, 1760, 119-143, pub. 1767 = *Opera*, (1), 28, 1-22.
② *Mém. divers Savans*, 10, 1785, 477-485.

于一个圆上,这个圆所在的平面垂直于 $MM'$,它的直径就是法截线的曲率半径。然后默尼耶证明了这样一个定理:两个主曲率处处相等的曲面只有平面和球面。他的论文异常简单而且内容丰富,这有助于使 18 世纪所达到的许多结果直观化。

曲面论的一个主要方面是由于绘制地图的需要而发展起来的,这就是研究可展曲面,即可以将其平摊在平面上而不产生畸变的曲面。因为球面不能切开来这样摊平,于是问题就要求寻找一张形状与球面接近而又能不发生畸变的铺开的曲面。欧拉是研究这个问题的第一个人。这个工作包含在他的《论表面可以展平的立体》(De Solidis Quorum Superficiem in Planum Explicare Licet)[①]中。在 18 世纪,曲面被认为是固体的边界,这就是为什么欧拉要说立体的表面可以展平在一张平面上的原因。在这篇论文中他引进了曲面的参数表示,即

$$x = x(t, u), y = y(t, u), z = z(t, u),$$

并且寻求:要使曲面可以展开在平面上,这些函数必须满足什么样的条件。他的方法是把 $t$ 和 $u$ 表示为平面上的直角坐标,然后形成一个小的直角三角形$(t, u)$,$(t + dt, u)$,$(t, u+du)$。因为曲面是可展的,所以这个三角形一定和曲面上的一个小三角形全等。如果用 $l$,$m$ 和 $n$ 表示 $x$,$y$ 和 $z$ 关于 $t$ 的偏导数,用 $\lambda$,$\mu$,$\nu$ 表示 $x$,$y$ 和 $z$ 关于 $u$ 的偏导数,那么在曲面上相应的三角形是 $(x, y, z)$,$(x + ldt, y + mdt, z + ndt)$ 和 $(x + \lambda du, y + \mu du, z + \nu du)$。从两个三角形的全等欧拉推导出

(14) $\qquad l^2 + m^2 + n^2 = 1, \ \lambda^2 + \mu^2 + \nu^2 = 1, \ l\lambda + m\mu + n\nu = 0.$

这些就是可展性的分析的必要充分条件。这个条件等价于要求曲面上的线元素与平面上的线元素相等。分析上,决定一个曲面是否可展的问题就是寻求曲面的一个参数表示 $x(t, u)$,$y(t, u)$ 和 $z(t, u)$,使得它们的偏导数满足条件(14)。

然后欧拉研究了空间曲线和可展曲面之间的关系并且证明了,任何空间曲线的切线族填满或构成一可展曲面。他试图证明每个可展曲面都是直纹面,就是说,由直线移动而生成的曲面,并且逆定理也对,但是没有成功。事实上,逆定理是不对的。

蒙日独立地研讨了可展曲面的课题。在蒙日那里几何和分析是相辅相成的。他把同一个问题的几何方面和分析方面统括起来并且说明既从几何上又从分析上进行思考的好处。在 18 世纪,尽管有欧拉和克莱罗的解析几何和微分几何,但是因为分析支配着这一世纪,所以蒙日的双重观点的效果是把几何置于至少和分析同等的基础上,从而鼓舞了纯粹几何的复活。蒙日是继德萨格之后在综合几何方面第一个真正的革新者。

---

[①] *Novi Comm. Acad. Sci. Petrop.*, 16, 1771, 3-34, pub. 1772 = *Opera*, (1), 28, 161-186.

蒙日在画法几何(这原先是为建筑学服务的)、解析几何、微分几何、常微分方程和偏微分方程方面范围广阔的工作赢得了拉格朗日的钦佩和羡慕。拉格朗日在听了蒙日的一次讲演后对他说："我亲爱的同事,你刚才提出了许多第一流的成果,要是我能够做出来就好了。"蒙日对物理学、化学、冶金学(锻造问题)和机械学都做了许多贡献。在化学方面他和拉瓦锡一起工作。蒙日看到了工业发展对科学的需求,而且提倡把工业化作为改善生活的一个途径。也许是因为他懂得出身卑贱的苦难,所以他热衷于活跃的社会事务。正因为这个原因,他支持法国革命并在革命以后的政府中担任海军部长和公众健康委员会的委员。他设计过武器装备,还用技术思想来指导政府职员。由于他对拿破仑的钦佩,使他成为拿破仑反革命措施的一个追随者。

蒙日帮助组织了多科工艺学校,在那里作为一个教授建立了一个几何学派。他是一个伟大的教师而且是一支鼓舞 19 世纪数学活动的力量。他的生气勃勃内容丰富的讲演激起了学生们的积极性,在他们中间至少有 12 人是 19 世纪早期最著名的人物。

蒙日在三维微分几何方面开创的结果远远超过欧拉。他 1771 年的论文《关于曲率半径以及重曲率曲线的各种拐点的论文》(*Mémoire sur les développées, les rayons de courbure, et les différents genres d'inflexions des courbes à double courbure*)发表得很晚[1],之后是他的《关于把分析应用于几何的活页论文》(*Feuilles d'analyse appliquée à la géométrie*,1795,第二版 1801)。《活页论文》中微分几何的分量和解析几何及偏微分方程的分量一样多。这篇论文在讲演笔记的基础上,把一些老的结果加以系统化并作了扩充,提出了有某种重要性的一些新结果,并把曲线和曲面的各种性质翻译成偏微分方程的语言。在寻求分析思想和几何思想的对应关系时,蒙日认识到一族具有共同几何性质或用同一种生成方法定义的曲面应满足一个偏微分方程(见第 22 章第 6 节)。

蒙日的第一个重要工作,即关于双重曲率曲线的可展曲面的论文,研究了空间曲线及与之相联系的曲面。那时蒙日并不知道欧拉关于可展曲面的工作。他把空间曲线或者作为两曲面的交线,或者用它们在两个互相垂直的平面上的投影来处理,即由 $y = \phi(x)$ 和 $z = \psi(x)$ 给出。在任一寻常点处,有无穷多条法线(垂直于切线)位于同一平面——法平面上。在这个法平面上有一条线,他称之为(极)轴。就是该法平面和相邻法平面交线的极限位置。当沿着曲线移动时,诸法平面的包络是一可展曲面,叫做配极可展曲面。诸法平面的轴也扫过这曲面。从 $P$ 点到 $P$ 点处法平面的轴的垂线就是主法线,而垂足 $Q$ 就是曲率中心。

---

[1] *Mém. divers Savans*,10,1785,511 - 550.

为了求得配极可展曲面的方程,他求出了法平面的方程,并从这一方程及其对 $x$ 的偏导数之间消去 $x$。他还给出了求任何单参数平面族的包络的一个法则,这个法则我们现在还在使用。这个法则同样适用于单参数曲面族,用我们的记号这个法则就是:取 $F(x, y, z, \alpha) = 0$ 为单参数平面族。为了求得这族平面和"一个无限靠近的曲面"相交在什么地方,他求 $\partial F/\partial \alpha = 0$。这两曲面的交线叫特征线,在 $F = 0$ 和 $\partial F/\partial \alpha = 0$ 间消去 $\alpha$ 就求得包络的方程。他应用这种方法去研究其他的可展曲面,他把每一张这样的可展曲面都看成是一个单参数平面族的包络。

蒙日还研究了可展曲面的脊线(arête de rebroussement),这是由生成曲面的一组直线形成的。任意两条相邻直线的相交是一个点,而这种点的轨迹就是脊线 $\Gamma$。于是与 $\Gamma$ 相切的直线都是母线或者说 $\Gamma$ 是生成直线族的包络。脊线把可展曲面分成两叶,就像平面曲线上的尖点把曲线分成两部分一样。蒙日得到了脊线的方程。在空间曲线的配极可展曲面的情形,脊线就是原空间曲线的曲率中心的轨迹。

1775 年蒙日向科学院提交了另一篇关于曲面,特别是关于在影子和半阴影(shadows and penumbras)理论中碰到的可展曲面的论文①。用了可展曲面能摊平在平面上而不发生畸变这一定义,他直观地论述了可展曲面是直纹面(但是反之不真),在这直纹面上两条相邻直线是共点的或是平行的,而且论述了任何可展曲面等价于由空间曲线的切线生成的曲面。正是在 1775 年的这篇文章中,他给出了可展曲面的一个一般表示。它们的方程总有这样的形式:

$$z = x[F(q) - qF'(q)] + f(q) - qf'(q).$$

其中 $q = \partial z/\partial y$,而且除了垂直于 $x$-$y$ 平面的柱面外,这种曲面满足的偏微分方程总是

$$z_{xx}z_{yy} - z_{xy}^2 = 0.$$

然后蒙日研究了直纹面并且给出了直纹面的一个一般表示。他还给出了直纹面满足的三阶偏微分方程,并且对它们进行了积分。然后他证明了可展曲面是一种特殊的直纹面。

在 1776 年《关于开挖和回填的理论的论文》(Mémoire sur la théorie des déblais et des remblais)②中,蒙日研究了在城堡的建筑中出现的问题,这个问题涉及把土或其他材料从一个地方输送到另一个地方,并且要寻找一种最有效的办法来做这件事,即输送的材料乘上输送的距离应该达到极小。对于曲面的微分几何而言,这个工作只有一部分是重要的;事实上,这个实际问题的结果并不太现实。

---

① *Mém. divers Savans*,9,1780,382 – 440.
② *Mém. de l' Acad. des Sci.*,Paris,1781,666 – 704,pub. 1784.

而正如蒙日所说,他发表这篇论文是为了发表论文中的几何结果。文中他从处理依赖于两个参数的一族直线或线汇这个课题着手。然后遵循欧拉和默尼耶的工作,他考虑了曲面 $S$ 的法线族,它们也构成一个线汇。特别考虑了沿一条曲率线的法线,曲率线是曲面上这样一条曲线,在该曲线的每一点上有一个主曲率。在曲率线的这些点上的曲面法线构成一个可展曲面,叫做法可展曲面。类似地,沿垂直于第一条曲率线的曲面法线也构成一个可展曲面。因为在曲面上有两族曲率线,所以有两族可展曲面,一族中的可展曲面与另一族中的可展曲面相互正交。事实上,任意两个这样的可展曲面的交线上的点都在一曲面法线上。在每一条法线上有两点,它们到曲面的距离等于两个主曲率的大小。每一个由主曲率之一确定的点集,在垂直于曲率线的法线上的那个点集,位于由那个法线族构成的可展曲面的脊线上,所以法线和那条脊线相切。一族可展曲面的全部脊线组成一曲面,叫做中心曲面。于是有两张这样的中心曲面(图 23.13)。每族可展曲面的包络叫做焦曲面。

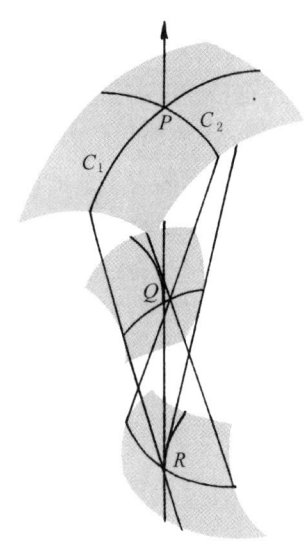

图 23.13

蒙日关于曲面族,满足非线性和线性一阶、二阶甚至三阶偏微分方程的曲面族的研究工作的进一步细节对于偏微分方程课题来说意义更大。

蒙日往往喜欢通过对许多具体的曲线和曲面的充分论述来阐明他的思想。他的思想的推广和运用是由 19 世纪的数学家们去实现的。蒙日总是面向实际,他以一个怎样能把他的理论应用到建筑上去的设想,特别是用于大会议厅的建造的设想来结束他的《活页论文》。

对曲面论的一些别的方面的贡献是由蒙日的一个学生迪潘(Charles Dupin, 1784—1873)做出的。迪潘作为一个造船工程师毕业于多科工艺学校,他和蒙日一样,经常把几何的应用记在心里。他的教科书《几何学的发展》(*Développements de géométrie*, 1813)加了一个副标题"在船舰的稳定性、开挖和回填、防御工事、光学等方面的应用",在其他著作中值得注意的是他的《几何学和力学的应用》(*Applications de géométrie et de mécanique*, 1822),他做出了许多在几何和力学上的应用。我们将要叙述的头几个结果是在 1813 年的书中。

迪潘的贡献之一叫做迪潘指标线,它总结并澄清了欧拉和默尼耶先前的结果。给定了曲面在一点 $M$ 的切平面,他在切平面的每一个方向上从 $M$ 开始画出一线段,它的长等于曲面在该方向的法截线的曲率半径的平方根。这些线段的端点的轨迹是一条圆锥曲线——指标线,它给出曲面在 $M$ 周围的形式的一个一阶近似(因为它几乎相似于这曲面被 $M$ 附近的一个平行于 $M$ 点处切平面的平面所截出的截线)。曲面在一点的曲率线,即曲面上通过 $M$ 点的具有极(最大或最小)曲率的曲线,是在 $M$ 点以指标线的轴线作为切线的曲线。

在三维直角坐标系中,坐标面是三族平面 $x =$ const., $y =$ const. 和 $z =$ const.。假定有三族曲面,每一族都由 $x,y$ 和 $z$ 的一个方程给出。如果一族中的每一曲面都和另两族的曲面正交,那么这三族曲面就叫做正交的。迪潘在这方面的最突出的结果,写在他的《几何学的发展》中,就是如下的定理:三族正交曲面相互交截于每个曲面的曲率线(有最大或最小法曲率的曲线)。

迪潘还推广蒙日关于线汇的结果。如果线汇——双参数族——与一族曲面正交,就像在光学中,线是光线而曲面是波前,那么这线汇就叫做正交的。法国物理学家马吕斯(Etienne-Louis Malus,1775—1812)显然利用了蒙日的结果——虽然他没有引证这些结果——证明了[1]从一点(一个同心集)发出的法向线汇在曲面上反射或折射后(按照折射定律)仍然是一个法向线汇。1816 年[2]迪潘证明了这一定理对于任何法向线汇经任意多次反射后仍然成立。后来凯特尔(Lambert A. J. Quetelet,1796—1874)证明了法向线汇经任意多次折射后仍为法向线汇[3]。线汇和线丛,由马吕斯引进的依赖于三个参数的曲面族,是 19 世纪许多数学家从事研究的课题。

## 8. 映 射 问 题

18 世纪的微分几何很多是受大地测量和地图绘制问题推动的。但是绘制地图的问题包含着推动数学进展的特殊考虑和困难,主要是出现在许多数学学科中的保角变换或保角映射的发展中的困难。地图的绘制当然要比微分几何早得多,而映射的数学方法甚至还要早。在这些映射方法中,球极平面射影和别的一些方法起源于托勒玫(Claudius Ptolemy,又译"托勒密")(第 7 章第 5 节),而墨卡托(Mercator)射影要追溯到 16 世纪(第 12 章第 2 节)。早在 18 世纪之前人们可能已从直观上清楚不能把球面如实地映射到平面上,就是说,不能把球面映射到平面上而保持原来的长度。假如这样做是可能的话,那么所有的几何性质都会保持着。只有可展曲面才能这样映射,而这种曲面,18 世纪的工作揭示了它们就是柱面(不必是圆柱面)、锥面以及任何由空间曲线的切线生成的曲面。因球面到平面的映射

---

[1] *Jour. de l' Ecole Poly.*, Cahier 14,1808,1-44,84-129.

[2] *Annales de Chimie et de Physique*,5,1817,85-88. 也在他的 1822 年的 *Applications* 中,第 195-197 页。

[3] *Correspondance mathématique et physique*, 1,1825,147-149.

不能保持全部几何性质,所以注意力便直接集中到保持角度的映射上去了。

在保持角度的映射中,如果在一个曲面上有两条曲线,交角为 $\alpha$,而在另一曲面上,对应的两曲线的交角也是 $\alpha$,并设还保持角度的方向,那么这映射就叫做保角的。球极平面射影和墨卡托射影都是保角的。保角性并不意味着两个对应的有限图形是相似的,因为角度的相等是在一点处成立的性质。

兰伯特在理论制图学方面开创了一个新纪元。他是第一个以充分的一般性研究球面到平面的保角映射的人;而且在 1772 年的书——《关于设计地图和天图的注记和附记》(Anmerkungen und Zusätze zur Entwerfung der Land-und Himmelscharten)中,他得到了这种映射的公式。欧拉在这方面也做出了许多贡献,而且事实上画了一幅俄国地图。欧拉在 1768 年提交圣彼得堡科学院的一篇论文中[1],利用复变函数,设计了一种从一个平面到另一平面的保角映射的表示方法。但是他没有利用这种方法。后来,在 1775 年提出的两篇论文中[2],他证明了球面不可能全等地映入平面。这里他再一次用了复变函数而且讨论了相当一般的保角表示。他也给出了墨卡托射影和球极平面射影的完整的分析。1779 年拉格朗日[3]得到了地球表面的一部分映到一平面区域并且把纬圆和经圆都变为圆弧的全部保角变换。

在映射问题,特别是在保角映射方面的进一步发展,还有待于微分几何和复变函数论的发展。

# 参 考 书 目

Ball, W. W. Rouse: "On Newton's Classification of Cubic Curves," *Proceedings of the London Mathematical Society*, 22,1890,104 - 143.

Bernoulli, John: *Opera Omnia*, 4 vols., 1742, reprint by Georg Olms, 1968.

Berzolari, Luigi: "Allgemeine Theorie der höheren ebenen algebraischen Kurven," *Encyk. der Math. Wiss.*, B. G. Teubner, 1903 - 1915, Ⅲ C4,313 - 455.

Boyer, Carl B.: *History of Analytic Geometry*, Scripta Mathematica, 1956, Chaps. 6 - 8.

Boyer, Carl B.: A History of Mathematics, John Wiley and Sons, 1968, Chaps. 20 and 21.

Brill, A., and Max Noether: "Die Entwicklung der Theorie der algebmischen Funktionen in älterer und neuerer Zeit," *Jahres. der Deut. Math.-Verein.*, 3, 1892/1893,107 - 156.

Cantor, Moritz: *Vorlesungen über Geschichte der Mathematik*, B. G. Teubner, 1898 and 1924;

---

[1] *Novi Comm. Acad. Sci. Petrop.*,14,1769,104 - 128,pub. 1770 = *Opera*,(1),28,99 - 119.

[2] *Acta Acad. Sci. Petrop.*,1,1777,107 - 132 和 133 - 142,pub. 1778 = *Opera*,(1),28,248 - 275 和 276 - 287.

[3] *Nouv. Mém. de l' Acad. de Berlin*,1779,161 - 210,pub. 1781 = *Œuvres*,4,637 - 692.

Johnson Reprint Corp., 1965, Vol. 3, 18 – 35, 748 – 829; Vol. 4, 375 –388.

Chasles, M.: *Aperçu historique sur l'origine et le développement des méthodes en géométrie* (1837), 3rd ed., Gauthier-Villars, 1889, pp. 142 – 252.

Coolidge, Julian L.: "The Beginnings of Analytic Geometry in Three Dimensions," *Amer. Math. Monthly*, 55, 1948, 76 – 86.

Coolidge, Julian L.: A History of Geometrical Methods, Dover (reprint), 1963, pp. 134 – 140, 318 – 346.

Coolidge, Julian L.: *The Mathematics of Great Amateurs*. Dover (reprint), 1963, Chap. 12.

Coolidge, Julian L.: *A History of Conic Sections and Quadric Surfaces*, Dover (reprint), 1968.

Euler, Leonhard: *Opera Omnia*, Orell Füssli, Series 1, Vol. 6(1921), Vols. 26 – 29(1953 – 1956); Series 2, Vols. 3 and 4(1948 – 1950), Vol. 9(1968).

Huygens, Christian: *Horologium Oscillatorium* (1673), reprint by Dawsons, 1966; also in Huygens, *Œuvres Compètes*, 18, 27 – 438.

Hofmann, Jos. E.: "Über Jakob Bernoullis Beiträge zur Infinitesimalmathematik," *L'Enseignement Mathématique*, (2), 2, 61 – 171, 1956; published separately by Institut de Mathématiques, Geneva, 1957.

Kötter, Ernst: "Die Entwickelung der synthetischen Geometrie von Monge bis auf Staudt," *Jahres. der Deut. Math. -Verein.*, 5, Part II, 1896, 1 – 486; also as a book, B. G. Teubner, 1901.

Lagrange, Joseph-Louis: *Œuvres*, Gauthier-Villars, 1867 – 1869, Vol. 1, 3 – 20; Vol. 3, 619 – 692.

Lambert, J. H.: *Aumerkungen und Zusätze zur Entwerfung der Land-und Himmelscharten* (1772), Ostwald's Klassiker No. 54, Wilhelm Engelmann, Leipzig, 1896.

Loria, Gino: *Spezielle algebraische und tranzendente ebenen Kurven, Theorie und Geschichte*, 2 vols., 2nd ed., B. G. Teubner, 1910 – 1911.

Montucla, J. F.: *Histoire des mathématiques* (1802), Albert Blanchard (reprint), 1960, Vol. 3, pp. 63 – 102.

Struik, D. J.: *A Source Book in Mathematics*, 1200—1800, Harvard University Press, 1969, pp. 168 – 178, 180 – 183, 263 – 269, 413 – 419.

Taton, René: *L'Œuvre scientifique de Monge*, Presses Universitaires de France, 1951, Chap. 4.

Whiteside, Derek T.: "Patterns of Mathematical Thought in the Later Seventeenth Century," *Archive for History of Exact Sciences*, 1, 1961, 179 – 388. See pp. 202 –205 and 270 – 311.

Whiteside, Derek T.: *The Mathematical Works of Isaac Newton*, Johnson Reprint Corp., 1967, Vol. 2, 137 – 161. This contains Newton's *Enumeratio* in English.

# 第 24 章

## 18 世纪的变分法

> 因为宇宙的结构是最完善的而且是最明智的上帝的创造,因此,如果在宇宙里没有某种极大或极小的法则,那就根本不会发生任何事情。
>
> 欧拉

## 1. 最初的问题

如同在级数和微分方程的领域里一样,变分法的早期工作几乎不能和微积分本身区分开来。但是在 1727 年牛顿逝世之后几年内,很清楚,一个全新的具有自己的特征问题和方法论的数学分支已经产生了。这个新学科,对于数学和科学来说,其重要性几乎可以和微分方程相比,它为整个数学物理提供了一个最重要的原理。

为了获得变分法本质的某些初步概念,让我们来研究一下把数学家们引入变分法的那些问题。历史上第一个重要问题是由牛顿提出并解决的。牛顿在他的《原理》第二册中,研究了物体在水中的运动;然后在第三版的命题 34 的附注中,他研究了在轴向以常速度运动而使运动阻力最小的旋转曲面必须具有的形状。牛顿假定物体表面任何一点上的流体阻力和垂直于物体表面的速度分量成正比。在《原理》中他只给出了所要曲面形状的几何特征,但是在他 1694 年大概是写给大卫·格雷戈里的一封信中给出了他的解法。

写成现代的形式,牛顿的问题就是要选择适当的函数 $y(x)$,使得积分

$$J = \int_{x_1}^{x_2} \frac{y(x)[y'(x)]^3}{1+[y'(x)]^2} dx$$

取最小值,这里 $y(x)$ 表示绕 $x$ 轴旋转生成曲面的曲线(图 24.1)。这个问题(以及一般说来变分法问题的)的特点在于它提出了一个积分,它的值依赖于被积函数中出现的未知函数,而且要确定这个未知函数使积分达到极大或极小。

尽管牛顿在解法中采用了引进子午线弧 $y(x)$ 的部分形状的改变这个想

法——这几乎就是变分法的本质方法所包含的一切,但是牛顿的方法不是变分法的典型技巧,所以这里不去深入研究。重要的也许是,适合要求的 $y(x)$ 的参数方程是

$$x = \frac{c}{p}(1+p^2)^2, \quad y = a + c\left(-\log p + p^2 + \frac{3}{4}p^4\right),$$

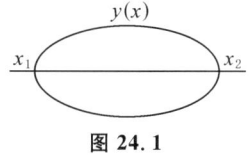

图 24.1

其中 $p$ 是参数。关于这个工作,牛顿说:"我想可以把这个命题用到船舶的建造中去。"这种性质的问题不仅在船舶设计中而且在潜水艇和飞机的设计中都已经变得很重要了。

在 1696 年 6 月的《教师学报》[①]上,作为向其他数学家的挑战,约翰·伯努利提出了现在著名的最速降线问题。这个问题是求从一给定点到不是在它垂直下方的另一点的一条曲线,使得一质点沿这曲线从给定点下滑所用时间最短。在 $P_1$ 处的初速度 $v_1$ 是给定的(图 24.2),摩擦和空气阻力都忽略。用现代的方式来表达,这个问题就是要使表示下降时间的积分 $J$ 取极小值,其中

$$J = \frac{1}{\sqrt{2g}} \int_{x_1}^{x_2} \sqrt{\frac{1+[y'(x)]^2}{y(x)-\alpha}} \, \mathrm{d}x.$$

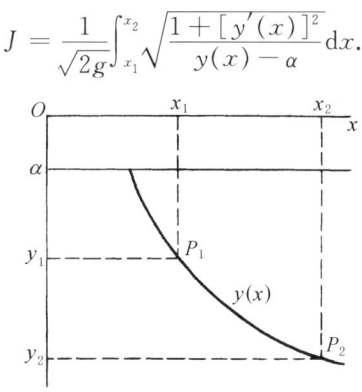

图 24.2

这里 $g$ 是重力加速度而 $\alpha = y_1 - v_1^2/2g$。这里仍然是选择被积函数中的 $y(x)$ 使得 $J$ 取最小值。伽利略(1630 年和 1638 年)曾系统地表述而错误地解决过这个问题,他给出的答案是圆弧。正确的答案是联结 $P_1$ 和第二点 $P_2$ 的上凹的唯一的旋轮线,母圆滚动的直线 $l$ 必须在给定的下落初始点的上方正好在 $y = \alpha$ 的高度上。于是有且只有一条旋轮线通过这两点。

牛顿、莱布尼茨、洛必达、约翰·伯努利和他的哥哥詹姆斯·伯努利求得了正确的解答。所有这些解法都发表在 1697 年 5 月的《教师学报》上。伯努利兄弟的解法值得进一步解释。约翰·伯努利的方法[②]是看出了最速下降路径是和光线

---

① 第 269 页=*Opera*,1,161.
② *Acta Erud.*,1697,206-211 = *Opera*,1,187-193.

在具有适当选择过的变折射率 $n(x, y) = c/\sqrt{y-a}$ 的介质中所取的路径相同的。在不同介质交界面处的折射定律[斯内尔(Snell)定律]是已知的,所以约翰·伯努利把介质分成有限个数的层,从一层到另一层折射率有明显的变化,然后让层数趋于无穷。詹姆斯·伯努利的方法①麻烦得多而且更为几何化。但是詹姆斯·伯努利的方法也更一般化,而且是在变分方法的方向上迈出的一个较大的步伐。

通过惠更斯和其他人关于钟摆问题的工作(第23章第5节),旋轮线(cycloid)已经是众所周知的了。当伯努利兄弟发现旋轮线也是最速降线问题的解时他们感到惊奇。约翰·伯努利说②:"我们的确佩服惠更斯,因为他第一个发现一个重质点不论起点怎样,总以相同的时间描出一条旋轮线。但是当我说正是这同一条旋轮线——惠更斯的等时曲线——就是我们正在寻求的最速降线的时候,你们将感到惊奇。"

另一类重要的问题是要求测地线,即曲面上两点间长度最短的路径。如果曲面是平面,那么涉及的积分是

$$J = \int_{x_1}^{x_2} \sqrt{1 + [y'(x)]^2} \, dx,$$

而且答案当然是一段直线。18世纪最使人感兴趣的测地线问题与地球表面上的最短路径有关,虽然数学家们相信地球表面是某种形状的椭球面,而且很像一个旋转椭球面,但是人们并不知道地球表面的确切形状。早先提到的(第23章第7节)关于测地线的早期工作没有用到变分法,但是特殊的方法显然不足以解决一般的测地线问题。

在分析上,到现在为止提出的问题都属于形式

$$J = \int_{x_1}^{x_2} f(x, y, y') \, dx,$$

而且要寻求从 $(x_1, y_1)$ 到 $(x_2, y_2)$ 的 $y(x)$,使 $J$ 达到极大或极小。另一类问题称为等周问题,在17世纪末也进入到变分法的历史中来了。这类问题的先驱——在给定周长的所有封闭平面曲线中求一条曲线,使得它所围的面积最大——可以追溯到希腊以前的时代。有一个故事说:古代提尔(Tyre)的腓尼基(Phoenician)城的公主迪多(Dido)离开自己的家园定居在北非的地中海沿岸。在那里她指望得到一些土地,并且同意付给一笔固定的金额来换取用一张公牛皮能围起来的土地。精明的迪多把公牛皮切成非常细的条,把条和条的端点结起来再去围出一个面积,

---

① *Acta Erud.*, 1697, 211-217 = *Opera*, 2,768-778.
② *Opera*, 1,187-193.

其周长正好等于这些牛皮条的总长。而且她选的土地都是靠海的,所以沿海岸不用牛皮条。根据传奇所载,迪多决定牛皮的总长应围成一个半圆——围出最大面积的正确形状。

除了芝诺多罗斯(Zenodorus)的工作以外(第5章第7节),直到17世纪末,对等周问题实际上没有做什么工作。在1697年5月的《教师学报》①中,詹姆斯·伯努利提出了一个包含几种情形的相当复杂的等周问题,向他弟弟挑战并使其弟弟为难。对于完满的解,詹姆斯·伯努利甚至愿给约翰·伯努利一笔50个金币的奖金。约翰·伯努利给出了几种解法,其中之一是在1701年得到的②,但都是错误的。詹姆斯·伯努利给出了一个正确的答案③。兄弟俩为各自解法的正确性而争论着。事实上,就像在最速降线中的情形一样,詹姆斯·伯努利的方法是朝着不久就要形成的一般技巧前进的一个重大步骤。1718年约翰·伯努利④大大地改进了他哥哥的解法。

分析地说,基本的等周问题是这样提出的。容许曲线用参数表示为
$$x = x(t), y = y(t), t_1 \leqslant t \leqslant t_2,$$
又因为它们都是闭曲线,故 $x(t_1) = x(t_2), y(t_1) = y(t_2)$。而且曲线都不能自交。于是等周问题就是要求确定 $x(t)$ 和 $y(t)$,使得弧长
$$L = \int_{t_1}^{t_2} \sqrt{(x')^2 + (y')^2} \, \mathrm{d}t$$
等于给定的常数而且使面积积分
$$J = \int_{t_1}^{t_2} (xy' - x'y) \, \mathrm{d}t$$
取极大值。这种等周问题有两个新的特征。一是利用了参数表示,但这不是主要的。另一是出现了 $L$ 必须等于常数这样一个辅助条件。

詹姆斯·伯努利在1697年5月的《学报》上提出了另一类问题:决定曲线的形状,使得一个质点从给定点 $P_1$ 以给定的初速度 $v_1$ 沿这曲线滑向一条直线 $l$ 的任一点(图24.3)时所花的滑动时间最小。这个问题和前面的问题不同之处在于容许曲线不是从固定点伸向另一固定点,而是从一固定点到某条直线。由詹姆斯·伯努利在1698年的《学报》上给出的这个问题的答案(尽管约翰·伯努利在

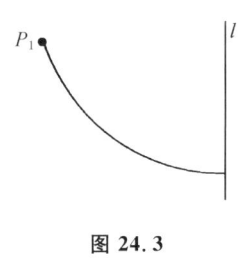

图 24.3

---

① 第214页。
② *Mém. de l'Acad. des Sci.*, *Paris*, 1706, 235 = *Opera*, 1, 424.
③ *Acta Erud.*, 1701, 213 ff. = *Opera*, 2, 897 - 920.
④ *Mém. de l'Acad. des Sci.*, *Paris*, 1718, 100 ff. = *Opera*, 2, 235 - 269.

1697年就有了这个解,但他没有发表)是一条与直线 $l$ 正交的旋轮线弧。后来这个问题被推广为 $l$ 是任意给定的曲线,给定点 $P_1$ 改成给定的另一曲线,从而问题就是要决定从一条给定曲线上的某一点到另一条给定曲线上某点的一条路径,使质点沿这条路径滑动所需的时间最少。这类问题叫做"具有变动端点的问题"。

## 2. 欧拉的早期工作

1728 年约翰·伯努利向欧拉提议利用测地线的密切平面与曲面正交(第 23 章第 7 节)这个性质来得到曲面上的测地线的问题。这个问题使欧拉开始从事变分法的研究。1728 年他解决了这个问题[1]。1734 年欧拉推广了最速降线问题,使得极小化的量不是时间而是别的量,并且考虑了阻尼介质[2]。

然后欧拉着手寻找关于这种问题的更一般的方法。他的方法是詹姆斯·伯努利的方法的简化,用有限和代替问题中的积分,用差商代替被积函数中的导数,这样就把积分作成由弧 $y(x)$ 的有限个坐标构成的一个函数。然后欧拉变动一个或几个任意选择的坐标,并计算积分中的变差。通过令积分的变差等于零并用一个粗糙的极限过程来变换所得到的差分方程,他就得到了极小化弧所必须满足的微分方程。

把上述方法应用到如下形式的积分:

$$(1) \qquad J = \int_{x_1}^{x_2} f(x, y, y') \mathrm{d}x.$$

欧拉成功地证明了使 $J$ 取极大或极小值的函数 $y(x)$ 必须满足常微分方程

$$(2) \qquad f_y - \frac{\mathrm{d}}{\mathrm{d}x}(f_{y'}) = 0.$$

这里的记号必须按如下意义去理解。就 $f_y$ 和 $f_{y'}$ 来说,被积函数 $f(x, y, y')$ 是自变量 $x$, $y$ 和 $y'$ 的函数。但是 $\mathrm{d}f_{y'}/\mathrm{d}x$ 必须理解为 $f_{y'}$ 关于 $x$ 的导数,其中 $f_{y'}$ 通过 $x$, $y$ 和 $y'$ 依赖于 $x$。就是说,欧拉的微分方程等价于

$$(3) \qquad f_y - f_{y'x} - f_{y'y}y' - f_{y'y'}y'' = 0.$$

因为 $f$ 是已知的,这个方程是关于 $y(x)$ 的二阶常微分方程,一般说来还是非线性的。欧拉在 1736 年[3]发表的这个有名的方程迄今仍是变分法的基本微分方程。后面我们将会更清楚地看到,它是极大化或极小化函数必须满足的必要条件。

然后欧拉解决了包含特殊边界条件(如在等周问题中那样)的更难的问题,但

---

[1] *Comm. Acad. Sci. Petrop.*, 3,1728,110 - 124,pub. 1732 = *Opera*,(1),25,1 - 12.
[2] *Comm. Acad. Sci. Petrop.*, 7,1734/1735,135 - 149,pub. 1740 = *Opera*,(1),25,41 - 53.
[3] *Comm. Acad. Sci. Petrop.*, 8,1736,159 - 190,pub. 1741 = *Opera*,(1),25,54 - 80.

是他的方法仍然是去解微分方程(3)，以便先求得可能的极大化或极小化弧，然后从(2)或(3)的通解中的常数个数去决定他能应用什么边界条件。他解决的这些问题之一是由丹尼尔·伯努利 1742 年的一封信而引起他的注意的。丹尼尔·伯努利建议去找一根在两端受到压力作用的弹性杆的形状，假定杆经弯曲后所取曲线的沿线曲率的平方，即 $\int_0^L \mathrm{d}s/R^2$，达到极小，其中 $s$ 是弧长，$R$ 是曲率半径。这个条件相当于假定存贮在弯曲后的杆中的势能是最小的。

当极大化或极小化积分中的被积函数比(1)的被积函数更复杂时，微分方程(3)不是正常的微分方程。在 1736 年到 1744 年间，欧拉改进了他的方法，对大量的问题求得了类似于(3)的微分方程。这些成果发表在 1744 年的一本书《寻求具有某种极大或极小性质的曲线的技巧》(*Methodus Inveniendi Lineas Curvas Maximi Minimive Proprietate Gaudentes*)[①]中。欧拉在这本书中的工作是繁琐的，因为他用了几何考虑，逐次差商与级数，还把导数变成差商，积分变成有限和。换句话说，他在最有效地利用微积分方面是失败了。但是欧拉以应用极为广泛的简单而又漂亮的公式结束他的书，而且，他处理了大量的例子，来证明他的方法的方便和一般性。其中一个例子是处理极小旋转曲面。这问题是：决定位于 $(x_0, y_0)$ 和 $(x_1, y_1)$ 间的平面曲线 $y = f(x)$，使得它绕 $x$ 轴旋转所生成的曲面面积为最小。要求最小值的积分是

$$(4) \qquad A = \int_{x_0}^{x_1} 2\pi y \sqrt{1+y'^2} \mathrm{d}x.$$

欧拉证明了函数 $f(x)$ 必须是悬链线的一个弧段，这样生成的曲面叫悬链面。在欧拉 1744 年书的一个附录中，欧拉还给出了上面说过的弹性杆问题的一个确定的解。他不仅推导出杆的形状取椭圆积分的形式，而且还给出了不同类型端点条件的解。这本书立即给他带来了声誉，把他看作是当时活着的最伟大的数学家。

随着欧拉这本书的出版，变分法作为一个新的数学分支诞生了。但是广泛使用的是几何的论证，把几何和分析结合起来的论证不仅是复杂的，而且几乎不能提供一个系统的一般方法。欧拉是充分意识到这种限制的。

## 3. 最小作用原理

正当变分问题的解取得进展的时候，物理学给这一课题的工作直接提供了一个新的推动力。同时代的发展是最小作用原理。为了说明这个原理的基础，我们必须往回追溯一下。欧几里得在他的《反射光学》(*Catoptrica*)（第 7 章第 7 节）中

---

[①] *Opera*,(1),24.

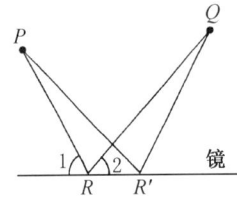

图 24.4

已经证明,光线从 $P$ 点到镜面然后到 $Q$ 点所取的路径是使 $\angle 1 = \angle 2$ (图 24.4)。后来亚历山大城的赫伦(Heron)证明了光线实际取的路径 $PRQ$ 比任何一个能够想象的路径,譬如 $PR'Q$,都要短。因为光线取最短的路径,如果在直线 $RR'$ 上方的介质是均匀的,那么光线就以常速行进,从而取花时间最少的路径。赫伦把这个最短路径和最少时间原理应用到了凹和凸的球面镜的反射问题上去。

根据这种反射现象,还根据哲学、神学和审美的原则,在希腊时代以后的哲学家和科学家们提出了一种学说,就是大自然以最短捷的可能途径行动,或者如奥林匹奥多鲁斯(Olympiodorus,公元 6 世纪)在他的《反射光学》中所说的:"自然不做任何多余的事或者任何不必要的工作。"达·芬奇(Leonardo da Vinci)说,自然是经济的,并且自然的经济是定量的。而格罗斯泰特(Robert Grosseteste)相信,自然总是以数学上最短和最好可能的方式行动。在中世纪时代,自然是以这一方式行动的观点是普遍地为人们所接受的。

17 世纪的科学家至少是容易接受这种观念的,但是,作为科学家,他们企图把这种观念和支持这种观念的现象联系起来。费马知道反射时光线取需时间最少的路径,而且相信自然确实是简单而又经济地行动的,在 1657 年和 1662 年的信件中①,他确认了他的最小时间原理,这个原理说,光线永远取花时间最少的路径行进。他曾经怀疑过光的折射定律的正确性(第 15 章第 4 节),但当他在 1661 年②发现他能够从他的原理导出光的折射定律时,他不但解除了对折射定律的怀疑,而且更加确信他的原理是正确的了。

费马的原理在数学上有几种等价的陈述形式。按照折射定律

$$\frac{\sin i}{\sin r} = \frac{v_1}{v_2},$$

其中 $v_1$ 是光在第一介质中的速度,$v_2$ 是光在第二介质中的速度。常用 $n$ 表示 $v_1$ 对 $v_2$ 之比,叫做第二种介质相对于第一种介质的折射率;如果第一种介质是真空,则 $n$ 叫做非真空介质的绝对折射率。如果 $c$ 表示光在真空中的速度,那么绝对折射率 $n = c/v$,其中 $v$ 是光在介质中的速度。如果介质的特性是逐点变化的,则 $n$ 和 $v$ 都是 $x$,$y$ 和 $z$ 的函数。因此光线沿着曲线 $x(\sigma)$,$y(\sigma)$,$z(\sigma)$ 从点 $P_1$ 行进到 $P_2$ 所需要的时间为

$$(5) \qquad J = \int_{\sigma_1}^{\sigma_2} \frac{\mathrm{d}s}{v} = \int_{\sigma_1}^{\sigma_2} \frac{n}{c} \mathrm{d}s = \frac{1}{c} \int_{\sigma_1}^{\sigma_2} n(x,\ y,\ z) \sqrt{\dot{x}^2 + \dot{y}^2 + \dot{z}^2}\, \mathrm{d}\sigma,$$

---

① *Œuvres*, 2,354 – 359,457 – 463.

② *Œuvres*, 2,457 – 463.

其中 $\sigma_1$ 是 $\sigma$ 在 $P_1$ 的值而 $\sigma_2$ 是 $\sigma$ 在 $P_2$ 的值。因此费马原理说：光线从 $P_1$ 行进到 $P_2$ 所取的实际路径是使 $J$ 取极小的曲线①。

大约在 18 世纪初期，数学家们已经有了几个给人印象深刻的例子，说明自然的确试图使某些重要的量极大或极小化。最初曾经反对过费马原理的惠更斯证明了光线在具有变折射率的介质中传播时费马原理也是成立的。甚至牛顿的第一运动定律(该定律说直线或最短距离的运动是物体的自然运动)也表明自然界的欲望是要求经济化。这些例子暗示着可能存在某种更一般的原理。

当莫佩尔蒂(1698—1759)于 1744 年在光的理论方面进行工作时，他在一篇题为《直到现在看起来还是不能并存的不同法则的协调性》(Accord des différentes lois de la nature qui avaient jusqu'ici paru incompatibles)②的著述中提出了他著名的最小作用原理。他从费马原理出发，但是由于那时候对光速究竟是像笛卡儿和牛顿所相信的那样和折射率成正比，还是像费马所相信的那样和折射率成反比，有不同意见，所以莫佩尔蒂放弃了最小时间。事实上他不相信最小时间总是正确的。

莫佩尔蒂说，作用是质量、速度和所经距离的乘积的积分，自然界中的任何改变都是要使作用最小。莫佩尔蒂多少有点糊涂，因为他没有规定 $m,v$ 和 $s$ 的乘积是在什么时间区间上取的，又因为他在光学和某些力学问题的每个应用中对作用赋予不同的意义。

尽管莫佩尔蒂有一些物理方面的例子支持他的原理，但是他提倡这个原理还是出于宗教的原因。物质行为的各种规律必须具有上帝创造的完美性；而最小作用原理看起来好像满足这个准则，因为这个原理表明自然界是经济的。莫佩尔蒂宣称他的原理是自然界的普遍规律和上帝存在的第一个科学证明。欧拉在 1740 年和 1744 年间曾在这一课题方面同莫佩尔蒂通过信，同意莫佩尔蒂的观点：上帝一定已经按照某种这样的基本原理构造了宇宙，而这种原理的存在就证实了上帝的安排。

欧拉在他 1744 年的书的第二个附录中把最小作用原理作为一个精确的动力学定理作了详细的阐述。他只限于讨论单个质点沿平面曲线的运动。此外，他假定速度依赖于位置，或者用现代的术语来说，力可以从位势导出。然而莫佩尔蒂写为

$$mvs = \min.,$$

而欧拉则写作

$$\partial \int v ds = 0,$$

意思是对于路径改变的积分，它的变化率必须为零。因为 $ds = vdt$，欧拉还写下

---

① 有一些例子，例如光线从凹面镜的反射，这时光线所取路径需要极大的时间。这个事实为费马所知，并由哈密顿(William R. Hamilton)明确叙述过。

② Mém. de l'Acad. des Sci., Paris, 1744.

$$\partial \int v^2 \,dt = 0.$$

这里,欧拉即使应用他的变分法技巧正确地把这个原理用于特殊问题,但是恰恰在积分的变化率是什么意思的问题上他是模糊的。至少欧拉证明了对于沿着平面曲线的运动,莫佩尔蒂的作用是最小的。

在相信一切自然现象都是为了使某个函数达到极大或极小,因而基本的物理原理应该表达某个函数被极大化或极小化这一点上,欧拉比莫佩尔蒂走得更远。特别是在研究物体在力的推动下的运动的动力学中这种原理应该是正确的。欧拉离开真理并不太远。

## 4. 拉格朗日的方法论

欧拉的工作引起了拉格朗日的注意。拉格朗日自己在 1755 年还只有 19 岁的时候就开始关心变分法的问题。他放弃了伯努利兄弟和欧拉的几何-分析的论证,引进了纯分析的方法。1755 年他得到了一个一般的方法,对于范围很广的一类问题,这方法是系统而统一的,他为这方法工作了若干年。他关于这一课题的著名出版物是《论确定不定积分公式的极大和极小的一个新方法》(Essai d'une nouvelle méthode pour déterminer les maxima et les minima des formules intégrales indéfinies)①。在 1755 年 8 月给欧拉的一封信中,拉格朗日讲了这个方法,他称之为变分方法(the method of variation),但是欧拉在 1756 年提交给柏林科学院的一篇论文②中把这种方法命名为变分法(the calculus of variation)。

我们来解释一下变分法基本问题的拉格朗日方法,问题就是使积分

(6) $$J = \int_{x_1}^{x_2} f(x, y, y') \,dx$$

极大或极小化,其中 $y(x)$ 是待定的。拉格朗日的一个改革是引进通过端点 $(x_1, y_1)$ 和 $(x_2, y_2)$ 的新曲线而不是去改变极大或极小化曲线的个别的坐标。拉格朗日把这些新的曲线表示为形式 $y(x) + \delta y(x)$ (图 24.5),$\delta$ 是拉格朗日引进的一个特殊符号,用来表示整个曲线 $y(x)$ 的变分。在(6)的被积函数中引进了一条新的曲线当然就改变了 $J$ 的值。因此 $J$ 的增量,记为 $\Delta J$,是

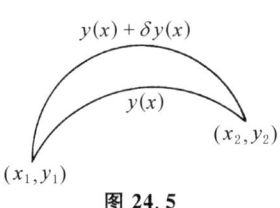

图 24.5

---

① Misc. Taur., 2,1760/1761,173-195,pub. 1762 = Œuvres, 1,333-362.

② 变分计算初步(Elementa Calculi Variationum), Novi Comm. Acad. Sci. Petrop., 10,1764,51-93,pub. 1766 = Opera, (1),25,141-176.

$$\Delta J = \int_{x_1}^{x_2} \{f(x, y+\delta y, y'+\delta y') - f(x, y, y')\} \mathrm{d}x.$$

现在拉格朗日把 $f$ 看作是三个自变量的函数,但因 $x$ 是不变的,所以对一个双变量函数应用泰勒定理就能把被积函数展开。展开式给出 $\delta y$ 和 $\delta y'$ 的一次项,这些增量的二次项等。于是拉格朗日写下

(7) $$\Delta J = \delta J + \frac{1}{2}\delta^2 J + \frac{1}{3!}\delta^3 J + \cdots,$$

其中 $\delta J$ 表示 $\delta y$ 和 $\delta y'$ 的一次项的积分,$\delta^2 J$ 表示二次项的积分等。这样就有

$$\delta J = \int_{x_1}^{x_2} (f_y \delta y + f_{y'} \delta y') \mathrm{d}x,$$

$$\delta^2 J = \int_{x_1}^{x_2} \{f_{yy}(\delta y)^2 + 2f_{yy'}(\delta y)(\delta y') + f_{y'y'}(\delta y')^2\} \mathrm{d}x.$$

$\delta J$ 叫做 $J$ 的一次变分,$\delta^2 J$ 叫做 $J$ 的二次变分等。

拉格朗日接着论证道,因为 $\delta J$ 中包含小的变分 $\delta y$ 和 $\delta y'$ 的一阶项,所以 $\delta J$ 的值控制了(7)的右端,从而当 $\delta J$ 是正或负时,$\Delta J$ 将是正或负。但是在 $J$ 的极大值或极小值处,和单变量函数 $f(x)$ 通常的极大或极小的情形一样,$\Delta J$ 必须有相同的符号,所以对于极大化函数 $y(x)$,$\delta J$ 一定等于 0。此外,拉格朗日说

(8) $$\delta y' = \frac{\mathrm{d}(\delta y)}{\mathrm{d}x},$$

即运算 d 和 δ 的次序可以交换。这是正确的,虽然对于拉格朗日的同辈人来说理由是不清楚的,后来欧拉阐明了理由。[容易看出这是正确的,因为如果我们把 $y+\delta y$ 写作 $y+n(x)$,其中 $n(x)$ 是 $y(x)$ 的变分,那么 $\delta y = y+n(x)-y = n(x)$,而且 $\delta y' = y'+n'(x)-y' = n'(x)$,但 $n'(x) = \frac{\mathrm{d}n(x)}{\mathrm{d}x} = \frac{\mathrm{d}(\delta y)}{\mathrm{d}x}$。] 利用(8),拉格朗日把一次变分写成

$$\delta J = \int_{x_1}^{x_2} \left[ f_y \delta y + f_{y'} \frac{\mathrm{d}}{\mathrm{d}x}(\delta y) \right] \mathrm{d}x.$$

对第二项分部积分并且利用 $\delta y$ 在 $x_1$ 和 $x_2$ 处必须等于 0 这一事实,就得到

(9) $$\delta J = \int_{x_1}^{x_2} \left[ f_y \delta y - \left( \frac{\mathrm{d}}{\mathrm{d}x} f_{y'} \right) \delta y \right] \mathrm{d}x.$$

现在对一切变分 $\delta y$,$\delta J$ 都必须为 0。因此拉格朗日下结论说,$\delta y$ 的系数必须为 0[1],或即

---

[1] 在拉格朗日的工作之后的一百年里,$\delta y$ 的系数必须等于 0 这件事实一直为这方面的每一位作者直观地接受或者错误地证明过。甚至柯西的证明也是不充分的。第一个正确的证明是由萨吕(Pierre Frédéric Sarrus,1789—1861)给出的[*Mém. divers Savans*,(2),10,1848,1-128]。这个结果就是现在众所周知的变分法基本引理。

(10) $$f_y - \frac{\mathrm{d}}{\mathrm{d}x}(f_{y'}) = 0.$$

这样,拉格朗日达到了欧拉曾经得到的 $y(x)$ 的同一个常微分方程。拉格朗日推导(10)的方法(除去他用了微分外),甚至他的记号,至今还在使用。当然,(10)是关于 $y(x)$ 的必要条件而不是充分条件。

拉格朗日在 1760 年或 1761 年的这篇论文中还第一次推导出具有变动端点问题的极小化曲线必须满足的端点条件。他还找到了在极小化曲线和固定曲线或曲面的交点处必须成立的横截性条件,比较曲线的端点容许在这些固定的曲线或曲面上变动(图 24.6)。

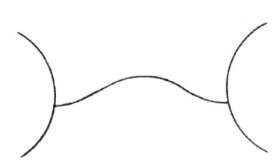

图 24.6

虽然关于形式(6)的极大或极小化积分还有很多东西要说,但是就历史而言,拉格朗日采取的第二步是在他 1760 年或 1761 年这篇论文和以后的一篇论文①中所研究的导致重积分的问题。需要极大化或极小化的积分具有形式

(11) $$J = \iint f(x, y, z, p, q) \mathrm{d}x \mathrm{d}y,$$

其中 $z$ 是 $x, y$ 的函数,$p = \partial z/\partial x$, $q = \partial z/\partial y$。积分展布在 $x$-$y$ 平面的某个区域上。于是问题就是要求使 $J$ 的值达到极大或极小的函数 $z(x, y)$。在这类重积分的许多问题中最重要的一个是在边界以某种方式固定的所有曲面中求面积最小的曲面。譬如可以假定在空间给出两条不自交的闭曲线,然后求由这两条曲线界住的面积最小的曲面。作为极小曲面问题的一个特殊情形,这两条曲线可以是平行于 $y$-$z$ 平面而中心在 $x$ 轴上的圆周(图 24.7)。

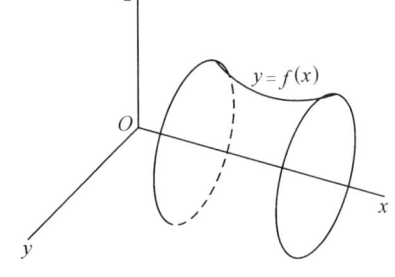

图 24.7

那么可能的极小曲面一定是由这两个圆周界住的旋转曲面,而问题就是求使面积最小的旋转曲面。这后一个问题,正如上文已指出的,是早已由欧拉在 1744 年解决了的。但是旋转曲面的这一特殊情形,可以采用适合于积分(11)的理论来处理。

拉格朗日按照他对较简单的积分(6)曾经用过的类似方法,得到了使(11)取极小的函数 $z(x, y)$ 必须满足的微分方程。如果采用通常的记号

$$\frac{\partial z}{\partial x} = p, \quad \frac{\partial z}{\partial y} = q, \quad \frac{\partial^2 z}{\partial x^2} = r, \quad \frac{\partial^2 z}{\partial x \partial y} = s, \quad \frac{\partial^2 z}{\partial y^2} = t,$$

那么方程是

---

① *Misc. Taur.*, 4, 1766/1769 = *Œuvres*, 2, 37-63.

$$(12) \qquad Rr + Ss + Tt = U,$$

其中 $R$, $S$, $T$ 和 $U$ 都是 $x$, $y$, $z$, $p$ 和 $q$ 的函数。这个非线性二阶偏微分方程,称为蒙日方程,是不容易求解的,这种形式的方程曾经是欧拉以前时代的研究课题(第 22 章第 7 节)。

在极小曲面问题的情形中,积分(11)变成

$$(13) \qquad \iint (1+p^2+q^2)^{1/2} \, dx dy,$$

而且,对于这类特殊问题,偏微分方程(12)变成

$$(14) \qquad (1+q^2)r - 2pqs + (1+p^2)t = 0.$$

这个方程是由拉格朗日在他 1760 年或 1761 年的论文中给出的(虽然不完全是这种形式),而且是极小曲面理论的一个主要的分析结果。几何上,如默尼耶在 1785 年的一篇论文[①]中指出的,这个偏微分方程表示如下事实:在极小化曲面的任一点上,主曲率半径是相等而反向的,或说平均曲率(即主曲率的平均值)为零。

拉格朗日在后来(1770)的一篇论文[②]中还研究了被积函数中有高阶导数的单重和多重积分。这个课题自拉格朗日时代之后得到很好的发展,现在是变分法的标准内容。但是,因为它的原理和已经讨论过的原理没有什么差别,所以这里就不深入讨论了。拉格朗日关于变分法的论文的内容编进了他的《分析力学》中。

变分法并没有很好地为拉格朗日和欧拉的同辈人理解。欧拉在许多著作中阐明了拉格朗日的方法,并用这个方法重新证明了几个老的结果。虽然他认识到变分法是一个新的分支,或者如他所说,是用新的运算符 $\delta$ 进行符号化了的新的技巧,但他像拉格朗日一样,试图在普通微积分的基础上建立变分法的逻辑。欧拉的思想[③]是引进一个参数 $t$,使得变分问题中的曲线族随着 $t$ 而变化,即对于某个区间中的每个 $t$,应该有一条曲线 $y_t(x)$。然后欧拉就说 $dy = (dy/dx)dx$, $\delta y = (dy/dt)dt$。因此变分 $\delta y$ 表示成了关于 $t$ 的偏微商。然后他用这个关于 $t$ 的微商的新概念确切陈述了变分法的技巧。当然他最终得到的结果和早先得到的结果是相同的。

欧拉继续研究具有极大或极小性质的空间曲线(1779)[④],而且研究了在三维空间中有外力(在通常的问题中是重力)作用时或存在阻尼介质时最速降线问题的推广(1780)[⑤]。

---

① *Mém. divers Savans*, 10,1785,477 − 485.
② *Nouv. Mém. de l'Acad. de Berlin*, 1770 = *Œuvres*, 3,157 − 186.
③ *Novi Comm. Acad. Sci. Petrop.*, 16,1771,35 − 70, pub. 1772 = *Opera*,(1),25,208 − 235.
④ *Mém. de l'Acad. des Sci. de St. Peters.*, 4,1811,18 − 42, pub. 1813 = *Opera*,(1),25,293 − 313.
⑤ *Mém. de l'Acad. des Sci. de St. Peters.*, 8,1817/1818,17 − 45, pub. 1822 = *Opera*,(1),25,314 − 342.

## 5. 拉格朗日和最小作用

拉格朗日把变分法用到了动力学上。他从欧拉那里接过**最小作用原理**，成了第一个用具体形式把这个原理表示出来的人，这种具体形式就是对于单个质点而言，质量、速度和两个固定点之间的距离的乘积的积分是一个极大值或极小值的原理；即对于这个质点所取的实际路径而言，$\int mv\,ds$ 必须是极大或者极小。换句话说，因为 $ds = v\,dt$，那么 $\int mv^2\,dt$ 必须是极大或极小。量 $mv^2\left[\text{今天的}\frac{1}{2}mv^2\right]$ 叫做动能；在拉格朗日时代叫做活力。拉格朗日还断言，对于质点组而言这个原理也是正确的，甚至对广义质量也是对的，虽然他对于广义质量的情形并不清楚。

利用最小作用原理和变分法的方法，拉格朗日得到了他的著名的运动方程。我们来考虑动能是 $x$，$y$ 和 $z$ 的函数的情形。于是对于单个质点，动能 $T$ 是

$$(15) \qquad T = \frac{1}{2}m(\dot{x}^2 + \dot{y}^2 + \dot{z}^2).$$

拉格朗日还假定使物体运动的作用力都可从一个依赖于 $x$，$y$ 和 $z$ 的势函数 $V$ 推导出来。于是附加的一个条件是 $T + V = \text{const.}$，即总能量是不变的。拉格朗日的作用是

$$(16) \qquad \int_{t_0}^{t_1} T\,dt,$$

他的最小作用原理说的是，这个作用必须是一个极小值或极大值，也就是

$$(17) \qquad \delta\int_{t_0}^{t_1} T\,dt = 0.$$

在一个极小化或极大化的作用中，即使运动是在空间的两个固定点间和两个确定的时刻 $t_0$ 和 $t_1$ 之间发生，空间和时间变量也一定是变化的。

把变分法的方法用到作用积分上，拉格朗日导出了与欧拉方程(2)类似的方程，即

$$(18) \qquad \frac{d}{dt}\left(\frac{\partial T}{\partial \dot{x}}\right) + \frac{\partial V}{\partial x} = 0,$$

以及关于 $y$ 和 $z$ 的两个相应的方程，这些方程都等价于牛顿第二运动定律。

拉格朗日进一步引进了现在所谓的广义坐标。就是说，可以用极坐标或者用实际上为了确定质点(或广义质量)位置所必需的任何坐标组 $q_1$, $q_2$, $q_3$ 来代替直角坐标。于是

$$x = x(q_1, q_2, q_3),$$
$$y = y(q_1, q_2, q_3),$$

$$z = z(q_1, q_2, q_3),$$

其中 $q_i$ 都是 $t$ 的函数。用新的坐标来表示，$T$ 就成为 $q_i$ 和 $\dot q_i$ 的函数，而 $V$ 成为 $q_i$ 的函数，于是方程(18)变成

(19) $$\frac{\mathrm{d}}{\mathrm{d}t}\left(\frac{\partial T}{\partial \dot q_i}\right) - \frac{\partial T}{\partial q_i} + \frac{\partial V}{\partial q_i} = 0, \quad i = 1, 2, 3.$$

这是关于 $q_i$ 的三个二阶常微分方程的联立方程组。它们都是作用积分的欧拉(特征)方程。如果确定运动物体的位置需用 $n$ 个坐标，例如两个质点需用 6 个坐标，那么方程组(19)就有 $n$ 个方程①。

这些广义坐标不一定要有几何或物理意义。今天这些坐标都看作是构形空间的坐标，从而 $q_i(t)$ 就是构形空间中一条路径的方程。因此拉格朗日已经认识到变分原理，即作用必须是极小或极大的原理，可以使用任何坐标组，而且认识到相对于任何坐标变换，拉格朗日运动方程(19)的形式是不变的。

虽然拉格朗日原理相当于牛顿第二运动定律，但是拉格朗日原理比牛顿第二运动定律的陈述有几个优点。首先，任何一种方便的坐标系，都可以说已被纳入拉格朗日原理的结构中。第二，处理有约束的运动问题更容易了。第三，代替一系列分立的微分方程(当系统包含很多质点时，这种方程可以有很多个)现在有了，至少是开始有了一个原理，由它可以求得微分方程。最后一点，虽然拉格朗日原理要假定问题的动能和势能的情况，但并不需要知道作用力。拉格朗日用他的原理推出了力学的主要定律，并解决了一些新的问题，尽管这些还不足以包括力学所涉及的所有问题。拉格朗日关于作用原理的工作在他的《分析力学》中有充分的阐述。他还开始了从变分原理推出其他物理分支的定律的运动，而这种变分原理应该是最小作用原理的类似物。他本人对广泛的一类流体动力学问题给出了一种变分原理。在研究 19 世纪的变分法时我们将继续讲述有关这方面的内容。

从数学的观点说来，拉格朗日关于最小作用的工作赋予变分法以重大的价值。特别是拉格朗日曾对被积函数包含一个自变量但有几个应变量及其导数的积分导出了欧拉方程。这是原来变分法问题的一种推广，原来变分问题的积分中只包含一个应变量及其导数。在这种推广中，欧拉方程是 $q_i$ 的二阶常微分方程组。

## 6. 二次变分

正如欧拉和拉格朗日意识到的，欧拉微分方程只是使积分取极大或极小的解

---

① 拉格朗日明白，$T$ 和 $V$ 中变量的数目正好是决定该力学系统的位置所需要变量的数目。因此如果有 $N$ 个互相无关的质点，每一个质点在空间的路径需用三个坐标($x_i, y_i, z_i$)来描述，那么共需要 $3N$ 个坐标。这时将有 $3N$ 个坐标 $q_i$，$3N$ 个把 $q_i$ 与直角坐标联系起来的方程，$3N$ 个形为(19)的方程。互相独立的坐标的数目或者像物理学家所谓的自由度的数目，依赖于所要讨论的系统和运动中的约束。

所应满足的一个必要条件。他们用微分方程来求解,然后凭借直观或物理背景来决定这个解是否提供一个极大或极小。欧拉方程的作用完全类似于普通微积分中的条件 $f'(x)=0$。使 $y=f(x)$ 取极大或极小的 $x$ 值一定满足 $f'(x)=0$,但反过来不一定对。

欧拉方程的解必须满足什么样的附加条件才能真正使一个依赖于 $y(x)$ 的积分取到极大或极小?这个问题拉普拉斯在 1782 年曾处理过,但没有成功。以后勒让德在 1786 年着手解决这个问题[①]。在普通微积分中,在使 $f'(x)=0$ 的 $x$ 值处,$f''(x)$ 的符号决定着 $f(x)$ 是否取极大或极小。正是以这个事实为指导,勒让德研究了二次变分 $\delta^2 J$,重新改造了二次变分的形式,并且得到结论说:对于满足欧拉方程并且通过 $(x_0, y_0)$ 和 $(x_1, y_1)$ 的曲线 $y(x)$,只要沿 $y(x)$ 的每一点 $x$ 处 $f_{y'y'} \leqslant 0$,则 $J$ 取极大;类似地,对于同样的曲线 $y(x)$,只要沿 $y(x)$ 的每一点 $x$ 处 $f_{y'y'} \geqslant 0$,则 $J$ 取极小。然后勒让德把这个结果推广到比 (6) 更一般的积分上去。但是,勒让德在 1787 年认识到,关于 $f_{y'y'}$ 的条件仅仅是使 $y(x)$ 成为极大或极小曲线的一个必要条件。寻求使 (6) 的积分达到极大或极小的曲线 $y(x)$ 的充分条件的问题,在 18 世纪没有得到解决。

## 参 考 书 目

Bernoulli, James: *Opera*, 2 vols., 1744, reprint by Birkhaüser, 1968.

Bernoulli, John: *Opera Omnia*, 4 vols., 1742, Georg Olms (reprint), 1968.

Bliss, Gilbert A.: *The Calculus of Variations*, Open Court, 1925.

Bliss, Gilbert A.: "The Evolution of Problems in the Calculus of Variations," *Amer. Math. Monthly*, 43, 1936, 598 - 609.

Cantor, Moritz: *Vorlesungen über Geschichte der Mathematik*, B. G. Teubner, 1898 and 1924, Vol. 3, Chap. 117, and Vol. 4, 1066 - 1074.

Caratheodory, C.: Introduction to Series (1), Vol. 24 of Euler's *Opera Omnia*, viii - lxii, Orell Füssli, 1952. Also in C. Caratheodory: *Gesammelte mathematische Schriften*, C. H. Beck, 1957, Vol. 5, pp. 107 - 174.

Darboux, Gaston: *Leçons sur la théorie générale des surfaces*, 2nd ed., Gauthier-Villars, 1914, Vol. 1, Book Ⅲ, Chaps. 1 - 2.

Euler, Leonhard: *Opera Omnia*, (1), Vols. 24 - 25, Orell Füssli, 1952.

Hofmann, Joseph E.: "Über Jakob Bernoullis Beiträge zur Infinitesimalmathematik," *L'Enseignement Mathématique*, (2), 2, 1956, 61 - 171; published separately by Institut de

---

[①] *Hist. de l'Acad. des Sci.*, Paris, 1786, 7 - 37, pub. 1788.

mathématiques, Geneva, 1957.

Huke, Aline: *An Historical and Critical Study of the Fundamental Lemma in the Calculus of Variations*, *University of Chicago Contributions to the Calculus of Variations*, University of Chicago Press, Vol, 1, 1930, pp. 45 – 160.

Lagrange, Joseph-Louis: *Œuvres de Lagrange*, Gauthier-Villars, 1867 – 1869, relevant papers in Vols. 1 – 3.

Lagrange, Joseph-Louis: *Mécanique analytique*, 2 vols., 4th ed., Gauthier-Villars, 1889.

Lecat, Maurice: *Bibliographie du calcul des variations depuis les origines jusqu'à 1850*, Gand, 1916.

Montucla, J. F.: *Histoire des mathématiques*, 1802, Albert Blanchard (reprint), 1960, Vol. 3, 643 – 658.

Porter, Thomas Isaac: "A History of the Classical Isoperimetric Problem," *University of Chicago Contributions to the Calculus of Variations*, University of Chicago Press, 1933, Vol. 2, pp. 475 – 517.

Smith, David E.: *A Source Book in Mathematics*, Dover (reprint), 1959, pp. 644 – 655.

Struik, D. J.: *A Source Book in Mathematics*, 1200—1800, Harvard University Press, 1969, pp. 391 – 413.

Todhunter, Isaac: *A History of the Calculus of Variations during the Nineteenth Century*, 1861, Chelsea (reprint), 1962.

Woodhouse, Robert: *A History of the Calculus of Variations in the Eighteenth Century*, 1810, Chelsea (reprint), 1964.

# 第25章

## 18世纪的代数

> 我介绍高等分析的时候,它还是个孩子,而你正在把它带大成人。
>
> 约翰·伯努利,给欧拉的一封信

## 1. 数系的状况

虽然在18世纪时很难把代数和分析互相区别开来,因为极限概念的深刻含义在当时依然是模糊的,但是按照我们现代的观点,把这两个活动领域分开还是合适的。17世纪的时候,代数是人们兴趣的一个重要中心;但到了18世纪,它变成从属于分析,而且除了数论以外,促进代数研究的因素,大部分来自分析。

因为代数的基础是数系,所以让我们先来看一下数系发展的状况。在1700年左右,我们所熟悉的数系的所有成员——整数、分数、无理数、负数和复数——都已被人们熟知了。但是,在整个这世纪中,都有人反对更新类型的数。典型的是英国数学家马塞尔(Baron Francis Masères,1731—1824)的反对意见,他是剑桥大学克莱尔(Clare)学院的研究员和皇家学会会员。正是这位写过一些有价值的数学论文和有关人寿保险理论的实质性论文的马塞尔在1759年发表了《专论在代数中使用负号》(Dissertation on the Use of the Negative Sign in Algebra)。他说明如何避开负数(除了要表示从较小的数减去较大的数所得的差以外),尤其是避开方程的负根,他把二次方程仔细分类,使得有负根的方程单独进行考虑;当然,负根必须舍去。对于三次方程他也同样处理。然后他说到负根:

> ……就我所能判断的而言,它们只会把方程的整个理论搞糊涂,而且把一些就其本质说来是出奇地明显简单的东西搞得晦涩难懂、玄妙莫测……因此很希望代数里决不容许有负根,或者说再一次把它们从代数里驱逐出去。因为如果这样做了,那么就有很好的理由去设想,那些现在被许多知识渊博、机敏过人的人用来进行代数运算的、模糊不清并和一些几乎是不能理解的概念纠缠在一起的东西,从此将从代数中清除掉,一定会使代

数（或普遍的算术），就其本性而言，在简洁明了和证明能力方面成为不亚于几何的一门科学。

确实直到现代，负数才算被真正透彻地理解了。在 18 世纪后半叶，欧拉仍然深信负数比 ∞ 大。他还论证 $(-1)\cdot(-1)=+1$ 说，这个乘积必定是 $+1$ 或者 $-1$，但因为 $1\cdot(-1)=-1$，所以 $(-1)\cdot(-1)=+1$。著名的法国几何学家卡诺认为，负数的使用导致谬误的结论。在 1831 年这样晚的时候，伦敦大学学院的数学教授、著名的数理逻辑学家、对代数有贡献的德摩根（1806—1871）在他的《论数学的研究和困难》（*On the Study and Difficulties of Mathematics*）中说："虚数式 $\sqrt{-a}$ 和负数式 $-b$ 有一种相似之处，即只要它们中的任一个作为问题的解出现，就说明一定有某种矛盾或谬误。只要一涉及实际的含义，两者都是同样的虚构，因为 $0-a$ 和 $\sqrt{-a}$ 同样是不可思议的。"

德摩根举一个问题来解释他的话。父亲 56 岁，他的儿子 29 岁，问什么时候父亲的岁数将是儿子的 2 倍？他解方程 $56+x=2(29+x)$，得 $x=-2$。因此他说，这个结果是荒唐的。接着他又说，但是，如果把 $x$ 换成 $-x$，解方程 $56-x=2(29-x)$，我们就得到 $x=2$。他总结道，由于最初问题的提法是错误的，所以导致了不能接受的负答数。德摩根固执地认为考虑比 0 小的数是荒谬的。

18 世纪时，虽然在弄清楚无理数概念方面没有什么成就，但是对无理数本身还是做出了某些进展。1737 年，欧拉基本上证明了 e 和 $e^2$ 是无理数，兰伯特证明了 π 是无理数（第 20 章第 6 节）。由于要求圆的面积，大大地刺激了对 π 的无理性的研究。勒让德猜测说 π 可能不是有理系数方程的根，他的猜测导致了无理数的分类。任何有理系数代数（多项式）方程的任何一个根（不管是实的还是复的）叫做一个代数数。这样，方程

$$a_0x^n+a_1x^{n-1}+\cdots+a_{n-1}x+a_n=0$$

的根叫做代数数，其中 $a_i$ 是有理数。因此，所有的有理数和一部分无理数是代数数，这是因为任一有理数 $c$ 是方程 $x-c=0$ 的根，而 $\sqrt{2}$ 是 $x^2-2=0$ 的根。不是代数数的数叫做超越数，因为欧拉说过："它们超越了代数方法的能力。"欧拉至少早在 1744 年就认识到了代数数与超越数之间的这一差别。他猜测说，以有理数为底的有理数的对数，必定或者是有理数，或者是超越数。然而，18 世纪时还不知道有哪一个数是超越数，因而证明超越数存在的问题仍旧没有解决。

对于 18 世纪的数学家来说，复数更是一个祸根。这些数自从被卡丹（Jerome Cardan）引进之后，直到 1700 年实际上还无人理睬。后来（第 19 章第 3 节）用部分分式法求积分时用到了复数，随之就产生了关于复数以及负数和复数的对数的冗

长的论争。尽管欧拉正确地解决了复数的对数问题,但是无论是他还是别的数学家,对这些数都是不清楚的。

欧拉试图理解复数究竟是什么,在他的《对代数的完整的介绍》(*Vollständige Anleitung zur Algebra*,这本书1768年至1769年在俄国第一次出版,1800年在德国出版,是18世纪最好的一本代数教科书)中说:

> 因为所有可以想象的数都或者比0大,或者比0小,或者等于0,所以很清楚,负数的平方根不能包括在可能的数[实数]中。从而我们必须说它们是不可能的数。然而这种情况使我们得到这样一种数的概念,它们就其本性说来是不可能的,因而通常叫做虚数或者幻想中的数,因为它们只存在于想象之中。

欧拉在使用复数时犯了错误。在这本《代数》中他写道: $\sqrt{-1} \cdot \sqrt{-4} = \sqrt{4} = 2$,因为 $\sqrt{a}\sqrt{b} = \sqrt{ab}$。他还给出 $i^i = 0.2078795763$,但遗漏了这个量的其他数值。他最初是在1746年给哥德巴赫的一封信中,而后在1749年一篇谈莱布尼茨和约翰·伯努利之间争论的文章中(第19章第3节)给出了这个数值。虽然欧拉把复数叫做不可能的数,但他说它们是有用的。他心目中的用处发生在当我们着手处理一个不知道是否有解的问题的时候。例如,如果要把12分成两部分,使它们的乘积等于40,我们就会得到这两部分是 $6+\sqrt{-4}$ 和 $6-\sqrt{-4}$。他说,从而我们认识到这个问题是不能解出的。

除了欧拉作出的关于复数的对数的正确结论以外,复数的研究确实前进了几步,但是它们在18世纪的影响是有限的。在沃利斯的书《代数》(*Algebra*,1685,第66-69章)中,他说明怎样几何地表示实系数二次方程的复根。沃利斯说,实际上,复数并不比负数更不合理,而且因为负数能在直线上表示出来,所以在平面上表示复数也应该是可能的。他从画一条轴出发,根据一个实数与原点的关系在轴上把这个实数标出来,在这条轴上到原点的距离表示根的实部,根据实部的正或负,这个距离分别在轴的正方向或负方向上量出来。过实轴上这样定出的这一点,作一条垂直于实轴的直线,它的长度就表示与 $\sqrt{-1}$ 相乘的那个数,即给出了根的虚部,这条直线根据这个数的正负分别在不同的方向画出(他没有引进 $y$ 轴本身作为虚轴)。接着,沃利斯作出了方程 $ax^2+bx+c=0$ 的根都是实根和都是复根时的几何图像。他的这项工作是正确的,但对于其他用途来说,它不是 $x+iy$ 的一个有用的表示形式。18世纪时还有一些人试图用别的方法几何地表示复数,但这些方法的用途不广泛。当时还没有一个几何表示形式使复数更能被人接受。

18世纪初期,大多数数学家都相信,不同的复数根将会引进不同类型或不同阶的复数,都相信可能存在理想的根,这些根的性质他们还不能详细说明,但大概可以设法把它们算出来。但是达朗贝尔在他的得奖著作《关于风的一般成因的考虑》(*Réflexions sur la cause générale des vents*, 1747)中断言:每一个由复数经过代数运算(他把取任意次幂包括在内)建立起来的式子都是一个形为 $A+B\sqrt{-1}$ 的复数。在证明这个结论的过程中他遇到的一个困难是 $(a+bi)^{g+hi}$ 的情形。他关于这个结论的证明还必须经过欧拉、拉格朗日和其他人的修补。在《百科全书》中,达朗贝尔一反常态,对复数保持了沉默。

在整个 18 世纪中,复数的卓有成效的应用已足以使数学家对它们建立起一些信心(第 19 章第 3 节;第 27 章第 2 节)。不管什么地方,在数学推理的中间步骤中用了复数,结果都被证明是正确的,这个事实产生了有力的反响。当然还存在一些怀疑,怀疑推理的可靠性,甚至常常怀疑结论的正确性。

1799 年高斯对代数基本定理作出了他的第一个证明,而因为这必须依赖于对复数的承认,所以高斯就巩固了复数的地位。后来,19 世纪勇敢地带着复值函数向前冲。但是,即使在复函数论在流体动力学中发展了并应用了好长一段时间之后,剑桥大学的教授们仍然保持"一种对讨厌的 $\sqrt{-1}$ 抱不可动摇的厌恶心理,采用笨办法去杜绝它的出现,或用之于一切可能的地方"。

甚至到了 1831 年那样晚的时候,人们对复数的普遍看法还可以从德摩根的著作《论数学的研究和困难》中了解到。他说他这本书把当时牛津和剑桥使用的最好的书本中的一切东西都包揽无遗。谈到复数,他说:

> 我们已经证明了记号 $\sqrt{-a}$ 是没有意义的,或者甚至是自相矛盾或荒唐可笑的。然而通过这些记号,代数中极其有用的一部分便建立起来了。它依赖于一件必须用经验来检验的事实,即代数的一般规则可以应用于这些式子[复数],而不会导致任何错误的结果。要把这个性质求助于经验,那是与本书开头写下的一些最重要的原理相违背的。我们不能否认实际情况确是这样,但是必须想到这只不过是一门很大的学科中的一个小小的和孤立的部分。对于这门学科的其余一切分支,这些原理将完整地得到应用。

上文中的"原理",他指的是数学真理应该由公理经过演绎推理得出来。

接着,他把负根和复根加以比较:

> 于是,在负的结果和虚的结果之间就有截然的区别。当一个问题的答案是负的时候,在产生这个结果的方程里变换一下 $x$ 的符号,我们就可以或

者发现形成那个方程的方法有错误,或者证明问题的提法太局限,因而可以扩展,使之容许一个令人满意的答案。但当一个问题的答案是虚的时候,情形就不是这样了……对于支持和反对这种问题(如用负的量等)的所有论据,我们不赞成采用完全介入的办法来阻止学生的进步,这些论据他们不能理解,而且论据本身在两方面都无确定结果;但是学生也许会意识到困难确实存在,这些困难的性质可以给他们指明,然后他们也许会通过充分多的(分类处理的)例子的考虑,而相信法则所引向的结果。

在德摩根写这番话的时候,人们正在弄清楚复数和复函数的概念。但是新知识的传播是缓慢的。确实,整个 18 世纪和 19 世纪上半叶都在热烈地争论着复数的意义。约翰·伯努利、达朗贝尔和欧拉的所有论点都被不断地改头换面重复出现。甚至 20 世纪的三角教科书也通过不包含 $\sqrt{-1}$ 的证明,补充介绍了应用复数的材料。

这里我们注意到另外一点,它的重要性与它的简洁性几乎成反比。根据简洁性,它可以叙述如下:18 世纪时没有人为实数系和复数系的逻辑操心。欧几里得在《原本》第 V 卷中为建立不可通约量的性质而曾作过的说明被漠视了。产生这种漠视的部分解释是:因为那种说明依赖于几何,而 18 世纪时,算术与代数已经独立于几何了。其次,这种逻辑的发展即使适当地修改一下使它能从几何中解脱出来,也不能建立起负数和复数的逻辑基础,而这也可以使数学家们断绝任何想要严密地建立数系的企图。最后,该世纪主要关心的是在科学中使用数学,而且因为运算法则(至少对实数来说)直观上是可靠的,所以没有一个人真正地担心数系的基础。典型的例子是达朗贝尔在《百科全书》中关于负数的条目里所说的一段话。这一条目写得一点儿也不清楚,他下结论道:"对负数进行运算的代数法则,任何一个人都是赞同的,并认为是正确的,不管我们对这些量有什么看法。"各种类型的数从来没有合适地介绍给社会,然而在 18 世纪的数学界却争得了一个比较稳固的地位。

## 2. 方 程 论

从 17 世纪延续下来的几乎没有一点中断的一门科学研究是解多项式方程。这个课题在数学中是基本的课题,所以要获得解任意次方程的较好方法,要得到求方程近似根的较好方法,要完成方程的理论——特别是证明每一个 $n$ 次多项式方程有 $n$ 个根,对这些问题有兴趣是很自然的。另外,在积分中采用部分分式法就提出了这样的问题:是不是任何实系数多项式都能分解成线性因式的乘积,或分解成实系数的一次因式和二次因式的乘积,以避免使用复数?

我们在第 19 章(第 4 节)中已看到,莱布尼茨不相信每一个实系数多项式能分解成实系数的一次因式和二次因式的乘积。欧拉的看法是正确的。他在 1742 年 10 月 1 日给尼古拉·伯努利(1687—1759)的信中断言(但没有证明):任意次数的实系数多项式是能够这样表示的。尼古拉·伯努利不相信这一结论是正确的,并举了一个例子:他说多项式

$$x^4 - 4x^3 + 2x^2 + 4x + 4$$

的零点是 $1+\sqrt{2+\sqrt{-3}}$, $1-\sqrt{2+\sqrt{-3}}$, $1+\sqrt{2-\sqrt{-3}}$ 和 $1-\sqrt{2-\sqrt{-3}}$ ,这是与欧拉的结论相矛盾的。欧拉在 1742 年 12 月 15 日写给哥德巴赫的信中[富斯(Fuss),第 1 卷第 169 - 171 页]指出,复根是以共轭形式成对地出现的,所以 $x-(a+b\sqrt{-1})$ 和 $x-(a-b\sqrt{-1})$ 的乘积(其中 $a+b\sqrt{-1}$ 和 $a-b\sqrt{-1}$ 互为共轭)是一个实系数的二次多项式。接着欧拉证明这对尼古拉·伯努利的例子也是正确的。但是哥德巴赫也拒绝接受这种思想,不认为每一个实系数多项式能分解成实系数因式的乘积,并给出例子 $x^4 + 72x - 20$。后来欧拉给哥德巴赫证明后者做错了,并说明他自己的定理对于直到六次多项式都成立。但是哥德巴赫仍不相信,因为欧拉没有成功地做出他断言的一般性证明。

把一个实系数多项式因式分解成实系数的一次和二次因式的问题,关键在于证明每一个这样的多项式至少有一个实根或一个复根。因此这件事的证明(叫做代数基本定理)就成了一个主要的目标。

达朗贝尔和欧拉的证明是不完全的。1772 年[1],拉格朗日在一个又长又详细的论证中"完成"了欧拉的证明。但是拉格朗日像欧拉以及他的同时代人一样,随便地把数的一般性质应用于想象为方程的根上,而没有证明多项式方程的根在最坏的情况下是复数。因为不知道根的性质,所以他的证明实际上是不完全的。

基本定理的第一个实质性证明是高斯在他 1799 年于黑尔姆施塔特(Helmstädt)写的博士论文中做出的[2],虽然从现代的标准来看,这个证明依然是不严格的。他批评了达朗贝尔、欧拉和拉格朗日的工作,然后做出了自己的证明。高斯的方法不是去计算一个根,而是去证明它的存在。他指出 $P(x+iy) = 0$ 的复根 $a+ib$ 相应于平面上的点 $(a, b)$,如果 $P(x+iy) = u(x, y) + iv(x, y)$,那么 $(a, b)$ 必定是曲线 $u = 0$ 和 $v = 0$ 的交点。通过对这些曲线作定性的研究,他证明一条曲线上的一段连续弧连接着两个不同区域上的点,而这两个区域是被另一条曲线隔开的。所以曲线 $u = 0$ 必定与曲线 $v = 0$ 相交。这个论证是有高度创造性的。但是他依靠了这些曲线的图形,证明它们必然相交,而这些图形是有点复杂的。在

---

[1] *Nouv. Mém. de l'Acad. de Berlin*, 1772, 222 ff. = *Œuvres*, 3, 479 - 516.

[2] *Werke*, 3, 1 - 30; 再现于欧拉的 *Opera*, (1), 6, 151 - 169.

同一篇论文中,高斯证明了 $n$ 次多项式能表示成一次和二次实系数因式的乘积。

高斯还做出了这定理的三个别的证明。在第二个证明中①,他不用几何的论据。其中他还证明了每两个根之差的乘积(我们遵循詹姆斯·西尔维斯特的说法,把它叫做判别式)能表示成多项式和它的导数的线性组合,所以多项式和它的导数有公共根的充要条件是判别式等于零。但是这第二个证明假定了当多项式在 $x$ 的两个不同的值之间没有零点时,它在这两个值处不可能改变符号。这件事实的证明超过了当时数学的严密程度。

第三个证明②其实使用了我们现在所谓的柯西积分定理(第 27 章第 4 节)③。第四个证明④就其涉及的方法而言,是第一个证明的变种。但是在这个证明中,高斯更自由地使用了复数,他说,这是因为它们现在已属于普通的知识了。值得指出的是,在许多证明中,这条定理都不是在最一般的情形下证明的。高斯的前三个证明和后来柯西、雅可比和阿贝尔的证明都假定了(文字的)系数表示实数,但整个定理却包括复系数的情况。高斯的第四个证明确实容许了多项式的系数是复数。

高斯探讨代数基本定理的方法开创了探讨数学中整个存在性问题的新的途径。古希腊人聪明地认识到,数学研究对象的存在性必须建立在与它们有关的定理之前。他们关于存在的准则就是可构造性。在以后各世纪写得更清楚的正式著作中,存在性都是通过实际获得或显示出问题中的量而建立起来的。例如二次方程的解的存在性,是通过把满足方程的量显示出来而建立起来的。但是在方程的次数高于四次的情况下,这种方法就失去效用了。当然,像高斯那种存在性的证明,对于计算其存在性已建立的对象来说也许是一点用处也没有的。

当最终证明每一个实系数多项式方程至少有一个根的工作正在进行的时候,数学家们还在大力推进用代数方法求解四次以上的方程。莱布尼茨和他的朋友奇恩豪森是第一批做出认真努力的人。莱布尼茨⑤重新考虑了不可约的三次方程,并且深信解这种类型的方程不可能不用到复数。接着,他着手求五次方程的解,但是没有成功。奇恩豪森⑥认为他已经解决了这个问题,他借助于变换 $y = P(x)$,把给定的方程变换成新的方程,这里 $P(x)$ 是一个适当的四次多项式。这个变换消

---

① *Comm. Soc. Gott.*,3,1814/1815,107-142 = *Werke*,3,33-56.

② *Comm. Soc. Gott.*,3,1816 = *Werke*,3,59-64.

③ 对于高斯的第三个证明的讨论见伯歇尔(Maxime Bôcher)的《代数基本定理的高斯的第三个证明》(Gauss's Third Proof of the Fundamental Theorem of Algebra, *Amer. Math. Soc., Bull.*,1,1895,205-209).第三个证明的译文可以看梅施科夫斯基(H. Meschkowski)的《大数学家的思想方法》(*Ways of Thought of Great Mathematicians*,1964,Holden-Day)。

④ *Abhand. der Ges. der Wiss. zu Gött.*,4,1848/1850,3-34=*Werke*,3,73-102.

⑤ 奥尔姆斯(Georg Olms)(重印)的《莱布尼茨和数学家们的书信来往》(*Der Briefwechsel von Gottfried Wilhelm Leibniz mit Mathematikern*,1961),第 1 卷,547-564 页。

⑥ *Acta Erud.*,2,1683,204-207.

去了方程中除 $x^5$ 和常数项以外的所有的项。但是莱布尼茨证明了要求出 $P(x)$ 的系数，必须解一个次数高于五次的方程，所以这个方法是没有用的。

有一段时期，解 $n$ 次方程的问题集中在解二项方程 $x^n-1=0$ 的特殊情形。科茨和棣莫弗通过用复数证明，解这个问题相当于把圆周分成 $n$ 个等分。为了用开根求解（三角解未必是代数解），只要考虑 $n$ 是奇素数的情况就够了，因为如果 $n=pm$，其中 $p$ 是一个素数，那就可以考虑 $(x^m)^p-1=0$。如果这个方程可以对 $x^m$ 求解，那么 $x^m-A=0$ 就能解出来，其中 $A$ 是前面已解出的方程的任何一个根。范德蒙德（Alexandre-Théophile Vandermonde, 1735—1796）在 1771 年的一篇论文中[①]断言，每一个形为 $x^n-1=0$ 的方程是可以用开根解出来的，其中 $n$ 是素数。但是范德蒙德仅验证了对于 11 以下的素数 $n$，这种做法是行得通的。关于二项方程的有决定意义的工作是高斯做出来的（第 31 章第 2 节）。

解四次以上高次方程的主要精力集中在解一般性的方程上，而且在朝着这一目标前进的过程中，一些关于对称函数的辅助性工作被证明是重要的。代数式 $x_1x_2+x_2x_3+x_3x_1$ 是 $x_1$，$x_2$ 和 $x_3$ 的对称函数，因为在整个式子里若用 $x_j$ 代替任何 $x_i$ 而用 $x_i$ 代替 $x_j$，则整个式子保持不变。当 17 世纪的代数学家注意到，而且牛顿证明了多项式根的乘积的各种和可以用方程的系数表示出来的时候，研究对称函数的兴趣就产生了。例如，当 $n=3$ 时，把方程的根两两相乘，它们的和

$$a_1a_2+a_2a_3+a_3a_1$$

是一个初等对称函数，如果方程写成

$$x^3-c_1x^2+c_2x-c_3=0,$$

那么上面的和就等于 $c_2$。范德蒙德在 1771 年的文章中做出的进展就是证明了根的任何对称函数都能用方程的系数表示出来。

经过很多人，其中包括欧拉的努力[②]之后，18 世纪在用开根解方程的问题方面，杰出的工作是范德蒙德在 1771 年的论文中和拉格朗日在他的长篇论文《关于方程的代数解法的思考》(Réflexions sur la résolution algébrique des équations)[③] 中做出的。范德蒙德的各种想法都是类似的，但不是那样开阔、那样清晰。所以我们将介绍拉格朗日的做法。拉格朗日给自己提出了一个任务：分析解三次方程和四次方程的各种方法，看看为什么这些方法能把方程解出来，看看这些方法对于解更高次的方程能够提供什么线索。

---

[①] *Hist. de l'Acad. des Sci.*, Paris, 1771, 365 – 416, pub. 1774.

[②] *Comm. Acad. Sci. Petrop.*, 6, 1732/1733, 216 – 231, pub. 1738 = *Opera*, (1), 6, 1 - 19 和 *Novi Comm. Acad. Sci. Petrop.*, 9, 1762/1763, 70 – 98, pub. 1764 = *Opera*, (1), 6, 170 – 196.

[③] *Nouv. Mém. de l'Acad. de Berlin*, 1770, 134 – 215, pub. 1772 与 1771, 138 – 254, pub. 1773 = *Œuvres*, 3, 205 – 421.

对于三次方程

(1) $$x^3 + nx + p = 0,$$

拉格朗日注意到如果引进变换(第13章第4节)

(2) $$x = y - (n/3y),$$

就得到辅助方程

(3) $$y^6 + py^3 - n^3/27 = 0.$$

这个方程也叫简化方程,因为它是 $y^3$ 的二次方程,若设 $r = y^3$,方程就变为

(4) $$r^2 + pr - n^3/27 = 0.$$

现在我们看到,我们能够借助原方程的系数算出这个方程的根 $r_1$ 和 $r_2$,但是从 $r$ 回到 $y$ 必须引进立方根或解方程

$$y^3 - r = 0.$$

因此,如果令 $\omega$ 是单位立方根 $(-1+\sqrt{-3})/2$,那么 $y$ 的值就是

$$\sqrt[3]{r_1},\ \omega\sqrt[3]{r_1},\ \omega^2\sqrt[3]{r_1},\ \sqrt[3]{r_2},\ \omega\sqrt[3]{r_2},\ \omega^2\sqrt[3]{r_2},$$

因而方程(1)的各个解就是

$$x_1 = \sqrt[3]{r_1} + \sqrt[3]{r_2},\ x_2 = \omega\sqrt[3]{r_1} + \omega^2\sqrt[3]{r_2},\ x_3 = \omega^2\sqrt[3]{r_1} + \omega\sqrt[3]{r_2}.$$

这样原方程的解就是通过简化方程的解得到的。

拉格朗日证明他的前辈们所用的各种不同方法都相当于上面的方法。然后他指出,我们应该把我们的注意力不是集中在 $x$ 是 $y$ 值的函数上,而是集中在 $y$ 是 $x$ 的函数上,因为可以让我们全部解出来的正是简化方程,这个奥秘一定是隐藏在把简化方程的解用原先提出的方程的解表示出来这一联系之中。

拉格朗日注意到当 $x_1$,$x_2$ 和 $x_3$ 按特定的顺序取出时,每一个 $y$ 值都能写成(因为 $1+\omega+\omega^2 = 0$)形式

(5) $$y = \frac{1}{3}(x_1 + \omega x_2 + \omega^2 x_3).$$

检查这个式子能使我们发现简化方程(未知量是 $y$)的两条性质。第一条性质是:在 $y$ 的表达式中,根 $x_1$,$x_2$ 和 $x_3$ 不是 $x_1$,$x_2$ 和 $x_3$ 的一个固定的选择,因而这个表达式可以说是意义含糊的。所以三个 $x$ 值中的任一个可以是 $x_1$,其他两个中的任一个可以是 $x_2$ 等。但是这些 $x$ 有3!种置换,所以有6个 $y$ 值,因而 $y$ 应满足一个六次方程。因此简化方程的次数是由原方程的根的置换的个数决定的。

第二条性质是:关系式(5)还说明为什么能把六次的简化方程化简为二次方程。因为在这六种置换中,三种(包括恒等置换)来自于交换所有的 $x_i$,另三种来自于只交换两个而固定一个。但是这样一来,由于 $\omega$ 值的缘故,所得到的 $y$ 的6个值,就有关系

(6) $$y_1 = \omega^2 y_2 = \omega y_3,\ y_4 = \omega^2 y_5 = \omega y_6,$$

并且取立方,还有
$$y_1^3 = y_2^3 = y_3^3, \ y_4^3 = y_5^3 = y_6^3.$$
这个结论的另一种说法是,函数
$$(x_1 + \omega x_2 + \omega^2 x_3)^3$$
在 $x_1$,$x_2$ 和 $x_3$ 的所有六种置换下只能取 2 个值,这正说明为什么 $y$ 所满足的方程一定是 $y^3$ 的二次方程。另外,$y$ 所满足的六次方程的系数是原三次方程系数的有理函数。

对于 $x$ 的一般四次方程,拉格朗日考虑
$$y = x_1 x_2 + x_3 x_4.$$
这一四个根的函数在四个根的所有 24 种置换下只取三个不同的值。因此应当有 $y$ 所满足的一个三次方程,而且这个方程的系数应该是原方程系数的有理函数。这些叙述确实适用于四次方程。

然后,拉格朗日着手处理一般的 $n$ 次方程

(7) $$x^n + a_1 x^{n-1} + \cdots + a_{n-1} x + a_n = 0.$$

这个方程的系数假定是无关的,就是说,$a_i$ 之间必须没有任何关系成立。于是所有根必定也是无关的,因为如果根之间有一个关系式成立,就可以证明它对于系数也是对的(因为实际上系数是根的对称函数)。所以一般方程的 $n$ 个根必须考虑为是无关的变量,它们的每一个函数都是一些无关变量的函数。

为了理解拉格朗日解决问题的计划,让我们首先来看
$$x^2 + bx + c = 0.$$
我们知道它的根的两个函数,即 $x_1 + x_2$ 和 $x_1 x_2$。它们是对称函数,就是说,两个根互相交换时,函数保持不变。一个函数在它的变量进行置换时不变,我们就说这个函数容许置换。例如函数 $x_1 + x_2$ 容许 $x_1$ 和 $x_2$ 的置换,但函数 $x_1 - x_2$ 却不容许。

接着拉格朗日证明了两个重要的命题。如果一般的 $n$ 次方程的根的一个函数 $\phi(x_1, x_2, \cdots, x_n)$ 容许另一个函数 $\psi(x_1, x_2, \cdots, x_n)$ 所容许的 $x_i$ 的所有的置换(可能还容许 $\psi$ 所不容许的一些置换),那么函数 $\phi$ 可以用 $\psi$ 和一般方程(7)的系数有理地表示出来。例如二次方程根的函数 $x_1$ 容许函数 $x_1 - x_2$ 所容许的所有置换(只有一个,即恒等置换),于是
$$x_1 = \frac{-b + (x_2 - x_1)}{2}.$$
拉格朗日关于这个命题的证明还说明了如何把 $\phi$ 表达成 $\psi$ 的有理函数。

拉格朗日的第二个命题叙述如下:如果一般方程的根的一个函数 $\phi(x_1, x_2, \cdots, x_n)$ 不容许函数 $\psi(x_1, x_2, \cdots, x_n)$ 所容许的所有置换,但是在 $\psi$ 所容许的置换下取 $r$ 个不同的值,那么 $\phi$ 是一个 $r$ 次方程的根,这个方程的系数是 $\psi$ 和给定

的一般 $n$ 次方程的系数的有理函数。这个 $r$ 次方程可以构造出来。比如 $x_1-x_2$ 不容许 $x_1+x_2$ 所容许的所有置换,但在这些置换下取两个值 $x_1-x_2$ 和 $x_2-x_1$。于是 $x_1-x_2$ 是一个二次方程的根,这个方程的系数是 $x_1+x_2$ 以及 $b$ 和 $c$ 的有理函数。事实上,因为 $b^2-4ac=(x_1-x_2)^2$,所以 $x_1-x_2$ 是方程
$$t^2-(b^2-4c)=0$$
的根。用这个根的值,即 $\sqrt{b^2-4c}$,我们可以通过前面关于 $x_1$ 的方程来求得 $x_1$。

类似地考虑三次方程 $x^3+px+q=0$,式子(即 $\phi$)
$$(x_1+\omega x_2+\omega^2 x_3)^3,$$
其中 $\omega=(-1+\mathrm{i}\sqrt{3})/2$,在根的六种可能的置换下取两个值,但是 $x_1+x_2+x_3$(即 $\psi$)容许所有这六种置换。如果那两个值记为 $A$ 和 $B$,那么可以证明 $A$ 和 $B$ 是一个二次方程的根,这个方程的系数是 $p$ 和 $q$ 的有理函数(因为 $x_1+x_2+x_3=0$)。如果我们解出这个二次方程,求得根是 $A$ 和 $B$,那么从
$$x_1+x_2+x_3=0,$$
$$x_1+\omega x_2+\omega^2 x_3=\sqrt[3]{A},$$
$$x_1+\omega^2 x_2+\omega x_3=\sqrt[3]{B},$$
我们就能求得 $x_1$, $x_2$ 和 $x_3$。对于四次方程,拉格朗日从函数

(8) $$x_1x_2+x_3x_4$$

出发,这个函数在根的 24 种可能的置换下取 3 个不同的值,但是 $x_1+x_2+x_3+x_4$ 容许所有的这 24 种置换。因此(8)是一个三次方程的根,这个方程的系数是原方程系数的有理函数。而且事实上,一般的四次方程的辅助方程(或简化方程)就是三次的。

对于一般系数的 $n$ 次方程,拉格朗日的想法是从根的对称函数 $\phi_0$ 出发,这个函数容许根的所有的 $n!$ 个置换。他指出,这样一个函数可以取 $x_1+x_2+\cdots+x_n$。然后他选择一个函数 $\phi_1$,它只容许某些置换。假定 $\phi_1$ 在 $n!$ 个置换下取 $r$ 个不同的值,那么 $\phi_1$ 就是一个 $r$ 次方程的根,这个方程的系数是 $\phi_0$ 和给定的一般方程的系数的有理函数。这个 $r$ 次方程可以构造出来。再进一步,如果 $\phi_0$ 取为根和系数的一个对称函数,那么由给定的一般方程的系数,这个 $r$ 次方程的系数就完全知道了。如果这个 $r$ 次方程可以用代数方法解出来,那么依据原方程的系数,$\phi_1$ 也就求得了。然后再选择一个函数 $\phi_2$,使它只容许 $\phi_1$ 所容许的根的置换的一部分,$\phi_2$ 在 $\phi_1$ 所容许的置换下假定取 $s$ 个不同的值。那么 $\phi_2$ 就将是一个 $s$ 次方程的根,这方程的系数是 $\phi_1$ 和给定的一般方程系数的有理函数。如果那个 $r$ 次方程($\phi_1$ 是它的一个根)能够解出来,那么这个 $s$ 次方程的系数也就知道了。如果这个 $s$ 次方程可以用代数方法解出来,那么根据原方程的系数,$\phi_2$ 也就知道了。

如此继续下去，选择 $\phi_3$，$\phi_4$，… 直到最后一个函数，选择为 $x_1$。于是，如果这些 $r$ 次、$s$ 次……方程都能用代数方法解出来，那么根据给定的一般方程的系数，$x_1$ 也就知道了。其他的根 $x_2$，$x_3$，…，$x_n$，由同样的过程可以得到。这些 $r$ 次、$s$ 次……的方程今天叫做预解方程①。

拉格朗日的方法对于求解一般的二次、三次和四次方程都卓有成效。他试图用这种方法去解五次方程，但发现工作是如此艰难，以至不得不放弃。对于三次方程他只要解一个二次方程，但对于五次方程，他就必须解一个六次方程。拉格朗日徒劳地寻求一个预解函数(在他对这个术语的解释下)，使它能满足一个次数低于五次的方程。但是他的工作没有给出选择 $\phi_i$ 的任何准则，使这些 $\phi_i$ 满足一个代数可解的方程。另外，他的方法只能用于一般的方程，因为他的两个基本命题都假定根是无关的。

拉格朗日被迫得出结论说，用代数运算解一般的高次方程 ($n > 4$) 看来是不可能的(对于特殊的高次方程，他贡献很少)。他判断说，或者是这个问题超越了人的智力范围，或者是根的表达式的性质必定不同于当时所知道的一切。高斯在他的 1801 年的《专题论文》(*Disquisitiones*)中，也声称这个问题也许是不能解决的。

拉格朗日的方法尽管很少成功，但它确实给出了洞察 $n \leqslant 4$ 时成功而 $n > 4$ 时失败的道理；这种洞察力为阿贝尔和伽罗瓦(Evariste Galois)所利用(第 31 章)。另外，拉格朗日的思想是必须考虑一个有理函数当它的变量发生置换时所取的值的个数，这个思想引导到置换或代换群的理论。其实，他已实际上得到了这样的定理：一个群的子群的阶(元素的个数)必定是该群的阶的因子。拉格朗日的著作是一切关于群论的著作的先导，上述定理在其中所取的形式是 $\phi_i$ 所取的值的个数 $r$ 是 $n!$ 的因子。

受拉格朗日的影响，鲁菲尼(Paolo Ruffini, 1765—1822)在 1799 到 1813 年之间作过好几种尝试，要证明四次以上的高次方程应是不能用代数方法解出的。(鲁菲尼是一个数学家、医生、政治家，是拉格朗日的一个热忱的弟子。)在他的《方程的一般理论》(*Teoria generale delle equazioni*)②中，鲁菲尼用拉格朗日所创的方法成功地证明了不存在一个预解函数(在拉格朗日的意义下)，能满足一个次数低于 5 次的方程。事实上，他证明了当 $n > 4$ 时，不存在一个 $n$ 元有理函数，在 $n$ 个元素发生置换时取 3 个或 4 个值。后来，在他撰写的《用一般的代数方法解方程的一些

---

① 拉格朗日对函数 $\phi_i$ 的特殊形式用了"预解"这个词，而不是指 $\phi_i$ 所满足的方程。例如，对于三次方程，$x_1 + \omega x_2 + \omega^2 x_3$ 是拉格朗日意义下预解的一种形式。

② 1799 = *Opere Mat.*, 1, 1 - 324.

想法》(*Riflessioni intorno alla soluzione delle equazioni algebraiche generali*)①中,他大胆地着手证明,用代数方法解 $n>4$ 的一般方程是办不到的。虽然一开始鲁菲尼就相信这个结论是正确的,但他的努力没有达到目标。鲁菲尼用了(但没有证明)这样一条辅助定理(现在叫做阿贝尔定理):如果一个方程能用开根解出来,那么根的表达式就能写成这样一种形式,其中的根式是已知方程的根和单位根的有理系数的有理函数。

## 3. 行列式和消元法理论

线性方程组的研究是在 1678 年以前由莱布尼茨开创的,我们今天把方程组写成

$$(9) \qquad x_i = \sum_{j=1}^{n} a_{ij} y_j, \; i = 1, 2, \cdots, m,$$

其中 $x_i$ 是已知量,而 $y_j$ 是未知量。1693 年,莱布尼茨②用指标数的系统集合表示含两个未知量 $x$ 与 $y$ 的三个线性方程所组成的系统的系数。他从三个线性方程的系统中消去两个未知量,得到一个行列式,现在叫做方程组的结式。这个行列式等于零就意味着存在一组 $x$ 和 $y$,满足所有的这三个方程。

用行列式的方法解含有两个、三个和四个未知量的联立线性方程,可能在 1729 年,是由麦克劳林开创的,并发表在他的遗作《代数论著》(*Treatise of Algebra*, 1748)中。虽然书中的记法不太好,但是他的法则是我们今天所使用的法则,克莱姆把它发表在他的《线性代数分析导言》(*Introduction à l'analyse des lignes courbes algébriques*, 1750)中。克莱姆给出了一条法则,用于确定经过五个点的一般的二次曲线 $A + By + Cx + Dy^2 + Exy + x^2 = 0$ 的系数。他的行列式,和现在一样,是这样一些乘积的和,这些乘积是在每一行和每一列中取一个且只取一个元素组成:每一个乘积的符号是这样确定的,即从标准次序出发,得到这些元素的排列所需的重排数,如果这个数是偶数,则符号是正的,否则就是负的。1764 年,贝祖③把确定行列式每一项的符号的手续系统化了。给定了含 $n$ 个未知量的 $n$ 个齐次线性方程,贝祖证明:系数行列式等于零(结式等于零)是这方程组有非零解的条件。

范德蒙④是第一个对行列式理论做出连贯的逻辑的阐述(即把行列式理论与线性方程组求解相分离)的人,虽然他也把它应用于解线性方程组。他还给出了一条法则,用二阶子式和它们的余子式来展开行列式。从集中到对行列式本身进

---

① 1813 = *Opere Mat.*, 2, 155 - 268.
② *Math. Schriften*, 2, 229, 238 - 240, 245.
③ *Hist. de l'Acad. des Sci. Paris*, 1764, 288 - 388.
④ *Mém. de l'Acad. des Sci.*, Paris, 1772, 516 - 532, pub. 1776.

行研究这一点来说,他是这门理论的奠基人。

参照克莱姆和贝祖的工作,拉普拉斯在 1772 年的论文《对积分和世界体系的探讨》(Recherches sur le calcul intégral et sur le système du monde)[①]中,证明了范德蒙德的一些规则,并推广了他的展开行列式的方法,用 $r$ 行中所含的子式和它们的余子式的集合来展开行列式,这个方法现在仍然以他的名字命名[②]。

譬如说,含有两个未知量的三个非齐次线性方程组成的方程组,有公共解的条件是结式等于零,这个条件还表示从三个方程消去 $x$ 和 $y$ 得到的结果。但是消元法的问题在向别的方向伸展。给定两个多项式

$$f = a_0 x^n + \cdots + a_n,$$
$$g = b_0 x^n + \cdots + b_n,$$

要求 $f = 0$ 和 $g = 0$ 有公共解的条件。因为这个条件涉及这样一个事实,即至少存在 $x$ 的一个值既满足 $f = 0$ 又满足 $g = 0$,所以把从 $f = 0$ 解得的 $x$ 值代入 $g$,就得到 $a_i$ 和 $b_i$ 所应满足的条件。这个条件,或者消去式,或者结式,是牛顿第一个进行研究的。在他的《普遍的算术》中他给出了从两个方程(次数可以是二次到四次)中消去 $x$ 的法则。

欧拉在他的《引论》第二卷第 19 章中给出了两个消元的方法。第二个方法是贝祖的乘数法的前驱,欧拉在 1764 年的论文[③]中对这个方法作了更好的描述。贝祖的方法证明是得到最广泛认可的一种方法,因此我们将对它进行考察。在他的《数学教程》(Cours de mathématique,1764—1769)中,贝祖考虑两个 $n$ 次方程:

(10)
$$f(x) = a_n x^n + a_{n-1} x^{n-1} + \cdots + a_0 = 0,$$
$$\phi(x) = b_n x^n + b_{n-1} x^{n-1} + \cdots + b_0 = 0.$$

第一步:$f$ 乘以 $b_n$,$\phi$ 乘以 $a_n$,然后相减。第二步:$f$ 乘以 $b_n x + b_{n-1}$,$\phi$ 乘以 $a_n x + a_{n-1}$,然后相减。第三步:$f$ 乘以 $b_n x^2 + b_{n-1} x + b_{n-2}$,$\phi$ 乘以 $a_n x^2 + a_{n-1} x + a_{n-2}$,然后相减……这样得到的每个方程都是 $x$ 的 $n-1$ 次方程。可以认为这组方程是未知量为 $x^{n-1}$,$x^{n-2}$,$\cdots$,1 的 $n$ 个齐次线性方程的组合。这个线性方程组的结式(即未知量系数的行列式)是最初两方程 $f = 0$ 和 $\phi = 0$ 的结式。当两个方程的次数不同时,贝祖也给出了一个求结式的方法[④]。

消元法理论也适用于次数高于 1 的两个方程 $f(x, y) = 0$ 和 $g(x, y) = 0$。解这个问题的动机是出于要确定两个方程的公共解的个数,或者从几何角度来讲,

---

① Mèm. de l'Acad. des Sci., Paris, 1772, 267 – 376, pub. 1776 = Œuvres, 8, 365 – 406.
② 参看伯歇尔的 Introduction to Higher Algebra, Dover (reprint), 1964, p. 26。
③ Mèm. de l'Acad. de Berlin, 20, 1764, 91 – 104, pub. 1766 = Opera (1), 6, 197 – 211.
④ 一种解说可以在伯恩赛德(William S. Burnside)和潘顿(A. W. Panton)的 The Theory of Equations,1960 年 Dover(重印)的第 2 卷第 76 页上找到。

是求出相应于这两个方程的曲线的交点的个数。从 $f(x, y) = 0$ 和 $g(x, y) = 0$ 消去一个未知量的卓越方法,是由贝祖第一个在 1764 年的文章中勾出大致轮廓,而在他的《代数方程的一般理论》(*Théorie générale des équations algébriques*, 1779)中公布于众的。贝祖的想法是:把 $f(x, y)$ 和 $g(x, y)$ 分别乘上适当的多项式 $F(x)$ 和 $G(x)$,就能作出

(11) $$R(y) = F(x)f(x, y) + G(x)g(x, y).$$

另外,他还寻求 $F$ 和 $G$,使得 $R(y)$ 的次数尽可能地低。

结式的次数的问题也由贝祖在他的《代数方程的一般理论》中做出了回答(欧拉在 1764 年的论文中也独立地回答了这个问题)。两人的答案都是 $mn$,即 $f$ 和 $g$ 的次数的乘积,两个人都把问题归结为从一个辅助的线性方程组中进行消元的问题,从而证明这条定理。上述的这个乘积也是两条代数曲线的交点数。雅可比[1]和明金(Ferdinand Minding)[2]对于两个方程的组合也给出了贝祖的消元法。但是他们谁也没有提到贝祖。也许是他们并不知道贝祖的工作。

## 4. 数　论

数论在 18 世纪留下来一系列互不关联的成果。在这门学科中最主要的著作是欧拉的《代数指南》(*Anleitung zur Algebra*, 1770 年德文版)和勒让德的《数论随笔》(*Essai sur la théorie des nombres*, 1798)。后者的第二版于 1808 年出版,书名是《数论》(*Théorie des nombres*),增补了的第三版,分成两卷,于 1830 年问世。这里要叙述的问题和结果只是已完成的工作中抽出来的一部分小小的样品。

1736 年,欧拉证明了费马的小定理[3],即如果 $p$ 是一个素数,$a$ 和 $p$ 互素,那么 $a^p - a$ 可以被 $p$ 整除。18 和 19 两个世纪的其他一些人对这一定理做出了许多种证明。1760 年,欧拉引进 $\phi$ 函数,或者叫做 $n$ 的 totient,用来推广这条定理[4],$\phi(n)$ 是小于 $n$ 而与 $n$ 互素的正整数的个数,所以当 $n$ 是素数时,$\phi(n)$ 就等于 $n-1$。[记号 $\phi(n)$ 是高斯引进的。]接着,欧拉证明,如果 $a$ 和 $n$ 互素,那么

$$a^{\phi(n)} - 1$$

可以被 $n$ 整除。

至于费马对 $x^n + y^n = z^n$ 所作的著名猜测,欧拉证明[5]当 $n = 3$ 和 $n = 4$ 时,它

---

[1] *Jour. für Math.*, 15, 1836, 101 - 124 = *Gesam. Werke*, 3, 297 - 320.
[2] *Jour. für Math.*, 22, 1841, 178 - 183.
[3] *Comm. Acad. Sci. Petrop.*, 8, 1736, 141 - 146, pub. 1741 = *Opera*, (1), 2, 33 - 37.
[4] *Novi Comm. Acad. Sci. Petrop.*, 8, 1760/1761, 74 - 104, pub. 1763 = *Opera*, (1), 3, 531 - 555.
[5] *Algebra*, Part II, Second Section, 509 - 516 = *Opera*, (1), 1, 484 - 489 (for $n = 3$);和 *Comm. Acad. Sci. Petrop.*, 10, 1738, 125 - 146, pub. 1747 = *Opera*, (1), 2, 38 - 59 (for $n = 4$).

是正确的；$n=4$ 的情形是已经由弗雷尼克·德贝西(Frénicle de Bessy)证明了的。欧拉的这个工作必须由拉格朗日、勒让德和高斯来完成。接着勒让德对于 $n=5$ 证明了这个猜测[①]。我们将要看到，努力去证明费马猜测的历史是很长久的。

费马还曾猜测说(第 13 章第 7 节)，对于 $n$ 值的一个不定的集合，由式子
$$2^{2^n}+1$$
得到的数是素数。对于 $n=0,1,2,3$ 和 4，这都是对的。但是 1732 年欧拉证明[②]当 $n=5$ 时，这个数不是素数，它的一个因子是 641。事实上，现在知道对许多其他的 $n$ 值，由这个式子得到的数不是素数，但没有发现过一个比 4 大的数，代入后得到的数是素数。然而，这个式子的重要性在于它重新出现在高斯论正多边形的可作图性的著作中(第 31 章第 2 节)。

一个有许多分支的研究课题涉及把各种类型的整数分解成其他类型的整数。费马曾经断言：每一个正整数是不多于四个平方数的和(一个平方数重复出现，比如 $8=4+4$ 是容许的，只要把它出现的次数算上)。在 40 年以上的长时间里，欧拉一直试图证明这个定理，并做出了一部分结果[③]。拉格朗日[④]用了欧拉的一部分工作，证明了这条定理。不管是欧拉还是拉格朗日，都没有得到一个正整数究竟能表示成几个平方数的和。

在刚才提到的欧拉 1754 年或 1755 年的论文和同一本杂志[⑤]的另一篇文章中，欧拉证明了费马的断言，即每一个形为 $4n+1$ 的素数能唯一地分解成两个平方数的和。但是欧拉没有按照递降法去做，这一递降法是费马为这个定理勾画出来的一种方法。在另一篇论文中[⑥]，欧拉还证明了两个相对互质的平方数之和的每一个因子是两个平方数之和。

华林(1734—1798)在他的《代数沉思录》(*Meditationes Algebraicae*, 1770)中叙述了一条定理，现在称之为"华林定理"，定理说：每一个整数，或者是一个立方数，或者是至多 9 个立方数之和；另外，每一个整数，或者是一个四次方数，或者是至多 19 个四次方数之和。他还猜测说每一个正整数可以表示成至多 $r$ 个 $k$ 次幂之和，其中 $r$ 依赖于 $k$。这些定理他都没有证明[⑦]。

普鲁士派往俄罗斯的一位公使哥德巴赫在 1742 年 6 月 7 日给欧拉的信中，叙述了一个结论，但没有做出证明。他说，每一个偶整数是两个素数之和，每一个奇整数

---

① *Mém. de l'Acad. des Sci.*, Paris, 6, 1823, 1-60, pub. 1827.
② *Comm. Acad. Sci. Petrop.*, 6, 1732/1733, 103-107 = *Opera*, (1), 2, 1-5.
③ *Novi Comm. Acad. Sci. Petrop.*, 5, 1754/1755, 13-58, pub. 1760 = *Opera*, (1), 2, 338-372.
④ *Nouv. Mém. de l'Acad. de Berlin*, 1, 1770, 123-133, pub. 1772 = *Œuvres*, 3, 189-201.
⑤ 5, 1754/1755, 3-13, pub. 1760 = *Opera*, (1), 2, 328-337.
⑥ *Novi Comm. Acad. Sci. Petrop.*, 4, 1752/1753, 3-40, pub. 1758 = *Opera*, (1), 2, 295-327.
⑦ 一般性的定理是由希尔伯特(David Hilbert)证明的(*Math. Ann.*, 67, 1909, 281-300)。

或者是一个素数,或者是三个素数之和。这个断言的第一部分现在称为哥德巴赫猜想,仍然是一个未解决的问题。断言的第二部分其实可以从第一部分推出,因为如果 $n$ 是奇数,那么从 $n$ 减去任意一个素数 $p$,$n-p$ 就是偶数。

在有关数的分解的某些更专门化的成果中,包含有欧拉证明的 $x^4-y^4$ 和 $x^4+y^4$ 不能是平方数的结论①。欧拉和拉格朗日证明了费马的许多断言。这些断言大意是说某些素数能用特殊的方式表示出来。例如欧拉证明了②形为 $3n+1$ 的素数能唯一地表示成形式 $x^2+3y^2$。

亲和数和完全数继续吸引着数学家们。欧拉③给出了 62 对亲和数,其中包括已经知道的 3 对,还有 2 对是错的。在一篇死后出版的论文中④,他还证明了欧几里得定理的逆定理:每一个偶完全数是形为 $2^{p-1}(2^p-1)$ 的数,其中第二个因子是素数。

威尔逊(John Wilson,1741—1793)是剑桥大学学数学的一个得奖学生,但后来当了律师和法官,他叙述了一条定理,现在仍以他的名字命名:对每一个素数 $p$,量 $(p-1)!+1$ 能被 $p$ 整除;而且,如果这个量能被 $p$ 整除,那么 $p$ 就是一个素数。华林在他的《代数沉思录》中公布了这条定理,拉格朗日在 1773 年证明了它⑤。

求方程 $x^2-Ay^2=1$ 的整数解的问题已经讨论过了(第 13 章第 7 节)。欧拉在 1732 年或 1733 年的一篇论文中,错误地把它叫做佩尔(Pell)方程,这个名称就这样固定下来了。欧拉开始对这个方程感兴趣,因为他需要用这个方程的解去求 $ax^2+bx+c=y^2$ 的整数解。关于后面这个题目他写过几篇文章。1759 年,他通过把 $\sqrt{A}$ 表示成一个连分式⑥,给出了一种解佩尔方程的方法。他的想法是:满足方程的 $x$ 和 $y$ 的值是使得 $x/y$ 收敛到(在连分式的意义下)$\sqrt{A}$ 的值。在证明他的方法总能求出解来,而且它所有的解都是由 $\sqrt{A}$ 的连分式展开给出的时候,他失败了。佩尔方程解的存在性是拉格朗日在 1766 年证明的⑦,在后来的几篇论文中他的证明更简单了⑧。

费马曾断言,他能够确定更一般的方程 $x^2-Ay^2=B$ 什么时候有整数解,并说在可解的时候,他就能够把它解出来。这个方程是由拉格朗日在刚才提到的那两

---

① Comm. Acad. Sci. Petrop., 10,1738,125 - 146,pub. 1747 = Opera ,(1),2,38 - 59;或 Algebra (1770),Part Ⅱ,Ch. 13, arts. 202 - 208 = Opera ,(1),1,436 - 443.

② Novi Comm. Acad. Sci. Petrop., 8,1760/1761,105 - 128,pub. 1763 = Opera ,(1),2,556 - 575.

③ "De numeris amicabilibus," Opuscula varii argumenti , 2,1750, 23 - 107 = Opera ,(1),2,86 - 162.

④ "De numeris amicabilibus," Comm. Arith., 2,1849, 627 - 636 = Opera postuma ,1,1862, 85 - 100 = Opera ,(1),5,353 - 365.

⑤ Nouv. Mém. de l'Acad. de Berlin , 2, 1771, 125 ff., pub. 1773 = Œuvres ,3,425 - 438.

⑥ Novi Comm. Acad. Sci. Petrop., 11,1765,28 - 66,pub. 1767 = Opera ,(1),3,73 - 111.

⑦ Misc. Taur., 4,1766/1769, 19 ff. = Œuvres , 1,671 - 731.

⑧ Mém. de l'Acad. de Berlin, 23,1767,165 - 310,pub. 1769 和 24,2768,181 - 256,pub. 1770 = Œuvres , 2,377 - 535 和 655 - 726;还包含在拉格朗日翻译的欧拉的 Algebra 的补充部分中;见参考书目。

篇论文中解出来的。

求一般方程
$$ax^2 + 2bxy + cy^2 + 2dx + 2ey + f = 0$$
(其中系数都是整数)的所有整数解的问题也解决了。欧拉给出了解的不完整的类;后来拉格朗日①给出了完全的解。在《纪要》②的下卷里,他做出了一个更简单的证明。

18 世纪中数论的最富于首创精神、可能引出最多成果的发现是二次互反律。它用了二次剩余的概念。这里,我们采用由欧拉在 1754 年或 1755 年的一篇论文中引入,后由高斯采用的说法:如果存在一个 $x$,使得 $x^2 - p$ 能被 $q$ 整除,那么就说 $p$ 是 $q$ 的二次剩余;如果这样的 $x$ 不存在,那么就说 $p$ 是 $q$ 的二次非剩余。勒让德 (1808)发明了一个记号,现在用于表示上面提到的两种情况中的任意一种。这个记号是 $(p/q)$,它的意义如下:对于任意数 $p$ 和任意素数 $q$,

$$(p/q) = \begin{cases} 1, & \text{当 } p \text{ 是 } q \text{ 的二次剩余时,} \\ -1, & \text{当 } p \text{ 是 } q \text{ 的二次非剩余时.} \end{cases}$$

还可以认为,如果 $p$ 恰好能被 $q$ 整除,则 $(p/q) = 0$。

在这种记号下,二次互反律说,如果 $p$ 和 $q$ 是不同的奇素数,那么
$$(p/q)(q/p) = (-1)^{(p-1)(q-1)/4}.$$

这个意思就是,如果$(-1)$的指数是偶数,那么 $p$ 是 $q$ 的二次剩余,同时 $q$ 是 $p$ 的二次剩余;或者哪一个也不是另一个的二次剩余。如果$(-1)$的指数是奇数,这在 $p$ 和 $q$ 是形为 $4k+3$ 的素数时出现,那么其中一个素数是另一个素数的二次剩余,但第二个数则不是第一个数的二次剩余。

这一定理的历史须详细说一下。欧拉在 1783 年的一篇论文③中给出了四条定理和第五条总结性的定理,非常清楚地叙述了二次互反律。但是,对这些定理他没有进行证明。这篇论文里的工作注明是从 1772 年开始做的,而且被编进了甚至更早一些的著作里。克罗内克(Leopold Kronecker)在 1875 年④注意到,这条定理的叙述实际上已包含在欧拉很早以前写的论文中了⑤。但是欧拉的"证明"是建立在计算的基础上的。1785 年勒让德在他关于这个课题的论文中独立地宣布了这一定律,虽然他引用了欧拉在《短论》的同一卷里的另一篇文章。他的证明⑥是不

---

① *Mém. de l'Acad. de Berlin*, 23,1767,165 - 310,pub. 1769 = *Œuvres*, 2,377 - 535.
② 24,1768,181 - 256,pub. 1770 = *Œuvres*, 2,655 - 726.
③ *Opuscula Analytica*, 1,1783, 64 - 84 = *Opera*, (1),3,497 - 512.
④ *Werke*, 2,3 - 10.
⑤ *Comm. Acad. Sci. Petrop.* 14,1744/1746,151 - 181,pub. 1751 = *Opera*, (1),2,194 - 222.
⑥ *Hist. de l'Acad. des Sci.*, *Paris*, 1785,465 - 559,pub. 1788.

完全的。在他的《数论》①中他再一次叙述了这条定律，并给了另外一个证明。但是，这一证明仍然是不完全的，因为其中假定了在某一算术级数中存在无穷多个素数。要发现这一定律后面究竟隐藏着什么，从它究竟可以引申出多少含意，这些问题曾经成了 1800 年后数论研究的关键性课题，而且导致了一些重要的发现，其中的一部分我们将要在后面章节中讨论。

18 世纪数论方面的工作是以勒让德 1798 年的名著《数论》而结束的。虽然这本书包含了一批有趣的结果，有些是数论方面的，也有些是其他方面的(比如椭圆积分方面的)，但是勒让德没有做出重大的新发现。人们可以指责他，介绍了一大堆命题，从中本来可以抽象出一些一般性概念，但他却没有这样做。这项工作是由他的后继者们完成的。

# 参 考 书 目

Cajori, Florian: "Historical note on the Graphical Representation of Imaginaries Before the Time of Wessel," *Amer. Math. Monthly*, 19, 1912, 167 – 171.

Cantor, Moritz: *Vorlesungen über Geschichte der Mathematik*, B. G. Teubner, 1898 and 1924; Johnson Reprint Corp., 1965, Vol. 3, Chap. 107; Vol. 4, pp. 153 – 198.

Dickson, Leonard E.: *History of the Theory of Numbers*, 3 vols., Chelsea (reprint), 1951.

Dickson, Leonard E.: "Fermat's Last Theorem," *Annals of Math.*, 18, 1917, 161 – 187.

Euler, Leonhard: *Opera Omnia*, (1), Vols. 1 – 5, Orell Füssli, 1911 – 1944.

Euler, Leonhard: *Vollständige Anleitung zur Algebra* (1770) = *Opera Omnia*, (1), 1.

Fuss, Paul H. von, ed.: *Correspondance mathématique et physique de quelques célèbres géomètres du XVIIIème siècle*, 2 vols. (1843), Johnson Reprint Corp., 1967.

Gauss, Carl Friedrich: *Werke*, Königliche Gesellschaft der Wissenschaften zu Göttingen, 1876, Vol. 3, pp. 3 – 121.

Gerhardt, C. I.: *Der Briefwechsel von Gottfried Wilhelm Leibniz mit Mathematikern*, Mayer und Müller, 1899; Georg Olms (reprint), 1962.

Heath, Thomas L.: *Diophantus of Alexandria*, 1910, Dover (reprint), 1964, pp. 267 – 380.

Jones, P. S.: "Complex Numbers: An Example of Recurring Themes in the Development of Mathematics," *The Mathematics Teacher*, 47, 1954, 106 – 114, 257 – 263, 340 – 345.

Lagrange, Joseph-Louis: *Œuvres*, Gauthier-Villars, 1867 – 1869, Vols. 1 – 3, relevant papers.

Lagrange, Joseph-Louis: "Additions aux éléments d'algèbre d'Euler," *Œuvres*, Gauthier-Villars, 1877, Vol. 7, pp. 5 – 179.

---

① 1798, 214 – 226; 2nd ed., 1808, 198 – 207.

Legendre, Adrien-Marie: *Théorie des nombres*, 4th ed., 2 vols., A. Blanchard (reprint), 1955.

Muir, Thomas: *The Theory of Determinants in the Historical Order of Development*, 1906, Dover (reprint), 1960, Vol. 1, pp. 1 – 52.

Ore, Oystein: *Number Theory and its History*, McGraw-Hill, 1948.

Pierpont, James: "Lagrange's Place in the Theory of Substitutions," *Amer. Math. Soc. Bulletin*, 1, 1894/1895, 196 – 204.

Pierpont, James: "Zur Geschichte der Gleichung des V. Grades (bis 1858)," *Monatshefte für Mathematik und Physik*, 6, 1895, 15 – 68.

Smith, H. J. S.: *Report on the Theory of Numbers*, 1867, Chelsea (reprint), 1965; also in Vol. 2 of the *Collected Mathematical Papers of H. J. S. Smith*, 1894, Chelsea (reprint), 1965.

Smith, David Eugene: *A Source Book in Mathematics*, 1929, Dover (reprint), 1959, Vol. 1, relevant selections. One of the selections is an English translation of Gauss's second proof of the fundamental theorem of algebra.

Struik, D. J.: *A Source Book in Mathematics*, 1200—1800, Harvard University Press, 1969, pp. 26 – 54, 99 – 122.

Vandiver, H. S.: "Fermat's Last Theorem," *Amer. Math. Monthly*, 53, 1964, 555 – 578.

Whiteside, Derek T.: *The Mathematical Works of Isaac Newton*, Johnson Reprint Corp., 1967, Vol. 2, pp. 3 – 134. This section contains Newton's *Universal Arithmetic* in English.

Wussing, H. L.: *Die Genesis der abstrakten Gruppenbegriffes*, VEB Deutscher Verlag der Wissenschaften, 1969.

# 第 26 章

## 18 世纪的数学

> 当我们不能用数学指南针或经验的火炬时……
> 肯定的,我们连一步也不能向前迈进。
>
> 伏尔泰

## 1. 分析的兴起

如果 17 世纪曾经正确地被称为天才的世纪,那么 18 世纪就可以称为发明的世纪。虽然这两个世纪都是多产的,而且 18 世纪的人并没有引进像微积分那样新颖、那样基本的概念,但他们施展了高超的技巧,发掘并增进了微积分的威力,从而产生了现在比较重要的一些分支:无穷级数、常微分方程和偏微分方程、微分几何和变分法。在把微积分扩展到这几个领域的过程中,他们建立了现在数学中最广阔的一个领域,我们把它叫做分析(虽然这个词现在的含意还包括 18 世纪的人几乎未曾接触过的两个另外的分支)。另一方面,坐标几何与代数的进展,同它们在 17 世纪开始被引进时的情况比起来,只不过是一个小小的扩展。即使是代数中的重大问题,即解 $n$ 次方程的问题,也只是由于分析中(例如用部分分式法求积分时)要用到它,才受到人们的注意。

差不多在这一世纪的前三分之一的时期内,几何方法是到处被使用着;但是欧拉和拉格朗日认识到分析方法具有更大的有效性之后,他们就慎重地、逐渐地把几何论证换成分析论证。欧拉的许多教科书都说明怎样使用分析。接近这一世纪末尾的时候,蒙日确实复兴了纯粹几何,虽然他大量地使用几何是为了给分析中的工作赋予直觉的意义并做出指导。蒙日常被看成是一个几何学家,但这是因为他正工作在几何已经枯竭的时代,他指出了几何的重要性(至少是为了上述目的),给几何注入了新的生命力。事实上,当他觉察到几何之所以还能够发展是因为能用分析对它进行研究时,在 1786 年发表的一篇论文中,他含蓄地承认分析有更大的重要性。和其他人一样,他基本上没有去探索新的几何的思想。他的主要兴趣和最后成果都是在分析工作方面。

关于分析重要的最精彩叙述,是拉格朗日在他的《分析力学》(1788)中做出的,在书的序言中他写道:

> 我们已经有了力学方面的各种专著,但是本书的计划是完全新的。我曾致力于将这门科学[力学],以及解决与它有关的问题的技巧,化归为一般性的公式,这些公式的简单推导就给出解决每一个问题所必需的全部方程……在这项工作中找不到图形。我在其中所阐明的方法,既不要求作图,也不要求几何的或力学的推理,而只是一些遵照一致而正规的程序的代数[分析]运算。喜欢分析的人将高兴地看到力学变为它的一个新的分支,并将感激我扩大了它的领域。

拉普拉斯也强调分析的力量,在他的《宇宙系浅说》中,他说:

> 代数分析把我们的注意力集中到抽象组合上去,很快使我们忘记[我们研究的]主要目标,只是到最后才又回到原来的目标。但是,当一个人沉湎在分析运算中时,他就被这个方法的普遍性和它的不可估量的优越性引导着,这个优越性体现在它把力学推理转变成几何往往达不到的一些结果。分析是如此多产,只需把一些特殊的真理译成这个普遍的语言,就会看到从它们本身的表达中又出现众多新的出乎预料的真理。没有另外一种语言是如此优美,而这些优美之处都是从一长串互相连接并全部出自于同一个基本概念的表达式中产生出来的。因此这个世纪的几何学家[数学家]被它的[分析的]优越性折服之后,马上致力于扩大它的领域,并把它的边界往后推①。

分析的几个特点值得提一下。一方面,牛顿对导数和反微分法的强调仍被保留着,所以很少用到求和的概念。但另一方面,莱布尼茨的概念,即导数的微分形式,以及他的记法都变成标准的了(尽管整个世纪中莱布尼茨的微分始终没有确切的意义)。一个函数 $y = f(x)$ 的一阶微分 $dy$ 和 $dx$ 是在 19 世纪(第 40 章第 3 节)合法化了的,但是 18 世纪的人们自由地使用的高阶微分,甚至到今天都还没有建立在一个严密的基础之上。莱布尼茨形式地运用分析式子的传统在 18 世纪延续下来了,事实上,还更加强调了这种做法。

赋予分析的这种重要性隐含着 18 世纪的人们所没有重视的一些东西。它进一步把数从几何里分离出来,并且含蓄地强调了数系、代数以及分析本身的真正的

---

① Book V, Chap. 5 = Œuvres, 6,465-466.

基础。这个问题在 19 世纪开始变得更为突出。特别是 18 世纪的数学家仍然自称为几何学家,这个名词在先前的年代中是流行的,那时候几何在数学中占着统治地位。

## 2. 18 世纪工作的推动力

18 世纪的数学工作远较其他世纪更为直接地受到物理问题的激励。实际上,可以说工作的目标不是数学,而是求解物理问题;数学是达到物理目的的一种方法。拉普拉斯(虽然也许是一种极端的情况)确实认为数学只是物理的一个工具,而且他自己所关心的完全是数学对天文学的价值。

物理研究的主要领域当然是力学,特别是天体力学。大体上和达·芬奇预言的一样,力学成了数学的福地,因为它提出了如此多的研究方向。数学与力学问题的牵连是如此广泛,以至达朗贝尔在《百科全书》中以及狄德罗(Denis Diderot, 1713—1784)在他的《关于自然界的解释的思想》(*Pensées sur l'interprétation de la nature*, 1754)中都写了从 17 世纪数学时代到力学时代的转变。实际上,他们相信像笛卡儿、帕斯卡和牛顿那样的人的数学工作已经过时了,而力学应该是数学家的主要兴趣。按照他们的观点,那就只有当数学为物理服务时,才是普遍有用的。18 世纪集中精力于离散质量系统的力学和连续介质的力学。光学暂时被推入幕后。

但是,实际发生的情况同狄德罗和达朗贝尔所坚持的恰好相反。拉格朗日说,爱好分析的人们会高兴地看到力学变为它的一个分支。证诸于后来的发展,我们认为,拉格朗日这样说,是做出了比较合乎事实的解释。更概观地说,由伽利略(Galileo Galilei)开创并由牛顿继承的工作方法(即将基本的物理原理表示为定量的数学陈述,然后利用数学的论证推导出新的物理成果),已被不可估量地向前推进了。物理越来越数学化,至少对于那些物理原理已被充分了解的领域是如此。物理的主要分支日益增多地组织到数学结构中去,建立了数学物理。

数学不仅开始把科学包括进去,而且部分地是因为在科学和我们今天称之为工程学之间没有明确的界限,所以数学家们从事于工业技术上的问题,这是理所当然的事情。比如欧拉研究船的设计、帆的作用、弹道学、地图学以及其他一些实际问题。蒙日研究挖掘、填塞并设计风车的叶片,其认真程度与研究任何微分几何或微分方程中的问题一样。

蒙蒂克拉[J. F. (Jean-Etienne) Montucla, 1725—1799]在他的《数学史》(*Histoire des mathématiques*,第二版,1799—1802)中把数学分成两部分,一部分"由那些纯粹的抽象的东西组成",另一部分"由被称为混合物,或更通常地叫做物理-数学的那些东西组成"。他的第二部分包括那些能用数学方法进行研究和处理的领域，也就是力学、光学、天文学、军用和民用建筑、保险业、声学和音乐。他把光的折射甚至验光、反光学和透视画法都包括在光学之内。力学包括动力学和静力学、流体动力学和流体静力学；天文学包括地理学、理论天文学、天体天文学、测时术(例如日晷)、年代学和航海学，蒙蒂克拉还把占星学、天文台的建筑和船的设计都包括进去。

## 3. 证明的问题

物理问题推动了数学的大部分工作，当然并不是 18 世纪才特别这样，但是在这一世纪中数学与物理的合并是有决定意义的。我们已经看到，主要的发展是分析。但是微积分基础本身不仅不清楚，而且几乎从 17 世纪它诞生之日起就一直受到攻击。18 世纪的思想确实是不严密的、直观的。分析的任何一个较细致的问题，如级数与积分的收敛性、微分与积分次序的交换、高阶微分的使用，以及微分方程解的存在性问题等，几乎无人问津。数学家们之所以能进行工作，完全归功于运算法则是清楚的。把物理问题用数学形式表达出来之后，学者们就开始工作，新的一套方法和结论就涌现出来。数学本身肯定是纯形式的。欧拉完全被公式迷住了，以致他一看到公式，就情不自禁地要对它们进行演算。数学家们怎么能够敢于只应用法则，而又敢于断言他们的结论是可靠的呢？

数学的物理意义引导着数学的步骤，而且时常提供部分论据，以填补那些非数学的步骤。推理本质上无异于一条几何定理的证明，其中使用了一些从图形看来完全是显然的事实，尽管没有公理或定理作为它们的依据。最后，结论在物理上的正确性保证了它在数学上也必定是正确的。

18 世纪的数学思想中有另外一个因素支持了这种论证。人们对符号的信任远远超过对逻辑的信任。因为无穷级数对于 $x$ 的一切值都有同一个符号形式，所以对应于级数收敛的 $x$ 值和对应于级数发散的 $x$ 值之间的区别，看来不需要注意。而且即使他们认识到有些级数，例如 $1+2+3+\cdots$ 有一个无穷大的和，但他们宁愿试图给和数赋予一种意义，而不愿意对求和法提出疑问。

同样地，复数的自由使用也是立足于对符号的信任。因为二次式 $ax^2+bx+c$ 在其零点是实数时可以表示成线性因式的乘积，所以同样清楚的是，当零点是复数时，也应该有线性因式存在。尽管数学家们意识到他们自己对微积分的一些概念还不太清楚，但是微积分(微分与反微分)的形式运算却被扩大到新的函数。对形式主义的这个依赖性或多或少地蒙蔽了他们。例如在他们扩大他们的函数概念时就遇到了困难，这是由于他们对函数必定能用公式表示出这一点奉若神明的缘故。

18 世纪的人们完全清楚数学上对证明提出的要求。我们已经看到,欧拉就曾试图证明他使用发散级数是正当的,拉格朗日以及其他一些人也曾表示要给微积分提供一个基础。不过,这为数很少的想要达到严密性的努力,并没有使这一世纪的工作逻辑化,但它们还是值得注意的,因为它们表明了严密化的标准是随时代而变的。而且人们差不多总是持这样的意见:没有办法的事就得忍耐。他们完全陶醉于已取得的物理成就,以至在绝大部分情况下,对失去的严密性无动于衷。令人吃惊的是,在理论完全没有保证的情况下,却还极端地相信结论。因为 18 世纪的数学家们在没有逻辑支持的情况下,愿意如此勇敢地冲杀向前,所以这段时期被称为数学的英雄年代。

或许是由于使微积分严密化的少数努力没有成功,而且随后的分析工作又提出了其他一些毫无希望获得解决的严密性问题,所以有些数学家放弃了这方面的努力,正像寓言中的狐狸对葡萄那样,有意地嘲笑希腊人的严密性。拉克鲁瓦(1765—1843)在他的第二版(1810—1819)的三卷本《微积分学教程》第一卷的序言(第 11 页)中写道:"希腊人所烦恼的这种琐碎的东西,我们不再需要了。"这个世纪的典型态度是,为什么要自找麻烦,用深奥的推理来证明那些人们根本没有怀疑过的东西呢?或者用不太显然的东西去证明较为显然的东西呢?

甚至欧几里得几何也遭到批评,理由是在一些没有一个人认为有必要的地方提供了证明。克莱罗在他的《几何要义》(Eléments de géométrie, 1741)中说:

> 欧几里得自找麻烦地去证明什么两个相交的圆的圆心是不同的啦,什么一个被围于另一三角形内的三角形其各边之和小于外围三角形的各边之和啦,这是不足为怪的。这位几何学家必须去说服那些顽固不化的诡辩论者,而这些人是以拒绝最明显的真理而自豪的。因此,像逻辑那样,几何必须依赖形式推理去反驳他们……但现在局面倒转过来了。所有那些涉及常识早已熟知的事情的推理,只能掩盖真理,使读者厌倦,在今天人们对它已不屑一顾了。

赫内-弗朗斯基(Josef Maria Hoene-Wronski,1778—1853)也表达过这种 18 世纪的看法,他是一个计算方法学家,但不关心数学的严密性。他的一篇论文被巴黎科学院的一个委员会批评为缺乏严密性。赫内-弗朗斯基回答说,这是"迂腐,一种偏爱手段而忽视目的的迂腐"。

总的说来,人们是知道他们对严密性掉以轻心的。1743 年达朗贝尔说:"直到现在……表现出更多关心的是去扩大建筑,而不是在入口处张灯结彩;是把房子盖得更高些,而不是给基础补充适当的强度。"由此,18 世纪开垦了新的处女地。鉴于做工作的人数有限,这个世纪中伟大的创造大大超过其他任何一个世纪。19 和

20世纪的人们倾向于看不起18世纪粗糙的、常常是经不住考验的归纳性工作,强调数量过于庞大,抓住其中的错误,来尽量贬低它的成就。

## 4. 形而上学的基础

虽然数学家们确实认识到他们的创作并没有用欧几里得的演绎模式重新系统地陈述出来,但他们坚信数学的真理。这个信念的部分依据就是前已指出的、结论在物理上的正确性,部分依据是哲学和神学的理由。因为数学只不过是把宇宙的数学设计揭示出来,所以它的真理是无可怀疑的。17世纪后期和18世纪的哲学主旨主要是由霍布斯(Thomas Hobbes)、洛克(John Locke)和莱布尼茨阐述过的,是理智与自然界之间预先建立的协调一致性。这个教义从希腊时代以来确实是没有争议的。那么,如果这样清楚地适用于自然界的数学定律却缺乏纯数学证明的确切性,那不需要一个遁词吗?虽然18世纪揭示的仅仅是一些零碎的东西,但它们是基础真理的碎片。数学演绎法的非凡的准确性,特别表现在天体力学上,是这个世纪相信宇宙数学设计的一个光荣的坚信礼。

18世纪的人们同样相信某些数学原理必定正确,因为宇宙的数学设计一定已经把它们吸收进去了。譬如说,由于一个完美的宇宙不会容忍浪费,所以它的行动是达到目的所必需的最少的行动。因此,莫佩尔蒂所断言的并由欧拉在他的《发明方法》中所支持的最小行动原理是勿容置疑的。

世界是按照数学进行设计的这一信念来自科学与神学早期的联系。我们可以回忆一下,16和17世纪的领袖人物不仅笃信宗教,而且还在他们的神学观点中寻找对他们的科学工作生死攸关的启示和信念。哥白尼(Nicholas Copernicus)和开普勒确信日心说必定是正确的,是因为他们确信上帝更喜爱数学上比较简单的理论。笛卡儿相信我们的天赋观念(其中包括数学公理)是正确的,而且我们的推理是正确的,是基于他深信上帝不会欺骗我们,因而否定数学的真理及其清晰性就是否定上帝。我们已经提到过,牛顿认为他的科学成就的主要价值在于对上帝的工作的研究和对天启教的支持。他著作中的许多段落是对上帝的赞美,他的《原理》第三卷末尾的总注释的大部分是对上帝的颂词(它使人联想到开普勒对上帝的颂词)。莱布尼茨关于真实世界与数学世界之间一致性的解释,和他对于他的微积分可以应用到现实世界的最后的辩护词是世界与上帝是统一的。因此现实的规律不能偏离数学的理想的规律。宇宙是尽善尽美的,是所有可能有的世界中最美好的世界,而且是理性的思想揭示了它的规律。

虽然仍旧相信自然界是数学地设计的,但18世纪最终抛弃了这个信念的哲学及宗教的基础。整个哲学思想的核心,即宇宙是上帝设计的这一教义,逐渐地被纯粹数学-物理的解释削弱了它的基础。甚至推动数学工作的宗教方面的势力在17世纪时就开始失去地盘。伽利略曾响亮地号召来一个决裂。他在一封信中说道："可是，对我说来，关于神圣经典的任何讨论都可能是永远没有用的谎话连篇，没有一个正正经经的天文学家或科学家曾做过这类事情。"后来笛卡儿主张自然规律是不变的，因而含蓄地限制了上帝的作用。牛顿把上帝的行动限制为保持世界按计划行事。他用了一个比喻：造表的人负责表的修理。于是归于上帝的作用越来越受到限制。当对天上和地上的运动都适合的普遍定律（这是牛顿自己揭示的）开始在理性活跃的舞台上占统治地位，而预言和观察不断相符说明这些规律是完善的时候，上帝就越来越退到幕后，而宇宙的数学规律开始成为注意力的焦点。莱布尼茨看到牛顿的《原理》中隐含了一个按照计划运转或者说没有上帝的世界，就指责这本书是反基督的。但是18世纪的数学越往前发展，来自宗教的对数学的启示和推动就越来越后退。

同莫佩尔蒂和欧拉不一样，拉格朗日否定在最小作用原理中隐含有任何形而上学的东西。关心得到物理上意义重大的结果代替了关心上帝的设计。对于数学物理说来，完全抛弃上帝及任何建立在它的存在性上的形而上学原理是拉普拉斯做出的。有这样一个被人们熟知的故事。当拉普拉斯送给拿破仑一部他著的《天体力学》时，拿破仑说："拉普拉斯先生，他们告诉我，你写了这部关于宇宙系统的大作，而从头到尾没有一处提到它的创造者。"据说拉普拉斯答道："我不需要这个假设。"这个世纪快接近尾声的时候，对一段议论贴上一个"形而上学"的标签已变成责备的话，虽然这个标签常被用于谴责数学家们不理解的东西。如蒙日的同时代人不懂他的特征函数理论，这个理论就被称为是形而上学的。

## 5. 数学活动的扩张

在18世纪中，发起并支持数学研究的，与其说是大学，不如说是17世纪中期和末期建立起来的科学院。科学院还支持办杂志，使其成为发表新的工作的正式渠道。科学院事务方面的唯一变化是1795年巴黎科学院改组为法兰西学院下设三个分支中的一个。

1800年以前，德国的大学不作研究。它们提供两年人文科学的必修课，然后是法律、神学或医学的专门化课。大数学家不属于大学，而是归属柏林科学院。但在1810年，洪堡(Alexander von Humboldt, 1769—1859)建立了柏林大学并提出一个基本的思想：教授应该讲授他们想讲的课程，而学生可以学习他们喜欢学习的东西。因此教授第一次可以按照他们的研究兴趣授课。比如雅可比从1826年起在哥尼斯堡(Koenigsberg)讲授他的关于椭圆函数的工作，虽然这仍然是很稀有的,而且其他教员必须负担自己的正规课程。19世纪时德国的许多王国、公国和自由城都设立了大学,开始支持搞研究的教授。

18世纪时法国的大学,至少一直到大革命时期,并不比德国的大学好。但是新政府决定建立高水平的大学,进行教学和研究。这项工作的组织者是孔多塞,他在数学方面有过一些活动。1794年建立的多科工艺学校,以蒙日和拉格朗日作为它的第一批数学教授。学生为被录取而互相竞争,他们接受培养其为工程师或军官的训练。事实上,课程的数学水平是很高的,因而毕业生能够从事数学研究。通过这种训练和出版的讲义,这所学校产生了广泛而有力的影响。1808年法国政府建立了高等师范学校,它的前身是师范学校,建于1794年,但只持续了几个月。这所新的学校是用来培养教师的,分成两部分:人文科学和自然科学。在这里,学生也为被录取而互相竞争,它也提供高深的课程,学习与研究的条件是好的,学习较好的学生被引导去搞研究。

18世纪时,欧洲各国在出数学成果的多寡方面差别相当大。领先的国家是法国,其次是瑞士。德国(指德意志各民族而言)相对说来不太活跃,虽然欧拉和拉格朗日是受柏林科学院资助的。英国也没有什么活力,泰勒、斯图尔特(Matthew Stewart,1717—1785)和麦克劳林是仅有的几位卓越的数学家。英国的这种可怜的状况,与它在17世纪时巨大的活动性相比,是令人难以置信的,但这是容易找到解释的。英国的数学家,不仅仅因为牛顿和莱布尼茨的争吵所造成的后果,而把他们每一个人孤立于大陆上的人们之外,而且因为他们遵循牛顿的几何方法而受到损害。英国人专心致志于研究牛顿,而不是研究自然界。甚至在他们的分析工作中,他们用牛顿表示流数和流量的记号,而拒绝阅读任何用莱布尼茨的记号写的东西。另外,在牛津和剑桥,甚至不容许任何一个犹太人或不信英国国教的人入学。大约在1815年前后,英国数学已奄奄一息了,天文学也差不多是这样。

在19世纪的前四分之一的时期内,英国数学家开始对在大陆上迅猛发展的微积分及其扩展的工作感兴趣。1813年剑桥成立了分析学会,研究这项工作。皮科克(George Peacock,1791—1858)、赫歇尔(John Herschel,1792—1871)、巴贝奇(Charles Babbage)以及另外一些人从事于研究"d-主义"的原理——即微积分中莱布尼茨用的符号(与"点-状态"原理,或牛顿所用的符号相对立)。不久,商 $dy/dx$ 代替了 $\dot{y}$ ,而且英国的学生开始能得到大陆上用的教科书。巴贝奇、皮科克和赫歇尔翻译并在1816年出版了拉克鲁瓦的《教程》的一卷版本。到1830年前后,英国人已经能够参加到大陆上的人的工作中去了。英国的分析,被证实大部分是数学物理,虽然几个完全新的工作方向(代数不变量理论和形式逻辑)也是在这个国家开创的。

## 6. 向前的一瞥

我们知道，到 18 世纪末尾的时候，数学家们已开创了一些新的数学分支。但是这些分支中的问题变得极其复杂，而且除了少数例外，都没有找到解决它们的一般的方法。数学家们开始感到山穷水尽了。1781 年 9 月 21 日，拉格朗日在给达朗贝尔的信中说："在我看来似乎[数学的]矿井已挖掘很深了，除非发现新的矿脉，否则迟早势必放弃它。现在物理和化学提供了最辉煌的财富，它们也比较容易开发。我们这一世纪的嗜好看来也是完全在这个方向上，而且科学院中几何学的处境将会有一天变成目前大学里阿拉伯语的处境一样，那也不是不可能的。"① 欧拉和达朗贝尔同意拉格朗日的意见，认为数学的思想已差不多快穷尽了，他们看到没有新的伟大智能的人物从地平线上出现。这种恐惧甚至早在 1754 年狄德罗在《关于自然界的解释的思想》中就已经表述过："我敢说，不出一个世纪，欧洲就将剩不下三个大的几何学家[数学家]了。这门科学很快就将停滞不前，停留在伯努利家族、莫佩尔蒂们、克莱罗们、方丹们、达朗贝尔们和拉格朗日们把它发展到的那个地方……我们将不能越过那个地方。"

德朗布尔(Jean-Baptiste Delambre, 1749—1822)是法兰西学院数学和物理部的常设书记，他在一份报告《关于 1789 年以来数学科学进展的历史及其现状的报告》(*Rapport historique sur le progrès des sciences mathématiques depuis 1789 et sur leur état actual*，巴黎，1810)中说："至于未来能给数学的进展提供什么机会，要对此作分析，那会是困难的和轻率的；在它几乎所有的分支里，人们都被不可克服的困难阻挡住了；把细微末节完善化看来是剩下来的唯一可做的事情了。所有这些困难好像是宣告我们的分析的力量实际上已经穷竭了……"

比较聪明的预言是 1781 年孔多塞做出的，蒙日的工作曾给他以深刻的印象。他说：

> ……虽然如此多的工作时常获得圆满的成功，但是我们还远远没有穷尽分析在几何上的所有的应用，不应该相信什么我们已经接近了这些科学必定会停止不前的终点(因为它们已经达到了人类精神力量的极限)，我们应该公开声称，我们仅仅是踏在万里征途的第一步上。这些新的[实际的]应用(与它们对自身可能有的用处是无关的)，一般说来对分析的进步是必需的；它们产生了人们也许想不到要提出的一些问题；它们要求创造

---
① Lagrange, *Œuvres*, 13, 368.

新的方法。技术解决的方法是应运而生的；对于最抽象的科学的方法，也可以这样说。但是我们把更高级的一种需要归于后者，需要发现新的真理，需要更好地了解自然界的规律。

于是人们看到长期搁置不用的一些卓越的理论忽然变成了一些最重要的应用的基础，而类似地，一些貌似简单的应用产生了最抽象的理论的概念，对于这些概念也许没有人感觉到有需要，而这些应用把几何学家[数学家]的工作引导到了这些理论上去……

孔多塞当然是正确的。其实，数学在 19 世纪的扩展还更超过了 18 世纪。1783 年，欧拉和达朗贝尔都去世了，这一年，拉普拉斯 34 岁，勒让德 31 岁，傅里叶 15 岁，而高斯只有 6 岁。

至于新的数学究竟是什么，我们将在随后的几章中看到。但在这里我们将提到一些传播成果（这些成果我们将在以后谈到）的媒介。首先是科研杂志数量的一个巨大的膨胀。《多科工艺学校杂志》(Journal de l'Ecole Polytechnique)和学校同时创立(1794)。1810 年热尔岗(Joseph-Diez Gergonne, 1771—1859)创办了《纯粹与应用数学记事》(Annales de Mathématiques Pures et Appliquées)，一直持续到 1831 年。这是第一个纯数学的杂志。与此同时克雷尔(August Leopold Crelle, 1780—1855，他是一个值得注意的人物，因为他是一个很好的组织者，并且帮助许多年轻人获得了大学里的位置)在 1826 年创办了《纯粹与应用数学杂志》(Journal für die reine und angewandte Mathematik)[①]，克雷尔用这个名称是想表示他愿意扩大数学兴趣的范围。但是不管克雷尔的意图如何，这个杂志很快就被专业化的数学文章全部占据，因而曾常常被戏称为《纯粹非应用数学杂志》(Journal für reine unangewandte Mathematik)。这份杂志也被叫做《克雷尔杂志》(Crelle's Journal)，而且从 1855 年到 1880 年，它被叫做《博哈特的杂志》(Borchardt's Journal)。1795 年《科学院纪要》(Mémoires de l'Académie des Sciences)变为《法兰西学院的科学院纪要》(Mémoires de l'Académie des Sciences de l'Institut de France)。巴黎科学院在 1835 年也创办了《周报》(Comptes Rendus)，在 4 页或更少一些的纸上摘要写出新的成果。有一个未曾考证确凿的故事说，之所以限制为 4 页，是要限制柯西，因为他总是写得很多。

1836 年刘维尔(Joseph Liouville)创办了与《克雷尔杂志》类似的法文杂志《纯粹与应用数学杂志》(Journal de Mathématiques Pures et Appliquées)，通常被叫作《刘维尔杂志》(Liouville's Journal)。1864 年巴斯德(Louis Pasteur, 1822—

---

[①] 以后简写为 Jour. für Math。

1895)创办了《高等师范学校科学纪事》(*Annales Scientifiques de l'Ecole Normale Supérieure*),1870 年达布(1842—1817)创办了《数学科学通报》(*Le Bulletin des Sciences Mathématiques*)。在浩繁的其他杂志中,我们提一下《数学纪事》(*Mathematische Annalen*, 1868)、《数学学报》(*Acta Mathematica*, 1882)和《美国数学杂志》(*American Journal of Mathematics*),这是美国的第一份数学杂志,是由詹姆斯·西尔维斯特(James Joseph Sylvester)在 1878 年建立的,当时他是约翰·霍普金斯大学(Johns Hopkins University)的教授。

19 世纪以来存在着另外一种促进数学研究积极性的力量。有几个国家的数学家组成专业性的学会,例如伦敦数学会(这是第一个数学会,建立于 1865 年)、法国数学会(1872)、美国数学会(1888)和德国数学会(1890)。这些学会定期开会并宣读论文,每一个学会都主办一个或几个杂志,除去前面已经提到的以外,例如还有《法国数学会通报》(*Bulletin de la Société Mathématique de France*)和《伦敦数学会会报》(*Proceedings of the London Mathematical Society*)。

如以上关于新的组织和新的出版物的概略的含义所示,在 19 世纪中数学巨大地扩展了。这个扩展之所以有可能,主要是由于一个个小的数学家贵族团体被一个个范围大得多的集体所代替。知识的传播使得可能从各个经济阶层涌现出远较过去多得多的学者。这个趋势甚至在 18 世纪就已经开始了。欧拉是一个牧羊人的儿子;达朗贝尔是由一个穷苦家庭抚养长大的私生子;蒙日是一个小商贩的儿子;而拉普拉斯出身于一个农民家庭。大学参与研究、教科书的写作,以及由拿破仑开创的对科学家的系统训练,这一切造就了为数众多的数学家。

# 参 考 书 目

Boutroux, Pierre: *L'Ideal Scientifique des mathématiciens*, Libraire Felix Alcan, 1920.

Brunschvicg, Léon: *Les Etapes de la philosophie mathématique*, Presses Universitaires de France, 1947, Chaps. 10 – 12.

Hankins, Thomas L.: *Jean d'Alembert: Science and Enlightenment*, Oxford University Press, 1970.

Hille, Einar: "Mathematics and Mathematicians from Abel to Zermelo," *Mathematics Magazine*, 26, 1953, 127 – 146.

Montucla, J. F.: *Histoire des mathématiques*, 2nd ed., 4 vols., 1799 – 1802, Albert Blanchard (reprint), 1960.

# 第 27 章

## 单复变函数

> 实域中两个真理之间的最短路程是通过复域。
>
> 阿达马(Jacques Hadamard)

## 1. 引　言

从技术观点来看,19 世纪最独特的创造是单复变函数的理论。这个科目时常被称为函数论,虽然这个简称隐含有更多的意思。这个新的数学分支统治了 19 世纪,几乎像微积分的直接扩展统治了 18 世纪那样。函数论,这一最丰饶的数学分支,曾被称为这个世纪的数学享受。它也曾被欢呼为抽象科学中最和谐的理论之一。

## 2. 复函数论的开始

我们已经看到,复数尤其是复函数是由于与部分分式积分法、确定负数与复数的对数、保形映射,以及实系数多项式的分解等相联系而实际进入数学的。实际上 18 世纪的人们在复数及复函数方面所做的工作远不止此。达朗贝尔在他的流体力学论文《关于流体阻力的一个新理论试论》(*Essay on a New Theory of the Resistance of Fluids*, 1752)中,考虑了一个物体经过各向同性的、无重量理想流体的运动,联系这一研究,还考虑了下面的问题。他想确定出两个函数 $p$ 及 $q$,它们的微分是

(1) $$\mathrm{d}q = M\mathrm{d}x + N\mathrm{d}y, \quad \mathrm{d}p = N\mathrm{d}x - M\mathrm{d}y.$$

由于量 $N$ 及 $M$ 在 $\mathrm{d}p$ 和 $\mathrm{d}q$ 中都出现,故立即推知

(2) $$\frac{\partial p}{\partial x} = \frac{\partial q}{\partial y}, \quad \frac{\partial p}{\partial y} = -\frac{\partial q}{\partial x}.$$

这些方程现在称为柯西-黎曼方程。方程(2)是说(第 19 章第 6 节) $q\mathrm{d}x + p\mathrm{d}y$ 和 $p\mathrm{d}x - q\mathrm{d}y$ 是某些函数的恰当微分。于是表达式(我们将用 i 表示 $\sqrt{-1}$,虽然欧拉

只是偶尔这样用,到高斯才成为普遍的用法。)

$$q\mathrm{d}x + p\mathrm{d}y + \mathrm{i}(p\mathrm{d}x - q\mathrm{d}y) = (q + \mathrm{i}p)\left(\mathrm{d}x + \frac{\mathrm{d}y}{\mathrm{i}}\right),$$

$$q\mathrm{d}x + p\mathrm{d}y - \mathrm{i}(p\mathrm{d}x - q\mathrm{d}y) = (q - \mathrm{i}p)\left(\mathrm{d}x - \frac{\mathrm{d}y}{\mathrm{i}}\right)$$

也是完全微分,从而 $q+\mathrm{i}p$ 是 $x+y/\mathrm{i}$ 的函数,$q-\mathrm{i}p$ 是 $x-y/\mathrm{i}$ 的函数。达朗贝尔设

(3) $$q + \mathrm{i}p = \xi\left(x + \frac{y}{\mathrm{i}}\right) + \mathrm{i}\zeta\left(x + \frac{y}{\mathrm{i}}\right),$$

(4) $$q - \mathrm{i}p = \xi\left(x - \frac{y}{\mathrm{i}}\right) - \mathrm{i}\zeta\left(x - \frac{y}{\mathrm{i}}\right),$$

其中 $\xi$ 和 $\zeta$ 是有待于确定的函数,在特殊的情形下,达朗贝尔曾把它们确定出来。将(3)及(4)相加并相减,他得出 $p$ 和 $q$。这一点的意义是表明了 $p$ 和 $q$ 是一个复函数的实部及虚部。

欧拉指出了如何利用复函数去计算实积分的值。从 1776 年起到 1783 年逝世时止,他写了一系列论文,这些论文从 1788 年起开始发表。其中有两篇是在 1793 年和 1797 年[①]发表的。欧拉指出:$z$ 的任一函数,若对 $z=x+\mathrm{i}y$ 具有形式 $M+\mathrm{i}N$,其中 $M$, $N$ 为实函数,那么它对于 $z=x-\mathrm{i}y$ 就具有形式 $M-\mathrm{i}N$。他说,这是复数的基本定理。他利用这个断言去求实积分的值。

假定

(5) $$\int Z(z)\mathrm{d}z = V,$$

其中 $z$ 是实的。他令 $z=x+\mathrm{i}y$,从而 $V$ 变为 $P+\mathrm{i}Q$。于是

(6) $$P + \mathrm{i}Q = \int (M + \mathrm{i}N)(\mathrm{d}x + \mathrm{i}\mathrm{d}y),$$

其中 $M+\mathrm{i}N$ 现在是 $Z(z)$ 的复形式。根据他的基本断言,

(7) $$P - \mathrm{i}Q = \int (M - \mathrm{i}N)(\mathrm{d}x - \mathrm{i}\mathrm{d}y),$$

所以将实部及虚部分开,就有

(8) $$P = \int M\mathrm{d}x - N\mathrm{d}y, \quad Q = \int N\mathrm{d}x + M\mathrm{d}y.$$

于是,$M\mathrm{d}x-N\mathrm{d}y$ 与 $N\mathrm{d}x+M\mathrm{d}y$ 分别是 $P$ 与 $Q$ 的恰当微分,随之有

(9) $$\frac{\partial M}{\partial y} = -\frac{\partial N}{\partial x}, \quad \frac{\partial N}{\partial y} = \frac{\partial M}{\partial x}.$$

---

[①] *Nova Acta Acad. Sci. Petrop.*, 7,1789,99-133, pub. 1793 = *Opera*, (1),19,1-44; *ibid.*, 10, 1792,3-19, pub. 1797 = *Opera*, (1),19,268-286.

这样在 $Z(z)$ 中代入 $z=x+\mathrm{i}y$，"就得到两个函数 $M$ 和 $N$，它们具有值得注意的性质：$\partial M/\partial y=-\partial N/\partial x$，$\partial M/\partial x=\partial N/\partial y$。$P$ 与 $Q$ 也有类似的性质"。这里欧拉强调了一个复函数的实部和虚部即 $M$ 和 $N$，满足柯西-黎曼方程。但是，他的主要点是利用积分(8)去计算(5)，因为 $P$ 等于原来的 $V$。为将(8)中的积分化为一元函数的积分，欧拉在(5)中把 $z=x+\mathrm{i}y$ 换为 $z=r(\cos\theta+\mathrm{i}\sin\theta)$，并保持 $\theta$ 不变。事实上这就是沿着复平面上过原点的一条射线积分。然后他用他的方法去求一些积分的值。

拉普拉斯也使用了复函数去求积分的值。在从 1782 年起到他的名著《概率的分析理论》(*Théorie analytique des probabilités*, 1812) 为止的一系列论文中，他像欧拉那样，把实积分转换为复积分来计算实积分的值。拉普拉斯要求优先权，因为欧拉的论文发表得比他晚。不过，即使是上面提到的 1793 年和 1797 年的论文，就已在 1777 年 3 月在彼得堡科学院宣读过。在这一工作中拉普拉斯附带地引进了我们现在称之为解微分方程的拉普拉斯变换方法。

欧拉、达朗贝尔和拉普拉斯的工作构成了函数论的重要进展。不过，在他们的工作中有一个本质的局限性，他们依靠把 $f(x+\mathrm{i}y)$ 的实部和虚部分开来进行他们的分析工作。复函数实际上不是基本的实体。显然，这些人对于使用复函数还感觉到很不自然。拉普拉斯在他 1812 年的书中指出："这个由实到虚的过渡可以看作是一个启发式的方法，它像长期以来数学家所用的归纳法。但是，如果十分谨慎地有约束地使用这个方法，那么所得到的结果总是可以证明的。"他的确强调，结果都必须验证。

## 3. 复数的几何表示

使单复变函数理论的建立更为直觉合理的一个重要步骤是复数及其代数运算的几何表示。许多人——科茨、棣莫弗、欧拉，以及范德蒙德——确实曾把复数看作是平面上的点，这可以由下述事实来说明：当他们解方程 $x^n-1=0$ 的时候，他们都把这些解

$$\cos\frac{2k\pi}{n}+\mathrm{i}\sin\frac{2k\pi}{n}$$

看作是一个正多边形的顶点。例如，欧拉把 $x$ 和 $y$ 几何地设想为坐标平面上的点，用 $x+\mathrm{i}y$ 代替 $x$ 和 $y$，然后将 $x+\mathrm{i}y$ 表示为 $r(\cos\theta+\mathrm{i}\sin\theta)$，再将 $r$ 和 $\theta$ 作为极坐标画出来。因此可以说复数作为平面上点的坐标的表示法在 1800 年就已经知道了。不过，没有做出两者的决定性的同一化，也没有给出复数的代数运算的任何几何意义。还缺少把 $x+\mathrm{i}y$ 的复函数 $u+\mathrm{i}v$ 的值用另一个平面的点来表示的想法。

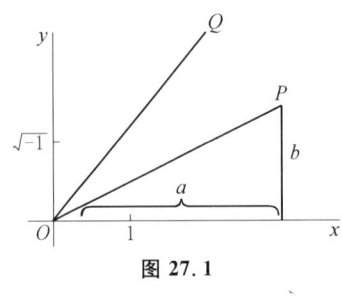

图 27.1

1797 年,挪威出生的自学的测量员韦塞尔(Caspar Wessel,1745—1818)写了一篇论文,题目是《关于方向的分析表示;一个尝试》(On the Analytic Representation of Direction; an Attempt),这篇论文刊载在丹麦皇家科学院 1799 年的论文集中。韦塞尔企图几何地表示出有向线段(向量)以及它们的运算。在这篇论文中,除寻常的具有实单位 1 的 $x$ 轴外,他同时引进了一根虚轴,以 $\sqrt{-1}$(他把 $\sqrt{-1}$ 写为 $\varepsilon$)作为单位。在韦塞尔的几何表示法中,向量 $OP$(图27.1)是在具有单位 $+1$ 及 $\sqrt{-1}$ 的平面上从原点 $O$ 画出线段 $OP$,这向量用复数 $a+b\sqrt{-1}$ 表示。类似地,向量 $OQ$ 是线段 $OQ$,且是用另一数 $c+d\sqrt{-1}$ 表示。

然后韦塞尔利用以几何术语定义的复数运算来定义向量的运算。他给出的四种运算的定义实际上就是我们今天所学习的。例如 $a+bi$ 与 $c+di$ 的和是相邻两边 $OP$ 与 $OQ$ 所决定的平行四边形的对角线。$a+bi$ 与 $c+di$ 的积是一个新的向量 $OR$,使得 $OR$ 与 $OQ$ 的比等于 $OP$ 与实单位之比,而 $OR$ 与 $x$ 轴的夹角是 $OP$ 及 $OQ$ 与 $x$ 轴的夹角之和。显然,与其说韦塞尔将复数与平面上的点相联系,还不如说他想的是将平面上的点用向量表示。他把他的向量几何表示法用于几何问题与三角问题。韦塞尔的论文尽管有巨大的价值,但一直未被注意,直到 1897 年译成法文重新发表,才被人们重视。

瑞士人阿尔冈(Jean-Robert Argand,1768—1822)给出了复数的一个稍微不同的几何解释。阿尔冈也是自学的,并且是一个簿记员,他曾出版了一本小书《试论几何作图中虚量的表示法》(*Essai sur une manière de représenter les quantités imaginaires dans les constructions géométriques*, 1806)①。他注意到负数是正数的一个扩张,它是将方向与大小结合起来得出的。于是他问,我们能否利用增添某种新的概念来扩张实数系?考虑序列 1, $x$, $-1$,我们能否找到一种运算,将 1 转变为 $x$,再把它应用到 $x$ 上又将 $x$ 转变为 $-1$?如果将 $OP$(图 27.2)按反时针方向绕 $O$ 转动 $90°$,然后重复这个转动,我们就确实由于两次重复一个运算而由 $P$ 到了 $Q$。但是,阿尔冈注意到,这正是以 $\sqrt{-1}$ 乘 1,然后又以 $\sqrt{-1}$ 乘此乘积时所发生的事情,即得到 $-1$。所以我们可以把 $\sqrt{-1}$ 看成是按反时针方向转过 $90°$ 的旋转,而 $-\sqrt{-1}$ 是顺时针方向转过 $90°$ 的旋转。

---

① 一批论阿尔冈以及其他作者的关于复数几何表示的思想的文章,可以在热尔岗的 *Annales des Mathématiques* 的第四卷(1813—1814)和第五卷(1814—1815)中找到。

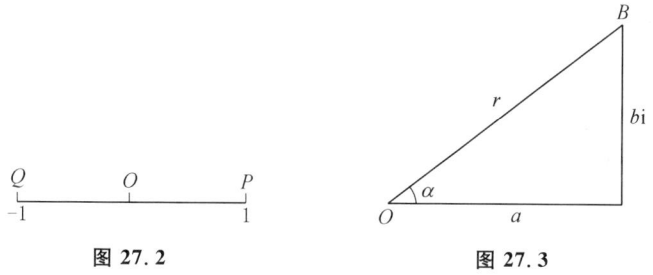

图 27.2  图 27.3

利用复数的这个运算意义,阿尔冈决定,由原点出发的一个典型线段 $OB$ (图 27.3,他称它为有向线)应表示为 $r(\cos\alpha + i\sin\alpha)$,其中 $r$ 为长度。他也把复数 $a+bi$ 看作是符号化了 $a$ 及 $bi$ 的几何结合 $OB$。阿尔冈像韦塞尔一样,指出如何将复数几何地相加或相乘,并应用这些几何想法去证明三角、几何及代数的定理。虽然阿尔冈的书在复数的几何解释方面惹起一些争论,但这是他对数学所作的唯一贡献,他的工作没有多大的冲击,然而我们现在仍然讲阿尔冈图解。

在使人们接受复数方面,高斯做得更为有效。他在代数基本定理的几个证明中,用了复数(第 25 章第 2 节)。在前三个证明中(1799,1815 及 1816),他预先假定了直角坐标平面上的点与复数的一一对应。这里没有实际画出 $x+iy$,而是将 $x$ 和 $y$ 作为平面上一点的坐标。此外,在证明中并没有真正用到复函数理论,因为他将涉及的函数分为实部和虚部。他在 1811[①] 年给贝塞尔(Friedrich Wilhelm Bessel)的一封信中说得更明显,他说 $a+bi$ 用点 $(a,b)$ 表示,并说在复平面上可以沿着许多路径从一点到另一点。毫无疑问,从三个证明及其他未发表的工作(其中有一些我们随后就要讨论)中所表现出来的思想,可以判断 1815 年高斯已完全掌握了复数及复函数的几何理论,虽然在 1825 年的一封信中他确实说了"$\sqrt{-1}$ 的真正奥妙是难以捉摸的"。

然而,如果说高斯仍旧有任何顾虑的话,那他在 1831 年前后已经克服了它们,他公开描述了复数的几何表示。高斯在为他的论文《双二次剩余理论》(Theoria Residuorum Biquadraticorum)所作的第二个说明[②]中以及在他为 1831 年 4 月 23 日的《格丁根学报》(Göttingische gelehrte Anzeigen)所写的这篇论文的"摘要"中[③],他对复数的几何表示是很清楚的。在论文的第 38 节中他不仅将 $a+bi$ 表示为复平面上一点(不像韦塞尔和阿尔冈那样表示为一向量),而且阐述了复数的几何加法与乘法。在"摘要"[④]中高斯说,双二次剩余理论进入复数域可能会扰乱不

---

① Werke, 8, 90-92.
② Comm. Soc. Gott., 3, 1832 = Werke, 2, 95-148;这篇论文的主要内容将在第 34 章第 2 节中讨论。
③ Werke, 2, 169-178.
④ Werke, 2, 174 ff.

熟悉这些数的人们,并且可能使他们对剩余理论有不确定的印象。所以他重复了他在这篇论文中对复数的几何表示所说的话。然后他指出,虽然现在对于分数、负数及实数都已很好地理解了,但对于复数只是抱了一种容忍的态度,而不顾它们的巨大价值。对于许多人来说,它们不过是一种符号游戏。但是在这个几何表示中人们可以看到"复数的直观意义已完全建立起来并且不需要再增加什么就可以在算术领域中采用这些量[着重号是添加的]"。他还说,如果 1,$-1$ 和 $\sqrt{-1}$ 原来不称为正、负和虚单位而称为直、反和侧单位,那么人们对这些数就可能不会产生一些阴暗神秘的印象。他说几何表示使人们对虚数真正有一个新的看法。他引进术语"复数"①以与虚数相对立,并用 i 代替 $\sqrt{-1}$。

## 4. 复函数论的基础

高斯还引进了有关单复变函数的一些基本概念。在 1811 年给贝塞尔的信中②,针对贝塞尔的一篇关于对数积分 $\int dx/x$ 的论文,高斯指出将虚(复)的积分限考虑进去的必要性。然后他问:"当上限为 $a+bi$ 时 $\int \phi(x)dx$ (高斯写为 $\int \phi x \cdot dx$) 的意义应当是什么? 显然,如果要求有清楚的概念,那就必须假定 $x$ 取小的增量,从使积分为零的 $x$ 值到 $a+bi$ 这个 $x$ 值,然后将所有的 $\phi(x)dx$ 加起来……但是在复平面上从 $x$ 的一个值到另一个值的连续过程发生在一条曲线上,所以通过许多条路径是可能的。现在我断言积分 $\int \phi(x)dx$ 只有一个值,即使是通过不同的路径,只要在两条路径所围的空间内 $\phi(x)$ 是单值的,并且不变为无穷。这是一个很美丽的定理,它的证明并不难,我将在一个适当的机会给出这证明。"高斯没有给出这个证明。他还断言,如果 $\phi(x)$ 变为无穷,那么 $\int \phi(x)dx$ 可以有许多值,取决于所取的闭路径围绕 $\phi(x)$ 变为无穷的点一次、二次或更多次。

然后高斯回到 $\int dx/x$ 的特殊情形并且说,从 $x=1$ 出发,走到某一个值 $a+bi$,如果路径不包围 $x=0$,就得出积分的唯一的一个值;但是如果路径包围 $x=0$,那么就必须对从 $x=1$ 到 $a+bi$ 不包围 $x=0$ 的路径所得之值加上 $2\pi i$ 或 $-2\pi i$。这样,对于一个已给的 $a+bi$,就有许多对数。随后在这信中,高斯说复变函数的积分的研究应引导到最有趣的结果。所以,甚至在高斯发表他的代数基本定理的第二及第三个证明以前——在其中,像在第一个证明中一样,他避免直接应用复数及复

---

① *Werke*, 2, p.102.
② *Werke*, 8, 90-92.

函数,除去偶然一次写出 $a+b\sqrt{-1}$ 以外——他对于复函数及其积分已有很明确的概念。

泊松在 1815 年注意到并且在 1820 年的一篇论文[①]中讨论了,沿着复平面上的路径所取的复函数的积分的用处。作为一个例子,他给出了

(10) $$\int_{-1}^{1} \frac{\mathrm{d}x}{x}.$$

在这里他令 $x = \mathrm{e}^{i\theta}$,其中 $\theta$ 由 $(2n+1)\pi$ 变到 0,并且将积分作为一个和数的极限处理,得到值 $-(2n+1)\pi\mathrm{i}$。

于是他指出,一个积分,沿着一条虚路径同沿着一条实路径,其值不一定相同。他给出了例子

(11) $$\int_{-\infty}^{\infty} \frac{\cos ax}{b^2 + x^2} \mathrm{d}x,$$

其中 $a$ 和 $b$ 是正的常数。他令 $x = t + \mathrm{i}k$,其中 $k$ 是常数且是正的,对于 $k > b$,他得到 $\pi(\mathrm{e}^{-ab} - \mathrm{e}^{ab})/2\pi$,而当 $k < b$ 时,得 $\pi\mathrm{e}^{-ab}$。第二个值对于 $k = 0$ 也是正确的。所以对于 $k$ 的两个不同的值(意味着两条不同的路径),就得到两个不同的结果。泊松是第一个沿着复平面上的路径实行积分的人。

虽然高斯和泊松的这些观察的确是重要的,但他们都没有发表过较重要的关于复函数理论的文章。这个理论是柯西建立的。1789 年,他生于巴黎,于 1805 年进入多科工艺学校,在那儿他学习工程。由于他的健康情况很差,拉格朗日和拉普拉斯就劝他献身于数学。他担任了多科工艺学校、巴黎大学及法兰西学院的教授。政治对于他的经历发生了意料不到的影响。他是一个热心的保皇党员,并且是波旁(Bourbons)家族的支持者。1830 年,当波旁家族的一个远支统治法国时,他拒绝发誓效忠于新君主政体,并且辞去了多科工艺学校的教授职位。他出走到都灵,教了几年拉丁文和意大利文。1838 年他回到巴黎,在那里当了几个教会机构的教授,一直到 1848 年的革命以后的政府废弃了效忠的誓言。1848 年柯西主持了巴黎大学理学院(Faculté des Sciences of the Sorbonne)的数学天文学讲座。虽然拿破仑三世在 1852 年恢复了誓言,但他允许柯西拒绝宣誓。对于皇帝的屈尊姿态,他的回答是捐赠他的薪金给他曾住过的地方索镇(Sceaux)的穷人。柯西是一个令人钦佩的教授和一位最伟大的数学家,他于 1857 年去世。

柯西具有广泛的兴趣。他熟悉他那时代的诗歌并且是一本关于希伯来(Hebrew)作诗法著作的作者。在数学方面他写的论文超过 700 篇,仅次于欧拉。他的全集的近代版有 26 卷,包含数学的一切分支。在力学方面,他写了关于杆和

---

[①] *Jour. de l'Ecole Poly.*, 11, 1820, 295-341.

弹性膜的平衡以及关于弹性介质中的波等重要著作。在光的理论中,他研究了菲涅耳(Augustin-Jean Fresnel)开创的波的理论及光的散射和极化。他大大地发展了行列式的理论,建立了常微分方程和偏微分方程的一些基本定理。

在复函数理论方面,柯西的第一篇重要论文是他的《关于定积分理论的报告》(Mémoire sur la théorie des intégrales définies)。这篇论文 1814 年宣读于巴黎科学院。但直到 1825 年才送去发表,在 1827 年出版①。出版时柯西增加了两个注解,相当可靠地反映了 1814 年到 1825 年间的发展和在这个期间高斯的工作的可能影响。现在我们来看一下这篇论文本身。在序言中柯西说,他被引导到这个工作中来,是因为他致力于严密化如下过程中由实到复的过渡,这过程是欧拉从 1759 年起以及拉普拉斯从 1782 年起用来计算定积分的值的。事实上,柯西引证了拉普拉斯的工作,后者注意到方法需要严密化。但论文本身并没有处理这个问题,它处理了在流体力学研究中出现的二重积分的更换积分次序的问题。欧拉曾在 1770 年②说过,当积分号下每个变量的限彼此无关的时候,这个次序更换是允许的,至于拉普拉斯,他显然是同意的,因为他屡次用了这个事实。

具体说,柯西处理了关系式

(12) $$\int_{x_0}^{X}\int_{y_0}^{Y} f(x,y) \mathrm{d}y \mathrm{d}x = \int_{y_0}^{Y}\int_{x_0}^{X} f(x,y) \mathrm{d}x \mathrm{d}y,$$

其中 $x_0, y_0, X, Y$ 都是常数(图 27.4)。当 $f(x,y)$ 在区域的内部及边界上是连续的时候,这个积分次序更换成立。然后他引进了两个函数 $V(x,y)$ 与 $S(x,y)$,使得

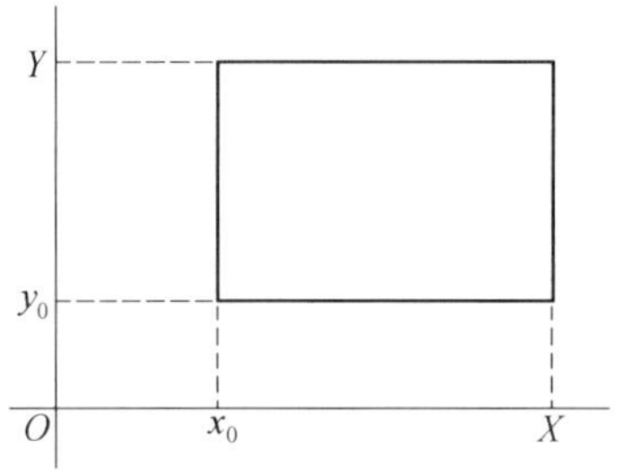

(13) $$\frac{\partial V}{\partial y} = \frac{\partial S}{\partial x},$$
$$\frac{\partial V}{\partial x} = -\frac{\partial S}{\partial y}.$$

欧拉在 1777 年就已经指出如何得到这样的函数(见参考书目[5],[8],[9])。现在柯西考虑一个由 $\frac{\partial V}{\partial y} = \frac{\partial S}{\partial x}$ 给出的 $f(x,y)$。将(12)的左边 $f$ 换为 $\partial V/\partial y$,在右边将 $f$ 换为 $\partial S/\partial x$。于是有

图 27.4

(14) $$\int_{x_0}^{X}\int_{y_0}^{Y} \frac{\partial V}{\partial y} \mathrm{d}y \mathrm{d}x = \int_{y_0}^{Y}\int_{x_0}^{X} \frac{\partial S}{\partial x} \mathrm{d}x \mathrm{d}y,$$

而用(13)中第二个方程,他便得到

---

① *Mém. des sav. étrangers*, (2), 1, 1827, 599-799 = Œuvres, (1), 1, 319-506.
② *Novi Comm. Acad. Sci. Petrop.*, 14, 1769, 72-103, pub. 1770 = Opera, (1), 17, 289-315.

(15) $$\int_{x_0}^{X}\int_{y_0}^{Y}\frac{\partial S}{\partial y}\mathrm{d}y\mathrm{d}x = -\int_{y_0}^{Y}\int_{x_0}^{X}\frac{\partial V}{\partial x}\mathrm{d}x\mathrm{d}y.$$

这些等式可以用来在任一次序下计算二重积分的值。不过它们并不涉及复函数。当柯西在他的引言[①]中说,他将"严格地并且直接地建立由实到虚(复)的过渡"时,他心中想的是方程(13)。柯西说[②]这两个方程包含了由实到虚的过渡的全部理论。

上述一切都是在1814年的论文的正文中,而且确实没有明显指出复函数理论怎样被包括在内。另外,虽然柯西按照欧拉与拉普拉斯的同一方式,用复函数来计算实定积分的值,但是这个用法并未把复函数作为基本实体。一直到1821年,在他的《分析教程》(Cours d'analyse)中[③],他说

$$\cos a + \sqrt{-1}\sin a,$$
$$\cos b + \sqrt{-1}\sin b,$$
$$\cos(a+b) + \sqrt{-1}\sin(a+b)$$

"是三个符号式,它们不能按照一般已建立的常规来解释,并且不代表任何实的东西"。他说,上面的第一与第二式的乘积等于第三式这一事实,并不具有什么意义。为了使这个方程具有意义,必须令实部与$\sqrt{-1}$的系数相等。"每一个虚方程仅仅是实量间的两个方程的符号表示。"如果我们按照对实量建立的法则来对复式进行运算,我们得到时常是重要的准确结果。

在这本书里他确实处理了复数及复变数$u+\sqrt{-1}v$,其中$u$及$v$是一个实变数的函数,不过总是这样理解,即两个实的部分是它们的有意义内容。一个复变数的复值函数没有被考虑。

在1822这一年,柯西前进了几步。从关系式(14)和(15)他有

(16) $$\int_{x_0}^{X}[V(x,Y)-V(x,y_0)]\mathrm{d}x = \int_{y_0}^{Y}[S(X,y)-S(x_0,y)]\mathrm{d}y,$$

(17) $$\int_{x_0}^{X}[S(x,Y)-S(x,y_0)]\mathrm{d}x = -\int_{y_0}^{Y}[V(X,y)-V(x_0,y)]\mathrm{d}y.$$

现在他有了可以把这两个方程结合起来的想法,因此做出了关于$F(z) = F(x+\mathrm{i}y) = S+\mathrm{i}V$的一个陈述。例如,他以 i 乘(16)并将两方程相加,得到

$$\int_{x_0}^{X}F(x+\mathrm{i}Y)\mathrm{d}x - \int_{x_0}^{X}F(x+\mathrm{i}y_0)\mathrm{d}x$$
$$= \int_{y_0}^{Y}F(X+\mathrm{i}y)\mathrm{i}\mathrm{d}y - \int_{y_0}^{Y}F(x_0+\mathrm{i}y)\mathrm{i}\mathrm{d}y,$$

---

① Œuvres, (1),1,330.
② Œuvres, (1),1,338.
③ Œuvres, (2),3,154.

整理后,就给出

(18) $$\int_{y_0}^{Y} F(x_0+\mathrm{i}y)\mathrm{i}\mathrm{d}y + \int_{x_0}^{X} F(x+\mathrm{i}Y)\mathrm{d}x \\ = \int_{x_0}^{X} F(x+\mathrm{i}y_0)\mathrm{d}x + \int_{y_0}^{Y} F(X+\mathrm{i}y)\mathrm{i}\mathrm{d}y.$$

最后这个结果是沿着一个长方形边界(图 27.4)的复积分法这一简单情形下的柯西积分定理。这个结果可以表示为

(19) $$\int_{ADC} F(z)\mathrm{d}z = \int_{ABC} F(z)\mathrm{d}z.$$

即是说,积分与路径无关。

以上这些想法,是柯西在 1822 年的一个注解中,在他《关于无穷小计算课程的总结》[①](*Résumé des leçons sur le calcul infinitésimal*)中,并且在 1827 年发表的 1814 年的论文的一个脚注中给出的。从这些较晚的著作,我们看到柯西是怎样从实函数到复函数的。

1825 年,柯西写了另一篇论文《关于积分限为虚数的定积分的报告》,(Mémoire sur les intégrales définies prises entre des limites imaginaires),但这篇文章到 1874 年才发表[②]。这篇论文被许多人看作是他的最重要的论文,并且是科学史上最瑰丽的一篇,虽然在一段时间内柯西本人并没有赏识到它的价值。

在这篇论文中,他又考虑了将常数及变数用复值代替的方法来计算实积分的问题。他处理了

(20) $$\int_{x_0+\mathrm{i}y_0}^{X+\mathrm{i}Y} f(z)\mathrm{d}z,$$

其中 $z = x+\mathrm{i}y$,并且小心地定义这个积分为和数

$$\sum_{\nu=0}^{n-1} f(x_\nu+\mathrm{i}y_\nu)[(x_{\nu+1}-x_\nu)+\mathrm{i}(y_{\nu+1}-y_\nu)]$$

的极限,其中 $x_0, x_1, \cdots, X$ 以及 $y_0, y_1, \cdots, Y$ 是沿着从 $(x_0, y_0)$ 到 $(X, Y)$ 的路径的分划点。这里 $x+\mathrm{i}y$ 肯定是复平面上的一个点并且积分是沿着一条复的路径的。他还证明,如果令 $x = \phi(t), y = \psi(t)$,其中 $t$ 是实的,那么结果与 $\phi$ 和 $\psi$ 的选择无关,也就是说,与路径无关,条件是在两条不同的路径之间没有 $f(z)$ 的间断点。这个结果普遍化了对于矩形成立的结果。

柯西正式叙述他的定理如下:若 $f(x+\mathrm{i}y)$ 对于 $x_0 \leqslant x \leqslant X$ 和 $y_0 \leqslant y \leqslant Y$ 为有穷并连续,那么积分(20)的值与函数 $x = \phi(t)$ 和 $y = \psi(t)$ 的形式无关。他证明

---

① = *Œuvres*(2), 4, 13-256.
② *Bull. des Sci. Math.*, 7, 1874, 265-304, 与 8, 1875, 43-55, 148-159;这篇论文未收入柯西的论文集。

这条定理用了变分的方法。他考虑了一条可供选择的路径 $\phi(t) + \varepsilon u(t)$，$\psi(t) + \varepsilon v(t)$，并且证明积分对于 $\varepsilon$ 的第一变分等于零。这个证明并不令人满意。在其中柯西不仅用了 $f(z)$ 的导数的存在性，而且还用了导数的连续性，但他在定理的叙述中并没有作任何假定。对这一点的解释是，柯西相信一个连续函数总是可微的，而导数只能在函数本身不连续的地方才不连续。柯西的信念是有道理的，因为在他的工作的早期，他和 18 世纪和 19 世纪初期的其他的人一样，都把函数理解为一个解析表达式，因而导数立即可以通过惯用的形式微分法则得出。

在 1825 年的论文中，柯西对于他在 1814 年的论文中以及在该论文的一个脚注里已经接触到的一个较重要的概念看得较清楚些了。他考虑当 $f(z)$ 在矩形（图 27.4）的内部或边界上不连续时，将发生什么事情。这时沿着两条不同路径的积分的值可能不同。如果在 $z_1 = a + ib$ 处，$f(z)$ 为无穷，但极限

$$F = \lim_{z \to z_1}(z - z_1)f(z)$$

存在，也就是说，在 $z_1$ 处 $f$ 有一个单极点，那么积分的差是 $\pm 2\pi\sqrt{-1}F$。例如对于函数 $f(z) = 1/(1+z^2)$，它在 $z = \sqrt{-1}$ 处为无穷，因而 $a = 0, b = 1$，而

(21) $$F = \lim_{\substack{x \to 0 \\ y \to 1}} \frac{x + (y-1)\sqrt{-1}}{[x + (y+1)\sqrt{-1}][x + (y-1)\sqrt{-1}]} = \frac{-\sqrt{-1}}{2}.$$

柯西在他的《数学练习》①（*Exercices de mathématique*）中，把量 $F$ 本身称为**积分留数**。另外，当一个函数在两条积分路径所围的区域内有几个极点时，柯西指出，必须取留数之和来得到沿着两条路径的积分之差。在这个关于留数的特别的一节中，他的两条路径仍构成一个矩形，但他取了很大的一个，并让边长变为无穷，使所有的留数都包含在内。

在《练习》②中，柯西指出 $f(z)$ 在 $z_1$ 的留数也是 $f(z)$ 展为 $z - z_1$ 的幂级数展开式中项 $(z - z_1)^{-1}$ 的系数。很久以后，在 1841 年的一篇论文③中，柯西给出了在一个极点的留数的一个新的表达式，即

$$F(z_1) = E[f(z)]_{z_1} = \frac{1}{2\pi\mathrm{i}}\int f(z)\mathrm{d}z,$$

其中积分是沿着一个包含 $z = z_1$ 的小圆取的。留数的概念及发展是柯西的一个重要贡献。到此为止，他所给出的所有结果的直接应用都是计算定积分的值。

从柯西在他 1814 年论文的脚注中增加的内容以及 1825 年杰出的论文中写的

---

① Four vols., 1826 – 1830 = *Œuvres*, (2), 6 – 9.
② Vol. 1, 1826, 23 – 37 = *Œuvres*, (2), 6, 23 – 37.
③ *Exercices d'analyse et de physique mathématique*, Vol. 2, 1841, 48 – 112 = *Œuvres*, (2), 12, 48 – 112.

东西显然看出,他一定是通过长期而刻苦的思考才认识到,引进复量以后,实函数对之间的一些关系就获得它们的最简单的形式。至于他从高斯和泊松的工作中究竟学到了多少东西那是不知道的。

在 1830 年到 1838 年间,当他住在都灵及布拉格时,他发表的工作是不连贯的。在他的《分析与数学物理练习》(*Exercices d'analyse et de physique mathématique*,四卷,1840—1847)中,他引用了这些工作,且将其中的大部分重新刊入。

在 1831 年写成的发表较晚的一篇论文中[①],他得到下述定理:函数 $f(z)$ 可以按照麦克劳林公式展成为一个幂级数,它对所有这样的 $z$ 收敛,即 $z$ 的绝对值小于那些使函数或其导数不为有穷或不为连续的 $z$。(在那时柯西所知道的奇点仅仅是我们现在称为极点的奇点。)他证明这个级数逐项按绝对值小于一个收敛的几何级数,其和数为

$$\frac{Z}{Z-z}\overline{f(z)},$$

其中 $Z$ 是使 $f(z)$ 不连续的第一个值,$\overline{f(z)}$ 是就所有绝对值等于 $|Z|$ 的 $z$ 而言 $|f(z)|$ 的最大值。这样柯西就给出了函数可展为麦克劳林级数的一个有力的便于应用的判别法则,它用了一个现在称为强级数的比较级数。

在定理的证明中,他首先证明

$$f(z) = \frac{1}{2\pi}\int_{-\pi}^{\pi}\frac{\overline{z}f(\overline{z})}{\overline{z}-z}\mathrm{d}\phi,$$

其中 $\overline{z} = |Z| e^{i\phi}$。这个结果实际上就是我们现在所称的柯西积分公式。然后他将分式 $\overline{z}/(\overline{z}-z)$ 展为 $z/\overline{z}$ 的幂的几何级数并证明了定理本身。

在这个定理中柯西还假定了由函数本身的连续性必然推出导数的存在性及连续性。在他把这个材料重新写在他的《练习》中的时候,他曾与刘维尔和斯图姆(Charles Sturm)通信并对以上定理的叙述增加了这样一句话,即收敛区域止于使函数及其导数不再为有穷或连续的 $z$ 的那个值。但他还是没有确信必须对导数加些条件,而且在后来的工作中他把它们删掉了。

在另一篇比较重要的关于复函数论的论文《关于伸展到一个闭曲线的所有的点的积分》(Sur les intégrales qui s'étendent à tous les points d'une courbe fermée)[②]中,柯西将[解析的] $f(z) = u + iv$ 沿着一个[单连通]区域边界曲线的积分和展布在这个区域上的积分联系起来。若 $u, v$ 是 $x, y$ 的函数,则

---

① *Comp. Rend.*, 4., 1837, 216-218 = *Œuvres*, (1), 4, 38-42; 亦见 *Exercices d'analyse et de physique mathématique*, Vol. 2, 1841, 48-112 = *Œuvres*, (2), 12, 48-112.

② *Comp. Rend.*, 23, 1846, 251-255 = *Œuvres*, (1), 10, 70-74.

(22)
$$\iint\left(\frac{\partial u}{\partial x} - \frac{\partial v}{\partial y}\right) \mathrm{d}x\mathrm{d}y = \int u\mathrm{d}y + \int v\mathrm{d}x,$$
$$\iint\left(\frac{\partial u}{\partial y} + \frac{\partial v}{\partial x}\right) \mathrm{d}x\mathrm{d}y = \int(-u\mathrm{d}x) + \int v\mathrm{d}y,$$

其中二重积分展布在区域上,而单积分沿着边界曲线。现在,考虑到柯西-黎曼方程(见参考书目[13]),左边等于 0,两个等式的右边就是出现在

$$\int f(z)\,\mathrm{d}z = \int (u+iv)(\mathrm{d}x+i\mathrm{d}y) = \int (u\mathrm{d}x - v\mathrm{d}y) + i\int (u\mathrm{d}y + v\mathrm{d}x)$$

中的积分。所以 $\int f(z)\mathrm{d}z = 0$,因而柯西得到了与路径无关的基本定理的一个新证明。他对一个矩形证明了这定理,然后推广到不自交的闭曲线。[这个定理魏尔斯特拉斯(Karl Weierstrass)在 1842 年也独立地得到。]柯西是否学习了格林(George Green)1828 年的工作(第 28 章第 4 节)才得到他早期的一些概念的比较丰饶的公式表示,这点是不能肯定的,但这样的征兆是有的,因为柯西将以上结果推广到了曲面上的区域。

在以上提到的 1846 年论文和同一年的另一篇论文①中,柯西改变了他对复函数的观点,与他 1814 年、1825 年及 1826 年的工作相对立。现在他关心的不再是实积分及其计值,而转到复函数理论本身,并为这个理论建立基础。在 1846 年的第二篇论文中,他给出了关于沿着一条任意闭曲线的积分 $\int f(z)\mathrm{d}z$ 的一个新的叙述:如果曲线包围着一些极点,那么积分的值是函数在这些极点上的留数之和的 $2\pi\mathrm{i}$ 倍。就是说

(23)
$$\int f(z)\mathrm{d}z = 2\pi\mathrm{i}E[f(z)],$$

其中 $E[f(z)]$ 是他用以表示留数之和的记号。

他还着手处理了多值函数的积分②。论文的第一部分(其中他处理了单值函数的积分)叙述的内容并不比高斯在给贝塞尔的信中关于 $\int \mathrm{d}x/x$ 或 $\int \mathrm{d}x/(1+x^2)$ 所指出的更多。这些积分确是多值的,而且它们的值与积分路径有关。

但柯西更进一步考虑积分号下的多值函数。在这篇论文中他说,如果被积函数是一个代数方程或超越方程的根,例如 $\int w^3\mathrm{d}z$(其中 $w^3 = z$),且如果沿着一条闭路径积分并又回到起点,那么被积函数现在就表示另外一个根。在这些情形中

---

① "Sur les intégrales dans lesquelles la fonction sous le signe $\int$ change brusquement de valeur," *Comp. Rend.*, 23,1846, 537 与 557 – 569 = *Œuvres*, (1),10, 133 – 134 与 135 – 143.

② "Considérations nouvelles sur les intégrales définics qui s'étendent à tous les points d'une courbe fermée," *Comp. Rend.*, 23,1846, 689 – 702 = *Œuvres*, (1),10,153 – 168.

沿着闭路径积分的值依赖于起点;而沿着路径的延拓产生积分的不同的值。但若环绕路径充分多次使 $w$ 回到它的原始值,那么积分的值将重复出现,因而积分是 $z$ 的一个周期函数。积分的**周期模**(*indices de périodicité*)不再像单值函数的情形那样,可以用留数表示了。柯西关于多值函数的积分的概念依然是模糊的。

自 1821 年以后,差不多 25 年中,柯西单独一人发展了复函数理论。1843 年他的同国人才开始继续他的工作。洛朗(Pierre-Alphonse Laurent,1813—1854)单独工作并发表了在 1843 年得到的一个较重要的结果[①]。他证明,当一个函数在一孤立点上不连续时,就必须用变数的升幂及降幂展开式来代替泰勒展开式。如果函数和它的导数在一个圆环内单值并连续,这个圆环的中心是孤立点 $a$,则函数以相反方向沿着圆环的两个边界圆所取的积分适当展开后就给出 $z$ 的升幂及降幂的一个展开式,它在圆环内收敛。这个洛朗展开式是

(24) $$f(z) = \sum_{-\infty}^{\infty} a_n(z-a)^n,$$

它是泰勒展开式的一个推广。这个结果魏尔斯特拉斯在 1841 年就已知道,但未发表[②]。

皮瑟研究了多值函数的问题。1850 年皮瑟发表了一篇著名的论文[③],论 $f(u,z)=0$ 给出的复代数函数,其中 $f$ 是 $u$ 和 $z$ 的多项式。他第一次搞清了极点与支点的区别(柯西几乎没有觉察到这一点),并且引进了本性奇点(一个无穷阶的极点)的概念,对这个概念魏尔斯特拉斯曾独立地促使人们注意。这样的点可以用 $e^{1/z}$ 在 $z=0$ 作为例子。虽然柯西在 1846 年的论文中确实考虑了简单多值函数沿着包围支点的几条路径的变化,但是皮瑟也澄清了这个问题。他证明了如果 $u_1$ 是 $f(u,z)=0$ 的一个解,而且 $z$ 沿着某一条路径变化,则 $u_1$ 的最后值并不依赖于路径,只要这个路径确实不包围使 $u_1$ 为无穷的任何点,也不包围使 $u_1$ 等于其他解的任何点(即一个支点)。

皮瑟还证明了 $z$ 的函数在支点 $z=a$ 处附近的展开式必须含有 $z-a$ 的分数次幂。于是他改进了柯西的把函数展为麦克劳林级数的定理。皮瑟得到 $f(u,z)=0$ 的解 $u$ 的一个展开式,它不是展成 $z$ 的幂而是展成 $z-c$ 的幂,所以这个展开式在一个以 $c$ 为中心,并且不含极点或支点的圆内是正确的。然后皮瑟让 $c$ 沿着一条路径变化,使那些收敛圆部分重叠,并使在一个圆内的展开式可以延伸到另一个圆。这样,从 $u$ 在一点的值开始,可以沿着任何一条路径了解它的变化。

通过他对于多值函数和它们在复平面上的支点的有意义的研究,并且通过他

---

① *Comp. Rend.*, 17,1843,348-349;文章全文发表在 *Jour. de l'Ecole Poly.*, 23,1863,75-204。
② *Werke*, 1,51-66。
③ *Jour. de Math.*, 15,1850,365-480。

对于这种函数的积分的创始性工作,皮瑟把柯西在函数论方面的先驱性工作推进到可以称为第一阶段的尽头。多值函数和它们的积分的理论中的困难尚待克服。柯西的确写了关于多值函数的积分的其他论文[1],在其中他企图跟上皮瑟的工作;虽然他引进了分支切割的概念,但他对极点和支点的区别仍然混淆不清。代数函数及其积分的这个课题要由黎曼来继续进行(第8节)。

在1851年《周报》的另外几篇论文中[2],柯西给出了关于复函数性质的一些更谨慎的叙述。特别地,柯西肯定了复函数本身及其导数的连续性对于幂级数展开式是必需的。他还指出作为 $z$ 的函数的 $u$ 在 $z = a$ 处的导数与 $x + iy$ 平面上 $z$ 趋于 $a$ 的方向无关,且 $u$ 满足 $\partial^2 u/\partial x^2 + \partial^2 u/\partial y^2 = 0$。

柯西在1851年的这些论文中引进了新的术语。对于某一区域中 $z$ 的每一个值,当函数是单值的时候,他用了 monotypique 或 monodrome。一个函数是 monogen,如果对于每一个 $z$,它恰有一个导数(即导数与路径无关)。他称一个永不为无穷的、恰有一个导数的、单值函数为 synectique。后来布里奥(Charles A. A. Briot,1817—1882)和布凯(Jean-Claude Bouquet,1819—1885)引进了"holomorphic"(全纯)代替 synectique,并用"meromorphic"(亚纯)称在区域中只有极点的函数。

## 5. 魏尔斯特拉斯探讨函数论的途径

正当柯西在由解析式表示的函数的导数和积分的基础上建立函数论的时候,魏尔斯特拉斯开辟了一条新的探讨途径。他于1815年出生在威斯特伐利亚(Westphalia),在波恩大学学习法律。学了四年以后,他在1838年转向数学的学习,但未完成博士工作,而是得到许可,当一个高中(gymnasium)教员,从1841年到1854年他教年轻人的写作课及体育课。这些年间他与数学界没有接触,但他刻苦地进行数学研究。在这段时间内他发表的少数几个结果使他在1856年获得在柏林的工学院讲授技术课程的位置。同一年他成为柏林大学的讲师,随后在1864年成为教授,一直担任这一职位到1897年去世。

他是一个有条理而又苦干的人。不像阿贝尔、雅可比、黎曼那样,他没有直觉的闪光。事实上他不信任直觉,而是致力于使数学推理建立在一个牢固的基础上。有鉴于柯西的理论建立在几何的基础上,魏尔斯特拉斯转而构造实数理论;这个工作约在1841年完成之后(第41章第3节),他在幂级数的基础上建立起解析函数的理论,并建立起解析开拓的方法,幂级数的技巧是他从他的老师古德曼(Christof

---

[1] *Comp. Rend.*, 32,1851,68 - 75 与 162 - 164 = *Œuvres*, (1),11,292 - 300 与 304 - 305.
[2] *Œuvres*, (1),11.

Gudermann,1798—1852)那里学来的。这个工作是在19世纪40年代完成的,虽然当时他并没有发表。他在函数论的许多其他方面做出了贡献,并研究了天文学中的 $n$ 体问题和光的理论。

很难确定魏尔斯特拉斯的创作的日期,因为当他第一次得到这些创造时发表的并不多。通过他在柏林大学的讲演,他的许多工作才被数学界知道。当他在19世纪90年代出版他的《著作集》(Werke)时,他并不担心优先权,因为他的很多结果在当时已被其他人发表,他更关心的是阐明他发展函数论的方法。

用幂级数表示已用解析形式给出的复函数,自然是众所周知的。但是,从已知的一个在限定区域内定义一个函数的幂级数出发,根据幂级数的有关定理,推导出在其他区域中定义同一函数的另一些幂级数,这个问题是魏尔斯特拉斯解决的。一个在以 $a$ 为圆心以 $r$ 为半径的圆 $C$ 内收敛的 $z-a$ 的幂级数,代表一个函数,它在圆 $C$ 内的每一个 $z$ 值上解析。在圆内选择一点 $b$ 并利用原始级数所给出的函数及其各阶导数的值,可以得到 $z-b$ 的一个新的幂级数,它的收敛圆 $C'$ 与第一个圆交叠。在两个圆的公共点上,这两个级数给出函数的同一个值。但是,对于 $C'$ 的处在 $C$ 外部的点,第二个级数的值是第一个级数定义的函数的一个解析开拓。尽可能地继续下去,从 $C'$ 接连地开拓到其他的圆,就得到 $f(z)$ 的全部解析开拓,完全的 $f(z)$ 便是在所有的圆中、在所有点上的值的集合。每一个级数称为函数的一个元素。

在增加越来越多的收敛圆以拓广函数的定义域的过程中,一个新圆也许可能覆盖链中不直接在它前面的一个圆的一部分,并且在这个新圆和前面一个圆的公共部分中函数的值可能不一致,这时函数便是多值的。

在这个过程中可能出现的奇点(极点或支点),必定位于幂级数的收敛圆的边界上,如果一个奇点的阶是有穷的,那么它是由魏尔斯特拉斯包含在函数之中的,因为在这样一个点上 $(z-z_0)^{1/n}$ 的幂级数展开式只可能有有穷个负指数的项。为了得到在 $z=\infty$ 附近的展开式,魏尔斯特拉斯使用 $1/z$ 的级数。如果函数元素在全平面收敛,魏尔斯特拉斯就称它为一个整函数。如果它不是一个有理整函数,即不是一个多项式,那么它在 $\infty$ 处便有一个本性奇点(例如 $\sin z$)。

魏尔斯特拉斯还给出幂级数的第一个例子,它的收敛圆是它的自然边界,即圆是奇点曲线,并且给出了一个解析表达式的一个例子,它在平面的不同部分可以代表不同的解析函数。

## 6. 椭 圆 函 数

在这个世纪前半叶,可与复函数论基本定理的发展相提并论的,有椭圆函数及以后的阿贝尔函数的特殊发展。毫无疑问,高斯得到了椭圆函数论中的许多关键性的结果,因为其中许多是在他死以后,在一些他从未发表过的论文中找到的。不过,公认的椭圆函数论的创始人是阿贝尔和雅可比。

阿贝尔(1802—1829)是一个穷牧师的儿子。作为在挪威奥斯陆学习的一个学生,他有幸以霍尔姆伯(Berndt Michael Holmböe,1795—1850)作为老师。后者看出阿贝尔的天才,并预言阿贝尔 17 岁时将成为世界上最大的数学家。在奥斯陆和哥本哈根学习完以后,阿贝尔得到了一笔奖学金,使他能够出外旅行。在巴黎他被介绍给勒让德、拉普拉斯、柯西及拉克鲁瓦,但他们无视他,用完了钱以后,他到柏林去和克雷尔一起度过了 1825 年至 1827 年。他自己写道,当他回到奥斯陆时极度疲竭,以致他需依靠在一所教堂的门上。为了钱,他给年轻学生教课。通过他发表的工作,他开始引起人们的注意,克雷尔曾想,他也许可以为阿贝尔在柏林大学谋一个教授的位置。但阿贝尔生了肺病,并于 1829 年去世。

阿贝尔知道欧拉、拉格朗日、勒让德在椭圆积分方面的工作,他从事于这一工作也许是从高斯所作的评论,特别是他的《算术研究》(*Disquisitiones Arithmeticae*)中的陈述得到启发的。他自己从 1825 年起开始写论文,他把他关于积分的重要论文于 1826 年 10 月 30 日送到巴黎科学院,以便能在它的杂志上发表。这篇论文是《关于很广一类超越函数的一个一般性质》(*Mémoire sur une propriété générale d'une classe très-étendue de fonctions transcendantes*),包含了阿贝尔大定理(第 7 节)。当时科学院的秘书傅里叶(Joseph Fourier)读了论文的引言,然后委托勒让德和柯西对论文做出评价,后者是主要负责人。这篇论文很长并且很难,这只是因为它包含了许多新的概念。柯西把它放在一旁,醉心于自己的工作。勒让德把它忘了。阿贝尔去世以后,当他已经有了名望时,科学院寻找这篇论文,找到之后于 1841 年发表[①]。阿贝尔在《克雷尔杂志》和热尔岗的《年报》上发表了其他关于方程论和椭圆函数的论文。这些论文从 1827 年起开始刊出。因为阿贝尔 1826 年的主要论文到 1841 年才发表,所以其他的一些作者,读了这段时期内发表的限制较多的定理,独立地得到了许多阿贝尔 1826 年的结果。

另一个椭圆函数的发现者是雅可比(1804—1851)。和阿贝尔不一样,他过着安静的生活。他出生于波茨坦(Potsdam)的一个犹太人家庭,在柏林大学学习,到 1827 年成为哥尼斯堡(Königsberg)的一个教授。1842 年,由于健康不良,他放弃了他的职位。普鲁士政府给了他退休金,退隐到柏林,于 1851 年去世。他在世的时候声誉就很高,他的学生把他的思想散播到各个地方。

雅可比讲授椭圆函数多年。他对这一课题的探讨成为函数论本身发展所遵循的模式。他还研究了函数行列式(雅可比行列式)、常微分方程和偏微分方程、动力

---

① *Mém. des. sav. étrangers*, 7,1841,176 - 264 = *Œuvres*, 145 - 211.

学、天体力学、流体动力学、超椭圆积分和超椭圆函数。雅可比常被认为是一个纯粹数学家,但是,像他那个世纪和前一些世纪中的几乎所有的数学家一样,他最认真地研究自然界。

当阿贝尔研究椭圆函数的时候,雅可比(他也已经读过勒让德关于椭圆积分的工作)在 1827 年开始研究椭圆函数。他送了一篇没有证明的论文给《天文报告》(*Astronomische Nachrichten*)①。差不多在同一时间,阿贝尔独立地发表了他的《关于椭圆函数的研究》(*Recherches sur les fonctions elliptiques*)②。两个人都达到了从椭圆积分的反函数着手研究这一关键性想法,这个想法阿贝尔从 1823 年就已经有了。雅可比后来给出了他在 1827 年发表的结果的证明,发表在 1828 年至 1830 年的《克雷尔杂志》的几篇文章中。此后两个人都发表了关于椭圆函数的论文;不过阿贝尔在 1829 年就去世,而雅可比活到 1851 年,因而能够发表多得多的东西。特别地,雅可比 1829 年的《椭圆函数基本新理论》(*Fundamenta Nova Theoriae Functionum Ellipticarum*)③ 成了椭圆函数的一本关键性的著作。

通过雅可比的来信,勒让德熟悉了雅可比和阿贝尔的工作。1828 年 2 月 9 日他在给雅可比的信中说:"我很满意地看到两个年轻数学家如此成功地开辟了分析的一个分支,它很久以来是我喜爱的领域,但在我自己的国家中它却没有受到应有的重视。"后来勒让德发表了他的《椭圆函数专著》(*Traité des fonctions elliptiques*,二卷,1825—1826)的三个补篇,其中他叙述了雅可比和阿贝尔的工作。

一般椭圆积分牵涉到

(25) $$u = \int R(x, \sqrt{P(x)}) \mathrm{d}x,$$

其中 $P(x)$ 是一个具有不同根的三次或四次多项式,$R(x, y)$ 是 $x$ 和 $y$ 的一个有理函数。企图推断 $x$ 的函数 $u$ 的一般性质的努力失败了,这是因为对于欧拉和勒让德来说,积分的意义本身是受到限制的。$P(x)$ 的系数是实的,$x$ 的取值范围是实的,并且不包含 $P(x) = 0$ 的根。有了复函数理论的更多知识,研究 $x$ 的函数 $u$ 就有可能前进一步,但这个见解没有获得效果。结果证明,阿贝尔和雅可比的想法较好。

具体地说,勒让德引进了(第 19 章第 4 节)椭圆积分 $F(k, \phi)$,$E(k, \phi)$ 及 $\pi(n, k, \phi)$。1826 年左右,阿贝尔注意到,如果[例如考虑 $F(k, \phi)$]研究

(26) $$u = \int_0^x \frac{\mathrm{d}x}{\sqrt{(1-x^2)(1-k^2x^2)}} = \int_0^\phi \frac{\mathrm{d}\phi}{\sqrt{1-k^2\sin^2\phi}},$$

其中 $x = \sin\phi$,那么会遇到像研究

---

① *Astron. Nach.*, 6, 1827, 33 – 38 = *Werke*, 1, 31 – 36.
② *Jour. für Math.*, 2, 1827, 101 – 181, 与 3, 1828, 160 – 190 = *Œuvres*. 263 – 388.
③ *Werke*, 1, 49 – 239.

$$u = \int_0^x \frac{\mathrm{d}x}{\sqrt{1-x^2}} = \arcsin x$$

时出现的同样的困难。较好的关系来自把 $x$ 作为 $u$ 的函数来研究。因此阿贝尔建议在椭圆积分情形中,把 $x$ 作为 $u$ 的函数来研究。由于 $x = \sin\phi$,所以 $\phi$ 也可作为 $u$ 的函数。

雅可比引进了[①]记号
$$\phi = \operatorname{am} u,$$
表示(26)定义的 $u$ 的函数 $\phi$。他还引进了
$$\cos\phi = \cos \operatorname{am} u \text{ 和 } \Delta\phi = \Delta\operatorname{am} u = \sqrt{1-k^2\sin^2\phi}.$$
这个记号被古德曼简化为
$$x = \sin\phi = \sin\operatorname{am} u = \operatorname{sn} u, \ \cos\phi = \cos\operatorname{am} u = \operatorname{cn} u,$$
$$\Delta\phi = \Delta\operatorname{am} u = \operatorname{dn} u.$$
我们立刻有
$$\operatorname{sn}^2 u + \operatorname{cn}^2 u = 1, \ \operatorname{dn}^2 u + k^2 \operatorname{sn}^2 u = 1.$$
如果 $\phi$ 换为 $-\phi$,则 $u$ 变号。故有
$$\operatorname{am}(-u) = -\operatorname{am} u, \ \operatorname{sn}(-u) = -\operatorname{sn} u,$$
$$\operatorname{cn}(-u) = \operatorname{cn} u, \ \operatorname{dn}(-u) = \operatorname{dn} u.$$
由下式定义的量 $K$ 起着三角函数中 $\pi$ 的作用,
$$K = \int_0^1 \frac{\mathrm{d}x}{\sqrt{(1-x^2)(1-k^2x^2)}} = \int_0^{\pi/2} \frac{\mathrm{d}\phi}{\sqrt{1-k^2\sin^2\phi}} = F\left(k, \frac{\pi}{2}\right).$$
与 $K$ 联系着的是超越量 $K'$,它作为 $k'$ 的函数相同于 $K$ 作为 $k$ 的函数,其中 $k'$ 由 $k^2 + k'^2 = 1$ 定义,$0 < k < 1$。

关于 $K$ 及 $K'$,重要的是(在这里不证明)
$$\operatorname{sn}(u+4K) = \operatorname{sn} u, \ \operatorname{cn}(u+4K) = \operatorname{cn} u, \ \operatorname{dn}(u \pm 2K) = \operatorname{dn} u.$$
所以 $4K$ 是椭圆函数 $\operatorname{sn} u$ 和 $\operatorname{cn} u$ 的周期,而 $2K$ 是 $\operatorname{dn} u$ 的周期。

到此为止,函数 $\operatorname{sn} u$,$\operatorname{cn} u$ 和 $\operatorname{dn} u$ 都只对实的 $x$ 和 $u$ 定义。阿贝尔已有了把每一个函数看作是一个元素的想法,因为每一个函数只是对实值有定义。他的下一个想法便是引进 $u$ 的复值,在总体上来定义椭圆函数。关于复函数的知识,阿贝尔在他访问巴黎时就熟悉了柯西的工作。事实上,他曾研究了变数和指数都取复值的二项式定理。首先推广到纯虚值是利用所谓雅可比的虚变换来完成的。阿贝尔引进了
$$\sin\theta = i\tan\phi, \ \cos\theta = \frac{1}{\cos\phi}, \ \Delta(\theta, k) = \frac{\Delta(\phi, k')}{\cos\phi},$$

---

① *Fundamenta Nova*,1829.

其中 $\theta = \text{am}\,iu$，从而有

$$\text{sn}(iu, k) = i\frac{\text{sn}(u, k')}{\text{cn}(u, k')}, \quad \text{cn}(iu, k) = \frac{1}{\text{cn}(u, k')},$$

$$\text{dn}(iu, k) = \frac{\text{dn}(u, k')}{\text{cn}(u, k')}.$$

阿贝尔除了允许他的变量取纯虚值以外，还建立了椭圆函数的加法定理。在

$$u = A(x) = \int_0^x \frac{1}{\sqrt{1-x^2}}dx$$

的情形，我们知道这个积分是多值函数 $A(x) = \arcsin x$，并且有

(27) $$A(x_1) + A(x_2) = A(x_1y_2 + x_2y_1),$$

其中 $y_1$ 和 $y_2$ 是相应的余弦值；即 $y_1 = \sqrt{1-x_1^2}$。但在这种情形下引进单值的反函数 $x = \sin u$ 就可以得到很大的简化，替代(27)，我们有熟知的正弦函数加法定理。现在在

$$u = E(x) = \int_0^x \frac{dx}{\sqrt{R(x)}}$$

的情形[其中 $y^2 = R(x)$ 是一个四次多项式]，欧拉曾经得到加法定理(第19章第4节)

$$E(x_1) + E(x_2) = E(x_3),$$

其中 $x_3$ 是 $x_1, x_2, y_1, y_2$ 的一个已知的有理函数，并且 $y = \sqrt{R(x)}$。阿贝尔认为对反函数 $x = \phi(u)$，也许有一个简单的加法定理，而这一点被证明是对的。这个结果也出现在他的1827年的论文中。于是对于实的 $u$ 及 $v$ 有

(28) $$\text{sn}(u+v) = \frac{\text{sn}\,u\,\text{cn}\,v\,\text{dn}\,v + \text{sn}\,v\,\text{cn}\,u\,\text{dn}\,u}{1 - k^2\,\text{sn}^2 u\,\text{sn}^2 v},$$

对于 $\text{cn}(u+v)$ 及 $\text{dn}(u+v)$ 亦有类似的公式。这些就是椭圆函数的加法定理，是椭圆积分加法定理的类似物。

对于自变量的实值和虚值定义了椭圆函数以后，阿贝尔借助于加法定理，便将定义推广到复值。因为，若 $z = u + iv$，则由加法定理，$\text{sn}\,z = \text{sn}(u+iv)$ 就有了意义，分别用 $u$ 和 $iv$ 的 sn, cn 和 dn 表示出。

随之还有

(29) $$\text{sn}(iu + 2iK', k) = \text{sn}(iu, k),$$
$$\text{cn}(iu + 4iK', k) = \text{cn}(iu, k),$$
$$\text{dn}(iu + 4iK', k) = \text{dn}(iu, k).$$

所以，$\text{sn}\,z$ 的周期(不是唯一的)是 $4K$ 及 $2iK'$；$\text{cn}\,z$ 的周期是 $4K$ 及 $2K + 2iK'$；$\text{dn}\,z$ 的周期是 $2K$ 及 $4iK'$。关于周期，重要的一点是存在两个周期(它们的比不是实数)，因而这些椭圆函数是双周期的。这是阿贝尔的伟大发现之一。这些函数是单

值的,所以只须在复平面的一个平行四边形中(图 27.5)研究它们,因为它们在每一个全等的平行四边形中重复它们的性质。椭圆函数除去是单值的双周期的以外,只有一个本性奇点,在∞处。事实上可以用这些性质定义椭圆函数。在每一个周期平行四边形中,它们的确有极点。

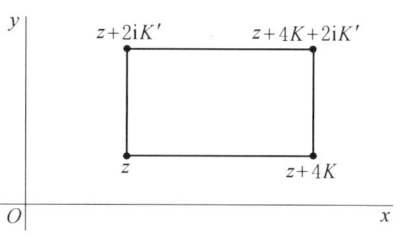

图 27.5

阿贝尔引进了椭圆积分的反演(勒让德忽略了这一点,而这被证明是探索椭圆积分的关键),尽管他是从勒让德那里取得可能是他一生工作的精华的,但勒让德称赞阿贝尔说:"这个年轻的挪威人的智力是多高啊。"埃尔米特(Charles Hermite)说阿贝尔留下了一些思想,可供数学家们工作 150 年。

阿贝尔所得到的结果中,有许多被雅可比独立地得到了,前面已指出过,他在这方面的第一篇论文,出现在 1827 年。雅可比知道他在《新基本》(Fundamenta Nova)中所用的基本方法是不令人满意的,并且部分地在这本书中的某些地方和他在以后的演讲中,采用了不同的起点。他的演讲从未全部发表,但通过他的学生们的信件和笔记,这些演讲的实质内容相当全面地被知晓了。在他的新的探讨中,他把他的椭圆函数理论建立在被称为 θ 函数这一辅助函数的基础上,它是用

$$\theta(z) = \sum_{n=-\infty}^{\infty} e^{-n^2 t + 2niz} \tag{30}$$

为例来说明的,其中 $z$ 及 $t$ 是复数,且 $\mathrm{Re}(t) > 0$。这个级数在 $z$ 平面的任何有界区域内都绝对一致收敛。雅可比引进了四个 θ 函数,然后利用这些函数来表示出 sn $u$, cn $u$ 和 dn $u$。θ 函数是可以构造出椭圆函数的最简单的元素。他还得到 θ 函数的各种无穷级数和无穷乘积的表达式。对于阿贝尔工作中想法的进一步研究将雅可比引导到研究 θ 函数与数论之间的关系。这个联系随后由埃尔米特、克罗内克以及其他人继续进行。θ 函数的多种不同形式之间的关系的研究是 19 世纪数学家的一个较重要的活动。它是常见的贯穿在数学中的许多流行一时的风尚之一。

在 1835 年的一篇重要论文[①]中,雅可比证明了单变量的一个单值函数,如果对于自变量的每一个有穷值具有有理函数的特性(即为一亚纯函数),它就不可能有多于两个的周期,而周期的比必须是一个非实数。这个发现开辟了一个新的研究方向,即找出所有的双周期函数的问题。就在 1844 年[②],刘维尔在给法国科学院的一封信中,说明如何从雅可比的定理出发建立双周期椭圆函数的一个完整的

---

① *Jour. für Math.*, 13, 1835, 55 − 78 = *Werke*, 2, 23 − 50.
② *Comp. Rend.*, 19, 1844, 1261 − 1263 与 32, 1851, 450 − 452.

理论。这个理论是椭圆函数方面的一个较重要的贡献。在双周期性中刘维尔发现了椭圆函数的一个实质性质及其理论的一个统一观点,虽然双周期函数是比雅可比称之为椭圆函数更广的一类函数,但双周期函数的确具有椭圆函数的所有的基本性质。

魏尔斯特拉斯于1860年左右开始研究椭圆函数,他从古德曼那里学习了雅可比的工作,并从阿贝尔的论文里学习了阿贝尔的工作。这些论文给他的印象如此之深,以至于后来经常督促他的学生们读阿贝尔的著作。这时,为了他的教员证明书,他研究了古德曼给他指定的一个问题,即把椭圆函数表示成为幂级数的商。他做到了这一点。作为一个教授,在他的讲演中他经常重新做出他的椭圆函数理论。

勒让德曾将椭圆积分简化成含有一个四次多项式的平方根的三个标准形式。魏尔斯特拉斯得到含有一个三次多项式的平方根的三个不同形式①,即

$$\int \frac{\mathrm{d}x}{\sqrt{4x^3 - g_2 x - g_3}}, \int \frac{x \mathrm{d}x}{\sqrt{4x^3 - g_2 x - g_3}},$$
$$\int \frac{\mathrm{d}x}{(x-a)\sqrt{4x^3 - g_2 x - g_3}},$$

他把"反演"第一个积分所得的椭圆函数作为基本的椭圆函数。就是,如果

$$u = \int_0^x \frac{\mathrm{d}x}{\sqrt{4x^3 - g_2 x - g_3}},$$

那么 $u$ 的椭圆函数 $x$ 就是魏尔斯特拉斯的

$$x = \mathfrak{p}(u) = \mathfrak{p}(u \mid g_2, g_3).$$

为了使 $\mathfrak{p}(u)$ 不退化为一个指数函数或三角函数,必须有判别式 $g_2^3 - 27g_3^2 \neq 0$,换句话说,$x$ 的三次多项式的三个根应该是不相等的。魏尔斯特拉斯的双周期 $\mathfrak{p}(u)$ 起着雅可比理论中 sn $u$ 的作用并且提供了最简单的双周期函数。他证明了每一个椭圆函数可以借助于 $\mathfrak{p}(u)$ 和他的导数很简单地表示出来。在魏尔斯特拉斯的探讨中,椭圆函数的"三角学"比较简单,但雅可比的函数和勒让德的椭圆积分对于数值计算比较好。

魏尔斯特拉斯实际上是从他的 $\mathfrak{p}(u)$ 的一个元素出发,即

$$\mathfrak{p}(u) = \frac{1}{u^2} + \frac{g_2}{4 \cdot 5} u^2 + \frac{g_3}{4 \cdot 7} u^4 + \cdots \quad (g_2, g_3 \text{ 是复的}),$$

这个元素是他利用解以上积分给出的关于 $\mathrm{d}x/\mathrm{d}u$ 的微分方程得到的。然后,类似于阿贝尔的方式,利用关于 $\mathfrak{p}(u)$ 的加法定理得出整个函数。魏尔斯特拉斯的工作完备了、改写了并且美化了椭圆函数的理论。

---

① *Sitzungsber. Akad. Wiss. zu Berlin*, 1882, 443-451 = *Werke*, 2, 245-255; 亦见 *Werke*, 5.

虽然我们将不进入特殊细节的讨论，但在我们离开椭圆函数这个课题以前，不能不提一下埃尔米特(1822—1901)的工作，他是巴黎大学理学院和多科工艺学校的教授。他从学生时代起就经常研究椭圆函数。他在 1892 年写道："我不能离开椭圆领域。山羊被系在那里，就必须在那里吃青草。"他创作了理论本身中的基本结果，并研究了与数论的联系。他应用了椭圆函数解五次多项式方程，并处理了包含这种函数的力学问题。他也由于对 e 的超越性的证明和他引进的埃尔米特多项式而闻名于世。

## 7. 超椭圆积分与阿贝尔定理

在椭圆积分(25)和相应函数的研究中所取得的成功鼓励着数学家们去处理一种更难类型的积分——超椭圆积分。

超椭圆积分具有形式

$$\int R(x, y) \mathrm{d}x, \tag{31}$$

其中 $R(x, y)$ 是 $x$ 和 $y$ 的一个有理函数，$y^2 = P(x)$，并且 $P(x)$ 的次数最少是五。当 $P(x)$ 是五次或六次时，这种积分在 19 世纪中期，被称为超椭圆积分。为了强调复值，通常把它写成

$$\int R(u, z) \mathrm{d}z, \tag{32}$$

而 $P(z)$ 通常被写成

$$u^2 \equiv P(z) = A(z - e_1) \cdots (z - e_n). \tag{33}$$

当然 $u$ 是 $z$ 的一个多值函数。

在形如(32)的积分中，有一些是处处有穷的。这些基本的积分是

$$u_1 = \int \frac{\mathrm{d}z}{u}, \ u_2 = \int \frac{z \mathrm{d}z}{u}, \ \cdots, \ u_p = \int \frac{z^{p-1} \mathrm{d}z}{u}, \tag{34}$$

其中 $u$ 由(33)给出，而 $p = (n-2)/2$ 或 $(n-1)/2$，依 $n$ 是偶或奇而定。对于 $n = 6$(因而 $p = 2$)，有两个这样的积分。一般积分(32)最多有极点和对数奇点，即像 $\log z$ 在 $z = 0$ 处那样的奇点。那些第一类的积分，即那些处处有穷因而没有奇点的积分，总是可以借助于线性无关的 $p$ 个积分(34)表示出来。

对于 $n = 6$(因而 $p = 2$)的情形，第二类积分的范例是

$$\int \frac{z^2 \mathrm{d}z}{\sqrt{P(z)}}, \int \frac{z^3 \mathrm{d}z}{\sqrt{P(z)}}, \tag{35}$$

其中 $P(z)$ 是一个六次多项式。对于 $n = 6$，第一类和第二类积分每个都有四个周期。

超椭圆积分是上限 $z$ 的函数，如果下限固定的话。假定我们用 $w$ 表示这样一

个函数,那么像椭圆积分的情形一样,可以提出什么是 $w$ 的反函数 $z$ 的问题。阿贝尔处理了这个问题,但他没有解决;后来雅可比着手处理了这问题①。我们按照雅可比那样来考虑特殊的超椭圆积分

$$(36) \qquad w = \int_0^z \frac{dz}{\sqrt{P(z)}}, \ w = \int_0^z \frac{zdz}{\sqrt{P(z)}},$$

其中 $P(z)$ 是一个五次或六次多项式。在这里,要将 $z$ 确定为 $w$ 的单值函数,经验证明是没有希望的。事实上,雅可比证明,对于五次的 $P(z)$,这种积分的单纯反演并不引到一个单演函数。对雅可比说来,反函数是不合理的,因为在每一种情形下 $z$ 作为 $w$ 的函数是无穷多值的;而在当时这种函数并不能被很好地理解。

雅可比决定考虑这种积分的组合。在阿贝尔定理(看下面)的指引下(这个定理的叙述他至少是知道的,因为大部分内容已经发表),雅可比的做法如下:考虑方程

$$(37) \qquad \int_0^{z_1} \frac{dz}{\sqrt{P(z)}} + \int_0^{z_2} \frac{dz}{\sqrt{P(z)}} = w_1,$$

$$(38) \qquad \int_0^{z_1} \frac{zdz}{\sqrt{P(z)}} + \int_0^{z_2} \frac{zdz}{\sqrt{P(z)}} = w_2.$$

雅可比成功地证明了对称函数 $z_1 + z_2$ 和 $z_1 z_2$ 都是 $w_1$ 和 $w_2$ 的单值函数,具有四个周期的一个系统。于是就得到两个变数 $w_1$ 和 $w_2$ 的函数 $z_1$ 和 $z_2$,他还给出了这些函数的一个加法定理。雅可比遗留下许多不完全之处,他说:"对于高斯的那种严密性,我们没有时间。"

推广椭圆与超椭圆积分的研究是由伽罗瓦开始的,不过较重要的开创性步骤是阿贝尔在 1826 年的论文中做出的。他考虑(32),即

$$(39) \qquad \int R(u, z) dz,$$

但原来(33)那里的 $u$ 和 $z$ 只是由一个多项式如 $u^2 = P(z)$ 联系着,因而代替(33),阿贝尔考虑一个一般的含 $z$ 和 $u$ 的代数方程

$$(40) \qquad f(u, z) = 0.$$

方程(39)和(40)定义一个阿贝尔积分,它包含椭圆与超椭圆积分作为特殊情形。

虽然阿贝尔没有将阿贝尔积分的研究推进很远,但他证明了这方面的一个关键性定理。阿贝尔的基本定理是椭圆积分加法定理(第 19 章第 4 节)的一个很宽的推广。这个定理和证明是在他 1826 年的巴黎论文中,定理的叙述刊在 1829 年的《克雷尔杂志》②上。考虑积分

---

① *Jour. für Math.*, 9, 1832, 394 - 403 = *Werke*, 2, 7 - 16, 与 *Jour. für Math.*, 13, 1835, 55 - 78 = *Werke*, 2, 25 - 50 与 516 - 521.

② *Jour. für Math.*, 4, 212 - 215 = *Œuvres*, 515 - 517.

(41) $$\int R(x, y)\mathrm{d}x,$$

其中 $x$ 与 $y$ 由方程 $f(x, y) = 0$ 联系，$f$ 为 $x$ 和 $y$ 的一个多项式。在阿贝尔写的文章中，$x$ 和 $y$ 作为实变数，虽然偶尔也以复数出现。非严谨地叙述起来，阿贝尔定理是这样的："几个具有形式(41)的积分之和可以用 $p$ 个这样的积分加上一些代数的与对数的项表示出来。另外，这个数 $p$ 只依赖于方程 $f(x, y) = 0$，而事实上，它就是这个方程的亏格(genus)。"

为了得到一个更精确的叙述，设 $y$ 是 $x$ 的代数函数，由下式定义：

(42) $$f(x, y) = y^n + A_1 y^{n-1} + \cdots + A_n = 0.$$

其中 $A_i$ 是 $x$ 的多项式，而多项式(42)不可能分解成同样形式的因式。设 $R(x, y)$ 是 $x$ 和 $y$ 的任一有理函数，则任何 $m$ 个相似积分之和

(43) $$\int^{(x_1, y_1)} R(x, y)\mathrm{d}x + \cdots + \int^{(x_m, y_m)} R(x, y)\mathrm{d}x$$

(其下限固定，但是任意)可以用 $x_1, y_1, \cdots, x_m, y_m$ 的有理函数与这种有理函数的对数加上 $p$ 个积分

(44) $$\int^{(z_1, s_1)} R(x, y)\mathrm{d}x, \cdots, \int^{(z_p, s_p)} R(x, y)\mathrm{d}x$$

之和来表示，其中 $z_1, \cdots, z_p$ 是 $x$ 的值，可从 $x_1, y_1, \cdots, x_m, y_m$ 作为一个代数方程的根确定出来，这个方程的系数是 $x_1, y_1, \cdots, x_m, y_m$ 的有理函数，而 $s_1, \cdots, s_p$ 是由(42)确定的相应的 $y$ 值，而任一 $s_i$ 可以确定为 $z_i$ 及 $x_1, y_1, \cdots, x_m, y_m$ 的一个有理函数。这样用 $(x_1, y_1), \cdots, (x_m, y_m)$ 来确定 $(z_1, s_1), \cdots, (z_p, s_p)$ 的关系必须假定在积分的各阶段中都成立；特别是这些关系确定出后面 $p$ 个积分的下限，用开始的 $m$ 个积分的下限表示。数 $p$ 不依赖于 $m$，不依赖于有理函数 $R(x, y)$ 的形式，也不依赖于 $x_1, y_1, \cdots, x_m, y_m$ 的值，但它确实依赖于联系 $y$ 与 $x$ 的基本方程(42)。

在 $f = y^2 - P(x)$，$P(x)$ 是一个六次多项式而 $p = (n-2)/2 = 2$ 的超椭圆积分的情况下，阿贝尔定理的主要部分是说

(45) $$\int_0^{x_1} R(x, y)\mathrm{d}x + \cdots + \int_0^{x_m} R(x, y)\mathrm{d}x$$
$$= \int_0^A R(x, y)\mathrm{d}x + \int_0^B R(x, y)\mathrm{d}x$$
$$+ R_1[x_1, y_1, \cdots, x_m, y_m, A, y(A), B, y(B)]$$
$$+ \sum \mathrm{const.} \log R_2[x_1, y_1, \cdots, x_m, y_m, A, y(A), B, y(B)],$$

其中 $R_1$ 和 $R_2$ 是它们的变数的有理函数。

阿贝尔对一般的 $f(x,y)=0$ 的少数几种情形，实际上计算了数 $p$。虽然他没有看出他的结果的全部意义，但他肯定在黎曼(Georg Friedrich Bernhard Riemann)以前就认识到了亏格的概念并且建立了阿贝尔积分这个科目。他的论文很难懂，部分地是因为他试图利用实际计算结果来证明我们今天称之为存在定理的东西。后来的证明很大地简化了阿贝尔的证明（也看第39章第4节）。阿贝尔没有考虑反问题。所有关于超椭圆积分和阿贝尔积分的反演的工作，一直到黎曼出现，都受到处理多值函数有局限性的方法的妨碍。

## 8. 黎曼与多值函数

在1850年左右，在函数论方面取得成就的一段时期告终了。严密的方法（像魏尔斯特拉斯所提供的），结果的准确描写和无疑问的存在性证明，在任何一种数学训练中都标志着发展中的一个重要的但也是最后的阶段。进一步的发展必须有一段先行时期，充满着自由的、繁多的、不连贯的、常常是偶然发现的，而且也许是无秩序的创造。阿贝尔定理就是这样的一步。在代数函数、它们的积分和反函数的理论中，一个新的发明时期是属于黎曼的。他实际上提供了一个宽广得多的理论，即多值函数的处理。在这方面只有柯西与皮瑟曾作过研究，并且由此为几个不同的进展铺平了道路。

黎曼(1826—1866)是高斯和威廉·韦伯(Wilhelm Weber)的学生。1846年到格丁根学神学，但不久就转学数学。他的1851年的博士论文是在高斯指导下写的，题目是《单复变函数的一般理论的基础》(Grundlagen für eine allgemeine Theorie der Functionen einer veränderlichen complexen Grösse)[①]，是复函数论的一篇基本论文。三年以后他成为格丁根的一个无薪大学教员(*Privatdozent*)，即被允许作一些讲演并收学生的酬金。为了获得无薪大学教员的资格，他写了大学讲师就职论文《关于利用三角级数表示一个函数的可能性》(*Habilitationsschrift*, Über die Darstellbarkeit einer Function durch eine trigonometrische Reihe)，并且作了一个大学讲师就职讲演《关于几何基础的假设》(*Habilitationsvortrag*, Über die Hypothesen welche der Geometrie zu Grunde liegen)。在这以后又写了一批有名的论文。1859年黎曼接替狄利克雷(Peter Gustav Lejeune Dirichlet)作为格丁根的数学教授，他死于肺病。

黎曼常被描述为一位纯粹数学家，但这远非正确。虽然他对数学本身作了很多贡献，但他深深地关心于物理以及数学与物理世界的关系。他写了关于热、光、

---

① *Werke*, 3-43.

气体理论、磁、流体力学以及声学方面的论文。他企图将引力与光统一起来,并研究了人耳的结构。他的关于几何基础的工作试图找出我们对于物理空间的知识哪一些是绝对可靠的(第 37 章)。他自己说,他的关于物理定律的工作是他的主要兴趣。作为一个数学家,他自由地运用几何直观及物理论证。基于克莱因(Felix Klein)给出的证据,黎曼的复函数思想很可能是来自他研究平面电流的流动。位势方程是那个科目的中心,而在黎曼对复函数的探讨中也是这样。

在黎曼对多值函数的探讨中,关键思想是黎曼面的概念。函数 $w^2 = z$ 是多值的,事实上对于 $z$ 的每一个值,有 $w$ 的两个值。为了研究这个函数并保持两个值集 $\sqrt{z}$ 和 $-\sqrt{z}$ 分开,即把分支分开来,黎曼给每一分支引进一个 $z$ 值平面。他还附带地在每一平面上引进一个点对应于 $z = \infty$。这两个平面被看作是一个位于另一个的上方,并且首先是在两个分支给出相同 $w$ 值的那些 $z$ 值上连接起来。这样,$w^2 = z$ 的这两个平面(或称为叶)就在 $z = 0$ 和 $z = \infty$ 处连接起来了。

现在 $w = +\sqrt{z}$ 仅由上叶上的 $z$ 值表示,$w = -\sqrt{z}$ 则由下叶的 $z$ 值表示。只考虑上叶的 $z$ 值时,就理解为必须计算 $w_1 = +\sqrt{z}$。可是,当 $z$ 沿着该叶上围绕原点的圆变动(图 27.6),因而 $z = \rho(\cos\theta + i\sin\theta)$ 中的 $\theta$ 由 0 变到 $2\pi$ 时,$\sqrt{z}$ 只覆盖住映入 $w$ 值的复平面上的一个半圆。现在让 $z$ 变动到第二叶,譬如说,让它穿过正 $x$ 轴。当 $z$ 变动到这个第二叶时,我们取由 $w_2 = -\sqrt{z}$ 给出的 $w$ 值。当 $z$ 作出另一个绕原点的环路,因而在第二叶上 $\theta$ 由 $2\pi$ 变到 $4\pi$ 时,对这个路径,我们得到 $w_2 = -\sqrt{z}$ 的取值范围,这些 $w$ 值的极角由 $\pi$ 变到 $2\pi$。当 $z$ 又一次穿过正 $x$ 轴时,我们认为它是运行在第一叶上。这样,经过 $z$ 值绕原点的两个环行(在每一叶上各一次),我们就得到函数 $w^2 = z$ 的 $w$ 值的全部范围。另外,本质的一点是,如果 $z$ 在黎曼面(它是两叶的集合)上变动,$w$ 就变为 $z$ 的一个单值函数。

为了把一叶上的路径区别于另一叶上的路径,我们同意在 $w^2 = z$ 的情形下,把正 $x$ 轴看作是一个分支切割。它连接点 $z = 0$ 和 $z = \infty$。也就是说,当 $z$ 穿过这个切割时,必须取属于 $z$ 进入的那一叶的 $w$ 的分支。分支切割并不一定要是正 $x$ 轴,但是,在现在的情形下,它必须连接 0 和 $\infty$。点 0 和 $\infty$ 称为支点,因为当 $z$ 绕着 0 和 $\infty$ 划出一个闭路径时,$w^2 = z$ 的分支互相交换。

函数 $w^2 = z$ 和与它相联系的黎曼面特别简单。考虑函数 $w^2 = z^3 - z$。这函数也有两个分支,它们在 $z = 0$,$z = 1$,$z = -1$ 和 $z = \infty$ 处变为相等。而且(我们不给出全部论证)所有这四点都是支点,因为如果 $z$ 绕着它们中的

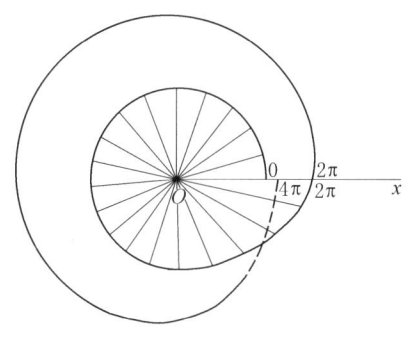

**图 27.6**

任一点作一环行时，$w$ 的值就从一个分支变到另一个分支。分支切割可以取为由 0 到 1，0 到 $-1$，1 到 $\infty$ 和 $-1$ 到 $\infty$ 的线段。当 $z$ 穿过这些分支切割的任何一个时，$w$ 的值从它在一个分支所取的值变到它在第二个分支所取的值。

对于更复杂的多值函数，黎曼面更为复杂。一个 $n$ 值函数需要一个 $n$ 叶黎曼面。可能有很多支点，必须引进连接每两个支点的分支切割。另外，一个支点的各叶并不一定和另一支点的各叶相同。如果 $k$ 个叶重合于一个支点，就称这个支点是 $k-1$ 阶的。然而一个黎曼面的两叶可以在一点接触，但是当 $z$ 绕这一点走完一周时，函数的各分支可能不变。这时，这个点就不是支点。

不可能在三维空间里准确地表示出黎曼面。例如，$w^2 = z$ 的两叶，如果在三维空间里来表示，它们就必须沿正 $x$ 轴相交。因而一叶必须沿着正 $x$ 轴被割开，但是另一方面数学要求从第一叶光滑地进入第二叶，然后绕 $z=0$ 作一环行以后，又回到第一叶。

黎曼面不仅是描绘多值函数的一个方法，而且有效地使这样的函数在曲面上单值，与 $z$ 平面上的情形相对立。这样，关于单值函数的定理可以推广到多值函数。举例来说，单值函数沿着一个区域（在其中函数为解析）的边界曲线的积分为 0 的柯西定理，被黎曼推广到了多值函数。解析区域在**曲面**上必须是单连通的（可以收缩到一点的）。

黎曼把它的曲面想象为平面的一个 $n$ 叶复制品，每一个复制品被补充了一个无穷远点。可是，把这样一个曲面设想为 $n$ 个互相连接的平面，就难以理解所有的有关论证。因此，从黎曼那个时候以来，数学家们曾经提出了一些较易想象的等价模型。我们知道，利用球极平面射影可以将一个平面变换成一个球面（第 7 章第 5 节）。因此我们可以利用 $n$ 个半径差不多相同的同心球面来构造黎曼面的一个模型。球面序列是和平面序列相同的。平面的支点与分支切割照样变换到球面上，因而这些球面沿着分支切割互相缠绕。现在我们把这组球面想象为 $z$ 的域，而 $z$ 的多值函数 $w$ 在这组球叶上是单值的。

直到现在，我们说明黎曼的思想时，都是从一个函数 $f(w,z)=0$ 出发（它是 $w$ 和 $z$ 的一个不可约多项式），指出什么是它的黎曼面。这并不是黎曼的途径。他是从一个黎曼面出发的，并提议证明有一个属于它的方程 $f(w,z)=0$，并进一步证明有其他单值及多值函数定义在这个黎曼面上。

单值解析函数 $f(z)=u+iv$ 的黎曼定义是：这个函数在一点及其邻域内解析，如果它连续可微并满足我们现在称之为柯西-黎曼方程的话，

(46) $$\frac{\partial u}{\partial x} = \frac{\partial v}{\partial y},\ \frac{\partial u}{\partial y} = -\frac{\partial v}{\partial x}.$$

我们知道这些方程曾出现在达朗贝尔、欧拉和柯西的著作中。顺便说说，黎曼是第

一个要求导数 $dw/dz$ 的存在性是指 $\Delta w/\Delta z$ 的极限必须对于 $z+\Delta z$ 趋近于 $z$ 的每一途径都相同的人。[这个条件区分出了复函数,因为在实函数 $u(x,y)$ 的情形下,$u$ 的一阶导数对于所有趋于某点 $(x_0,y_0)$ 的方向都存在并不能保证解析。]于是他寻求整个地决定 $x+iy$ 的一个函数的最少条件,而不管这个函数存在于哪一个区域。从柯西-黎曼方程显然看出,$u$ 和 $v$ 要满足二维位势方程

$$\frac{\partial^2 w}{\partial x^2}+\frac{\partial^2 w}{\partial y^2}=0. \quad (47)$$

黎曼曾有过这样一个想法,认为利用 $u$ 满足位势方程这个事实,这个复函数可以在它的存在区域中立刻整个地被确定。

黎曼明确地假定,黎曼面上的一个位置函数 $w$ 将由实函数 $u(x,y)$ 确定(除一个附加的常数以外),如果 $u$ 满足下列条件:

(1) 它在曲面上所有使导数不为无穷的点处满足位势方程。

(2) 如果 $u$ 是多值的,那么它在曲面任一点上的值彼此相差一些实常数整数倍的线性组合(这些实常数是 $w$ 的周期模的实部,我们将在以后讨论)。

(3) $u$ 可以在曲面的指定点上有给定形式的无穷(极点)。这些无穷应属于使 $w$ 为无穷的那些项的实部。作为一个次要的条件,他的确进一步假定了沿着曲面一部分的边界闭曲线,$u$ 可以有有穷值,或者说 $u$ 和 $v$ 的边界值可能存在一个关系。至于这样一个关系的一般性的程度,黎曼说得不明确。

这些条件应该确定 $u$。一旦 $u$ 被确定了,则由柯西-黎曼方程就有

$$v=\int\left(-\frac{\partial u}{\partial y}dx+\frac{\partial u}{\partial x}dy\right). \quad (48)$$

这样 $v$ 因而 $w$ 也被确定了。重要的是,对于黎曼来说,$u$ 的域是黎曼面的任何一个部分,包括可能是整个曲面。在他的博士论文中,他考虑了有边界的曲面,只是在以后才用了闭曲面,即没有边界的曲面,例如环面。

为了决定 $u$,黎曼的本质性工具是他称为的狄利克雷原理,因为这是他从狄利克雷那里学到的;不过他把它推广到黎曼面上的区域,并且在域中规定了 $u$ 的奇异性和跳跃(以上条件 2 及 3)。狄利克雷原理说的是,最小化狄利克雷积分

$$\iint\left\{\left(\frac{\partial u}{\partial x}\right)^2+\left(\frac{\partial u}{\partial y}\right)^2\right\}dxdy$$

的函数 $u$ 满足位势方程。事实上后者就是狄利克雷积分的第一变分为零的必要条件(也看第 28 章第 4 节)。因为在狄利克雷积分中,被积函数为正,故有一个大于或至少等于 0 的下界,黎曼断定必有一函数 $u$ 最小化积分并因而满足位势方程。于是对黎曼来说,函数 $u$ 的存在,因而由(48),函数 $f(z)$ 的存在[它属于黎曼面,甚

至可以有规定的奇异性和复跳跃(周期性模)]可以保证。

以一个已给的黎曼面作为值域的函数的存在性一旦确立以后,就可以证明对于已给的曲面可以联系一个基本方程,即有一个 $f(w, z) = 0$,它以已给的曲面为它的曲面。至于这个曲面如何相应于 $w$ 与 $z$ 之间的关系,黎曼并没有叙述。实际上,这个 $f(w, z) = 0$ 不是唯一的。事实上,从曲面上 $w$ 与 $z$ 的每一个有理函数 $w_1$,通过 $f(w, z) = 0$ 可以得到另一个方程 $f_1(w_1, z) = 0$,如果它是不可约的,那么就有同一个黎曼面。这是黎曼方法的一个特点。

为了进一步研究能在一个黎曼面上存在的函数类,必须熟悉黎曼关于黎曼面的连通性的概念。一个黎曼面可能有边界曲线,或可能像球或环面那样是闭的。如果是一个代数函数的黎曼面,也就是说,如果 $f(w, z) = 0$ 定义 $w$ 为 $z$ 的函数,而 $f$ 是 $w$ 和 $z$ 的一个多项式,那么曲面就是闭的。如果 $f$ 是不可约的,即不能表示为这种多项式的乘积,那么曲面是由一片构成的,或者说是连通的。

一个平面或一个球面是这样一个曲面,任意一条闭曲线把它分成两部分,要连续地从一个部分中的一点通到另一部分中的一点,不可能不穿过这闭曲线。这样的一个曲面称为**单连通的**。可是,如果能够在一个曲面上画出一条闭曲线,它不使曲面分离,那么这个曲面就不是单连通的。而如果能够在一个曲面上画出某种闭曲线而不至于使这曲面不连通,这曲面就是多连通的。举例来说,我们可以在环面上画两条不同的闭曲线(图27.7),即便两者都出现,也不使这个曲面不连通。

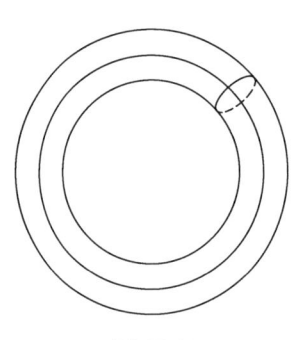

**图 27.7**

黎曼想指定一个数来表示他的曲面的连通性。他把极点与支点看作是曲面的部分,而且由于他心目中想的是代数函数,所以他的曲面是闭的。去掉一叶的一小部分,这个曲面就有了一条边界曲线 $C$。然后他把这个曲面想象为被一个不自交的曲线割开,这条曲线从边界 $C$ 的一点跑到边界 $C$ 的另一点。这样一条曲线称为横剖线(Querschnitt)。这条横剖线和 $C$ 被看作是一个新的边界,并且可以引进从(新)边界的一点出发到另一点而不穿过(新)边界的第二条横剖线。

引进足够多的这样的横剖线,将一个可能是多连通的黎曼面剖为一个单连通曲面。例如,如果一个曲面是单连通的,就不需要横剖线,并且这个曲面有连通数(Grundzahl)1。一个曲面称为双连通的,如果用一条适当的横剖线就可以把它变成单一的单连通曲面。这时,连通数是 2。一个平面环和有两个洞的球面就是双连通的例子。一个曲面称为三连通的,如果用两条适当的横剖线可以把它变成单一的单连通曲面。这时连通数就是 3。有一个洞的环面就是一个例子。一般地说,一个曲面称为 $N$ 连通的,或有连通数 $N$,如果用 $N-1$ 条适当的横剖线可以把它变成一个单连通曲面。有 $N$ 个洞的球面有连通数 $N$。

现在可以将一个黎曼面(有一个边界)的连通数和支点的个数联系起来了。每一个支点 $r_i$ 是按照在这一点互换的函数的分支个数来计算的。如果这个数是 $w_i$, $i=1,2,\cdots,r$,那么 $r_i$ 的重数就是 $w_i-1$。假定曲面有 $q$ 叶,则连通数 $N$ 是

$$N = \sum_i w_i - 2q + 3.$$

可以证明,有单一边界的闭曲面的连通数 $N$ 是 $2p+1$。所以

$$2p = \sum w_i - 2q + 2.$$

整数 $p$ 称为黎曼面和与之相联系的方程 $f(w,z)=0$ 的亏格,这个联系是黎曼建立的。

一个相当重要的特殊情形是

$$w^2 = (z-a_1)(z-a_2)\cdots(z-a_n)$$

的曲面,它有一个两叶的黎曼面,有 $n$ 个有穷支点,当 $n$ 是奇数时,$z=\infty$ 是一个支点,于是 $\sum w_i = n$ 或 $n+1$,$2q=4$。曲面的亏格 $p$ 是

$$p = \begin{cases} \dfrac{n-2}{2}, & \text{当 } n \text{ 为偶数时}, \\ \dfrac{n-1}{2}, & \text{当 } n \text{ 为奇数时}. \end{cases}$$

给定了由 $f(w,z)=0$ 确定的一个黎曼面,我们知道 $w$ 是这个曲面上的点的一个单值函数。于是 $w$ 和 $z$ 的每一个有理函数也是曲面上的位置的一个单值函数(因为在这个有理函数中可以将 $w$ 换为它的用 $z$ 表示的值)。这个有理函数的支点,虽不是它的极点,但也和 $f$ 的那些支点相同。反过来,可以证明具有有穷阶极点的曲面上的位置的每一个单值函数,都是 $w$ 和 $z$ 的一个有理函数。

即使是定义在通常平面上的简单单值函数,它的积分也可以是多值的。例如

$$\int_0^z \frac{\mathrm{d}z}{1+z^2} = w + n\pi,$$

其中 $w$ 是沿着譬如说由 0 到 $z$ 的直线路径的积分的值,而 $n$ 则依赖于由 0 到 $z$ 的路径绕 $\pm i$ 的情形。同样,在一个黎曼面上的单值函数,例如在这曲面上的 $w$ 和 $z$ 的一个有理函数,这种函数的积分就可能是多值的。这确实会发生。如果引进横剖线使曲面成为单连通的,而且如果积分路径是从 $z_1$ 到 $z_2$,每当路径穿过横剖线一次,积分的基本值 $U$ 上就加一个常数值 $I$,这个基本值 $U$ 是在曲面的一个单连通部分的一个路径上积分的值。如果路径在同一个方向穿过横剖线 $m$ 次,则值 $mI$

就被加到 $U$ 上。常数 $I$ 称为一个周期模,每一横剖线引进它自己的周期模,而如果曲面的连通数是 $N+1$,就有 $N$ 个线性无关的周期模。设它们是 $I_1$, $I_2$, $\cdots$, $I_n$。那么原来的单值函数沿着原来路径的积分的值就是

$$U + m_1 I_1 + m_2 I_2 + \cdots + m_n I_n,$$

其中 $m_1$, $m_2$, $\cdots$, $m_n$ 为整数。这些 $I_i$ 在一般情形下是复数。

## 9. 阿贝尔积分与阿贝尔函数

黎曼在《数学杂志》($Journal\ für\ Mathematik$)[①]上发表的四篇重要论文中,重述了他的博士论文中的许多思想,它们主要是用于研究阿贝尔积分与阿贝尔函数的。第四篇论文对所论课题赋予了较重要的进展。所有四篇论文都难懂:"它们是一本莫名其妙的书。"幸运的是,后来一些优秀的数学家详细阐述并解释了这些材料。黎曼将阿贝尔和雅可比的工作结合在一起(它们大部分渊源于实函数),并结合了魏尔斯特拉斯的处理方法(它用了复函数)。

因为黎曼澄清了多值函数的概念,所以对于阿贝尔积分他可以更清楚些。设 $f(w, z) = 0$ 是一个黎曼面的方程,并设 $\int R(w, z) \mathrm{d}z$ 是这黎曼面上的 $w$ 和 $z$ 的一个有理函数的积分。黎曼将阿贝尔积分分类如下:在由方程 $f(w, z) = 0$ 确定的黎曼面上 $w$ 和 $z$ 的有理函数的积分中,有一些是处处有穷的,虽然在未剖割的曲面上它们是多值函数。这些积分称为第一类积分。这样的线性无关的积分的个数等于曲面的亏格 $p$,如果连通数是 $2p+1$。如果引进 $2p$ 个横剖线,则每一个积分对于横剖线所包围的一个区域中的路径来说是一个单值函数。如果路径穿过一条横剖线,那么前节中讨论过的周期模必须考虑进去,并且积分之值如下:如果 $W$ 是它从一个固定点到 $z$ 的值,那么所有可能的值是

$$W + \sum_{r=1}^{2p} m_r \omega_r,$$

其中 $m_r$ 是整数,$\omega_r$ 是这个积分的周期模。

第二类积分有代数的无穷但不是对数的无穷。一个第二类的基本积分在黎曼面的一点处有一个一阶的无穷。如果 $E(z)$ 是这积分在曲面一点处的值(积分的上限),那么积分的所有值都包含在

$$E(z) + \sum_{r=1}^{2p} n_r \varepsilon_r$$

中,其中 $n_r$ 是整数,$\varepsilon_r$ 是这个积分的周期模。在黎曼面的同一点处变为无穷的两

---

[①] Vol. 54, 1857, 115-155 = $Werke$, 88-144.

个基本积分,它们的差是一个第一类积分。由此可以推断,有 $p+1$ 个线性无关的第二类基本积分,在黎曼面的同一点上变为无穷。

具有对数无穷的积分称为第三类积分。可以证明,每一个积分必定有两个对数无穷。如果这样的一个积分没有代数无穷,也就是说,在它有对数无穷的任何一点的附近,积分的展开式中没有代数项,那么这个积分就称为第三类的**基本积分**。有 $p+1$ 个第三类的线性无关的基本积分,它们的对数无穷同在黎曼面的两个点上。每一个阿贝尔积分是这三类积分的一个和。

阿贝尔积分的分析阐明了在黎曼面上能够存在哪些种类的函数。黎曼研究了两类函数;第一类是曲面上的单值函数,它的奇点是极点。第二类在具有横剖线的曲面上是单值的,但沿着每一横剖线是不连续的函数。事实上,这种函数在第 $\nu$ 个横剖线的一边的值和它在另一边的值相差一个复常数 $h_\nu$。这第二类函数也可以有极点和对数无穷。黎曼证明,第一类函数是代数函数,而第二类函数是代数函数的积分。

在曲面上也有处处为有穷的函数。这样的一个函数可以用上面的第一类函数表示出来,也可以将第二类和第三类积分结合起来以构造曲面上的代数函数。于是黎曼证明了代数函数可以用超越函数的和来表示。同样,在若干个给定点上为代数无穷的单值函数可以用有理函数表示。在整个曲面上单值的函数是一个处处为有穷的积分的被积函数。这个函数可以表示成 $w$ 和 $z$ 的一个有理函数,并且可以有形式 $\phi(w,z)/\partial f/\partial w$,其中 $f(w,z)=0$ 是曲面的方程。出现在这里和第一类积分的构造之中的函数 $\phi$,称为 $f(w,z)=0$ 的伴随多项式。一般说来,当 $f$ 的次数是 $n$ 时,它的次数是 $n-3$。

黎曼面上的有理函数的重要性来自刚才提到的事实,即在曲面上单值并且没有本性奇点的每一个函数是一个有理函数。这样一个函数的零点的个数与极点的个数相同,并且以相同次数取每一个值。而且,一旦定义曲面的方程 $f(w,z)=0$ 被固定下来,那么曲面上位置的所有其他函数在总体上是和 $w$ 与 $z$ 的有理函数及其积分同样广阔的。

魏尔斯特拉斯在 19 世纪 60 年代也研究了阿贝尔积分,不过他和这一领域中的黎曼的后继者是由代数函数来建立超越函数的,与黎曼的做法相反。他们这样做是因为他们有理由不相信狄利克雷原理。魏尔斯特拉斯在 1870 年宣读的一篇论文[①]中指出,极小化狄利克雷积分的函数的存在还没有证明。黎曼自己有另外一个想法。在魏尔斯特拉斯做出他的陈述以前,黎曼已认识到狄利克雷积分的极小化函数的存在问题,不过他说,狄利克雷原理只是一个碰巧合用的方便工具;他

---

① *Werke*, 2, 49 - 54.

说,函数 $u$ 的存在却仍然是正确的。对于这一点亥姆霍兹的意见也是有趣的:
"……对于我们物理学家来说,狄利克雷原理(的应用)仍然是一个证明。"①

黎曼发起的复函数理论中的另一个新的研究是阿贝尔积分的反演,即当

$$u = \int_0^z R(z, w) \mathrm{d}z$$

时,把 $z$ 确定为 $u$ 的函数,当然 $w$ 和 $z$ 是由一个代数方程联系着的。这个 $u$ 的函数 $z$ 不仅是多值的而且不能清楚地定义出来。像在超椭圆积分的情形一样,黎曼取 $p$ 个阿贝尔积分的和,并定义新的 $p$ 个变量的阿贝尔函数,它们是单值的并且是 $2p$ 重周期的。$p$ 个变量的 $2p$ 重周期的一个函数的意思是,存在 $2p$ 组量 $\omega_{1k}$, $\omega_{2k}$, $\cdots$, $\omega_{pk}$, $k = 1, 2, \cdots, 2p$,每一组包含这 $p$ 个变量的每一个变量的一个周期。黎曼证明,一个单值函数不可能有多于 $2p$ 组的同时周期。阿贝尔函数表示成 $p$ 个变量的 $\theta$ 函数,是椭圆函数的推广。

在亏格为 $p$ 的黎曼面上的函数的一个值得注意的结果,现在通称为黎曼-罗赫定理。这个结果的工作,是由黎曼开始并由罗赫(Gustav Roch, 1839—1866)②完成的。本质上,这个定理确定了在至多有有穷个极点的曲面上线性无关的亚纯函数的个数。更明确地说,假定 $w$ 是这曲面上的一个单值函数,在点 $c_1$, $c_2$, $\cdots$, $c_m$ 处有一阶极点,但在别处没有,这些 $c_i$ 的位置不一定互相独立。如果 $q$ 个线性无关的函数(伴随函数)在这些点上为零,那么 $w$ 含有 $m - p + q + 1$ 个任意常数。它是 $m - p + q$ 个函数的任意倍数的线性组合,这 $m - p + q$ 个函数的每一个都有 $p - q + 1$ 个一阶极点,其中 $p - q$ 个是线性组合中的所有函数所共有的。

## 10. 保 形 映 射

黎曼为了完善他的博士论文的理论,在结束时给出了函数论在保形映射的几个应用。从一个平面到另一个平面的保形映射的一般性问题(它是由绘制地图而来的)是高斯在 1825 年解决的。他的结果相当于这样一个事实,即保形映射是由任何一个解析的 $f(z)$ 建立的——虽然高斯没有用复函数理论。黎曼知道一个解析函数建立了从 $z$ 平面到 $w$ 平面的保形映射,但他关心的是将此推广到黎曼面。这就在保形映射中开辟了新的一章。

黎曼在论文的结尾给出了下述定理:两个给定的单连通平面(他将黎曼面上的单连通区域包括进去)可以一对一地并且保形地相互映射,一曲面的一个内点和一个边界点可以对应到另一个曲面上的任意选取的一个内点和一个边界点。整个的

---

① 狄利克雷问题和狄利克雷原理的后来历史,见第 28 章第 4 节和第 8 节。
② *Jour. für Math.*, 64, 1864, 372-376.

映射便由此被确定了。这个定理包含了以下基本结果作为一个特殊情形：给定任何一个单连通区域 $D$，它的边界不止一个点，又给定了这个区域的一点 $A$ 以及在这点的一个方向 $T$，那么存在一个函数 $w = f(z)$，在 $D$ 内解析并保形地一对一地把 $D$ 映射到 $w$ 平面上中心在原点而半径为 $1$ 的圆。在这个映射下 $A$ 变到原点，$T$ 变到正实轴方向。这后一个叙述通常称为黎曼映射定理。

黎曼是用狄利克雷原理来证明它的定理的，但由于这个原理当时已被看出有毛病，所以数学家们就寻求一个正确的证明。卡尔·诺伊曼(Carl Gottfried Neumann)和施瓦茨(Hermann Amandus Schwarz)在 1870 年证明了可以将一个单连通平面区域映射到一个圆。可是，他们不能够处理多叶的单连通区域。

顺便说一下，强调一个单连通区域到一个圆的保形映射的原因是由于这样的事实：将一个单连通区域保形映射到另一个单连通区域，只需将每一个区域映射到一个圆，然后做两个保形映射的乘积就可达到目的。

虽然黎曼映射定理的证明尚未解决，但是保形映射的一些特殊结果却被得到了。其中对于解偏微分方程最有用的一个是施瓦茨①和克里斯托费尔(Elwin Bruno Christoffel)② 给出的。他们的定理说明如何把 $z$ 平面上的一个多边形及其

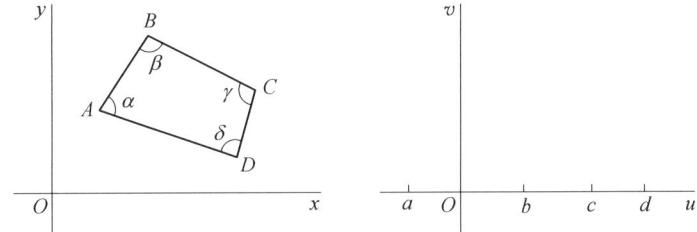

**图 27.8**

内部（图 27.8）保形映射到 $w$ 平面的上半部。这个映射由下面的积分给出：
$$z = c\int_0^z (w-a)^{(\alpha/\pi)-1}(w-b)^{(\beta/\pi)-1}\cdots \mathrm{d}w + c'.$$
其中 $c$ 和 $c'$ 可以从多边形的位置确定出来，而 $a, b, c, \cdots$ 对应于 $A, B, C, \cdots$。这个映射对于求解位势(拉普拉斯)方程是很有用的。

## 11. 函数的表示与例外值

19 世纪后期，复函数的理论迅速发展，我们将有机会在以后几章中考虑这些

---

① *Jour. für Math.*, 70, 1869, 105 – 120 = *Ges. Abh.*, 2, 65 – 83.
② *Annali di Mat.*, (2), 1, 1867, 95 – 103, 和(2), 4, 1871, 1 – 9 = *Ges. Abh.*, 2, 56 ff.

发展的某些部分。可是,在许多创造中,有少数几个原来就与复函数本身直接关联着的却要在这里先提一下。

在单值复函数中,相当重要的一种是整函数(就是在平面的有穷部分没有奇点的函数,它包括多项式,$e^z$,$\sin z$,$\cos z$),因为粗略地说,它们是初等实函数的类似物。对于这种函数,刘维尔定理说,每一个有界的整函数是一个常数①。魏尔斯特拉斯把实多项式分解为线性因式的定理推广到了整函数,他建立这个定理②大概是在 19 世纪 40 年代。这定理称为因式分解定理,是这样说的:如果 $G(z)$ 是一个整函数,不恒等于零,但有无穷多个根(即不是一个多项式),那么 $G(z)$ 可以写成一个无穷乘积

$$G(z) = \Gamma(z) z^m \prod_{n=1}^{\infty} \left(1 - \frac{z}{a_n}\right) e^{g_n(z)},$$

其中
$$g_n(z) = \frac{z}{a_n} + \frac{1}{2}\left(\frac{z}{a_n}\right)^2 + \cdots + \frac{1}{m_n}\left(\frac{z}{a_n}\right)^{m_n},$$

$\Gamma(z)$ 是一个没有零点的整函数,$a_n$ 是 $G(z)$ 的零点,$z^m$ 表示在 $z = 0$ 的 $m$ 重零点[如果 $G(z)$ 有这样一个零点的话],乘积的各因式称为 $G(z)$ 的质因式。

复杂性仅次于整函数的是亚纯函数,它在复平面的有穷部分只能有极点。魏尔斯特拉斯在 1876 年③的论文中证明,一个亚纯函数可以表示为两个整函数的商。这个定理由米塔-列夫勒(Gösta Mittag-Leffler,1846—1927)在 1877 年的一篇论文中加以推广④。在任意一个区域上的亚纯函数可以表示为两个函数的商,其中每一个都在该区域内解析。在魏尔斯特拉斯定理和米塔-列夫勒定理中,分子和分母都不在区域的同一点上为零。

另外一个引起许多数学家注意的论题是各种类型的复函数能够取值的范围。在这方面,皮卡[(Charles)Emile Picard,1856—1941]得到一系列结果。他是巴黎大学的高等分析的教授,也是巴黎科学院的永久书记。皮卡在 1897 年⑤证明,对一个整函数而言,如果它不退化为一常数的话,最多只能有一个有穷值它达不到;并且如果存在至少两个这样的值,其中每一个只被取有穷次,那么这个函数就是一个多项式。否则,除去这例外的一个以外,这个函数要无穷次地取到每一个值。如果这个函数是亚纯的,则无穷是一个可取的值,最多有两个值可以不取,而不使函

---

① 这个定理是属于柯西的[*Comp. Rend.*,19,1844,1377-1381 = *Œuvres*,(1),8,378-385],博哈特(Carl Wilhelm Borchardt)在刘维尔 1847 年的演讲中听到了这个定理,因而把它归于刘维尔。

② *Abh. König. Akad. der Wiss.*,Berlin,1876,11-60 = *Werke*,2,77-124.

③ *Abh. König. Akad. der Wiss.*,Berlin,1876,11-60 = *Werke*,2,77-124.

④ *Öfversigt af Kongliga Vetenskops-Akademiens Förhandlingar*,34,1877,♯1,17-43;亦见 *Acta Math.*,4,1884,1-79.

⑤ *Ann. de l'Ecole Norm. Sup.*,(2),9,1880,145-166.

数退化为一常数。

在同一篇论文中,他发展了索霍斯基(Julian W. Sochozki,1842—1927)和魏尔斯特拉斯的一个结果,证明了在一个孤立本性奇点的任何邻域内,一个函数要取到所有的值,最多可能有一个(有穷)值例外。这个结果是深刻的,并且有许多推论。确实,其他一些结果和可供选择的证明产生了,它们把这个论题很好地带入了20世纪。

在复函数这门学科中,19世纪结尾时回到了基础方面。19世纪柯西积分定理的证明用到$df/dz$为连续的事实。古尔萨(Edouard Goursat,1858—1936)证明了[1]沿着一条闭曲线$C$的柯西定理,$\int f(z)dz = 0$,而没有假定在曲线$C$所围成的闭区域内导数$f'(z)$连续。$f'(z)$的存在已是充分的。古尔萨指出,$f(z)$的连续与导数的存在已足够刻画解析性。

像我们概述复函数理论的兴起时所指出的,柯西、黎曼和魏尔斯特拉斯是函数论的三个主要奠基人。在一段长时间内他们各自的思想和方法被他们的追随者各自继续研究着。后来柯西和黎曼的思想被融合起来了,而魏尔斯特拉斯的思想逐渐从柯西-黎曼观点推导出来,因而不再强调从幂级数出发的思想。而且柯西-黎曼观点的严密性被改进了,以至从这个观点看来魏尔斯特拉斯的探讨途径不是本质的。完全的统一只是在20世纪开头时才实现。

# 参 考 书 目

Abel, N. H.: *Œuvres complètes*, 2 vols., 1881, Johnson Reprint Corp., 1964.

Abel, N. H.: *Mémorial publié à l'occasion du centénaire de sa naissance*, Jacob Dybwad, Kristiania, 1902.

Brill, A., and M. Noether: "Die Entwicklung der Theorie der algebraischen Functionen in älterer und neuerer Zeit," *Jahres. der Deut. Math.-Verein.*, 3, 1892/1893, 109 – 556, 155 – 186 in particular.

Brun, Viggo: "Niels Henrik Abel. Neue biographische Funde," *Jour. für Math.*, 193, 1954, 239 – 249.

Cauchy, A. L.: *Œuvres complètes*, 26 vols., Gauthier-Villars, 1882 – 1938, relevant papers.

Crowe, Michael J.: *A History of Vector Analysis*, University of Notre Dame Press, 1967, Chap. 1.

Enneper, A.: *Elliptische Funktionen: Theorie und Geschichte*, 2nd ed., L. Nebert, 1890.

---

[1] *Amer. Math. Soc., Trans.*, 1, 1900, 14 – 16.

Hadamard, Jacques: *Notice sur les travaux scientifiques de M. Jacques Hadamard*, Gauthier-Villars, 1901.

Jacobi, C. G. J.: *Gesammelte Werke*, 7 vols. and Supplement, G. Reimer, 1881 – 1891; Chelsea reprint, 1968.

Jourdain, Philip E. B.: "The Theory of Functions with Cauchy and Gauss," *Bibliotecha Mathematica*, (3), 6, 1905, 190 – 207.

Klein, Felix: *Vorlesungen über die Entwicklung der Mathematik im 19. Jahrhundert*, 2 vols., Chelsea (reprint), 1950.

Lévy, Paul, et al.: "La Vie et l'œuvre de J. Hadamard," *L'Enseignement Mathématique*, (2), 13, 1967, 1 – 72.

Markuschewitsch, A. I.: *Skizzen zur Geschichte der analytischen Funktionen*, V E B Deutscher Verlag der Wissenschaften, 1955.

Mittag-Leffler, G.: "An Introduction to the Theory of Elliptic Functions," *Annals of Math.*, 24, 1922/1923, 271 – 351.

Mittag-Leffler, G.: "Die ersten 40 Jahre des Lebens von Weierstrass," *Acta Math.*, 39, 1923, 1 – 57.

Ore, O.: *Niels Henrik Abel, Mathematician Extraordinary*, University of Minnesota Press, 1957.

Osgood, W. F.: "Allgemeine Theorie der analytischen Funktionen," *Encyk. der Math. Wiss.*, B. G. Teubner, 1901 – 1921, Ⅱ B1, 1 – 114.

Reichardt, Hans, ed.: *Gauss: Leben und Werk*, Haude und Spenersche Verlags-buchhandlung, 1960; B. G. Teubner, 1957, 151 – 182.

Riemann, Bernhard: *Gesammelte mathematische Werke*, 2nd ed., Dover (reprint), 1953.

Schlesinger, L.: "Über Gauss' Arbeiten zu Funktionenlehre," *Nachrichten König. Ges. der Wiss. zu Gött.*, 1912, Beiheft, 1 – 143; also in Gauss's *Werke*, $10_2$, 77 ff.

Smith, David Eugene: *A Source Book in Mathematics*, 2 vols., Dover (reprint), 1959, pp. 55 – 66, 404 – 410.

Staeckel, Paul: "Integration durch imaginäres Gebiet," *Bibliotecha Mathematica*, (3), 1, 1900, 109 – 128.

Valson, C. A.: *La Vie et les travaux du baron Cauchy*, 2 vols., Gauthier-Villars, 1868.

Weierstrass, Karl: *Mathematische Werke*, 7 vols., Mayer und Müller, 1895 – 1924.

# 第28章

## 19 世纪的偏微分方程

> 对自然界的深刻研究是数学最富饶的源泉。
>
> 傅里叶

## 1. 引　言

诞生于 18 世纪的偏微分方程这门学科,在 19 世纪发展起来了。随着物理科学所研究的现象在广度和深度两方面的扩展,微分方程的新的类型的数目增加了;即使是已知的类型,如波动方程和位势方程也应用到新的物理领域了。偏微分方程变成并继续成为数学的中心。它们对物理科学的重要性还只是它们取得这中心位置的原因之一。从数学自身的角度看,偏微分方程的求解促使数学需要在函数论、变分法、级数展开、常微分方程、代数、微分几何等各方面发展。课题是变得这样广泛,以至在这一章里我们只能给出其主要结果的一小部分。

我们今天习惯于按类型把偏微分方程分类。但在 19 世纪初期,对这学科知道得还很少,以至区分各种类型的思想还不可能出现。是物理问题指挥着应该探讨何种方程,而数学家们则随便地从一种类型的问题转到另一种类型而不觉察其间有某些我们现在认为是基本的差别。物理世界过去和现在都是从不关心数学家们的分类的。

## 2. 热方程与傅里叶级数

19 世纪的第一个大步,并且是真正极为重要的一步,是由傅里叶(1768—1830)迈出的。傅里叶年轻时是一个很出色的数学学者,但他专志于当一个军官。因为他是一个裁缝的儿子而被拒绝任命,他便转谋教士职位。当他曾经就读过的军事学校委之以教授职位时他接受了,同时数学就变成了他终生的爱好。

像他同时代的其他科学家一样,傅里叶从事热流动的研究。对热流有兴趣,作为实际问题,在工业上是为了处理金属,作为科学问题,是企图确定地球内部的温度,这温度随时间的变化,以及其他同类问题。1807 年①,他向巴黎科学院呈递了一篇关于热传导的基本论文,这篇论文经拉格朗日、拉普拉斯和勒让德审评后被拒绝了。但科学院的确想鼓励傅里叶发展他的思想,所以把热传导问题定为将于 1812 年授予高额奖金的课题。傅里叶在 1811 年呈递了修改过的论文,受到上述诸人和另外一些人审评,得到了奖金,但因受到缺乏严密性的评论而未发表在当时的科学院的《报告》里。傅里叶对他所受到的待遇感到愤恨。他继续对热的课题进行研究,在 1822 年发表了数学的经典文献之一——《热的解析理论》(*Théorie analytique de la chaleur*)②,编入了他实际上未作改动的 1811 年论文的第一部分。此书是傅里叶的思想的主要出处。两年以后,他成为科学院的秘书,于是能够把他 1811 年的论文原封不动地发表在《报告》③里。

在吸收或释放热的物体内部,温度分布一般是不均匀的,在任何点上都随时间而变化。所以温度 $T$ 是空间和时间的函数。函数的准确形式依赖于物体的形状、密度、材料的比热、$T$ 的初始分布(即在时刻 $t=0$ 时 $T$ 的分布)以及保持于物体表面上的条件。傅里叶在他的书中考虑的第一个主要问题是在均匀和各向同性的物体内确定作为 $x,y,z,t$ 的函数的温度 $T$。根据物理原理他证明了 $T$ 必须满足偏微分方程

$$(1) \qquad \left(\frac{\partial^2 T}{\partial x^2}+\frac{\partial^2 T}{\partial y^2}+\frac{\partial^2 T}{\partial z^2}\right)=k^2\frac{\partial T}{\partial t},$$

叫做三维空间的热方程,其中 $k^2$ 是一个常数,其值依赖于物体的质料。

傅里叶当时解决了特殊的热传导问题。我们将考虑一种对他的方法说来是典型的情形,即对两端保持在温度 $0°$,侧面绝热因而无热流通过的柱轴,求解方程(1)的问题。因为这根轴只涉及一维空间,故(1)变成

$$(2) \qquad \frac{\partial^2 T}{\partial x^2}=k^2\frac{\partial T}{\partial t},$$

附以边界条件

$$(3) \qquad T(0,t)=0,\ T(l,t)=0,\ t>0$$

和初始条件

$$(4) \qquad T(x,0)=f(x),\ 0<x<l.$$

为解出这个问题,傅里叶用了变量分离法。他令

$$(5) \qquad T(x,t)=\phi(x)\psi(t).$$

---

① 其手稿今保存在交通工程学校(*Ecole des Ponts et Chaussées*)的图书馆里。
② *Œuvres*, 1.
③ *Mém. de l'Acad. des Sci.*, Paris, (2), 4, 1819/1820, 185 − 555, 1824 年版和 5, 1821/1822, 153 − 246, 1826 年版;仅第二部分转载于傅里叶的《全集》里, 2, 3 − 94。

代入微分方程后,得到
$$\frac{\phi''(x)}{k^2\phi(x)} = \frac{\psi'(t)}{\psi(t)}.$$

然后他阐明(参看第 22 章的[30]),这两个比值必须是常数,假定为 $-\lambda$,因此有

(6) $$\phi''(x) + \lambda k^2 \phi(x) = 0$$

和

(7) $$\psi'(t) + \lambda \psi(t) = 0.$$

因此,根据(5),边界条件(3)蕴涵着

(8) $$\phi(0) = 0 \text{ 和 } \phi(l) = 0.$$

(6)的通解是 $$\phi(x) = b\sin(\sqrt{\lambda}kx + c).$$

条件 $\phi(0) = 0$ 蕴涵着 $c = 0$。条件 $\phi(l) = 0$ 给 $\lambda$ 加上了限制,即 $\sqrt{\lambda}$ 必须是 $\pi/kl$ 的整数倍。所以 $\lambda$ 有无穷多个可取的值 $\lambda_\nu$,或

(9) $$\lambda_\nu = \left(\frac{\nu\pi}{kl}\right)^2, \nu \text{ 为整数}.$$

这些 $\lambda_\nu$ 就是我们现在称作的本征值或特征值。

因为(7)的通解是指数函数,但现在 $\lambda$ 限于取 $\lambda_\nu$,于是由(5),傅里叶到此得到
$$T_\nu(x, t) = b_\nu e^{-(\nu^2\pi^2/k^2l^2)t}\sin\frac{\nu\pi x}{l},$$

其中 $b_\nu$ 目前表示在 $b$ 位置上的常数,而 $\nu = 1, 2, 3, \cdots$。然而方程(2)是线性的,所以诸解的和仍然是解。故可以断言

(10) $$T(x, t) = \sum_{\nu=1}^\infty b_\nu e^{-(\nu^2\pi^2/k^2l^2)t}\sin\frac{\nu\pi x}{l}.$$

为了满足初始条件(4),对 $t = 0$ 必须有

(11) $$f(x) = \sum_{\nu=1}^\infty b_\nu \sin\frac{\nu\pi x}{l}.$$

于是傅里叶面临着这样的问题:$f(x)$ 能表示成三角级数吗?特别是 $b_\nu$ 能确定吗?

傅里叶进而回答这些问题。虽然那时他略为意识到有严密性的问题,但他仍以 18 世纪的风气形式地进行着。为了领悟傅里叶的工作,为简单起见,我们将设 $l = \pi$,这样我们考虑

(12) $$f(x) = \sum_{\nu=1}^\infty b_\nu \sin\nu x, 0 < x < \pi.$$

傅里叶把每个正弦函数按麦克劳林定理展开为幂级数;即他用

(13) $$\sin\nu x = \sum_{n=1}^\infty \frac{(-1)^{n-1}\nu^{2n-1}}{(2n-1)!}x^{2n-1}$$

替换(12)式中的 $\sin\nu x$。然后用一个当时认为无问题的变换求和次序的运算,他得

到

(14) $$f(x) = \sum_{n=1}^{\infty} \frac{(-1)^{n-1}}{(2n-1)!} \Big(\sum_{\nu=1}^{\infty} \nu^{2n-1} b_\nu\Big) x^{2n-1}.$$

这样 $f(x)$ 就表示成了 $x$ 的幂级数,这隐含着在傅里叶讨论的可容许函数 $f(x)$ 上加了一个事先没有假定的强限制,即这个幂级数必须是 $f(x)$ 的麦克劳林级数,因此

(15) $$f(x) = \sum_{k=0}^{\infty} \frac{1}{k!} f^{(k)}(0) x^k.$$

令(14)和(15)中 $x$ 的同次幂的系数相等,傅里叶发现,对偶数 $k$, $f^{(k)}(0) = 0$,而除此之外,则有

$$\sum_{\nu=1}^{\infty} \nu^{2n-1} b_\nu = (-1)^{n-1} f^{(2n-1)}(0), \; n = 1, 2, 3, \cdots,$$

现在 $f(x)$ 的诸导数是已知的,因为 $f(x)$ 是已给的一个初始条件。所以 $b_\nu$ 是无穷线性代数方程组里的未知数的一个无穷集合。

在先前的一个问题中,傅里叶面临着同类的方程组,那里他取前 $k$ 项和前 $k$ 个方程的右端常数,解前 $k$ 个方程得 $b_{\nu,k}$,表示 $b_\nu$ 的近似值,得到了 $b_{\nu,k}$ 的一般表达式时,他就大胆地下结论说:$b_\nu = \lim_{k\to\infty} b_{\nu,k}$。然而,这一次他要确定 $b_\nu$ 却有许多困难。他对几个不同的 $f(x)$,用非常复杂的、包含发散表达式的程序说明了如何确定 $b_\nu$。用这些特殊情形作为指导,他得到了 $b_\nu$ 的、含有无穷乘积及无穷和的一个表达式,傅里叶觉得这个表达式相当无用。经过更为大胆和富于创造性的、虽然往往又是含糊的几步,他得到了公式

(16) $$b_\nu = \frac{2}{\pi} \int_0^\pi f(s) \sin \nu s \, ds.$$

这结论在一定程度上说并不是新的。我们已经说到(第 20 章第 5 节),克莱罗和欧拉已经怎样把某些函数展开为傅里叶级数并得到公式

(17) $$\begin{aligned} a_n &= \frac{1}{\pi} \int_{-\pi}^{\pi} f(x) \cos nx \, dx, \\ b_n &= \frac{1}{\pi} \int_{-\pi}^{\pi} f(x) \sin nx \, dx, \end{aligned} \quad n \geq 1.$$

此外,傅里叶这样得到的结果是很局限的,因为他假定了 $f(x)$ 有麦克劳林展开,这意味着有无穷阶导数。最后,傅里叶方法确实是不严密的,并且比欧拉的方法更为复杂。傅里叶不得不用无穷线性方程组,而欧拉却用三角函数的性质做得更为简单。

但这时傅里叶作了一些值得注意的观察。他注意到每一个 $b_\nu$ 可以解释为 $x$ 取值 0 到 $\pi$ 时,曲线 $y = (2/\pi) f(x) \sin \nu x$ 下方的面积。这样一个面积即使对很随意的函数都是有意义的。这种函数不必是连续的,或者只要从图形上知道就可以

了。所以傅里叶下结论说,每一个函数都可以表示为

(18) $$f(x) = \sum_{\nu=1}^{\infty} b_\nu \sin \nu x, \quad 0 < x < \pi.$$

当然,这个可能性除丹尼尔·伯努利以外,已被18世纪的名家否定了。

傅里叶对其前人的工作知道多少是不清楚的。在1825年的文章中他说拉克鲁瓦已告诉他关于欧拉的工作,但他没有说何时告诉他的。无论如何,傅里叶并没有被前人的意见所吓住。他选取了大量的函数,对每个函数计算头几个 $b_\nu$,并对每个函数作出正弦级数(18)的头几项和的图形。从这一图形他得出结论说,不管在区间 $0 < x < \pi$ 外怎样,这个级数在 $0 < x < \pi$ 上总是表示 $f(x)$ 的。在书中(第198页)他指出,两个函数可在一给定的区间上相合,但不一定在此区间外相合。看不到这一点,说明了早期的数学家为什么不能接受任意一个函数可展开为三角级数的原因。在目前的情形下,级数真正给出的是函数在 0 到 $\pi$ 区间上的值,在区间外则周期地重复着。

傅里叶一旦得到了上述关于 $b_\nu$ 的简单结果,他就像欧拉一样了解到每个 $b_\nu$ 可以由级数(18)乘以 $\sin \nu x$,再从 0 到 $\pi$ 积分而得到。他又指出这个程序可以应用于表达式

(19) $$f(x) = \frac{a_0}{2} + \sum_{\nu=1}^{\infty} a_\nu \cos \nu x.$$

他接着考虑任何 $f(x)$ 在区间 $(-\pi, \pi)$ 的表达式。级数(18)表示一个奇函数 $[f(x) = -f(-x)]$,而级数(19)表示一个偶函数 $[f(x) = f(-x)]$。但任何函数可以表示为一个奇函数 $f_0(x)$ 与一个偶函数 $f_e(x)$ 之和,这里

$$f_0(x) = \frac{1}{2}[f(x) - f(-x)], \quad f_e(x) = \frac{1}{2}[f(x) + f(-x)].$$

于是任何 $f(x)$ 在区间 $(-\pi, \pi)$ 上可以表示为

(20) $$f(x) = \frac{a_0}{2} + \sum_{\nu=1}^{\infty} (a_\nu \cos \nu x + b_\nu \sin \nu x),$$

而其系数可经遍乘 $\cos \nu x$ 或 $\sin \nu x$ 再从 $-\pi$ 到 $\pi$ 积分来确定,这就给出了(17)。

傅里叶对"任意"的函数可以表示成(20)那样的级数一事从未给出过任何完全的证明。在那本书中他给出一些严密的论证,在他关于这事的最后讨论里(第415节、416节和423节),给出了一个证明的概要;但即使在那里,傅里叶仍没有说出一个函数可以展开为三角级数必须满足的条件。虽然如此,傅里叶对这种可能性的信念是表现于整本书里的。他还说①,不管 $f(x)$ 怎样,不管是否可给 $f(x)$ 以解析表达式,不管函数是否服从任何正规的法则,他的级数总是收敛的。傅里叶关于

---

① 第196页 = *Œuvres*, 1, 210。

任何函数可以展开为傅里叶级数的信念是建立在前述几何证据上的。关于这点他在该书(第 206 页)中说道:"为了证实新结果的真实性,为了明白地给出分析学常用的表达形式,没有什么比几何图形对我们更适宜了。"

傅里叶的工作渗透到几个主要的进展之中。除促进偏微分方程的理论外,他迫使函数概念作一种修改。假设函数 $y=x$ 在区间$(-\pi,\pi)$内由傅里叶级数(20)表示出来,则这级数的性态就在每个长为 $2\pi$ 的区间上重复着。因此这级数给出的函数看起来像图 28.1 所显示的那样。这样的函数不能用单个(有限的)解析式表示,然而傅里叶的先驱者都曾坚持一个函数必须是可用单个式子表示的。因为对所有 $x$,整个函数 $y=x$ 不能用级数表示,他们就不能看出任意的非周期函数怎样可用这类级数来表示了。虽然欧拉和拉格朗日实际上都曾经对特殊的非周期函数这样做过。傅里叶明白,他的级数也可以表示在区间$(0,\pi)$或$(-\pi,\pi)$的不同部分有不同解析式的函数,不管这些表达式互相是否连续地接合着。最后他指出,在丹尼尔•伯努利的赞助下,他的工作解决了关于弦振动问题的解的争论。傅里叶的工作标志着人们从解析函数或可展成泰勒级数的函数中解放了出来。以下的事情也是重要的:一个傅里叶级数在一整段区间上表示一个函数,而一个泰勒级数仅在函数是解析的点附近表示该函数(虽然在特殊情形下其收敛半径可以是无穷大)。

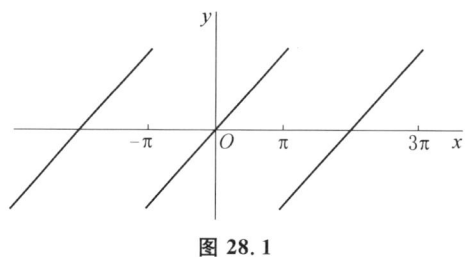

图 28.1

我们已经注意到,傅里叶 1807 年的论文没有很好地被巴黎科学院接受,文中他坚持认为任意函数可以展开为三角函数。拉格朗日特别坚决地否认这种展开的可能性。虽然他仅仅批评了该论文缺乏严密性,但他确实被傅里叶所持的函数的普遍性所困惑,因为拉格朗日仍然相信函数是由其在任意小区间上的值所决定的(这对解析函数是正确的)。事实上拉格朗日重返到弦振动问题,并且没有比他早期工作显示出更好的洞察力,而坚持为欧拉关于任意函数不可能展开为三角级数的争论辩护。泊松后来确实断言拉格朗日指出过任意函数可以表示为傅里叶级数,但泊松是妒忌傅里叶的,他说这话是为了抢夺傅里叶的名誉而归之于拉格朗日。

傅里叶的工作还弄明白了另一件在 18 世纪欧拉和拉格朗日的著作中还不清楚的事情。这些人为了解一些特殊问题,已经把函数按贝塞尔函数或勒让德多项式展开为级数了。函数可以展开为像三角函数、贝塞尔函数、勒让德多项式这样一些函数的级数,这个普遍性事实是由傅里叶的工作揭露出来的。他进一步说明了施加于偏微分方程的解的初始条件可以怎样被满足,因此推进了解这类方程的技术。傅里叶 1811 年的那篇论文,虽然到 1824 年至 1826 年才发表,但当时对别人是易于接受的,他的思想最初是勉强地得到承认,但最后赢得了赞许。

傅里叶的方法立即被泊松(1781—1840)吸取。泊松是 19 世纪最大的分析学家之一,又是第一流的数学物理学家。虽然他父亲要他学医,但他却先后成为 19 世纪法国数学家的发源地——多科工艺学校的学生和教授。他从事于热的理论方面的工作,是弹性的数学理论的奠基人之一,又是最先提出把引力位势理论移植到静电磁学的人之一。

泊松对傅里叶关于任意函数都可以展开为函数的级数的证据有极深刻的印象,以致他相信所有偏微分方程都可以用级数展开来求解;这级数的每一项本身是一些函数的乘积,每个函数是一个独立变量的函数(参看[10])。他想,这些展开式包括了最一般的解。他还相信,如果一个展开式发散,就意味着应当寻找一个以其他函数表示出的展开式。当然他是太过分地乐观了。

大约从 1815 年起泊松本人解决了许多热传导问题,并使用了按三角函数、勒让德多项式、拉普拉斯曲面调和函数的展开式。这工作的某一些我们将会在以后碰到。泊松关于热传导方面的许多工作表述在他的书《热的数学理论》(*Théorie mathématique de la chaleur*, 1835)中。

## 3. 封闭解;傅里叶积分

尽管有偏微分方程的傅里叶级数解法的成功与冲击,19 世纪主要努力之一仍然是要寻求封闭形式的解,即用初等函数及其积分表示的解。这样的解,至少是 18 世纪和 19 世纪初已知的类型的解,在计算中是更易于掌握的、更明白的,并且是更易于使用的。

用封闭形式解偏微分方程的最重要的方法是傅里叶积分,它起源于拉普拉斯开创的工作。这思想应当归源于傅里叶、柯西、泊松。把这个重要发现的优先权归给谁是不可能的,因为这三个人都向科学院宣读了直到一个时期以后才发表出来的论文,但每人都听过别人的论文,无法从出版物中确定什么东西是每个人取自口头报告的。

傅里叶在 1811 年得奖论文的最后一节里,讨论了在一个方向延伸到无穷远的区域内热的传导问题。为了得到这类问题的解答,他从有界区域的热方程的解的普遍形式出发,即(参看[10])

(21) $$u = \sum_{n=1}^{\infty} a_n e^{-kq_n^2 t} \cos q_n x,$$

其中 $q_n$ 由边界条件确定，$a_n$ 由初始条件确定。这时傅里叶把 $q_n$ 看作曲线的横坐标，把 $a_n$ 看作曲线的纵坐标。于是 $a_n = Q(q_n)$，其中 $Q$ 是 $q$ 的某一函数。然后他把(21)换成

(22) $$u = \int_0^\infty Q(q) e^{-kq^2 t} \cos qx \, dq,$$

并设法确定 $Q$。他回到关于系数的公式

$$a_n = \frac{2}{\pi} \int_0^\pi \phi(x) \cos nx \, dx,$$

其中 $\phi(x)$ 通常就是初始函数。利用把 $a_n$ 换成 $Q$，把 $n$ 换成 $q$ 的"极限过程"，他得到

(23) $$Q = \frac{2}{\pi} \int_0^\infty F(x) \cos qx \, dx,$$

其中 $F(x)$ 是偶函数，是在该无穷区域上给定的初始温度。然后把(23)用于(22)，并交换积分次序(傅里叶对此种交换不怀疑有什么问题)，他便有

$$u = \frac{2}{\pi} \int_0^\infty F(\alpha) d\alpha \int_0^\infty e^{-kq^2 t} \cos qx \cos q\alpha \, dq.$$

傅里叶然后对奇函数 $F(x)$ 做了类似的事，从而最后得到

(24) $$u = \frac{1}{\pi} \int_{-\infty}^\infty F(\alpha) d\alpha \int_0^\infty e^{-kq^2 t} \cos q(x-\alpha) \, dq.$$

这样，解便被表示为封闭的形式了。今对 $t = 0$，$u$ 就是 $F(x)$，它可以是任何给定的函数，所以傅里叶断言，对任意的函数 $F(x)$，有

(25) $$F(x) = \frac{1}{\pi} \int_{-\infty}^\infty F(\alpha) d\alpha \int_0^\infty \cos q(x-\alpha) \, dq,$$

这便是任意函数的傅里叶重积分表示的一种形式。傅里叶在他的书里指出，如何用这个积分解许多类型的微分方程。一个用法是根据这样的事实，即如果用任何方法得到了(24)，则(25)就表示 $u$ 满足 $t = 0$ 时的初始条件。另一个用法更为明白，如果我们用欧拉关系式 $e^{ix} = \cos x + i \sin x$ 把傅里叶积分写成指数形式，则(25)变成

$$F(x) = \frac{1}{2\pi} \int_{-\infty}^\infty e^{iqx} dq \int_{-\infty}^\infty F(\alpha) e^{-iq\alpha} d\alpha.$$

这个形式表明，$F(x)$ 可以分解为无穷多个具有连续变动频率 $q/2\pi$ 和振幅为 $\frac{1}{2\pi} \int_{-\infty}^\infty F(\alpha) e^{-iq\alpha} d\alpha$ 的调和分量，而通常的傅里叶级数则是把给定函数分解成无穷多个但为离散的调和分量的集合。

柯西关于傅里叶积分的导出有点相似，载有此事的论文《波的传播理论》(Théorie

de la propagation des ondes)获得了巴黎科学院 1816 年的奖金[1]。此文是对流体表面上波动的第一次大规模的研究,这是由拉普拉斯在 1778 年开辟的课题。虽然柯西建立了一般的流体动力学方程,但他差不多限于研究特殊情形。特别是他考虑方程

$$\frac{\partial^2 q}{\partial x^2} + \frac{\partial^2 q}{\partial y^2} = 0,$$

其中 $q$ 就是后来称为速度势的,而 $x$ 与 $y$ 是空间坐标。他未加说明就写出了解(参看[22])

(26) $$q = \int_0^\infty \cos mx \, e^{-ym} f(m) \mathrm{d}m,$$

其中 $f(m)$ 至此还是任意的。因为在曲面上 $y = 0$,$q$ 化为已给函数 $F(x)$,

(27) $$F(x) = \int_0^\infty \cos mx f(m) \mathrm{d}m.$$

然后柯西证明

(28) $$f(m) = \frac{2}{\pi} \int_0^\infty \cos mu F(u) \mathrm{d}u.$$

有了 $f(m)$ 的这个值后就有

(29) $$F(x) = \frac{2}{\pi} \int_0^\infty \int_0^\infty \cos mx \cos mu F(u) \mathrm{d}u \mathrm{d}m.$$

这样柯西不但得到了 $F(x)$ 的傅里叶二重积分表示,而且又有了 $f(m)$ 到 $F(x)$ 的傅里叶变换及其逆变换。给定了 $F(x)$,$f(m)$ 就由(28)确定,并能用于(26)。

柯西钻研他的得奖论文后不久,泊松就发表了关于水波的主要著作《关于波的理论的报告》(Mémoire sur la théorie des ondes)[2]。泊松不能争奖,因为他是科学院的成员。在这著作中他用与柯西大致相同的方式导出了傅里叶积分。

## 4. 位势方程和格林定理

下一个重要的发展以位势方程为中心,虽然其主要结果,即格林定理,已应用于许多其他类型的微分方程。位势方程在 18 世纪关于引力的研究中已显露头角,在 19 世纪关于热传导的研究中又出现了,因为物体内的温度分布虽然逐点变化着,但当它不随时间变化,即处于稳定状态时,(1)中的 $T$ 就与时间无关,从而热方程就化为位势方程。19 世纪早期在重力吸引的计算中仍继续强调位势方程,但被静电学和静磁学的新的一类应用加强了。这里椭球体的吸引也是一个关键问题。

---

[1] Mém. divers savans, 1, 1827, 3 - 312 = Œuvres, (1), 1, 5 - 318;也可见 Cauchy, Nouv. Bull. de la Soc. Phil., 1817, 121 - 124 = Œuvres, (2), 2, 223 - 227.

[2] Mém. de l'Acad. des Sci., Paris, (2), 1, 1816, 71 - 186.

泊松[①]对用位势方程表述重力吸引的理论作了一个更正。拉普拉斯(第 22 章第 4 节)曾假设位势方程

$$(30) \qquad \frac{\partial^2 V}{\partial x^2} + \frac{\partial^2 V}{\partial y^2} + \frac{\partial^2 V}{\partial z^2} = 0$$

对产生重力吸引的物体的内部或外部任何点 $(x, y, z)$ 都成立,其中 $V$ 是 $x$, $y$ 和 $z$ 的函数。泊松指出,如果 $(x, y, z)$ 在吸引体内部,则满足

$$(31) \qquad \frac{\partial^2 V}{\partial x^2} + \frac{\partial^2 V}{\partial y^2} + \frac{\partial^2 V}{\partial z^2} = -4\pi\rho,$$

其中 $\rho$ 是吸引体密度,也是 $x$, $y$, $z$ 的一个函数。虽然(31)仍叫做泊松方程,但像他自己所承认的,他对其正确性的证明即使以那个时代标准来看也是不严密的。

在这同一篇论文中,说到当电荷被允许自行分布在任何导体表面,则 $V$ 在表面上的值必定是常数时,泊松提请注意在电的研究中可利用这函数 $V$。在别的论文中,他解决了许多求电荷在互相邻近的诸导体表面上分布的问题。他的基本原理是,在各个导体的任何一个的内部,静电合力必须为零。

在位势方程方面,尽管有拉普拉斯、泊松、高斯以及别人的工作,但关于它的解的一般性质在 19 世纪 20 年代还几乎毫无所知,那时确信通积分必须包含两个任意函数,一个给出解在边界上的值,另一个给出导数在边界上的值。然而在温度满足位势方程的稳态热传导情形,人们知道只要温度在表面上给定了,整个三维物体内部的温度或热分布就确定了。因此在位势方程的上述假定的通解中,任意函数之一必须按某种方式由某一个别的条件固定下来。

在这点上,通过自修而成功的英国数学家格林(1793—1841)企图用彻底的数学方式来论述静电磁学。1828 年格林出版了一本私人印刷的小册子《关于数学分析应用于电磁学理论的一篇论文》(*An Essay on the Application of Mathematical Analysis to the Theories of Electricity and Magnetism*)。此文未受到重视,直到威廉·汤普森(William Thomson)爵士(开尔文勋爵,1824—1907)发现了它,认识到它的巨大价值,才把它发表于《数学杂志》[②]。格林从泊松的论文中学到许多东西,他也把位势函数的概念移用到电磁学。

他从(30)式开始,证明了下述定理:设 $U$ 与 $V$ 是 $x$, $y$, $z$ 的任意两个连续函数,它们的导数在一任意物体的任何点上都不为无穷。其主要定理断言[我们将用 $\Delta V$ 表示(30)的左边,虽然格林没有用它]

$$(32) \qquad \iiint U\Delta V \,\mathrm{d}v + \iint U\frac{\partial V}{\partial n}\,\mathrm{d}\sigma = \iiint V\Delta U \,\mathrm{d}v + \iint V\frac{\partial U}{\partial n}\,\mathrm{d}\sigma,$$

---

[①] *Nouv. Bull. de la Soc. Philo.*, 3, 1813, 388 - 392.

[②] *Jour. für Math.*, 39, 1850, 73 - 89; 44, 1852, 356 - 374; 和 47, 1854, 161 - 221 = *Green's Mathematical Papers*, 1871, 3 - 115.

其中 $n$ 是物体表面指向内部的法向，$d\sigma$ 是曲面元。定理(32)恰巧也曾由俄国数学家奥斯特罗格拉茨基(Michel Ostrogradsky, 1801—1861)证明过，他在 1828 年[①]把这定理呈给了彼得堡科学院。

然后格林指出 $V$ 和它的每个一阶导数在物体内部连续这一要求可以用来代替 $V$ 的导数所应满足的边界条件。根据这一事实，格林用 $V$ 在边界(其函数假设已给定)上的值 $\overline{V}$ 和另一个具有如下性质的函数 $U$ 来表示物体内部的 $V$：(a) $U$ 在表面上必须为 0；(b) 在内部一个固定的但未确定的点 $P$ 上，$U$ 像 $\frac{1}{r}$ 那样变为无穷，其中 $r$ 是 $P$ 与任何另一点间的距离；(c) $U$ 在内部必须满足位势方程(30)。如果 $U$ 已知(它可能是比较容易找到的，因为它满足比 $V$ 较为简单的条件)，那么 $V$ 在每一内点可以表示为

$$4\pi V = -\iint \overline{V} \frac{\partial U}{\partial n} d\sigma,$$

其中积分展布在曲面上，而 $\frac{\partial U}{\partial n}$ 是 $U$ 沿垂直于曲面而指向物体内部方向上的导数。不用说，$P$ 的坐标包含在 $\frac{\partial U}{\partial n}$ 内，而且是在 $P$ 处的变量。这个由格林引进的后来黎曼称之为格林函数的函数 $U$ 已成为偏微分方程的一个基本概念。与 $V$ 一样，格林用"位势函数"的术语称这个特殊函数 $U$，他求得位势方程解的方法与用特殊函数的级数的方法相反，称为奇异点方法。遗憾的是，函数 $U$ 没有一般的表达式，也没有求它的一般方法。在这件事情上，格林满足于对电荷所产生的电位的情形，给出 $U$ 的物理意义。

格林应用他的定理和概念于电磁学问题。1833 年他又着手研究变密度椭球体的引力位势问题[②]。在这个工作中，格林证明了当 $V$ 在物体边界上给定时，在整个物体上刚好有一个函数满足 $\Delta V = 0$，没有奇点，有给定的边界值。为了做出他的证明，格林假定了存在一个函数极小化积分

(33) $$\iiint \left[ \left(\frac{\partial V}{\partial x}\right)^2 + \left(\frac{\partial V}{\partial y}\right)^2 + \left(\frac{\partial V}{\partial z}\right)^2 \right] dv.$$

这是狄利克雷原理的第一次使用(参看第 27 章第 8 节)。

格林在 1835 年的这篇论文中，做了许多用 $n$ 维代替三维的工作，又给出了我们现在叫做超球面函数的重要结果，它是拉普拉斯球面调和函数的推广。因为格林的工作在一个时期内没有出名，所以其他一些人独立地做了这个工作中的某些部分。

在分析引入英国后，格林是第一个沿着大陆上的工作线索前进的英国大数学

---

[①] *Mém. Acad. Sci. St. Peters.*, (6), 1, 1831, 39 - 53.
[②] *Trans. Camb. Phil. Soc.*, $5_3$, 1835, 395 - 430 = *Mathematical Papers*, 187 - 222.

家。他的工作培育了数学物理学者的庞大的剑桥学派,其中包括威廉·汤普森爵士、斯托克斯爵士(Sir Gabriel Stokes)、瑞利勋爵(Lord Rayleigh)和麦克斯韦(James Clerk Maxwell)。

继格林成就之后的是高斯 1839 年[①]的主导性著作《与距离平方成反比而作用的吸引力和排斥力的普遍定理》(Allgemeine Lehrsätze in Beziehung auf die im verkehrten Verhältnisse des Quadrats der Entfernung wirkenden Anziehungs - und Abstossungs - kräfte)。高斯严格地证明了泊松的结果,即在作用体内部一点处成立 $\Delta V = -4\pi\rho$,而 $\rho$ 满足条件在该点及周围一小区域内连续。这个条件在作用体的表面上是不满足的。在表面上 $\frac{\partial^2 V}{\partial x^2}, \frac{\partial^2 V}{\partial y^2}, \frac{\partial^2 V}{\partial z^2}$ 有跳跃。

到这时为止,在位势方程和泊松方程方面的工作,都假定了解的存在性。格林关于存在格林函数的证明完全基于物理的理由。从存在性观点看,位势理论的基本问题是要证明存在一个位势函数 $V$(威廉·汤普森在大约 1850 年时称它为调和函数),它的值在一个区域的边界上是给定了的,在区域内满足 $\Delta V = 0$。人们可以直接证实这件事,或者先证实格林函数 $U$ 的存在性,然后再从它得到 $V$。建立格林函数或 $V$ 本身的存在性的问题称为狄利克雷问题或位势理论的第一边值问题,是这门学科中的最基本和最古老的存在性问题。当 $V$ 在边界上的法向导数已给定时,要找函数 $V$ 使其在区域内部满足 $\Delta V = 0$ 的问题,采用莱比锡的教授卡尔·诺伊曼(1832—1925)的名字叫诺伊曼问题。这个问题叫做位势理论的第二基本问题。

一条通向建立方程 $\Delta V = 0$ 的解的存在性问题的路径,格林已经采用过(请看[33]),但是威廉·汤普森把它提到突出地位。1847 年[②]威廉·汤普森发表了一条定理或原理,这一原理在英国以它的名字命名,在大陆则叫做狄利克雷**原理**,因为黎曼这样称呼它。虽然威廉·汤普森是用较为普遍的形式叙述的,但原理的本质可以这样说:曲面 $S$ 把区域分为内部区域 $T$ 和外部区域 $T'$,考虑在 $T$ 和 $T'$ 上分别有连续二阶导数的一切函数 $U$ 的集合。这些函数 $U$ 处处连续,并且在 $S$ 上取一连续函数 $f$ 的值。极小化狄利克雷积分

(34) $$I = \iiint_T \left[ \left(\frac{\partial U}{\partial x}\right)^2 + \left(\frac{\partial U}{\partial y}\right)^2 + \left(\frac{\partial U}{\partial z}\right)^2 \right] dv$$

的函数 $V$ 就是满足 $\Delta V = 0$ 并且在边界 $S$ 取值为 $f$ 的一个函数。(34)和 $\Delta V$ 的联系在于:按变分学的意义,$I$ 的一级变分是 $\Delta V$,而对于极小化的 $V$,$\Delta V$ 必须是 0。因为对于实的 $U$,$I$ 不可能是负的,所以看来很清楚,极小化函数 $V$ 一定存在,从而不难证

---

[①] *Resultate aus den Beobachtungen des magnetischen Vereins*, Vol. 4, 1840 = *Werke*, 5, 197 - 242.

[②] *Jour. de Math.*, 12, 1847, 493 - 496 = *Cambridge and Dublin Math. Jour.*, 3, 1848, 84 - 87 = *Math. and Physical Papers*, 1, 93 - 96.

明它是唯一的。于是狄利克雷原理是探讨位势理论中狄利克雷问题的一条途径。

黎曼在复变函数方面的工作给狄利克雷问题和原理本身以新的重要性。黎曼在他的博士论文中关于 $V$ 的存在性的"证明"用了二维情形的狄利克雷原理,但像他自己所承认的,这个证明是不严格的。

魏尔斯特拉斯在他的 1870 年的一篇文章中[①]对狄利克雷原理提出批评时指出,极小化函数 $U$ 的先验存在性是不为正确推理所支持的。对一切连续可微函数 $U$(它从内部区域到指定边界值上是连续变动的),此积分有一个下界,那是对的。但是在连续的可微的函数类中是否存在一个函数 $U_0$ 达到这下界却是未经证明的。

解位势方程的另一技术是利用复函数论。虽然达朗贝尔在他 1752 年的著作(第 27 章第 2 节)中和欧拉在一些特殊问题中已经用这技术解过位势方程,但直到 19 世纪中叶复函数论才活跃地应用于位势理论。函数论与位势理论的相依关系基于如下事实:如果 $u+iv$ 是 $z$ 的一个解析函数,则 $u$ 和 $v$ 两者都满足拉普拉斯方程。此外,如果 $u$ 满足拉普拉斯方程,则使 $u+iv$ 解析的共轭函数 $v$ 必定存在(第 27 章第 8 节)。

把方程 $\Delta u = 0$ 用于研究流体流动时,函数 $u(x,y)$ 就是亥姆霍兹所称的速度势,而这时 $\partial u/\partial x$ 和 $\partial u/\partial y$ 就表示流体在任一点 $(x,y)$ 的速度分量。在静电学的情形下,$u$ 是静电位而 $\partial u/\partial x$ 和 $\partial u/\partial y$ 是电力分量。在这两种情形下,曲线 $u=$ 常数是等位线,而正交于 $u=$ 常数的曲线 $v=$ 常数都是流线或趋势线(电力线)。函数 $v(x,y)$ 叫流势函数。由于这个函数的物理意义,把它引进来显然是有用的。

在解位势方程时,使用复函数论的一个优点来自这样一个事实,即如果 $F(z) = F(x+iy)$ 是解析函数,因而它的实部和虚部满足 $\Delta V = 0$,那么经过变换

(35) $$\xi = f(x,y), \eta = g(x,y),$$

其中 $$\zeta = \xi + i\eta,$$

把 $x$ 与 $y$ 变换到 $\xi$ 与 $\eta$,就产生另一个解析函数 $G(\zeta) = G(\xi+i\eta)$,它的实部和虚部也满足 $\Delta V(\xi,\eta) = 0$。现在如果原来的位势问题 $\Delta V = 0$ 必须在某区域 $D$ 中求解,那么经适当选择变换,变换后的方程 $\Delta V = 0$ 必须在区域 $D'$ 中求解,而 $D'$ 可能简单得多。这里,利用保角变换,如像施瓦茨-克里斯托费尔变换,是极为有益的。

我们不深入讨论复函数论在位势理论中的用法了,因为它的用法的细节远远超出解偏微分方程的任何基本方法论。然而,值得再次注意的是,许多数学家拒绝使用复函数,因为他们仍对复数感到不安。在剑桥大学,甚至在 1850 年,还用繁笨的手段以避免牵涉到复函数。拉姆的《流体运动的数学理论教程》(*Treatise on the Mathematical Theory of the Motion of Fluids*),出版于 1879 年,是第一本在剑

---

[①] 第 27 章第 9 节。

桥承认接受函数论的书。这本书仍然是一本经典著作[今称为《流体动力学》($Hydrodynamics$)]。

## 5. 曲 线 坐 标

格林引入了许多主要的概念,其意义远远延伸到位势方程以外。最先关注热方程的数学家兼工程师拉梅(Gabriel Lamé,1795—1870)引入了另一个主要的技巧,即使用曲线坐标系,它也可以用于许多类型的方程。拉梅于 1833 年[1]指出,热方程仅对那些表面垂直于坐标平面 $x=$ 常数,$y=$ 常数,$z=$ 常数的导体是解出来了。拉梅的想法是引入新的坐标系和相应的坐标面。在非常有限的程度上说,这事已由欧拉和拉普拉斯做过了,他们两人使用了球坐标 $\rho$, $\theta$, $\phi$,在这情况下,坐标面 $\rho=$ 常数、$\theta=$ 常数、$\phi=$ 常数分别是球面、平面、锥面。知道了从直角坐标变换到球坐标的方程,人们就能像欧拉与拉普拉斯所做的那样,把位势从直角坐标变换到球坐标。

新坐标系和坐标曲面的价值是双重的。第一,在直角坐标系中,一个偏微分方程可能不能分离成这坐标系中的常微分方程,但在另一坐标系中可能是可分离的。第二,物理问题可能需要一个,比如说,椭球上的边界条件,这样的边界在有一族以椭球面组成坐标面的坐标系中可以简单地表示出来,而在直角坐标系中必须用相当复杂的方程。此外,在所采用的适当的坐标系中经变量分离后,这个边界条件变成恰好可应用于所得常微分方程中的一个方程。

为了在新坐标系中解热方程的特殊目的,拉梅引进了几个新的坐标系[2]。他的主要坐标系是三族曲面,由下列方程给出:

$$\frac{x^2}{\lambda^2} + \frac{y^2}{\lambda^2 - b^2} + \frac{z^2}{\lambda^2 - c^2} - 1 = 0,$$

$$\frac{x^2}{\mu^2} + \frac{y^2}{\mu^2 - b^2} + \frac{z^2}{\mu^2 - c^2} - 1 = 0,$$

$$\frac{x^2}{\nu^2} + \frac{y^2}{\nu^2 - b^2} + \frac{z^2}{\nu^2 - c^2} - 1 = 0,$$

其中 $\lambda^2 > c^2 > \mu^2 > b^2 > \nu^2$。这三族曲面是椭球面、单叶双曲面和双叶双曲面,它们全都具有相同的焦点。一族中的任一曲面垂直地交割所有其他两族中的曲面,而实际上是在曲率线上交割它们的(第 23 章第 7 节)。因此空间中任何点有坐标 $(\lambda, \mu, \nu)$,即每族中经过该点的曲面的 $\lambda$, $\mu$ 和 $\nu$。这个新坐标系叫做椭球面的,虽然拉梅曾称它为椭圆的(这一术语现已用于另一种坐标系了)。

---

[1] *Jour. de l' Ecole Poly.*, 14, 1833, 194-251.
[2] *Annales de Chimie et Physique*, (2), 53, 1833, 190-204.

拉梅把稳态情形(即温度不依赖于时间)的热方程,即位势方程,变换到这些坐标系,并指出他能用变量分离法把偏微分方程划归为三个常微分方程。当然这些方程必须在适当的边界条件下求解。拉梅在 1839 年①的一篇论文中进一步研究了在三轴椭球体中稳态的温度分布,并对他 1833 年论文处理的问题给出了一个完全解。在这 1839 年的论文中他又引进了另一个曲线坐标系,现在称为球锥系,其中坐标曲面是一族球面和两族锥面。拉梅还用这坐标系解过热传导问题。拉梅用椭球坐标写了许多关于热传导的论文,连同 1839 年的第二篇论文包含在同一卷《数学杂志》内,在其中他处理了椭球体的一些特殊情形②。

互相正交的曲面族的课题,在偏微分方程的求解中有如此明显的重要性,以至对它本身或它内部的问题的研究已成为一个主题。在 1834 年的一篇论文③中拉梅考虑了任何三族互相正交的曲面的普遍性质,给出了一个沿用至今的技术:在任何正交坐标系中表示偏微分方程的程序。

海涅[(Heinrich) Eduard Heine,1821—1881]沿着拉梅的思路前进。海涅在他 1842 年的博士学位论文中④,不仅确定了旋转椭球体内部的(稳态温度)位势(当位势在表面的值已给出时),而且还确定了这种椭球体外部的和两同焦旋转椭球面之间的壳体的位势。

拉梅对他和别人用相互正交的坐标系所完成的事有如此深刻的印象,以至认为所有的偏微分方程都可能通过寻找适当的坐标系求解。后来他认识到这是一个错误。1859 年他出版了一本论整个课题的书——《曲线坐标讲义》(*Leçons sur les coordonnées curvilignes*)。

虽然把三族互相正交的曲面用作坐标曲面不能解决所有的偏微分方程,但确实开辟了一个新技术,在许多问题中能表现其优越性。曲线坐标的使用已移植到其他偏微分方程。例如,马蒂厄(Emile-Léonard Mathieu,1835—1900)在 1868 年的一篇论文中⑤,处理一个椭圆薄膜振动问题,其中涉及波动方程,这里他引入了椭圆柱坐标,相应于这些坐标的函数,今称为马蒂厄函数(第 29 章第 2 节)。在同一年海因里希·韦伯(Heinrich Weber,1842—1913)研究方程 $\frac{\partial^2 u}{\partial x^2} + \frac{\partial^2 u}{\partial y^2} + k^2 u = 0$ 时⑥,对由完整椭圆所围成的区域解出了它,同时也对由两个同焦椭圆弧

---

① *Jour. de Math.*, 4,1839,126 - 163.
② *Jour. de Math.*, 4,1839,351 - 385.
③ *Jour. de l' Ecole Poly.*, 14,1834,191 - 288.
④ *Jour. für Math.*, 26,1843,185 - 216.
⑤ *Jour. de Math.*, (2),13,1868,137 - 203.
⑥ *Math. Ann.*, 1,1869,1 - 36.

和与椭圆弧同焦的两个双曲弧围成的区域解出了它。在椭圆和双曲线变成同焦抛物线的特殊情形也被考虑过,这里海因里希·韦伯引进了在这坐标系中便于展开的函数,今称为韦伯函数或抛物柱函数。马蒂厄在他的《数学物理教程》(*Cours de physique mathématique*, 1873)中,讨论了包含椭球体的新问题,并引入了其他更新的函数。

拉梅所开创的想法,即用曲线坐标的想法,还只是描述了这一工作的开端。许多其他的坐标系已经导入,用变量分离法引出的常微分方程,求解时得到的相应的各种特殊函数也已研究过了[1]。特殊函数的这个理论的大部分,是由物理学者在具体问题中,当他们需要这些函数及其性质时所创立的(亦可见第 29 章)。

## 6. 波动方程和退化波动方程

偏微分方程的最重要的类型也许是波动方程了。在三维空间中,其基本形式是

(36) $$\frac{\partial^2 u}{\partial x^2} + \frac{\partial^2 u}{\partial y^2} + \frac{\partial^2 u}{\partial z^2} = a^2 \frac{\partial^2 u}{\partial t^2}.$$

就我们所知,这方程在 18 世纪就已经引入了,并且也已用球坐标表示出来。19 世纪时波动方程的新用途被发现了,特别是在萌芽时期的弹性领域。各种形状的固体在不同的初始条件和边界条件下的振动以及波在弹性体中的传播产生一大堆问题。进一步研究声和光的传播引起成百个附加问题。

在变量可分离的场合,解(36)的技巧与傅里叶解热方程和拉梅用某一曲线坐标系表示位势方程后所做的没有差别。马蒂厄用曲线坐标经变量分离而求解波动方程是成百篇论文中的典型。

处理波动方程的另一类完全不同的重要结果是把方程作为整体对待而得到的。第一个这样的主要结果是论述初值问题的,这要追溯到泊松,他在 1808 年到 1819 年期间研究过这个方程。他的主要成就[2]是一个关于波 $u(x, y, z, t)$ 传播的公式,其初始状态由初始条件

(37) $$u(x, y, z, 0) = \phi_0(x, y, z),$$
$$u_t(x, y, z, 0) = \phi_1(x, y, z)$$

描述,而波 $u$ 满足偏微分方程

---

[1] 见拜尔利(William E. Byerly)的 *An Elementary Treatise on Fourier Series*, Dover (reprint), 1959, 与霍布森(E. W. Hobson), *The Theory of Spherical and Ellipsoidal Harmonics*, Chelsea (reprint), 1955。

[2] *Mém. de l' Acad. des Sci.*, Paris, (2), 3, 1818, 121-176.

(38) $$\frac{\partial^2 u}{\partial x^2}+\frac{\partial^2 u}{\partial y^2}+\frac{\partial^2 u}{\partial z^2}=\frac{1}{a^2}\frac{\partial^2 u}{\partial t^2},$$

其中 $a$ 是常数。其解 $u$ 由下式给出：

(39) $u(x, y, z, t)$
$$= \frac{1}{4\pi a}\int_0^\pi\int_0^{2\pi}\phi_1\left(x+at\sin\phi\cos\theta,\ y+at\sin\phi\sin\theta, z+at\cos\phi\right)at\sin\phi\mathrm{d}\theta\mathrm{d}\phi$$
$$+\frac{1}{4\pi a}\frac{\partial}{\partial t}\int_0^\pi\int_0^{2\pi}\phi_0\left(x+at\sin\phi\cos\theta,\ y+at\sin\phi\sin\theta, z+at\cos\phi\right)at\sin\phi\mathrm{d}\theta\mathrm{d}\phi,$$

其中 $\theta$ 与 $\phi$ 是普通的球坐标。积分区域是以具有坐标 $x, y, z$ 的点 $P$ 为中心，以 $at$ 为半径的球 $S_{at}$ 的表面。

泊松的结果意味着什么，为了得到这方面的某些启示，让我们来考虑一个物理例子。假如初始扰动是由边界为 $S$ 的物体 $V$（图 28.2）发出，使得 $\phi_0$ 与 $\phi_1$ 定义在 $V$ 上并在 $V$ 外为 $0$。我们说这初始扰动在 $V$ 上被局部化了。从物理上看是一个波从 $V$ 发出并向空间扩展出去。泊松的公式告诉我们在 $V$ 外任一点 $P(x,y,z)$ 处发生些什么事情。令 $d$ 与 $D$ 表示 $P$ 到 $V$ 上的点的最小与最大距离。当 $t<d/a$ 时，(39) 中的积分为零，因为积分区域是中心在 $P$、半径为 $at$ 的球 $S_{at}$ 的表面。因为 $\phi_0$ 与 $\phi_1$ 在 $S_{at}$ 上是 $0$，于是函数 $u$ 在 $P$ 处是 $0$。这意味着从 $S$ 扩展出来的波还没有达到 $P$。在 $t=d/a$ 时，球 $S_{at}$ 刚刚接触到 $S$，因此从 $S$ 发出的波的波前到达 $P$。当 $t$ 在 $t=d/a$ 和 $t=D/a$ 之间时，球 $S_{at}$ 交割 $V$，所以 $u(P,t)\neq 0$。最后对 $t>D/a$，球 $S_{at}$ 将不与 $S$ 相交（整个区域 $V$ 属于 $S_{at}$ 的内部），即是说，初始扰动已经通过了 $P$。所以又有 $u(P,t)=0$。时刻 $t=D/a$ 相应于波的尾缘通过 $P$。在任何给定的时刻 $t$，波的前缘呈曲面形状，把扰动已到达的点和尚未到达的点分开。这个前缘是中心在 $S$、半径为 $at$ 的一族球面的包络。在时刻 $t$，波的后缘是一个曲面，把还存在有扰动的点与扰动已经过去的点分开。于是我们看到，在空间局部化了的扰动在每一点 $P$ 引起的效果仅仅持续有限时间。此外这波（扰动）还有前缘和后缘。这整个现象叫做惠更斯原理。

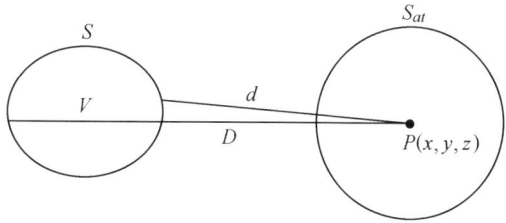

图 28.2

解波动方程初值问题的一个完全不同的方法是黎曼在研究有限振幅声波传播的过程中创立的[①]。他考虑可写为如下形状的二阶线性微分方程:

(40) $$L(u) = \frac{\partial^2 u}{\partial x \partial y} + D\frac{\partial u}{\partial x} + E\frac{\partial u}{\partial y} + Fu = 0,$$

其中 $D$, $E$, $F$ 是 $x$ 和 $y$ 的二阶可微的连续函数。问题是在知道了沿曲线 $\Gamma$ 的 $u$ 和 $\partial u/\partial n$(意即知道 $\partial u/\partial x$ 和 $\partial u/\partial y$)时,去求出在任意点 $P$ 处的 $u$(图 28.3),他的方法依赖于找一个函数 $v$(叫黎曼函数或特征函数)[②],使其满足现今所称的共轭方程

(41) $$M(v) = \frac{\partial^2 v}{\partial x \partial y} - \frac{\partial(Dv)}{\partial x} - \frac{\partial(Ev)}{\partial y} + Fv = 0$$

和其他一些我们即将详细说明的条件。

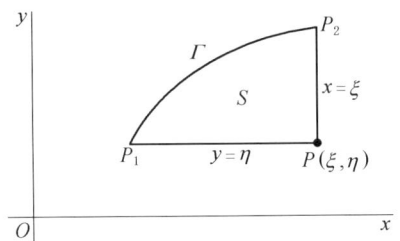

图 28.3

黎曼引入通过 $P$ 的特征(他没有用这个名词)、$x = \xi$ 和 $y = \eta$ 的线段 $PP_1$ 和 $PP_2$。现在把广义格林定理(二维情形)应用于微分表示式 $L(u)$。为了简明地表示这定理,我们引进

$$X = \frac{1}{2}\left(v\frac{\partial u}{\partial y} - u\frac{\partial v}{\partial y}\right) + Duv,$$

$$Y = \frac{1}{2}\left(v\frac{\partial u}{\partial x} - u\frac{\partial v}{\partial x}\right) + Euv.$$

于是格林定理说

(42) $$\int_S [vL(u) - uM(v)]dS = \int_S \left(\frac{\partial X}{\partial x} + \frac{\partial Y}{\partial y}\right)dS$$

$$= \int_C \{X\cos(n, x) + Y\cos(n, y)\}ds,$$

其中 $S$ 是图中的区域,$C$ 是 $S$ 的整个边界,$\cos(n, x)$ 是 $C$ 的法线方向和 $x$ 轴间夹角的余弦。

除了满足(41),黎曼对 $v$ 还要求

(a) $v = 1$ 在 $P$ 处,

---

[①] Abh. der Ges. der Wiss. zu Gött., 8, 1858/1859, 43-65 = Werke, 156-178.

[②] $v$ 与基本解或格林函数不一样。

(43)　　(b) $\dfrac{\partial v}{\partial y} - Dv = 0$　　在 $x = \xi$ 上,

　　　　(c) $\dfrac{\partial u}{\partial x} - Ev = 0$　　在 $y = \eta$ 上[①]。

使用条件 $M(v) = 0$ 与条件(43),并算出 $C$ 上的曲线积分,黎曼得到

(44)　　$u(\xi, \eta) = \displaystyle\int_\Gamma \{X\cos(n, x) + Y\cos(n, y)\}\mathrm{d}s + \dfrac{1}{2}\{(uv)_{P_1} + (uv)_{P_2}\}.$

这样,在任意点 $P$ 处 $u$ 的值就用 $u$,$\partial u/\partial n$,$v$ 和 $\partial v/\partial n$ 在 $\Gamma$ 上的值及 $u$ 和 $v$ 在 $P_1$ 与 $P_2$ 处的值给出来了。

现在 $u$ 在 $P_1$ 与 $P_2$ 已给出。函数 $v$ 本身必须从求解 $M(v) = 0$ 得出并满足条件(43)。黎曼方法取得的成就在于把原来关于 $u$ 的初值问题变成关于 $v$ 的另一类初值问题。而第二个问题通常较容易求解。在黎曼的物理问题中,找出 $v$ 来特别容易。然而这样的 $v$ 的存在性一般说来不是由黎曼证明的。

刚才所述的黎曼方法仅对以二元波动方程(双曲方程)作为例子的那类方程有用,而不能直接推广。把这个方法推广到多于两个独立变量时,遇到了黎曼函数在积分区域边界上变为奇异从而使积分发散的困难。这方法已经被推广,但以增加复杂性为代价。

用其他方法解波动方程的进展是与所谓稳态问题密切联系的,它导致简化的波动方程。波动方程就其形式本身来说,是包含时间变量的。在许多物理问题里,如果人们感兴趣的是简单谐波,就假设 $u = w(x, y, z)\mathrm{e}^{\mathrm{i}kt}$,把它代入波动方程就得到

(45)　　$\Delta w + k^2 w = \dfrac{\partial^2 w}{\partial x^2} + \dfrac{\partial^2 w}{\partial y^2} + \dfrac{\partial^2 w}{\partial z^2} + k^2 w = 0.$

这就是退化波动方程或亥姆霍兹方程。方程 $\Delta w + k^2 w = 0$ 表示所有调和的、声音的、弹性的、电磁学的波。正当较老的作者满足于寻找特殊积分的时候,亥姆霍兹(1821—1894)在他论一端开放的管道内(风琴管)空气振动的著作里,给出了关于这个方程的解的第一个普遍的研究[②]。他关注传音的问题,其中 $w$ 是一个作谐振动的气体的速度势,$k$ 是由空气弹性和振动频率确定的常数,$\lambda$ 是波长,等于 $2\pi/k$。应用格林定理,他证明了 $\Delta w + k^2 w = 0$ 的任一个在给定区域内连续的解可以表示为区域表面上激发点的单层和双层效应。把 $\mathrm{e}^{-\mathrm{i}kr}/4\pi r$ 作为格林定理中的一个函数,他得到

---

[①]　对二维问题,$v$ 是四个变量 $\xi, \eta, x$ 和 $y$ 的函数。作为 $x, y$ 的函数,它满足方程 $M(v) = 0$。
[②]　*Jour. für Math.*, 57,1860,1-72 = *Wissenschaftliche Abhandlungen*, 1,303-382.

$$(46) \quad w(P) = -\frac{1}{4\pi}\iint \frac{e^{-ikr}}{r}\frac{\partial w}{\partial n}\mathrm{d}S + \frac{1}{4\pi}\iint w\frac{\partial}{\partial n}\left(\frac{e^{-ikr}}{r}\right)\mathrm{d}S,$$

其中 $r$ 表示 $P$ 到边界上变动点的距离。这样,在求解区域内任一点 $P$ 处的 $w$ 就由 $w$ 与 $\partial w/\partial n$ 在边界 $S$ 上的值给出。

19 世纪伟大的德国数学物理学者之一,基尔霍夫(Gustav R. Kirchhoff, 1824—1887)使用亥姆霍兹的工作求得了波动方程初值问题的另一个解。假定 $\Delta w + k^2 w = 0$ 是得自

$$\frac{\partial^2 u}{\partial t^2} = c^2 \Delta u,$$

其中已令 $u = we^{i\sigma t}$ 以使 $k = \sigma/c$。于是(46)可写为

$$(47) \quad u(P, t) = -\frac{1}{4\pi}\iint \frac{e^{i\sigma[t-(r/c)]}}{r}\frac{\partial u}{\partial n}\mathrm{d}S + \frac{1}{4\pi}\iint u\frac{\partial}{\partial n}\left(\frac{e^{i\sigma[t-(r/c)]}}{r}\right)\mathrm{d}S.$$

这个公式被基尔霍夫推广了。如果令 $\phi(t)$ 是 $u$ 在时刻 $\tau$ 时边界上任一点 $(x, y, z)$ 处的值,并令 $f(\tau)$ 是 $\dfrac{\partial u}{\partial n}$ 相应的值,则基尔霍夫证明了[①]

$$(48) \quad u(P, t) = -\frac{1}{4\pi}\iint \frac{f[t-(r/c)]}{r}\mathrm{d}S + \frac{1}{4\pi}\iint \frac{\partial}{\partial n}\left(\frac{\phi[t-(r/c)]}{r}\right)\mathrm{d}S,$$

其中假定在最后一项中关于 $n$ 的微分仅在 $r$ 明显出现于分子分母两者时才应用于 $r$。这样,在 $P$ 处的 $u$ 就用 $u$ 与 $\dfrac{\partial u}{\partial n}$ 在较早时刻、在围绕 $P$ 点的闭曲面上的值表示出。这结果叫做声学的惠更斯原理,是泊松公式的推广。

我们已经注意到黎曼用了稍较广义的格林定理。用到共轭微分方程的格林定理的完全推广也称为格林定理,来源于杜波依斯-雷蒙(Paul Du Bois-Reymond, 1831—1889)的一篇论文[②]和达布的书《曲面的一般理论》(*Théorie générale des surfaces*)[③];两者都引用了黎曼 1858 年或 1859 年的论文。如果给定的方程是

$$L(u) = A\frac{\partial^2 u}{\partial x^2} + 2B\frac{\partial^2 u}{\partial x \partial y} + C\frac{\partial^2 u}{\partial y^2} + D\frac{\partial u}{\partial x} + E\frac{\partial u}{\partial y} + Fu = 0,$$

其中系数都是 $x$ 与 $y$ 的函数。在 $u, v$ 与其一阶、二阶导数都连续的假定下,在 $x$-$y$ 平面的任意区域 $R$ 上积分乘积 $vL(u)$。于是由分部积分就得到广义的格林定理:

$$\iint uM(v)\mathrm{d}x\mathrm{d}y = -\iint vL(u)\mathrm{d}x\mathrm{d}y - \int(Q\mathrm{d}y - P\mathrm{d}x),$$

---

[①] *Sitzungsber. Akad. Wiss. zu Berlin*, 1882, 641-669 = *Ges. Abh.*, 2, 22 ff.
[②] *Jour. für Math.*, 104, 1889, 241-301.
[③] Vol. 2, Book IV, Chap. 4, 2nd ed., 1915.

其中重积分展布于 $R$ 的内部,单积分展布于 $R$ 的边界上,并且

$$M(v) = \frac{\partial^2(Av)}{\partial x^2} + 2\frac{\partial^2(Bv)}{\partial x \partial y} + \frac{\partial^2(Cv)}{\partial y^2} - \frac{\partial(Dv)}{\partial x} - \frac{\partial(Ev)}{\partial y} + Fu,$$

$$P = B\left(v\frac{\partial u}{\partial x} - u\frac{\partial v}{\partial x}\right) + C\left(v\frac{\partial u}{\partial y} - u\frac{\partial v}{\partial y}\right) + \left(E - \frac{\partial B}{\partial x} - \frac{\partial C}{\partial y}\right)uv,$$

$$Q = A\left(v\frac{\partial u}{\partial x} - u\frac{\partial v}{\partial x}\right) + B\left(v\frac{\partial u}{\partial y} - u\frac{\partial v}{\partial y}\right) + \left(D - \frac{\partial A}{\partial x} - \frac{\partial B}{\partial y}\right)uv.$$

$M(v)$ 是 $L(u)$ 的共轭表达式,$M(v) = 0$ 是共轭微分方程。反之,$L(u)$ 是 $M(v)$ 的共轭。

格林定理的重要性在于它能用于求得某些偏微分方程的解。例如,因为椭圆型方程总能够写成

$$L(u) = \Delta u + a\frac{\partial u}{\partial x} + b\frac{\partial u}{\partial y} + cu = 0$$

的形式,于是

$$M(v) = \Delta v - \frac{\partial(av)}{\partial x} - \frac{\partial(bv)}{\partial y} + cv = 0.$$

令 $v$ 是共轭方程的一个解,它在任意点 $(\xi, \eta)$ 像对数那样变成无穷;就是说,它的性态相同于

$$v = U\log r + V,$$

其中 $r$ 是从 $(\xi, \eta)$ 到 $(x, y)$ 的距离,$U$ 与 $V$ 在所考虑的区域 $R$ 内是连续的,并且 $U$ 是标准化了的,因而 $U(\xi, \eta) = 1$。现在把 $(\xi, \eta)$ 包围在一个圆内,把它从积分区域中剔出来。于是,当此圆收缩到 $(\xi, \eta)$ 时,由广义格林定理给出

(49) $$2\pi u(\xi, \eta) = -\iint vL(u)\mathrm{d}x\mathrm{d}y$$
$$+ \int\left[v\frac{\partial u}{\partial n} - u\frac{\partial v}{\partial n} + (a\cos(n, x) + b\cos(n, y))uv\right]\mathrm{d}s,$$

其中的 $n$ 如果指向区域外部就是正的,单积分按反时针方向展布在边界上。因为 $u$ 满足 $L(u) = 0$;如果我们知道 $v$,并且在边界上 $u$ 与 $\partial u/\partial n$ 已给出(两者都不是任意的),那么我们就把 $u$ 表示成了单积分。函数 $v$ 叫做格林函数。然而常常把 $v$ 在 $R$ 的边界上为 0 的条件附加到格林函数的定义中去。格林定理的这个用法已发展到各种特殊情形和各种推广。

## 7. 偏微分方程组

18 世纪时,流体运动的微分方程显现为第一个重要的偏微分方程组。19 世纪

时创建了三个更为基本的方程组:黏性介质的流体动力方程、弹性介质方程和电磁理论方程。

当有黏性出现时(实际上总是这样),流体运动方程的获得经历了曲折的途径。欧拉已经给出了无黏性流体运动的方程。从拉格朗日所处的时代起,就已经认识到有速度位势存在和无速度位势存在的流体运动之间的本质差别。经与弹性理论的形式类比和分子受排斥力激活的假设的启发,多科工艺学校和交通工程学校的力学教授纳维(Claude L. M. H. Navier,1785—1836)在 1821 年得到了基本方程[①]。像今天被确认的那样,纳维-斯托克斯方程是

(50)
$$\rho \frac{\mathrm{D}u}{\mathrm{D}t} = \rho X - \frac{\partial p}{\partial x} + \frac{1}{3}\mu \frac{\partial \theta}{\partial x} + \mu \Delta u,$$
$$\rho \frac{\mathrm{D}v}{\mathrm{D}t} = \rho Y - \frac{\partial p}{\partial y} + \frac{1}{3}\mu \frac{\partial \theta}{\partial y} + \mu \Delta v,$$
$$\rho \frac{\mathrm{D}w}{\mathrm{D}t} = \rho Z - \frac{\partial p}{\partial z} + \frac{1}{3}\mu \frac{\partial \theta}{\partial z} + \mu \Delta w,$$
$$\theta = \frac{\partial u}{\partial x} + \frac{\partial v}{\partial y} + \frac{\partial w}{\partial z}.$$

其中 $\Delta$ 有通常意义;$\rho$ 是流体的密度;$p$ 是压力;$u,v,w$ 是流体在时刻 $t$ 时,在任一点$(x,y,z)$处的速度分量;$X,Y,Z$ 是一个外力的分量;常数 $\mu$ 依赖于流体的性质,叫做黏性系数;导数 $\mathrm{D}/\mathrm{D}t$ 具有第 22 章第 8 节解释的意义。对于不可压缩的流体,$\theta = 0$。

这些方程也被泊松在 1829 年[②]得到。之后,又被剑桥大学数学教授斯托克斯(1819—1903)在他的论文《关于运动流体内部摩擦的理论》(On the Theories of the Internal Friction of Fluids in Motion)[③]中根据连续介质力学重新导出。斯托克斯力图说明在所有已知液体中的摩擦作用,它把动能转化为热而引起运动衰减。液体由于其黏性而附着于固体的表面,因而对它们作用着切向力。

弹性的学科是由伽利略、胡克、马略特奠基的,而由伯努利家族和欧拉培育的。但这些人只处理了一些特殊问题。为了解决这些问题,他们关于梁、杆和板在应力、压力或荷载下是怎样变动的提出了专门的假设。严格意义上的理论是 19 世纪创立的。从 19 世纪初叶起,许多伟大人物持续地致力于获得主宰弹性介质(包括空气)的行为的方程。这些人主要是工程师和物理学家。在他们之中柯西和泊松是大数学家,虽然柯西按其所受的训练来说是个工程师。

---

① *Mém de l' Acad. des Sci.*, Paris, (2),1827,375-394.
② *Jour. de l' Ecole Poly.*, 13,1831,1-74.
③ *Trans. Camb. Phil. Soc.*, 8,1849,287-319 = *Math. and Phys. Papers*, 1,75-129.

弹性问题包括：物体在应力下的行为，其中要考虑它们将取什么平衡位置；物体在一个初始扰动或一个连续作用力驱动时的振动；以及在空气或固体的情形下，波通过它们的传播。在 19 世纪，大约在 1820 年，出现了由物理学家托马斯•杨(Thomas Young,1773—1829)和工程师菲涅耳(Augustin - Jean Fresnel,1788—1827)开创的光的波动理论，于是对弹性学的兴趣就增浓了。光被看作是波在以太中的运动，而以太被认为是一种弹性介质。因此光通过以太的传播就成为一个基本问题。19 世纪初期，对弹性学引起强烈兴趣的另一个刺激是奇洛德尼(Ernst F. F. Chladni,1756—1827)关于玻璃和金属的振动的实验(1787)，他指出了波节线。这些应与声音有关，例如与振动鼓面发出的声音有关。

求得弹性学基本方程的工作是长期的和充满陷阱的，因为对于物质内部或分子结构知道得很少，所以把握任何物理原理都是困难的。对于固体、空气、以太所作的假设随着作者的不同而不同，并且是互相争执着的。对于以太的情形，人们推测它是穿过固体的，因为光线通过某些固体，并被另一些固体所吸收，而以太分子同固体分子的关系也提出了极大的困难。我们不打算追究弹性体的物理理论，即使今天我们的理解也是不完全的。

纳维[①]是第一个(1821)研究弹性体平衡和振动的普遍方程的人。他把材料假设为各向同性，因而各方程只包含表示物体性质的单独一个常数。到 1822 年，经菲涅耳工作的刺激，柯西开辟了另一条通向弹性理论的途径[②]。柯西的方程包含表示物体材料的两个常数，对各向同性的物体来说，其方程是

$$(51)\begin{aligned}(\lambda+\mu)\frac{\partial\theta}{\partial x}+\mu\Delta u &= \rho\frac{\partial^2 u}{\partial t^2},\\ (\lambda+\mu)\frac{\partial\theta}{\partial y}+\mu\Delta v &= \rho\frac{\partial^2 v}{\partial t^2},\\ (\lambda+\mu)\frac{\partial\theta}{\partial z}+\mu\Delta w &= \rho\frac{\partial^2 w}{\partial t^2},\\ \theta &= \frac{\partial u}{\partial x}+\frac{\partial v}{\partial y}+\frac{\partial w}{\partial z}.\end{aligned}$$

这里 $u, v, w$ 是位移分量，$\theta$ 叫做膨胀系数，$\lambda$ 和 $\mu$ 是物体或介质的常数。对一般的非各向同性介质来说，方程是十分复杂的，而把它们普遍地写出来可能是乏味的。这些方程是由柯西给出的[③]。

19 世纪对科学和技术带有巨大冲击的最壮观的胜利是麦克斯韦在 1864 年关

---

① *Mém. de l'Acad. des Sci.*, Paris, (2),7,1827,375-394.
② *Exercices de math.*, 1828 = *Œuvres*, (2),8,195-226.
③ *Exercices de math.*, 1828 = *Œuvres*, (2),8,253-277.

于电磁学规律的导出①。麦克斯韦利用无数先辈们特别是法拉第(M. Faraday)关于电和磁的研究引入了位移电流的概念——无线电波是位移电流的一种形式——并且用这个概念确切地表述了电磁波的传播。他的方程有四个,最方便的是用后来为亥维赛(Oliver Heaviside)采用的向量形式叙述,包含电场强度 $\boldsymbol{E}$、磁场强度 $\boldsymbol{H}$、介电系数 $\varepsilon$、介质的磁通率 $\mu$ 和电荷密度 $\rho$。这些方程是

(52) $$\operatorname{curl} \boldsymbol{H} = \frac{1}{c} \frac{\partial(\varepsilon \boldsymbol{E})}{\partial t}, \operatorname{curl} \boldsymbol{E} = -\frac{1}{c} \frac{\partial(\mu \boldsymbol{H})}{\partial t},$$

(53) $$\operatorname{div} \varepsilon \boldsymbol{E} = \rho, \operatorname{div} \mu \boldsymbol{H} = 0 \, ②.$$

前两个方程是主要的方程,等于六个标量(非向量)的偏微分方程,位移电流是 $\partial(\varepsilon \boldsymbol{E})/\partial t$。

正是对这些方程的研究,使麦克斯韦预言电磁波以光速通过空间。基于两速度相同,他勇敢地断言光是电磁现象。这是一个从他那时代起已被详尽地证实了的预言。

大家知道,没有解任何上述方程组的普遍方法。然而,19世纪的人们渐渐认识到在偏微分方程的情形下,不管是单个方程还是方程组,通解几乎不像初始条件和边界条件已给定的特殊问题的解有用,在这种情形下实验工作也可能帮助做出有用的简化假定。傅里叶、柯西、黎曼的著作促进了这事的实现。关于使这些方程组特殊化的许多初值和边值问题的求解工作是大量的,在这世纪中几乎所有的数学家都研究过这类问题。

## 8. 存在性定理

当18和19世纪的数学家们创立了大量类型的微分方程时,他们就发现解出很多这些方程的方法是不合用的。在多项式方程的情形下,解四次以上方程的努力失败后,高斯转而去证明根的存在性(第25章第2节)。和这种情况有点相像,在微分方程的工作中,若求出了显解,则这一事实本身就证得了存在性;而求显解的失败就使数学家转而去证明解的存在性。这样的证明即使并不显示出一个解或把解表示为有用的形式,但仍满足多种目的。几乎在所有的情形下,微分方程都是物理问题的数学描述。因为没有什么东西可以有效地保证数学方程可以求解,所以解的存在性证明至少会保证解的寻求不是作无谓的尝试。存在性的证明还会回答这样的问题:关于给定的物理情况,我们必须知道些什么,就是说,什么初始条件

---

① Phil. Trans., 155, 1865, 459-512 = Scientific Papers, 1, 526-597.
② 关于 curl 和 div 的意义见第32章第5节。

和边界条件保证有一个解,并且最好是保证有唯一的解。另外有些目标,在存在性定理工作开始之初可能没有想象到,现在立即被认识到了。解是否随着初始条件连续地变动? 或者当初始条件或边界条件稍稍变化时是否有完全新的现象产生? 例如,由行星的一个初始速度值得到的抛物轨道,作为初始速度稍微变化的结果,可以变成椭圆轨道。轨道上这样的差异在物理上是最有意义的。更进一步,解问题的某些方法论,如像狄利克雷原理或格林原理的运用,都预先假定了一个特解的存在。这些特解的存在性并没有建立起来。

在我们给出关于存在性定理的工作的某些简短叙述之前,先说明偏微分方程的一种分类可能是有帮助的,这种分类实际上是在这世纪相当晚的时候才做出的。虽然拉普拉斯和泊松已用把这些方程划归为正规或标准形式的办法对分类作了某些努力,但杜波依斯-雷蒙引入的分类现在已成为标准的了。1839 年①他用特征线方法(第22章第7节)把最一般的齐次二阶线性方程

(54) $$R\frac{\partial^2 u}{\partial x^2} + S\frac{\partial^2 u}{\partial x \partial y} + T\frac{\partial^2 u}{\partial y^2} + P\frac{\partial u}{\partial x} + Q\frac{\partial u}{\partial y} + Zu = 0$$

进行了分类,方程中的系数都是 $x$ 和 $y$ 的函数,这些系数和它们的一阶和二阶导数都是连续的。特征曲线到 $x$-$y$ 平面的投影(这些投影也叫特征)满足

$$T dx^2 - S dx dy + R dy^2 = 0.$$

特征为虚值、相异实值或相同实值,取决于

$$TR - S^2 > 0, \ TR - S^2 < 0, \ TR - S^2 = 0.$$

杜波依斯-雷蒙分别叫这些情形为椭圆的、双曲的和抛物的。然后他指出,引入新的独立实变量

$$\xi = \phi(x, y), \ \eta = \psi(x, y)$$

之后,上述方程总可以分别变换到下面三种正规形式之一:

(a) $R'\left(\dfrac{\partial^2 u}{\partial \xi^2} + \dfrac{\partial^2 u}{\partial \eta^2}\right) + P'\dfrac{\partial u}{\partial \xi} + Q'\dfrac{\partial u}{\partial \eta} + Zu = 0,$

(b) $S'\dfrac{\partial^2 u}{\partial \xi \partial \eta} + P'\dfrac{\partial u}{\partial \xi} + Q'\dfrac{\partial u}{\partial \eta} + Zu = 0,$

(c) $R'\dfrac{\partial^2 u}{\partial \xi^2} + P'\dfrac{\partial u}{\partial \xi} + Q'\dfrac{\partial u}{\partial \eta} + Zu = 0.$

曲线族 $\phi(x, y) = $ 常数和 $\psi(x, y) = $ 常数是两族特征曲线的方程。

可附加的补充条件对三类方程是不同的。在椭圆型的情形(a),人们考虑 $x$-$y$

---

① *Jour. für Math.*, 104, 1889, 241-301.

平面的一个有界区域并给定 $u$ 在边界上的值（或一个等价的条件），而要求 $u$ 在区域内的值。对双曲型微分方程(b)的初值问题，人们必须在某初始曲线上给定 $u$ 与 $\partial u/\partial n$。还可以有边界条件。对于抛物型情形(c)，虽然今天知道可以给(c)加上一个初始条件和边界条件，但那时适当的初始条件却还未指明。偏微分方程的这个分类法已推广到多变量方程、高阶方程和方程组。虽然分类和补充条件在这世纪的早期是不知道的，但数学家们渐渐地知道了这些差别，并且这些差别已出现在他们能够证明的定理中。

关于存在性定理的工作成为柯西的主要活动，他强调说，在求显解无效的场合常常可以确证存在性。在一系列论文中①柯西注意到任何阶数大于一的偏微分方程都可以划归为偏微分方程组，他讨论了方程组的解的存在性。他称他的方法为**极限的计算**(Calcul des limites)，但今天叫做优势函数法。这方法的本质在于证明：具有一定收敛区域的自变量的幂级数确实满足这方程组。我们将联系柯西关于常微分方程的工作来说明这个方法（第 29 章第 4 节）。他的定理仅包括方程中系数和初始条件都是解析的情形。

为了得到柯西工作的某些具体概念，我们将考虑隐含于两个自变量的二阶方程

(55) $$r = f(z, x, y, p, q, s, t)$$

中的东西，像通常一样，其中 $r = \partial^2 z/\partial x^2$，而 $f$ 对其变量是解析的。在这情形下，人们必须在初始线 $x = 0$ 上指明

$$z(0, y) = z_0(y), \frac{\partial z}{\partial x}(0, y) = z_1(y),$$

其中 $z_0$ 和 $z_1$ 是解析的。（初始线可以改成曲线，在这情形下 $\partial z/\partial x$ 必须改为 $\partial z/\partial n$。）如果以上条件都满足了，那么解 $z = z(x, y)$ 是存在且唯一的，并且在某个从初始线出发的区域内解析。

柯西关于方程组的工作被柯瓦列夫斯卡娅(Sophie Kowalewsky, 1850—1891)②用稍为改进一点的形式独立地做出来了。柯瓦列夫斯卡娅是魏尔斯特拉斯的学生并继承了他的思想。柯瓦列夫斯卡娅是少数有名望的女数学家之一。1816 年热尔曼(Sophie Germain, 1776—1831)关于弹性的论文赢得了法国科学院授予的奖金。柯瓦列夫斯卡娅由于她 1888 年写的关于绕一固定点旋转的物体的运动方程的积分也赢得了巴黎科学院的奖金；1889 年她在斯德哥尔摩当了数学教

---

① *Comp. Rend.*, 14, 1842, 1020 - 1025 = *Œuvres*, (1), 6, 461 - 467 和 *Comp. Rend.*, 15, 1842, 44 - 59, 85 - 101, 131 - 138 = *Œuvres*, (1), 7, 17 - 33, 33 - 49, 52 - 58.

② *Jour. für Math.*, 80, 1875, 1 - 32.

授。柯西和柯瓦列夫斯卡娅的证明后来被古尔萨[1]改进了。

代替(55),如果给定的二阶方程形为

(56) $$G(z, x, y, p, q, r, s, t) = 0,$$

那么在写成(55)的形式之前必须先解出 $r$。考虑一个简单的但重要的情形,设方程是

$$G = A\frac{\partial^2 z}{\partial x^2} + 2B\frac{\partial^2 z}{\partial x \partial y} + C\frac{\partial^2 z}{\partial y^2} + D\frac{\partial z}{\partial x} + E\frac{\partial z}{\partial y} + Fz = 0,$$

其中 $A, B, \cdots, F$ 是 $x, y$ 的函数,于是为了解出 $r, \partial G/\partial r$ 必须不是 0。在 $\partial G/\partial r = 0$ 的情形下,柯西问题的解并不一定存在,而当解存在时,它并不是唯一的。在有三个或更多个自变量的情形(我们考虑三个),如果方程写为

(57) $$\sum_{i,k} A_{ik}\frac{\partial^2 u}{\partial x_i \partial x_k} + \sum_i B_i\frac{\partial u}{\partial x_i} + Cu = f,$$

其中系数是自变量 $x_1, x_2, x_3$ 的函数,则例外情形发生于初始曲面 $S$ 满足一阶偏微分方程

(58) $$\sum A_{ik}\frac{\partial S}{\partial x_i}\frac{\partial S}{\partial x_k} = 0$$

的时候。沿着这样的曲面,(57)的两个解可以是相切的,甚至有高阶接触。这个性质和一阶方程 $f(x, y, u, p, q) = 0$ 的特征曲线的性质(第 22 章第 5 节)是一样的,所以这些曲面也叫特征。在物理上,这些曲面 $S$ 就是波前。

关于特征的这个理论,对于两个自变量的情形,蒙日和安培(André-Marie Ampère,1775—1836)是知道特征的这个理论的。把它推广到多于两个自变量的二阶方程的情形首先是由贝克伦(Albert Victor Bäcklund,1845—1922)[2]做出的,但在伯东(Jules Beudon)[3]再次把它做出之前知道的并不广泛。

20 世纪最主要的法兰西数学家阿达马(Jacques Hadamard,1865—1963),在他的《关于波的传播的讲义》(Leçons sur la propagation des ondes,1903)中,把特征理论推广到了任意阶的偏微分方程。作为例子,我们来考虑自变量为 $x_1, x_2, \cdots, x_n$ 而应变量为 $\xi, \eta, \zeta$ 的三个二阶偏微分方程的方程组。这个方程组的柯西问题是:在 $n-1$ 维"曲面"$M_{n-1}$ 上给定了 $\xi, \eta, \zeta$ 和 $\partial \xi/\partial x_n, \partial \eta/\partial x_n, \partial \zeta/\partial x_n$ 的值,求出函数 $\xi, \eta$ 和 $\zeta$。于是,除非 $M_{n-1}$ 满足一个六次的一阶偏微分方程,比如说 $H = 0$,否则函数 $\xi, \eta$ 和 $\zeta$ 的二阶和高阶导数就都可以计算。所有满足 $H = 0$ 的"曲面"是特征"曲面"。根据一阶偏微分方程的理论,微分方程 $H = 0$ 有由

---

[1] Bull. Soc. Math. de France, 26,1898,129 - 134.
[2] Math. Ann., 13,1878,411 - 428.
[3] Bull. Soc. Math. de France, 25,1897,108 - 120.

$$\frac{\mathrm{d}x_1}{\partial H/\partial P_1} = \frac{\mathrm{d}x_2}{\partial H/\partial P_2} = \cdots = \frac{\mathrm{d}x_{n-1}}{\partial H/\partial P_{n-1}}$$

定义的特征线(曲线),其中 $P_1$,$P_2$,$\cdots$,$P_{n-1}$ 是 $x_n$ 沿"曲面" $M_{n-1}$ 而取的关于 $x_1$,$x_2$,$\cdots$,$x_{n-1}$ 的偏导数。这些线叫做原来二阶方程组的双特征。在光的理论中,它们就是射线。

目前特征在偏微分方程的理论中起着重大的作用。例如,在特征理论的基础上,达布[1]曾经给出积分两个自变量的二阶偏微分方程的强有力的方法。它把问题转化为积分一个或多个常微分方程,包括了蒙日、拉普拉斯和其他一些人的方法。

另外一类存在性定理处理了狄利克雷问题,就是用直接方法或用狄利克雷原理的方法建立 $\Delta V = 0$ 的解的存在性。二维狄利克雷问题(但不是极小化狄利克雷积分的狄利克雷原理)的第一个存在性证明是由魏尔斯特拉斯的学生施瓦茨(1843—1921)给出的。施瓦茨于1892年在柏林接替魏尔斯特拉斯,受到魏尔斯特拉斯对此问题的提示。在关于边界曲线的普遍假设下,利用所谓交替法的手续[2],他证明了解的存在性[3]。

在同一年,即 1870 年,卡尔·诺伊曼用算术平均法给出了三维狄利克雷问题[4]的解的另一个存在性证明,而他也没用到狄利克雷原理[5]。其思想主要发挥在他的《关于阿贝尔积分的黎曼理论的讲义》(*Volesungen über Riemann's Theorie der Abel'schen Integrale*)[6]中。

后来庞加莱(Henri Poincaré)[7]用**扫除法**,即"扫出去"的方法,这方法处理问题的办法是,造出一系列在区域 $R$ 上不调和但取正确边值的函数,这些函数变得越来越调和。

最后,希尔伯特(David Hilbert)重建了威廉·汤普林和狄利克雷的变分方法,并建立了狄利克雷*原理*,作为证明狄利克雷问题的解的存在性的一个方法。1899年[8],希尔伯特证明了在区域、边值和允许函数的适当条件下,狄利克雷原理确实

---

[1] *Ann. de l' Ecole Norm. Sup.*, (1),7,1870,175-180.

[2] 施瓦茨的方法见于克莱因的 *Vorlesungen über die Entwicklung der Mathematik im 19. Jahrhundert*, Chelsea (reprint),1950,1, p. 265,其中叙述了这个方法的大意;又见于福赛思(A. R. Forsyth)的 *Theory of Functions*, Dover (reprint),1965,2,十七章,其中作了完整的叙述,在后一书中给出了许多文献。

[3] *Monatsber. Berliner Akad.*, 1870,767-795 = *Ges. Math. Abh.*, 2,144-171.

[4] *Königlich Sächsischen Ges. der Wiss. zu Leipzig*, 1870,49-56,264-321.

[5] 这方法描述于凯洛格(Oliver D. Kellogg)的 *Foundations of Potential Theory*, Julius Springer, 1929,281 ff 中。

[6] 第二版,1884,238 ff。

[7] *Amer. Jour. of Math.*, 12,1890,211-294 = *Œuvres*, 9,28-113.

[8] *Jahres. der Deut. Math.-Verein.*, 8,1900,184-188 = *Ges. Abh.*, 3,10-14.

成立。他使狄利克雷原理成为函数论中的一个有力工具。在含有 1901 年[①]做的工作的另一出版物中,希尔伯特给出了更为一般的条件。

狄利克雷原理的历史是值得重视的。格林、狄利克雷、威廉·汤普森以及他们那个时代的其他一些人把这原理认为完全可靠的方法并自由地运用它。后来,黎曼在复变函数论中指明它对导出主要结果是非凡的工具。所有这些人都明白基本的存在性问题还没有解决,甚至在 1870 年魏尔斯特拉斯宣布他的批判之前,他怀疑这方法就已有几十年了。后来,在本世纪,这原理被希尔伯特所拯救、利用并扩充了。假如前进步伐要使原理的应用等待希尔伯特的工作,那么 19 世纪很大一段关于位势理论和函数论的工作就会丧失掉了。

拉普拉斯方程 $\Delta V = 0$ 是椭圆型微分方程的基本形式。许多存在性定理是对更一般的椭圆型微分方程,诸如

$$(59) \qquad \frac{\partial^2 u}{\partial x^2} + \frac{\partial^2 u}{\partial y^2} + a\frac{\partial u}{\partial x} + b\frac{\partial u}{\partial y} + cu = 0$$

建立的。这种定理的变种是繁多的。我们将只叙述一个关键的结果。这方程的解的存在性和唯一性(解在边界上的值是规定好了的)是由皮卡[②]对充分小的区域证明了的。这结果已被皮卡和其他人扩充到多变量、大区域和其他方面。皮卡[③]还证明了系数是解析的上述形式的(甚至是稍微更普遍一些的)方程在求解区域内仅具有解析解,即使这解取非解析的边界值也是这样。

迄今所讨论的定理已一般地处理了解析微分方程和解析初值或边界数据。然而,这样一些条件对应用是太局限了,因为所给物理数据可能不是解析的。另外一大类定理处理不太严厉的条件,我们将只给出一个例子。应用于双曲方程的黎曼方法依赖于其特征函数 $v$ 的存在性。像我们指出过的,黎曼没有证明 $v$ 的存在性。

对于这个双曲方程的情形(见[40]),杜波依斯-雷蒙在 1889 年寻找适当的条件并得到了结果[④],这结果是对 $x = $ 常数与 $y = $ 常数都是特征的情形表达的,它是这样说的:如果沿曲线 $AB$ 给出了连续函数 $u$ 与 $\partial u/\partial n$,即任何特征线交曲线 $AB$ 不多于一次,则存在这微分方程的一个并且只有一个解 $u$,它沿 $AB$ 取 $u$ 与 $\partial u/\partial n$ 的已给值。这解定义在过 $A$ 与过 $B$ 的特征所确定的矩形上。另外,如果连续函数 $u$ 的值在互相联结的两特征线段上给定了,那么 $u$ 在特征所确定的矩形上仍然是唯一确定的。用 $x$,$y$ 和 $u$ 作为空间坐标来表示,第一个结果说的是曲面 $u(x,y)$

---

① *Math. Ann.*, 59, 1904, 161-186 = *Ges. Abh.*, 3, 15-37.
② *Comp. Rend.*, 107, 1888, 939-941; *Jour. de Math.*, (4), 6, 1890, 145-210; *Jour. de Math.*, (5), 2, 1896, 295-304.
③ *Jour. de l'Ecole Poly.*, 60, 1890, 89-105.
④ *Jour. für Math.*, 104, 1889, 241-301.

以给定倾斜度通过一给定空间曲线。第二个结果意味着解或曲面包含在两条相交的空间曲线所确定的空间里。对连续的初始条件 $u$ 与 $\partial u/\partial n$(在第二种情形下是 $u$),解在上述矩形中将是正则的或处处满足偏微分方程。$u$ 与 $\partial u/\partial n$ 的间断性将沿着矩形中的特征传播。

19 世纪的后半叶,对区域 $D$ 中 $\Delta u + k^2 u = 0$ 的特征值的存在性做了大量工作。主要结果是:对于已给区域和在三个边界条件 $u = 0$, $\partial u/\partial n = 0$, $\partial u/\partial n + hu = 0$(当正法向量指向区域外面时,$h > 0$)的任何一个之下,总有 $k^2$ 的无穷多个离散值,而每一个值就有一个解。在二维情形下,用沿边界固定的薄膜振动来说明这定理。$k$ 的值是无穷多个纯粹谐振的频率,相应的解给出薄膜在实现其特征振动时的变形。

主要的第一步是施瓦茨①的证明,他证明了
$$\Delta u + \xi f(x, y)u = 0$$
的第一个特征函数的存在性,就是说,证明了存在一个 $U_1$,使得
$$\Delta U_1 + k_1^2 f(x, y)U_1 = 0,$$
而在所考虑区域的边界上 $U_1 = 0$。他的方法给出了找解的步骤,并且可用于计算 $k_1^2$。后来皮卡②证明了第二个特征值 $k_2^2$ 的存在性。

施瓦茨在 1885 年的论文中还指出,当区域连续变化时,第一特征值 $k_1^2$ 的值也连续地变化,且当区域变小时,$k_1^2$ 无限增大。这样,较小的膜发出较高的第一谐音。

1894 年庞加莱③证明了
(60) $$\Delta u + \lambda u = f$$
在一个有界三维区域内的所有特征值的存在性及其基本性质,这里 $\lambda$ 是复数,在区域边界上 $u = 0$。$u$ 的存在性是用推广了的施瓦茨方法证明的。其次他证明 $u(\lambda)$ 是复变数 $\lambda$ 的整函数,其极点是实的,这些正是特征值 $\lambda_n$。然后他得到特征解 $U_i$,即
$$\Delta U_i + k_i^2 U_i = 0 \quad (在内部),$$
$$U_i = 0 \quad (在边界上).$$
$k_i^2$ 都是特征数(特征值),并确定相应特征解的频率。

在物理上,庞加莱的结果有如下意义:(60)中的函数 $f$ 可以想象为一个作用力。力学系统的自由振动是那样一些振动,在其中强迫振动退化并变为无穷。事实上,(60)是一个振动系统的方程,这系统被振幅为 $f$ 的周期力激发;而其特征解就是系统的自由振动,它一次激发后就无限地持续下去。这些自由振动的频率与

---

① *Acta. Soc. Fennicae*, 15,1885, 315 - 362 = *Ges. Math. Abh.*, 1,223 - 269.
② *Comp. Rend.*, 117,1893,502 - 507.
③ *Rendiconti del Circolo Matematico di Palermo*, 8,1894, 57 - 155 = *Œuvres*, 9,123 - 196.

$k_i$ 成比例,根据庞加莱的方法计算出来,它们就是对应于强迫振动 $u$ 变为无穷的那些 $\sqrt{\lambda}$ 值。

在这世纪末,从施瓦茨 1885 年的基本论文开头的关于偏微分方程的初值问题和边值问题的系统理论仍然是不成熟的。这个领域的工作于 20 世纪迅速地铺开了。

# 参 考 书 目

Bacharach, Max: *Abriss der Geschichte der Potentialtheorie*, Vandenhoeck and Ruprecht, 1883.

Burkhardt, H.: "Entwicklungen nach oscillirenden Functionen und Integration der Differentialgleichungen der mathematischen Physik," *Jahres. der Deut. Math.-Verein.*, Vol. 10, 1908, 1-1804.

Burkhardt, H. and W. Franz Meyer: "Potentialtheorie," *Encyk. der Math. Wiss.*, B. G. Teubner, 1899-1916, Ⅱ A7b, 464-503.

Cauchy, Augustin-Louis: *Œuvres complètes*, Gauthier-Villars, 1890, (2), 8.

Fourier, Joseph: *The Analytical Theory of Heat* (1822), Dover reprint of English translation, 1955.

Fourier, Joseph: *Œuvres*, 2 vols., Gauthier-Villars, 1888-1890; Georg Olms (reprint), 1970.

Green, George: *Essay on the Application of Mathematical Analysis to the Theories of Electricity and Magnetism*, 1828, reprinted by Wezäta-Melins Aktiebolag, 1958; also in Ostwald's Klassiker #61 (in German), Wilhelm Engelmann, 1895.

Green, George: *Mathematical Papers*, Macmillan, 1871; Chelsea (reprint), 1970.

Heine, Eduard: *Handbuch der Kugelfunktionen*, 2 vols., 1878-1881, Physica Verlag (reprint), 1961.

Helmholtz, Hermann von: "Theorie der Luftschwingungen in Röhren mit offenen Enden," *Ostwald's Klassiker der exakten Wissenschaften*, Wilhelm Engelmann, 1896.

Klein, Felix: *Vorlesungen über die Entwicklung der Mathematik im 19. Jahrhundert*, 2 vols., Chelsea (reprint), 1950.

Langer, R. E.: "Fourier Series, the Genesis and Evolution of a Theory," *Amer. Math. Monthly*, 54, Part Ⅱ, 1947, 1-86.

Pockels, Friedrich: *Über die partielle Differentialgleichung* $\Delta u + k^2 u = 0$, B. G. Teubner, 1891.

Poincaré, Henri: *Œuvres*, Gauthier-Villars, 1954, 9.

Rayleigh, Lord (Strutt, John William): *The Theory of Sound*, 2nd ed., 2 vols., Dover (reprint), 1945.

Riemann, Bernhard: *Gesammelte mathematische Werke*, 2nd ed., Dover (reprint), 1953, pp.

156 – 211.

Sommerfeld, Arnold: "Randwertaufgaben in der Theorie der Partiellen Differentialgleichungen," *Encyk. der math. Wiss.*, B. G. Teubner, 1899 – 1916, II A7c, 504 – 570.

Todhunter, Isaac, and Karl Pearson: *A History of the Theory of Elasticity*, 2 vols., Dover (reprint), 1960.

Whittaker, Sir Edmund: *History of the Theories of Aether and Electricity*, rev. ed., Thomas Nelson and Sons, 1951, Vol. I.

# 第29章

## 19 世纪的常微分方程

> 物理不仅仅给我们以解决问题的机会……而且还使我们预料到它的解。
>
> 庞加莱

## 1. 引言

常微分方程是 18 世纪在直接回答物理问题中兴起的。在着手处理更为复杂的物理现象,特别是在弦振动的研究中,数学家们得到了偏微分方程。在 19 世纪这两个课题的地位略有倒转。用变量分离法解偏微分方程的努力导致求解常微分方程的问题。此外,因为偏微分方程都是以各种不同的坐标系表示出的,所以得到的常微分方程是陌生的,并且不能用封闭形式解出。数学家们便采用无穷级数解,今天叫做特殊函数或高级超越函数,以便与 $\sin x$,$e^x$,$\log x$ 这样的初等超越函数相区别。

对于扩充了的常微分方程类作了许多研究以后,针对这种方程类型的某些深刻的理论研究展开了。这些理论研究也把 19 世纪的工作与 18 世纪的工作区别开来。像偏微分方程的情形一样,这新世纪的贡献是如此繁多,以至我们不能指望综观其所有的主要发展。我们的论题是这世纪内创作的一个样品。

## 2. 级数解和特殊函数

正如我们刚才已经说过的,为了求解应用变量分离法于偏微分方程后所得的常微分方程,数学家们没有过分忧虑解的存在性和解应具有的形式,而转向无穷级数的方法(第 21 章第 6 节)。从变量分离得到的常微分方程中最重要的是贝塞尔方程

$$(1) \qquad x^2 y'' + xy' + (x^2 - n^2) y = 0,$$

其中 $n$ 是参数,可以是复的,$x$ 也可以是复的。然而,对数学家兼哥尼斯堡天文台台长贝塞尔(1784—1846)来说,$n$ 与 $x$ 都是实的。这个方程的特殊情形早在 1703

年就发现了,詹姆斯·伯努利在给莱布尼茨的一封信里作为特解就谈到了它,此后,在丹尼尔·伯努利和欧拉的更广博的著作中又谈到过(第21章第4,6节;第22章第3节)。特殊情形还出现于傅里叶和泊松的著作中。对这个方程的解的最早的系统研究是由贝塞尔在研究行星运动时做出的①。对每个 $n$,这方程有两个独立的解,今天记为 $J_n(x)$ 和 $Y_n(x)$,分别叫做第一类和第二类贝塞尔函数。贝塞尔自 1816 年开始,对这方程进行研究,首先(对整数 $n$)给出积分关系式

$$J_n(x) = \frac{1}{2\pi}\int_0^{2\pi} \cos(nu - x\sin u)\mathrm{d}u$$

(他写这为 $I_k^h$,而他的 $k$ 就是我们的 $x$)。贝塞尔还得到级数

(2) $$J_n(x) = \frac{x^n}{2^n \Gamma(n+1)}$$
$$\times \left\{1 - \frac{x^2}{2^2 \cdot 1!\,(n+1)} + \frac{x^4}{2^4 \cdot 2!\,(n+1)(n+2)} - \cdots\right\}.$$

1818 年贝塞尔证明了 $J_n(x)$ 有无穷多个实零点。在 1824 年的论文中,贝塞尔还(对整数 $n$)给出递推公式

$$xJ_{n+1}(x) - 2nJ_n(x) + xJ_{n-1}(x) = 0,$$

和别的许多牵涉到第一类贝塞尔函数的关系式。把贝塞尔函数 $J_n(x)$ 中的 $n$ 和 $x$ 取值为复数,并使(2)保持为正确公式的推广是由几个人②做出来的。

因为二阶方程应当有两个独立的解,所以很多数学家都去寻找它们。当 $u$ 不是整数时,这第二个解是 $J_{-n}(x)$。对于整数 $n$,第二个解是由卡尔·诺伊曼③找出来的。然而,今天最普遍采用的公式是汉克尔(Hermann Hankel,1839—1873)④找到的,即

$$Y_n(z) = \sum_{r=0}^{\infty} \frac{(-1)^r[(1/2)z]^{n+2r}}{r!(n+r)!}\left\{2\log\left(\frac{z}{2}\right) + 2\gamma\right.$$
$$\left. - \sum_{m=1}^{n+r}\frac{1}{m} - \sum_{m=1}^{r}\frac{1}{m}\right\} - \sum_{r=0}^{n-1}\frac{[(1/2)z]^{-n+2r}(n-r-1)!}{r!},$$

其中 $\gamma$ 是欧拉常数。卡尔·诺伊曼⑤还给出解析函数 $f(z)$ 的展开式,即

$$f(z) = a_0J_0(z) + a_1J_1(z) + a_2J_2(z) + \cdots,$$

---

① *Abh. Konig. Akad. der Wiss. Berlin*, 1824, 1-52, pub. 1826 = *Werke*, 1, 84-109.
② 主要由隆梅尔(Eugen C. J. Lommel, 1837—1899)在他的 *Studien über die Bessel'schen Functionen* 中做出的(1868)。
③ *Theorie der Bessel'schen Funktionen*, 1867, 41.
④ *Math. Ann.*, 1, 1869, 467-501.
⑤ *Jour. für Math.*, 67, 1867, 310-314.

其中 $α_i$ 是可以确定的常数。

许多数学家,通常是研究天体力学的数学家,独立地得到了贝塞尔函数和成百个别的关系式以及这些函数的表达式。论述这些函数的庞杂文献中的一些思想可以从沃森(George N. Watson)的《贝塞尔函数论教程》[1](*A Treatise on the Theory of Bessel Functions*)中得到。

勒让德多项式或单变量球函数和两个自变数的球面函数早已由勒让德和拉普拉斯引进了(第22章第4节)。勒让德多项式满足勒让德微分方程

$$(1-x^2)y'' - 2xy' + n(n+1)y = 0.$$

如我们所知,这个方程是对以球坐标表示的位势方程应用分离变量法而得到的。1833年,剑桥大学的一位校务委员墨菲(Robert Murphy,死于1843年)写了一本教科书《电、热和分子作用理论的基本原理》(*Elementary Principles of the Theories of Electricity, Heat and Molecular Actions*)。在书中,他收集了有关勒让德多项式的一些老的结果,并得到了一些新的结果。因为大部分结果早已为人所知,所以我们不介绍墨菲著作的细节,只是指出,它是系统性的著作,并且他证明了"任何"函数 $f(x)$,通过逐项积分和正交性质(积分定理),可以按 $P_n(x)$ 展开。

海涅[2]在论述旋转椭球体外部的位势问题和同心旋转椭球面之间的壳体的位势问题时(第28章第5节)引进了第二类球面调和函数,通常记为 $Q_n(x)$,这函数为勒让德方程提供了第二个独立解。像贝塞尔函数一样,勒让德函数已扩充到复的 $n$ 和复 $x$,还得到了若干别的表达式以及它们之间的关系式[3]。

特殊函数作为常微分方程的级数解而出现,它的研究由高斯在1812年关于超几何级数的一篇著名论文[4]加以推进。在这篇论文中,高斯没有用到微分方程

$$x(1-x)y'' + \{\gamma - (\alpha+\beta+1)x\}y' - \alpha\beta y = 0,$$

但他在未发表的材料中确实用到了这方程[5]。当然,这方程及其级数解

(3) $$F(\alpha, \beta, \gamma; x) = 1 + \frac{\alpha \cdot \beta}{1 \cdot \gamma}x + \frac{\alpha(\alpha+1)\beta(\beta+1)}{1 \cdot 2 \cdot \gamma(\gamma+1)}x^2 + \cdots$$

早已为人们熟知了,因为它们已由欧拉研究过(第21章第6节)。高斯认识到对于 $α,β,γ$ 的特殊值,这级数包括了几乎所有当时已知的初等函数和许多像贝塞尔函数、球函数那样的高级超越函数。除了证明这些级数的一些性质外,高斯还建立了

---

[1] Cambridge University Press, 1944年第二版。
[2] *Jour. für Math.*, 26, 1843, 185 – 216.
[3] 例如看霍布森的 *The Theory of Spherical and Ellipsoidal Harmonics*, 1931年, Chelsea(重印), 1955。
[4] *Comm. Soc. Sci. Gott.*, 2, 1813 = *Werke*, 3, 123 – 162.
[5] *Werke*, 3, 207 – 230.

著名的关系式:
$$F(\alpha, \beta, \gamma; 1) = \frac{\Gamma(\gamma)\Gamma(\gamma-\alpha-\beta)}{\Gamma(\gamma-\alpha)\Gamma(\gamma-\beta)}.$$

他还建立了这级数的收敛性(参考第 40 章第 5 节)。记号 $F(\alpha, \beta, \gamma; x)$ 应归源于高斯。

另一类特殊函数是由拉梅引进的[①]。在第 28 章第 5 节中,我们曾经指出拉梅在研究椭球内稳态的热分布时,用椭球坐标 $\rho, \mu, \nu$ 分离了拉普拉斯方程。这个程序对这三个变量中的每一个都给出同一个常微方程,即

$$(4) \quad (\rho^2 - h^2)(\rho^2 - k^2)\frac{d^2 E(\rho)}{d\rho^2} + \rho(2\rho^2 - h^2 - k^2)\frac{dE(\rho)}{d\rho} \\ + \{(h^2 + k^2)p - n(n+1)\rho^2\}E(\rho) = 0,$$

对 $\mu$ 和 $\nu$ 要用适当的变换代到 $\rho$ 的位置上去。这里 $h^2$ 和 $k^2$ 是坐标曲面族方程中的参数,而 $p$ 和 $n$ 则是常数。这方程叫做拉梅微分方程,它的解 $E(\rho)$ 叫做拉梅函数或椭球调和函数。对于整数 $n$,这些函数归属于下列四类形式:

$$E_n^p(\rho) = a_0 \rho^n + a_1 \rho^{n-2} + \cdots,$$

或者是这种多项式乘上 $\sqrt{\rho^2 - h^2}$,或者乘上 $\sqrt{\rho^2 - k^2}$,或者乘上 $\sqrt{\rho^2 - h^2}$ 和 $\sqrt{\rho^2 - k^2}$ 两个因子。对于 $n$ 的给定值,这种函数[保证 $E(\rho)$ 的某些性质]的个数是 $2n+1$。

拉梅方程的第二个解[从 $E(\rho)$ 的其他条件或性质得到]是

$$F_n^p(\rho) = (2n+1)E_n^p(\rho)\int_\rho^\infty \frac{d\rho}{\sqrt{(\rho^2 - h^2)(\rho^2 - k^2)}[E_n^p(\rho)]^2},$$

这种函数叫做第二类拉梅函数。这些都是由刘维尔[②]和海涅[③]引进的。

微分方程

$$\frac{d^2\phi}{d\eta^2} + (a - 2k^2\cos 2\eta)\phi = 0, \quad \frac{d^2\psi}{d\xi^2} - (a - 2k^2\cosh 2\xi)\psi = 0$$

出现在马蒂厄关于椭圆薄膜振动的工作中[④],他们还出现于椭圆柱的位势问题中,那是把方程 $\Delta u + k^2 u = 0$ 用二维椭圆柱坐标表示,然后应用变量分离法而引起的。碰巧这些椭圆坐标由方程

$$x = h\cosh \xi \cos \eta, \quad y = h\sinh \xi \sin \eta$$

---

① *Jour. de Math.*, 2,1837,147-183;4,1839,126-163.
② *Jour. de Math.*, 10,1845,222-228.
③ *Jour. für Math.*, 29,1845,185-208.
④ *Jour. de Math.*, (2),13,1868,137-203.

与直角坐标相联系,其中 $x=\pm h$, $y=0$ 是在椭圆坐标系里同焦椭圆族和双曲线族中诸椭圆和双曲线的焦点。表达马蒂厄方程的各种形式以及不同作者对解所取的许多记号是纷繁的,用两个微分方程中的任一个定义的函数叫做椭圆柱的海涅函数,现在叫做马蒂厄函数。马蒂厄和海涅首先得到解的级数表达式。后来他们企图固定参数 $a$,使得一类解成为以 $2\pi$ 为周期的周期解。寻求周期解的问题对物理应用是最重要的问题,在这整个世纪中都在努力研究这个问题。1883 年[①]弗洛凯(Gaston Floquet)发表了关于 $n$ 阶线性微分方程(它的系数有同一周期 $\omega$)的周期解的存在性及其性质的一篇完整的讨论。解的普遍性质已经确定之后,后来的作者集中很大注意力于发现找出解的实际方法的问题,但没有发现普遍的方法(参看第 7 节)。

广泛地研究过的一类特殊函数是海因里希·韦伯(1842—1913)在 1868 年引进的[②]。海因里希·韦伯对两抛物线围成的区域内积分 $\Delta u+k^2 u=0$ 感兴趣,所以他把直角坐标通过变换

$$x=\xi^2-\eta^2,\ y=2\xi\eta$$

变到抛物线坐标(它是椭圆坐标的极限情形)。$\xi=$ 常数和 $\eta=$ 常数这两族曲线是抛物线族,一族中每一条与另一族中各曲线正交。海因里希·韦伯用变量分离法从简化后的波动方程导出的常微分方程是

$$\frac{d^2 E}{d\xi^2}+(k^2\xi^2+a)E=0,$$

$$\frac{d^2 H}{d\eta^2}+(k^2\eta^2-a)H=0.$$

海因里希·韦伯用定积分的形式给出了第二个方程的四个特解,这些解叫做抛物柱函数。海因里希·韦伯还指出,在所有正交坐标系中,可对 $\Delta u+k^2 u=0$ 应用变量分离法的唯一情形是二阶同焦曲面或由之而得的特殊分支。

特殊函数类要比我们这里所能摘述的远为繁多。上述类型和引入的许多其他类型足供在某有界区域内解微分方程之用,也可用于在这区域内表示任意函数(通常是偏微分方程问题的初始函数)之用。有界区域的限制是由于正交性质而施加的。在三角函数的基本情形中,这区域是 $(-\pi,\pi)$,因为,比如说

$$\int_{-\pi}^{\pi}\sin mx\sin nx\,dx=0,\ m\neq n.$$

在无穷区间或半无穷区间上解常微分方程的问题以及在这些区间上求得任意函数的展开式问题,在这世纪的后半期也为许多人研究过,像埃尔米特函数这样的特殊

---

[①] *Ann. de l'Ecole Norm. Sup.*, (2), 12, 1883, 47–88.

[②] *Math. Ann.*, 1, 1869, 1–36.

函数首先由埃尔米特在1864年[①]，索尼内(Nikolai J. Sonine, 1849—1915)在1880年[②]引入，把它作为解这个问题之用。

为了使用这些特殊函数的所有类型，必须知道它们的性质，就像对初等函数的性质一样熟悉。还因为这些特殊函数更为复杂，所以其性质也同样复杂。原始论文和教科书中的文献几乎是难以置信地庞杂。对于贝塞尔函数、球函数、椭圆函数、马蒂厄函数以及其他类型的函数已经有了完整的专门论著。

## 3. 斯图姆-刘维尔理论

牵涉到数学物理中偏微分方程的问题，通常包含一些边界条件，如像振动的弦必须在端点固定这样的条件。当分离变量法应用于偏微分方程时，这方程就分解为两个或多个常微分方程，而加在所求解上的边界条件就变成一个常微分方程的边界条件。一般说来这常微分方程包含一个参数，事实上它是从变量分离的过程中得来的，而给参数赋以特殊值，通常可得到方程的解。这些值叫特征值或本征值，而相应于任一特征值的解叫特征函数。此外，为了适合起先的条件或原问题的条件，必须把给定的函数 $f(x)$ 用特征函数表示出来(例如看第28章的[11])。

确定带边界条件的一个常微分方程的特征值和特征函数的问题，以及把给定的函数展为特征函数的无穷级数的问题(大约起自1750年)，随着新坐标系的引入和新的函数类像贝塞尔函数、勒让德多项式、拉梅函数、马蒂厄函数等作为常微分方程的特征函数而兴起，就变得更为突出了。巴黎大学理学院力学教授斯图姆(1803—1855)和斯图姆的朋友、法兰西学院的数学教授刘维尔(1809—1882)，这两人决定着手钻研任何二阶常微分方程的一般问题。斯图姆从1833年起就已经从事研究偏微分方程的问题。最初是从事变密度棒中热流问题的研究，所以他是完全知道特征值和特征函数的问题的。

他应用于这个问题上的数学思想[③]是与他对代数方程的根的实性和分布的研究密切联系着的。他说，他关于微分方程的思想是从差分方程的研究并过渡到极限而得来的。

斯图姆告诉刘维尔他正在研究的问题后，刘维尔也研究起同一课题来了[④]。这两人的几篇论文中的结果是十分详尽的，可用近代的记号最方便地概述如下：他们考虑一般的二阶方程

---

① *Comp. Rend.*, 58, 1864, 93-100 和 266-273 = *Œuvres*, 2, 293-308.
② *Math. Ann.*, 16, 1880, 1-80.
③ *Jour. de Math.*, 1, 1836, 106-186 与 373-444.
④ *Jour. de Math.*, 1, 1836, 253-265; 2, 1837, 16-35 和 418-436.

(5) $$Ly'' + My' + \lambda Ny = 0,$$

其中 $L, M, N$ 是 $x$ 的连续函数，$L$ 不为零，$\lambda$ 是参数。遍乘以 $L^{-1}\mathrm{e}^{\int ML^{-1}\mathrm{d}x}$ 后，方程可以改成

$$\frac{\mathrm{d}}{\mathrm{d}x}\left[p(x)\frac{\mathrm{d}y}{\mathrm{d}x}\right] + \lambda\rho(x)y = 0, \quad p(x) > 0, \; \rho(x) > 0.$$

原方程和变换后的方程所应满足的边界条件可以有一般形式

$$y'(a) - h_1 y(a) = 0,$$
$$y'(b) + h_2 y(b) = 0, \quad h_1 \geqslant 0, \; h_2 \geqslant 0, \; a < b.$$

斯图姆和刘维尔证明了下列基本结果：

(a) 仅当 $\lambda$ 取递增到 $\infty$ 的正数序列 $\lambda_n$ 的任一值时，这问题才有非零解。

(b) 对每一 $\lambda_n$，解是一函数 $v_n$ 的倍数，而 $v_n$ 可以用条件 $\int_a^b \rho v_n^2 \mathrm{d}x = 1$ 加以规范化。

(c) 成立正交性质 $\int_a^b \rho v_m v_n \mathrm{d}x = 0$，$m \neq n$。

(d) 每个在区间 $(a, b)$ 上二次可微的、满足边界条件的函数 $f$ 可以展为一致收敛的级数

$$f(x) = \sum_{n=1}^{\infty} c_n v_n(x),$$

其中 $c_n = \int_a^b \rho f v_n(x)\mathrm{d}x$。

(e) 等式

$$\int_a^b \rho f^2 \mathrm{d}x = \sum_{n=1}^{\infty} c_n^2$$

普遍成立。这最后的等式叫做帕塞瓦尔等式。已由帕塞瓦尔(Marc-Antoine Parseval, ?—1836)在 1799 年[1]纯形式地对三角函数集证明过了。随之而来的是贝塞尔在 1828 年证明的[2](还是关于三角级数的)不等式，即

$$\sum_{n=1}^{\infty} c_n^2 \leqslant \int_a^b |f(x)|^2 \mathrm{d}x.$$

实在说，斯图姆-刘维尔的结果并不是在所有方面都令人满意的。$f(x)$ 可以表示为特征函数的无穷和的证明是不充分的。一个困难是关于特征函数集的完全性的事实，对 $(a, b)$ 上的连续函数 $f(x)$，这就是上面的条件(e)，粗糙地看，这意味着特征函数集大得足以表示"任何"函数 $f(x)$。另外，虽然刘维尔用柯西和狄利克雷

---

[1] *Mém. des sav. étrangers*, (2), 1, 1805, 639–648.

[2] *Astronom. Nach.*, 6, 1828, 333–348.

发展的理论确实给出了某种情形下 $\sum c_n v_n(x)$ 收敛到 $f(x)$ 的证明,但是级数 $\sum c_n v_n(x)$ 是在何种意义下收敛到 $f(x)$ 的问题,是逐点收敛、一致收敛还是在某种更一般意义下的收敛,还没有包括进去。

## 4. 存在定理

在19世纪的偏微分方程那一章,在同一标题下,我们已经说到,当数学家们发现求解特殊微分方程的问题越来越困难时,他们就转向这样的问题:给定一个微分方程,它对于给定的初始条件和边界条件是否有解?当然希望在常微分方程中也会出现同样的转变。存在性问题被忽视了这么长时间,部分原因是微分方程发生在物理问题和几何问题中,而在直觉上则很清楚,这些问题是有解的。

柯西是考虑微分方程解的存在性问题的第一个人,并成功地给出了两个方法。第一个方法可以应用于

(6) $$y' = f(x, y),$$

这是在1820年到1830年间某一时候创立的,综述在他的《分析练习》中[①]。

这方法的本质可以从欧拉的著作[②]中找到,它利用了在积分作为和的极限中所包含的同样的想法。柯西想证明有一个而且只有一个 $y = f(x)$ 满足(6)式,并且适合给定的初始条件 $y_0 = f(x_0)$。他分 $(x_0, x)$ 为 $n$ 部分 $\Delta x_0, \Delta x_1, \cdots, \Delta x_{n-1}$ 并作

$$y_{i+1} = y_i + f(x_i, y_i)\Delta x_i,$$

其中 $x_i$ 是 $\Delta x_i$ 中 $x$ 的任一值。然后定义

$$y_n = y_0 + \sum_{i=0}^{n-1} f(x_i, y_i)\Delta x_i.$$

现在柯西证明当 $n$ 趋于无穷时,$y_n$ 收敛到一个唯一的函数

$$y = y_0 + \int_{x_0}^{x} f(x, y)dx,$$

并证明这个函数满足(6)式和初始条件。

柯西假定 $f(x, y)$ 和 $f_y$ 在由区间 $(x_0, x)$ 和 $(y_0, y)$ 所确定的矩形内部对 $x, y$ 的所有实值都是连续的。1876年利普希茨(Rudolph Lipschitz,1832—1903)把这定理的假设减弱了[③]。他的基本条件是:存在常数 $K$ 使得对矩形 $|x - x_0| \leqslant a$,

---

① Vol. 1,1840, 327ff. = Œuvres, (2),11,399 - 465.
② Inst. Cal. Int., 1,1768,493.
③ Bull. des Sci. Math., (1),10,1876,149 - 159.

$|y-y_0|\leqslant b$ 内所有的 $(x,y_1)$ 和 $(x,y_2)$(即具有同一横坐标的任意两点),满足
$$|f(x,y_1)-f(x,y_2)|<K(y_1-y_2).$$
这个条件叫利普希茨条件,而这条存在性定理就叫做柯西-利普希茨定理。

柯西的建立微分方程解的存在性的第二个方法,即控制函数或优势函数的方法,比他的第一个方法可有更广泛的应用,柯西把它用到了复数域。这个方法表述于 1839 年到 1842 年间《周报》上的一系列论文中[①]。柯西把这方法叫做极限的计算(calcul des limites),因为他提供了下极限,在这些下极限范围内,已经建立了存在性的解保证收敛。这个方法为布里奥和布凯所简化,这两个人的做法[②]已经成为标准的了。

为了说明这方法,我们注意它是怎样应用于
$$y'=f(x,y)$$
的,其中 $f$ 关于 $x$ 和 $y$ 是解析的。所要建立的定理这样说:对于

(7) $$\frac{\mathrm{d}y}{\mathrm{d}x}=f(x,y),$$

如果函数 $f(x,y)$ 在 $P_0=(x_0,y_0)$ 的邻域内解析,那么微分方程有唯一解 $y(x)$,它在 $x_0$ 的邻域内解析,而当 $x=x_0$ 时它等于 $y_0$。这解可以用级数

(8) $$y=y_0+y_0'(x-x_0)+\frac{y_0''}{2!}(x-x_0)^2+\frac{y_0'''}{3!}(x-x_0)^3+\cdots$$

表示,其中 $y'$ 是 $(x_0,y_0)$ 处的 $\mathrm{d}y/\mathrm{d}x$,而 $y_0''$,$y_0'''$,…的意义类似,其中的导数由原来微分方程经逐次微分来确定,$y$ 则作为 $x$ 的函数来对待。

证明的方法我们仅给一概要。首先利用这样的事实:因为 $f(x,y)$ 在 $(x_0,y_0)$ 的邻域内解析,为了方便,我们取 $(x_0,y_0)$ 为 $(0,0)$,于是有一个以 $x_0=0$ 为圆心、以 $a$ 为半径的圆和一个以 $y_0=0$ 为圆心、以 $b$ 为半径的圆,使 $f(x,y)$ 在其中解析。于是对落在相应圆中的一切 $x,y$ 的值,$f(x,y)$ 有一个上界 $M$。现在获得级数(8)的方法本身就保证它形式地满足(7),于是问题是要证明这级数收敛。

为达到这目的,设立优势函数
$$F(x,y)=\sum\frac{M}{a^p b^q}x^p y^q,$$
它是

(9) $$F(x,y)=\frac{M}{(1-x/a)(1-y/b)}$$

的展开式。然后证明

---

[①] *Œuvres*, (1), Vols. 4-7 和 10。最重要的论文在 *Comptes Rendus* 的下列诸号上:Aug. 5, Nov. 21, 1839, June 29, Oct. 26, Nov. 2,和 Nov. 9, 1840, June 20, July 4, 1842。

[②] *Comp. Rend.*, 39, 1854, 368-371。

(10)
$$\frac{dY}{dx} = F(x, Y)$$

的级数解,即

(11)
$$Y = Y'_0 x + Y''_0 \frac{x^2}{2!} + Y'''_0 \frac{x^3}{3!} + \cdots,$$

逐项控制着级数(8)。级数(11)是从(10)导出的,用的是由(7)导出(8)的相同办法。所以如果级数(11)收敛,那么(8)也就收敛。为了证明(11)收敛,就用(9)中 $F$ 的值明显地解出(10),然后再证明解的级数展开必定是(11),并且收敛。

这方法本身确定不出关于 $y$ 的级数的准确收敛半径,所以人们用大量的努力专注于证明这半径可以扩大。然而所有论文都没有给出全部收敛区域,所以没有多大实际的重要性。

确立常微分方程解的存在性的第三个方法(柯西也许是知道的),首先是刘维尔对一个二阶方程的情形发表出来的[1]。这就是逐次逼近法,今天已把荣誉归于皮卡,因为他给出了这方法的普遍形式[2]。对于实变量 $x$ 和 $y$ 的方程
$$y' = f(x, y),$$
其中 $f(x, y)$ 对 $x, y$ 解析,方程的解 $y = f(x)$ 要通过点 $(x_0, y_0)$,这方法是引进一串函数

$$y_1(x) = y_0 + \int_{x_0}^{x} f(t, y_0) dt,$$
$$y_2(x) = y_0 + \int_{x_0}^{x} f[t, y_1(t)] dt,$$
$$\cdots \cdots$$
$$y_n(x) = y_0 + \int_{x_0}^{x} f[t, y_{n-1}(t)] dt.$$

然后证明 $y_n(x)$ 趋于一极限 $y(x)$,它就是一个而且是唯一的一个满足常微分方程和 $y(x_0) = y_0$ 的 $x$ 的连续函数。像今天通常所看到的,这方法须假定 $f(x, y)$ 满足利普希茨条件。这方法已由皮卡在1893年的论文中用到二阶方程上去,并且还扩充到复的 $x, y$ 的情形。

上述各种方法不仅已应用于高阶常微分方程,而且还应用于复变量的微分方程组。例如柯西就把他的第二类存在性定理推广到 $n$ 个应变量的一阶常微分方程组。他还曾把这个极限计算方法推广到复域中的方程组[3]。柯西的结果现叙述如

---

[1] *Jour. de Math.*, (1), 3, 1838, 561–614.
[2] *Jour. de Math.*, (4), 6, 1890, 145–210; 和(4), 9, 1893, 217–271.
[3] 关于一阶微分方程组的不同的存在性证明,请看本章末尾书目中潘勒韦(Paul Painlevé)的第二本参考书。

下:给定方程组

(12) $$\frac{\mathrm{d}y_k}{\mathrm{d}x} = f_k(x, y_0, \cdots, y_{n-1}), \quad k = 0, 1, 2, \cdots, n-1,$$

令 $f_0, \cdots, f_{n-1}$ 是其变量的单演(单值解析)函数,并设它们可在初值

$$x = \xi, \quad y_0 = \eta_0, \cdots, y_{n-1} = \eta_{n-1}$$

的邻域内用

$$x - \xi, \quad y_0 - \eta_0, \cdots, y_{n-1} - \eta_{n-1}$$

的正整数幂展开。于是有在 $x = \xi$ 的邻域内收敛的 $x - \xi$ 的 $n$ 个幂级数,把它们代入(12)的 $y_0, \cdots, y_{n-1}$ 时满足方程。这些幂级数是唯一的。它们给出方程组取初值的一个正则解。这个在普遍意义下的结果可以在柯西的《关于采用所谓极限计算的新计算法解微分方程组的报告》(Mémoire sur l'emploi du nouveau calcul, appelé calcul des limites, dans l'intégration d'un système d'équations différentielles)[①]中找到。这样,这一思想对建立解的存在性和在复平面上的一点邻域内求出这解来说,已是够满意的了。在同一年(1842)里,魏尔斯特拉斯曾得到同样的结果,但直到1894年才于全集上发表[②]。

## 5. 奇 点 理 论

19世纪中期,常微分方程的研究走上了一个新的历程。存在定理和斯图姆-刘维尔理论都预先假设在考虑解的区域内,微分方程包含解析函数或至少包含连续函数。另一方面,某些已经考虑过的微分方程,如像贝塞尔方程、勒让德方程、超几何方程,当把它们表示得使二阶导数的系数为1时,它们就有奇异的系数,在奇异点的邻域内级数解的形式是特别的,尤其是第二个解。所以数学家们便转而研究奇点邻域内的解,也就是一个或多个系数在其上奇异的那种点的邻域内的解。一个点,所有系数在其上至少连续而通常是解析的,就叫做常点。

在奇点邻域内的解可以用级数得出,关于级数的适当形式的知识必须在计算它之前就掌握。这知识只能从微分方程得到。这个新问题由富克斯(Lazarus Fuchs, 1833—1902)在1866年的一篇论文(见下面)中描述:"在科学的现状下,微分方程的理论问题,不像从微分方程本身推演出它的积分在全平面各点即复变量的所有值上的性态那样,那么多地把给定微分方程归结为求积分问题。"对于这个问题,高斯关于超几何级数的工作指明了道路。先导者是黎曼和富克斯,后者是魏尔斯特拉斯的学生和他在柏林的继承者。这方面研究得到的理论叫做线性微分方程的富克斯理论。

---

① *Comp. Rend.*, 15, 1842, 14 - 25 = Œuvres, (1), 7, 5 - 17.
② *Math. Werke*, 1, 75 - 85.

在这个新领域中，人们的注意力集中于形为

$$(13) \quad y^{(n)} + p_1(z) y^{(n-1)} + \cdots + p_n(z) y = 0$$

的线性微分方程，其中 $p_i(z)$ 除在孤立奇点外是复变数 $z$ 的单值解析函数。这个方程之所以受到注意，是因为它的解包括所有初等函数甚至某些高等函数，例如我们以后将要谈到的模函数和自守函数。

在考虑奇点上和奇点邻域内的解之前，我们指出一个基本定理，它是由富克斯直接证明的[1]，虽然富克斯自认得益于魏尔斯特拉斯的讲演，但这定理确是从柯西关于常微分方程组的存在性定理推导出来的。如果系数 $p_1, \cdots, p_n$ 在点 $a$ 及其某一邻域内解析，并且如果在 $z=a$ 给出了 $y$ 和 $y$ 的头 $n-1$ 阶导数的任意初值，那么 $y$ 就有以 $z$ 表示的形如

$$(14) \quad y(z) = \sum_{r=0}^{\infty} \frac{1}{r!} y^{(r)}(a) (z-a)^r$$

的唯一的幂级数解。富克斯给柯西的结果增添的是：这级数在以 $a$ 为中心、$p_i(z)$ 在其中解析的任何圆内绝对并一致收敛。从此推得这解仅能在系数为奇异的地方具有奇异性。

奇点邻域内的解的研究是由布里奥和布凯起始的[2]。因为他们关于一阶线性方程的结果很快就得到了推广，所以我们将考虑更为普遍一些的论述。

为了知道解在奇点邻域内的性态，黎曼提出了一条非凡的途径。虽然在(13)中假定 $p_i(z)$ 除了在孤立奇点外是单值解析函数，解 $y_i(z)$ 除了可能在奇点外都是解析的，但在 $z$ 值的整个区域内一般说来并不是单值的。假定有一个基本解系，$y_i(z)(i=1, 2, \cdots, n)$，即上面定理中指明类型的 $n$ 个独立解。那么通解就是

$$y = c_1 y_1 + c_2 y_2 + \cdots + c_n y_n,$$

其中 $c_i$ 是常数。

如果现在我们探索一下一个解析的 $y_i$ 沿着一条含有奇点的闭路径的性态，那么虽然 $y_i$ 仍保持为微分方程的解，但它的值要变到同一函数的另一分支上去。因为任何解都是 $n$ 个特解的线性组合，所以改变了的 $y_i$，不妨记为 $y_i'$，仍是 $y_i$ 的线性组合。这样，我们得到

$$(15) \quad \begin{aligned} y_1' &= c_{11} y_1 + \cdots + c_{1n} y_n, \\ y_2' &= c_{21} y_1 + \cdots + c_{2n} y_n, \\ &\cdots\cdots \\ y_n' &= c_{n1} y_1 + \cdots + c_{nn} y_n. \end{aligned}$$

这就是说，当每个 $y_i$ 沿包含奇点的一条闭路径运动时，$y_1, \cdots, y_n$ 就经受一定的线性变换。对于绕每一奇点或绕多个奇点组合的任一闭路径，就会出现这样一个变

---

[1] *Jour. für Math.*, 66, 1866, 121-160 = *Math. Werke*, 1, 159 ff.
[2] *Jour. d'Ecole Poly.*, (1), 21, 1856, 85-132, 133-198, 199-254.

换。这些变换的集合形成一个群①,按埃尔米特取的名词②,这个群叫做微分方程的单值群。

黎曼求得奇点邻域内解的特征的途径见于他在1857年的论文《对可用高斯级数 $F(\alpha, \beta, \gamma, x)$ 表示的函数的理论的补充》[Beiträge zur Theorie der durch die Gauss'sche Reihe $F(\alpha, \beta, \gamma, x)$ darstellbaren Functionen]③。如高斯所知,超几何微分方程有三个奇点 $0, 1, \infty$。这时黎曼对复的 $x$ 证明了为得到二阶微分方程的特解在奇点附近的性态的一些结论,不必知道微分方程本身,而只需知道当自变量沿着围绕三个奇点的诸闭路径变动时,两个独立解是怎样变动的。这就是说,对于每个奇点,我们必须知道变换

$$y_1' = c_{11} y_1 + c_{12} y_2, \quad y_2' = c_{21} y_1 + c_{22} y_2.$$

这样,黎曼处理用微分方程定义的函数的思想就是从关于单值群的知识导出这些函数的性质。他的1857年的论文处理了超几何微分方程,但是他的计划是讨论带代数系数的 $n$ 阶线性微分方程。黎曼在1857年写的一个没有发表的片断,直到1876年才见之于他的全集中④,在这片断里黎曼考虑了比有三个奇点的二阶方程更为普遍的方程。因此他假定有 $n$ 个函数,除了在某些任意指定的点(奇点)上之外,是一致、有限和连续的,并且当 $z$ 绕这种点走一闭回路时经受一个任意指定的线性替换。然后他证明这种函数系要满足一个 $n$ 阶线性微分方程,但是他没有证明这些分支点(奇点)和这些替换可以任意选择。他的这工作在此处是不完全的,留下了叫做黎曼问题的未解决问题:在复平面上给定 $m$ 个点 $a_1, \cdots, a_m$,每点结合一个形如(15)的线性变换,在关于这些奇点的单值群的性态的基本假定的基础上(以这些性质不是已经确定为限),要证明,满足一个以 $a_i$ 为奇点(支点)的 $n$ 阶线性微分方程的函数类 $y_1, \cdots, y_n$ 就确定了,并使得当 $z$ 绕 $a_i$ 点的闭路径走一周后,这些 $y_i$ 就经受一个与 $a_i$ 联系着的线性变换。

以黎曼1857年关于超几何方程的论文为指导,富克斯把奇点的工作做得更深入了。从1865年开始⑤富克斯和他的学生着手研究 $n$ 阶微分方程,而黎曼已发表的还只是关于高斯超几何微分方程问题。富克斯没有沿着黎曼的途径走,而直接研究微分方程。富克斯不但把线性微分方程,而且把微分方程的整个理论普遍地移植到复函数论的领域。

---

① 在黎曼那个时代,群的代数概念已经知道了。在本书第31章中将要介绍这一点。然而,这里需要知道的是,两个相继交换的作用仍是集里的一个变换,每个变换的逆仍属于这个集。
② *Comp. Rend.*, 32,1851,458-461 = *Œuvres*, 1,276-280.
③ *Werke*, 67-83.
④ *Werke*, 379-390.
⑤ *Jour. für Math.*, 66, 1866,121-160;68,1868,354-385.

富克斯在上面提到的论文内给出了他关于常微分方程的主要工作。他从以 $x$ 的有理函数为系数的 $n$ 阶线性微分方程出发，通过仔细地考察形式上满足这方程的级数的收敛性，他发现方程的奇点是固定的，即不依赖于积分常数，而且可以在积出之前就找到，因为它们就是微分方程的系数的极点。

接着他证明，当自变量 $z$ 描出围绕奇点的一个回路时，基本解系就经受一个常系数的线性变换。从解的这个性态他导出了在围绕这点并伸展到邻近奇点的圆形区域内正确的解的表达式。这样，他就建立除在某些点的邻域外都是一致、有限且连续的 $n$ 个函数的函数系的存在性，并且当变量 $z$ 走过绕这些点的闭回路时，这函数系就经受一个常系数的线性替换。

然后，富克斯考虑：形如(13)的微分方程必须具有什么性质，才能使其解在奇点 $z=a$ 处具有形状

$$(z-a)^s[\phi_0 + \phi_1 \log(z-a) + \cdots + \phi_\lambda \log^\lambda(z-a)],$$

这里 $s$ 是某个(可以进一步指明的)常数，$\phi_i$ 是在 $z=a$ 的邻域内单值的函数，可能有有限阶极点。他的答案是：一个充要条件为 $p_r(z) = (z-a)^{-r} P(z)$，其中 $P(z)$ 在 $z=a$ 及其邻域内是解析的。这样，$p_1(z)$ 有一阶极点等。这样的点 $a$ 叫做**正则奇点**(富克斯叫它为决定性的点)。

富克斯还研究过一类形如(13)但较为特殊的方程。这种类型的齐次线性方程，当它在扩充了的复平面(包括无穷远点∞)上在最坏的情况下只有正则奇点时，就称为**富克斯型方程**。在这种情况下，$p_i(z)$ 必须是 $z$ 的有理函数。例如，超几何方程在 $z=0, 1, \infty$ 处就有正则奇点。

但是对微分方程在给定点的邻域内的积分的研究不一定给出积分本身。这种研究已作为探讨完全积分的出发点。由于富克斯做了大量研究，所以数学家们已经成功地扩大了能明显积分的线性常微分方程类。以前仅是常系数的 $n$ 阶线性方程和勒让德方程

$$(ax+b)^n \frac{d^n y}{dx^n} + A(ax+b)^{n-1} \frac{d^{n-1} y}{dx^{n-1}} + \cdots + L(ax+b) \frac{dy}{dx} + My = 0$$

可以积分，后者要用到变换 $ax+b = e^t$。新的方程中可以积分的是那样的方程，其积分都是 $z$ 的一致性(单值)函数。通过微分方程的奇点的研究，人们认识到那些积分都具有这个性质。这样得到的一般积分通常是新的函数。

除了特殊类型微分方程的各种积分的普遍结果外，对于在 $z=a$ 点处有正则奇点的方程，它的解还有利用级数的途径。如果原点是这样的点，那么方程必定有形式

$$z^n \frac{d^n w}{dz^n} + z^{n-1} P_1(z) \frac{d^{n-1} w}{dz^{n-1}} + \cdots + z P_{n-1}(z) \frac{dw}{dz} + P_n(z) w = 0,$$

其中 $P_i(z)$ 在 $z=0$ 及其邻域内解析。在这种情形下,人们可以得到 $n$ 个基本解,用关于 $z=0$ 处的级数形式表示,并证明对 $z$ 值的某些范围这级数收敛。这级数有形式

$$w = \sum_{\nu=0}^{\infty} c_\nu z^{\rho+\nu}.$$

而对每个解,$\rho$ 与 $c_\nu$ 是可以确定的。这结果属于弗罗贝尼乌斯(Georg Frobenius, 1849—1917)[①]。

19世纪的后半期仍在研究黎曼问题,但没有成功,直到1905年[②],希尔伯特和凯洛格(Oliver D. Kellogg,1878—1932)[③],借助于当时已发展了的积分方程理论才第一次给出完全解。他们证明了产生单值群的变换可以任意地预先指定。

## 6. 自 守 函 数

线性微分方程的理论尔后为庞加莱和克莱因所追研。他们引进的课题叫做自守(automorphic)函数,它不但对其他各种应用是重要的,而且在微分方程理论中也扮演着主要的角色。

庞加莱(1854—1912)是巴黎大学理学院的一位教授。他的著作几乎与欧拉和柯西一样多,包罗了数学和数学物理的广泛领域。我们没有机会讨论他的物理研究,其中包括毛细管引力、弹性学、位势理论、流体力学、热的传播、电学、光学、电磁理论、相对论,而尤为突出的是天体力学。庞加莱对他研究的每个问题都深刻洞察,并揭示出其本质。他敏锐地集中于一个问题,并细致地考察它。他还深深信赖于对一个问题的每个方面作定性的研究。

自守函数是圆函数、双曲函数、椭圆函数以及初等分析中其他函数的推广。函数 $\sin z$,当 $z$ 换为 $z+2m\pi$ 时,函数值不变,这里 $m$ 是任何整数。也可以说,当 $z$ 受到群 $z'=z+2m\pi$ 的任何变换时,函数 $\sin z$ 的值是不变的。双曲函数 $\sinh z$,当 $z$ 受到群 $z'=z+2\pi mi$ 中的任何变换时其值不变。椭圆函数在群 $z'=z+m\omega+m'\omega'$ 的变换下,其值保持不变,这里 $\omega$ 与 $\omega'$ 是这函数的周期。所有这些群都是不连续的(这术语是庞加莱引进的),就是说,在群的变换下,任何一点的所有变式的数目在任何有界区域内都是有限的。

---

① *Jour. für Math.*, 76,1874,214-235 = *Ges. Abh.*,1,84-105.
② *Proc. Third Internat. Math. Cong.*,1905,233-240;与 *Nachrichten König. Ges. der Wiss. zu Gött.*,1905,307-388. 还有在希尔伯特的 *Grundzüge einer allgemeinen Theorie der linearen Integralgleichungen*,1912,Chelsea(重印),1953,81-108.
③ *Math. Ann.*,60,1905,424-433.

自守函数的名称今天已用于包括那些在变换群

(16) $$z' = \frac{az+b}{cz+d},$$

或这个群的某些子群作用下不变的函数,其中 $a, b, c, d$ 可以是实数或复数,而 $ad - bc = 1$。此外,在复平面的任何有限部分上,这群必须是不连续的。

研究得最早的自守函数是椭圆模函数,这些函数在模群或它的某些子群的作用下是不变的,所谓模群就是(16)的那样一个子群,其中 $a, b, c, d$ 是实整数且 $ad - bc = 1$。这些椭圆模函数是从椭圆函数导出的。我们这里不再继续讨论它们,因为它们与微分方程的基本理论无关。

更一般的自守函数是为研究二阶线性微分方程

(17) $$\frac{d^2\eta}{dz^2} + p_1 \frac{d\eta}{dz} + p_2 \eta = 0$$

而引进的,其中 $p_1$ 和 $p_2$ 最初是 $z$ 的有理函数。一个特殊情形是有 $0, 1, \infty$ 三个奇点的超几何方程

(18) $$\frac{d^2\eta}{dz^2} + \frac{\gamma - (\alpha+\beta+1)}{z(1-z)} \frac{d\eta}{dz} + \frac{\alpha\beta}{z(z-1)} \eta = 0.$$

黎曼在他的1858年到1859年关于超几何级数的讲义里和1867年关于极小曲面的一篇遗著中,和施瓦茨[1]独立地各自确立了下面所说的理论。令 $\eta_1$ 和 $\eta_2$ 是方程(17)的任两个特解,于是所有解可以表示为

$$\eta = m\eta_1 + n\eta_2.$$

当 $z$ 绕奇点的一条闭路径走过一圈时,$\eta_1$ 和 $\eta_2$ 变成

$$\eta_1^1 = a\eta_1 + b\eta_2, \quad \eta_2^2 = c\eta_1 + d\eta_2,$$

而令 $z$ 绕所有奇点的诸闭路径运动时,就得到这种线性变换的整个群,它就是这微分方程的单值群。

现令 $\zeta(z) = \eta_1/\eta_2$。当 $z$ 绕闭路径走一圈时,这个商 $\zeta$ 就变为

(19) $$\zeta^1 = \frac{a\zeta+b}{c\zeta+d}.$$

从(17)我们发现 $\zeta$ 满足微分方程

(20) $$\frac{\zeta'''}{\zeta'} - \frac{3}{2}\left(\frac{\zeta''}{\zeta'}\right) = 2p_2 - \frac{1}{2}p_1^2 - p_1'.$$

如果把(18)中的特殊函数取作(17)中的 $p_1$ 和 $p_2$,便得到

---

[1] *Jour. für Math.*, 75, 1873, 292-335 = *Ges. Abh.*, 2, 211-259.

(21) $$\frac{\zeta'''}{\zeta'} - \frac{3}{2}\left(\frac{\zeta''}{\zeta'}\right)^2 = \frac{1-\lambda^2}{2z^2} + \frac{1-\mu^2}{2(1-z)^2} - \frac{\lambda^2+\mu^2-\nu^2-1}{2z(1-z)},$$

其中 $\lambda^2 = 1-\gamma^2$, $\mu^2 = (\gamma-\alpha-\beta)^2$, $\gamma^2 = (\alpha-\beta)^2$ 而 $\lambda, \mu, \nu$ 取正数($\alpha, \beta, \gamma$ 是实的)。变换类(19)就是微分方程(21)的单值群。

接着黎曼和施瓦茨证明了当 $\lambda, \mu, \nu$ 是实数时,方程(21)的每个特解 $\zeta(z)$ 都是一个从上半 $z$ 平面(图29.1)到 $\zeta$ 平面上的以圆弧为边,以 $\lambda\pi, \mu\pi, \nu\pi$ 为角的曲线三角形的保角变换。

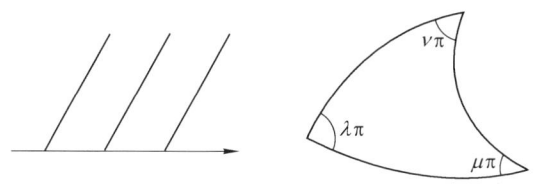

**图 29.1**

在区域由三圆弧围成的情形下,如果这三角形的角满足一定条件,则 $\zeta = \zeta(z)$ 的反函数就是一个自守函数 $z = \phi(\zeta)$,它的整个存在区域是半平面或圆。在 $\zeta$ 经线性变换(19)的群中的元素变换后,这函数保持不变,而变换(19)把上述那种形状的任一曲线三角形变到另一曲线三角形。给定的"圆边"三角形是这个群的基本区域。在这变换群的作用下,这个区域变成类似的三角形,它们的和覆盖了半平面或圆。这圆边三角形是椭圆函数情形里的平行四边形的类似物。

庞加莱和克莱因的工作从这个基点继续前进。1880年以前,克莱因在自守函数方面做了一些基本的工作。后来在1881年到1882年期间与庞加莱合作。庞加莱在受富克斯上述工作的吸引而注意这事后,对这课题也已做了先行的工作。1884年庞加莱在《数学学报》的前五卷中发表了关于自守函数的五篇重要论文。当这组论文的第一篇在《数学学报》的第一卷上发表时,克罗内克(Leopold Kronecker)警告编辑米塔-列夫勒说,这篇不成熟和隐晦的论文会把这期刊扼杀掉。

以椭圆函数理论为指导,庞加莱发明了一类新的自守函数[①]。这类自守函数是考虑了方程

$$\frac{d^2\eta}{dz^2} + P(w,z)\frac{d\eta}{dz} + Q(w,z)\eta = 0$$

的两个线性无关解的商的反函数而得到的,其中 $w$ 与 $z$ 由多项式方程 $\phi(w,z) = 0$ 相连,而 $P$ 与 $Q$ 都是有理函数。这是富克斯型自守函数类,由在圆(叫做基本圆)内一致(单值)全纯函数组成,这圆在形如

---

① Acta Math., 1, 1882, 1-62 与 193-294 = Œuvres, 2, 108-168, 169-257.

(22) $$z' = \frac{az+b}{cz+d}$$

的线性变换类作用下是不变的,其中 $a$, $b$, $c$, $d$ 是实数且 $ad-bc=1$。这些使圆和其内部不变的变换形成一个群,叫做富克斯群。施瓦茨函数 $\phi(\zeta)$ 是富克斯型函数的最简单的例子。这样,庞加莱就证明了比椭圆模函数更为普遍的自守函数类的存在性①。

庞加莱关于自守函数的构造(在 1882 年的第二篇论文里)是根据他的 $\theta$ 级数做出的。设群(22)的变换是

(23) $$z' = \frac{a_i z + b_i}{c_i z + d_i},\ a_i d_i - b_i c_i = 1,\ i = 1,\ 2,\ \cdots,$$

令 $z_1$, $z_2$, $\cdots$ 为 $z$ 在群中的各种变换下的像。令 $H(z)$ 是一个有理函数(撇开其他不重要的条件),于是庞加莱 $\theta$ 级数就是函数

(24) $$\theta(z) = \sum_{i=0}^{\infty} (c_i z + d_i)^{-2m} H(z_i),\ m > 1.$$

可以证明 $\theta(z_j) = (c_j z + d_j)^{2m} \theta(z)$。现在令 $\theta_1(z)$ 与 $\theta_2(z)$ 是具有同一 $m$ 的两个 $\theta$ 级数,这些级数不仅是单值函数而且是整函数。因此

(25) $$F(z) = \frac{\theta_1(z)}{\theta_2(z)}$$

是群(23)的一个自守函数。按照这群是属于富克斯群还是克莱因群,庞加莱把级数(24)叫做 $\theta$-富克斯级数或 $\theta$-克莱因级数(克莱因群马上就要讲到)。

富克斯型函数有两类:一类存在于整个平面上,另一类只存在于基本圆的内部。如我们在上面所见,富克斯型函数的反函数是代数系数的二阶线性微分方程的两个积分的比。这种方程,庞加莱称之为富克斯型方程,可以用富克斯型函数的方法积分出来。

后来,庞加莱②把变换群(22)扩充到复系数的情形,并考虑了这种群的几种类型,庞加莱把这种群叫做克莱因群。这里我们必须满意地注意到,如果一个群在本质上是非有限的或非富克斯型的,但当然具有(22)的形状,并且在复平面的任何部分上是不连续的,那么这群便是克莱因群。对这些克莱因群,庞加莱得到了新的自守函数,即在克莱因群变换下不变的函数,庞加莱把它叫做克莱因函数。这些函数有类似于富克斯型函数的性质;然而,这些新函数的基本区域比圆要复杂。顺便说说,克莱因考虑了富克斯型函数,但富克斯倒没有考虑过。克莱因因此向庞加莱提过抗议。庞加莱的回答是把自己紧接着发现的一类自守函数叫做克莱因函数,因

---

① 在关于富克斯型群的这一工作中,庞加莱使用了非欧几里得几何(第 36 章),并证明了富克斯型群的研究归结为罗巴切夫斯基几何的平移群的研究。

② *Acta Math.*, 3,1883,49 - 92;4,1884,201 - 312 = *Œuvres*, 2,258 - 299,300 - 401.

为这些函数是某些人默默注意到的,从来都没有被克莱因考虑过。

后来,庞加莱指出如何借助于克莱因函数表示仅有正则奇点的代数系数的 $n$ 阶线性方程的积分。这样,整个这类线性微分方程都可以用庞加莱的这些新的超越函数来解了。

## 7. 希尔在线性方程周期解方面的工作

当自守函数的理论还正处在创立的阶段时,天文学方面的工作激起了对一个二阶常微分方程的兴趣,它比马蒂厄方程更为普遍一些。因为 $n$ 体问题不可能明显地解出,只有复杂的级数解才可用,于是数学家们转而去挑选周期解。

周期解的重要性来源于行星或卫星轨道的稳定性问题。假如一个行星略微离开其轨道,并给它一个小的速度,那么行星是围绕其轨道振动而过了一定时间后也许又回到轨道呢,还是从此就离开轨道呢? 在前一种情形下,轨道是稳定的,而在后一种情形下,轨道是不稳定的。这样,行星的原始运行或运行中的任何不规则性是否周期的问题乃是极其重要的问题。

如我们知道的(第 21 章第 7 节),拉格朗日在三体问题中已找到了特殊的周期解。到第一个美国大数学家希尔(George William Hill,1838—1914)研究月球理论之前一直没有找到三体问题新的周期解。1877 年,希尔私人出版了关于月球近地点运动的一篇具有卓越创见性的论文[①]。他在《美国数学杂志》(*American Journal of Mathematics*)[②]上又发表了一篇关于月球运动的很重要的论文。他的工作创立了周期系数的线性齐次微分方程的数学理论。

希尔(在 1877 年的论文中)第一个基本思想是对月球运动的诸微分方程确定一个近似于实际观察到的运动的周期解。于是他对这个周期解变差写出方程,这使他得到一个带周期系数的四阶线性微分方程组。知道了某些积分后,他便能把这个四阶方程组化简为单独一个二阶线性微分方程

$$(26) \qquad \frac{\mathrm{d}^2 x}{\mathrm{d}t^2} + \theta(t)x = 0,$$

$\theta(t)$ 是以 $\pi$ 为周期的偶函数。把 $\theta(t)$ 展开为傅里叶级数,希尔方程的形式就可以写成

$$(27) \qquad \frac{\mathrm{d}^2 x}{\mathrm{d}t^2} + x(q_0 + 2q_1 \cos 2t + 2q_2 \cos 4t + \cdots) = 0.$$

希尔令 $\zeta = \mathrm{e}^{it}$,$q_{-a} = q_a$,并且写(27)为

---

[①] 此文重印于 *Acta Math*., 8,1886, 1-36 = *Coll. Math. Works*, 1,243-270。

[②] *Amer. Jour. of Math*., 1,1878,5-26,129-147, 245-260 = *Coll. Math. Works*, 1,284-335。

(28)
$$\frac{d^2 x}{dt^2} + x \sum_{-\infty}^{\infty} q_a \zeta^{2a} = 0.$$

然后他令

$$x = \sum_{j=-\infty}^{\infty} b_j \zeta^{\mu+2j},$$

其中 $\mu$ 与 $b_j$ 待定。把 $x$ 的这个值代入(28)，并令 $\zeta$ 的每个幂的系数为 0，他得到二重无穷线性方程组

……
$\cdots [-2]b_{-2} - q_1 b_{-1} - q_2 b_0 - q_3 b_1 - q_4 b_2 - \cdots = 0,$
$\cdots - q_1 b_{-2} + [-1]b_{-1} - q_1 b_0 - q_2 b_1 - q_3 b_2 - \cdots = 0,$
$- q_2 b_{-2} - q_1 b_{-1} + [0]b_0 - q_1 b_1 - q_2 b_2 - \cdots = 0,$
$- q_3 b_{-2} - q_2 b_{-1} - q_1 b_0 + [1]b_1 - q_1 b_2 - \cdots = 0,$
$- q_4 b_{-2} - q_3 b_{-1} - q_2 b_0 - q_1 b_1 + [2]b_2 - \cdots = 0,$
……

其中

$$[j] = (\mu + 2j)^2 - q_0.$$

希尔令未知量 $b_j$ 的系数行列式等于 0。他首先确定 $\mu$ 的无穷多个解的性质并给出确定 $\mu$ 的明显公式。然后，利用 $\mu$ 的这些值，他对无穷多个 $b_j$ 的无穷齐次线性方程组解出 $b_j$ 与 $b_0$ 的比值。希尔确实证明了二阶微分方程有周期解，因而证明了月球近地点的运动是周期性的。

在庞加莱证明了希尔这种做法的收敛性，因而使无穷行列式和无穷线性方程组的理论有了根据之前[1]，希尔的工作是一直受人嘲笑的。庞加莱对希尔的成就的注意和完善，使希尔和有关课题著名了。

## 8. 非线性微分方程：定性理论

在希尔工作的刺激下，庞加莱为支配行星运动以及行星和卫星轨道稳定性的微分方程的周期解的研究开辟了一条新的途径。因为有关的方程是非线性的，所以庞加莱就从事于这类方程的研究。非线性常微分方程实际上在一些课题的开创期就出现了，例如在黎卡蒂方程(第 21 章第 4 节)中、在摆动方程中、在变分法的欧拉方程(第 24 章第 2 节)中。解非线性方程还没有找出普遍的方法。

由于运动方程，即使是三体的运动方程都不可能用已知函数明显地解出，所以稳定性问题就不可能通过考察解的性态而得到解决。于是庞加莱寻找通过考察微

---

[1] *Bull. Soc. Math. de France*, 13, 1885, 19 - 27; 14, 1886, 77 - 90 = *Œuvres*, 5, 85 - 94, 95 - 107.

分方程本身就可以回答问题的方法。他把自己所创立的这个理论叫做微分方程的定性理论。这理论表述在四篇本质上是同一标题的论文《关于由微分方程确定的曲线的报告》(Mémoire sur les courbes définies par une équation différentielle)①里。用他自己的话说,他要寻求解答的问题是:"动点是否描出一闭曲线?它是否永远逗留在平面某一部分的内部?换句话说,并且用天文学的话来说,我们要问轨道是稳定的还是不稳定的?"

庞加莱从形为

$$\frac{\mathrm{d}y}{\mathrm{d}x} = \frac{P(x, y)}{Q(x, y)} \tag{29}$$

的非线性方程出发(其中 $P$, $Q$ 对 $x$, $y$ 是解析的),选择这个形式的部分原因是由于行星运动的某些问题,部分原因是由于它是庞加莱心目中开始研究的类型中最简单的数学类型。(29)的解有 $f(x, y) = 0$ 的形式,而这方程就说是定义一个轨道系统。代替 $f(x, y) = 0$,可以考虑参数形式 $x = x(t)$, $y = y(t)$。

在分析方程(29)的所有可能有的解的类型时,庞加莱发现微分方程的奇点(使 $P$ 与 $Q$ 同时为 0 的点)起着关键性作用。这些奇点在富克斯意义下是不确定的或是不规则的。这里,庞加莱继续布里奥和布凯(第 5 节)的早期工作,但使自己限于实值并宁可研究整个解的性质,而不只研究在奇点邻域内解的性质。他把奇点区分为四类,并阐述了解在这些点附近的性态。

第一类奇点是焦点,即图 29.2 中的原点,当 $t$ 从 $-\infty$ 变向 $+\infty$ 时,解环绕原点盘旋并趋向于原点。这种类型的解被看成是稳定的。第二类奇点是鞍点。它是图 29.3 中的原点,轨道趋近于这个点然后又离开它。两条分角线是轨道的渐近线。

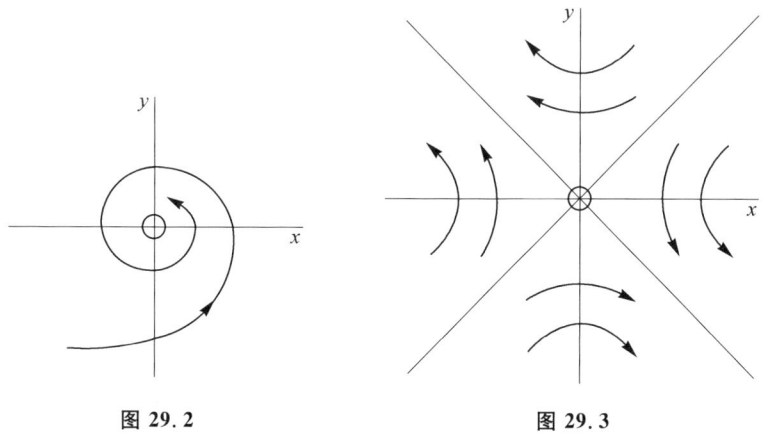

图 29.2　　　　　　　　图 29.3

---

① *Jour. de Math.*, (3),7,1881,375-422;8,1882,251-296;(4),1,1885,167-244;2,1886,151-217 = Œuvres,1,3-84,90-161,167-221.

这种运动是不稳定的。第三类奇点叫结点，是无穷多个解相交叉的点。第四类奇点叫中心，有若干闭轨道围绕着它，一个闭轨道包含着另一个，并且都包含着中心。

在许多结果中，庞加莱发现可能有一些闭曲线不与任何满足微分方程的曲线组相接触。他把这些闭曲线叫做无接触环。一条满足微分方程的曲线与这环的交点不能多于一个。因而，如果它跨过这环，则它就不可能再次跨过这环。如果这种曲线是一行星的轨迹，那么它就表示不稳定的运动。

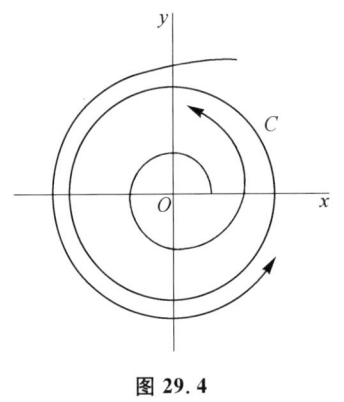

图 29.4

除了无接触环外，还有一种庞加莱称之为极限环的闭曲线。它们是满足这微分方程的闭曲线，而且其他解渐近地趋向于它们，也就是永远达不到极限环。这种趋向可以是从极限环 $C$ 之外，也可以是从极限环 $C$ 之内（图 29.4）。对某些 (29) 型的微分方程，庞加莱确定了其极限环和它们的存在区域。在极限环的情形下，轨道曲线趋向于一条周期曲线，所以运动仍然是稳定的。然而，如果运动方向是离开极限环的，那么在极限环外面的运动是不稳定的，而在环内的运动则是一条收缩螺线。

庞加莱在他关于这课题的第三篇论文中，研究了高次的和具有形状 $F(x, y, y') = 0$（其中 $F$ 是 $x, y, y'$ 的多项式）的一阶方程。为了研究这些方程，把 $x, y, y'$ 看作三直角坐标，并考虑由微分方程定义的曲面。如果这曲面有亏格 0（球的形状），那么积分曲线有与一次微分方程情形相同的性质。对于其他亏格，关于积分曲线的结果可以很不相同。例如，对于一个环管就有许多新的情形发生。庞加莱没有完成这个研究。在(1886 年的)第四篇论文里，他研究了二阶方程，并得到了某些类似于一阶方程所具有的结果。

庞加莱在继续进行关于微分方程 (29) 解的类型的工作同时，又考虑了一种针对天文学中三体问题的更普遍的理论。在一篇得奖的论文《论三体问题和动力学方程》(Sur le problème de trois corps et les équations de la dynamique)[①]中，他考虑了微分方程组

(30) $$\frac{\mathrm{d}x_i}{\mathrm{d}t} = X_i(x_1, \cdots, x_n, \mu), \ i = 1, 2, \cdots, n.$$

他用小参数 $\mu$ 的幂展开 $X_i$，并假定这方程组对 $\mu = 0$ 有一个已知的以 $T$ 为周期的

---

① *Acta Math.*, 13, 1890, 1 - 270 = *Œuvres*, 7, 262 - 479.

周期解
$$x_i = \phi_i(t), i = 1, 2, \cdots, n.$$

他企图找方程组的当 $\mu = 0$ 时归化为 $\phi_i(t)$ 的周期解。对三体问题，周期解的存在性已由希尔发现，而庞加莱则利用了这一事实。

在这里考虑庞加莱工作的细节是太专门化了。他首先推广了柯西关于常微分方程组的解的较早的工作，其中柯西已用了他的**极限计算**。然后，庞加莱证明了他所要寻找的周期解的存在性，并把他所学得的知识应用于三体问题周期解的研究，其中两个物体的质量(不是太阳的质量)都是很小的。于是，经假定这两个小质量物体围绕太阳在同一平面的两个同心圆上运动后，便得到这样的解。如果假定在 $\mu = 0$ 时轨道都是椭圆，并且它们的周期是可公度的，便可以得到其他的解。利用这些解，并利用他对方程组所建立的理论，他便得到其他的周期解。总结起来，他证明了有无穷多个初始位置和初始速度使得三星体相互间的距离是时间的周期函数(这样的解也叫做周期解)。

庞加莱在1890年的这篇论文中引用了关于方程组(30)的周期解和殆周期解的许多别的结论，其中包含有这种方程组的从前不知道的一类新的解这样非常卓越的发现。他把这些解叫做渐近解。共有两类。在第一类中，当 $t$ 趋于 $-\infty$ 或 $t$ 趋于 $+\infty$ 时，这解渐近地趋于周期解。第二类解由二重渐近解组成，也就是当 $t$ 趋于 $-\infty$ 和 $+\infty$ 时，这种解趋于一周期解。这种二重渐近解有无穷多个。在1890年的这篇论文中所有的结果以及许多其他结果也可以在庞加莱的《天体力学的新方法》(*Les Méthodes nouvelles de la mécanique céleste*)①中找到。

庞加莱关于太阳系稳定性问题的工作仅仅是部分地成功了。稳定性仍然是一个未解决的问题。事实上，月球轨道是不是稳定的问题也是这样；今天大多数科学家认为它是不稳定的。

(29)的解的稳定性可以用所谓特征方程的方法来分析，所谓特征方程就是

(31) $$\begin{vmatrix} Q_x(x_0, y_0) - \lambda & P_x(x_0, y_0) \\ Q_y(x_0, y_0) & P_y(x_0, y_0) - \lambda \end{vmatrix} = 0,$$

其中 $(x_0, y_0)$ 是(29)的一个奇点。按照杰出的俄罗斯数学家李雅普诺夫(Alexander Liapounoff, 1857—1918)的一个定理，在 $(x_0, y_0)$ 的邻域内稳定性依赖于这个特征方程的根②。可能情形的分析是细致的，并包括比上面讨论的庞加莱的工作更多的类型。李雅普诺夫关于稳定性问题的工作一直继续到这世纪的早期。据

---

① Three volumes, 1892-1899.
② *Ann. Fac. Sci. de Toulouse*, (2), 9, 1907, 203-474; 1892年最初在俄国发表。

李雅普诺夫说,基本结果是当且仅当方程(31)关于 $n$ 的根都有负实部时,方程的所有解才是稳定的。

非线性方程的定性研究被庞加莱引进的拓扑论证法(在《数学杂志》上四篇论文的第一篇中)所推进。为了描述奇点的性质,他引进了指数的概念。考虑一奇点 $P_0$ 和围绕它的一条简单闭曲线 $C$。在 $C$ 与方程

$$\frac{\mathrm{d}y}{\mathrm{d}x} = \frac{P(x, y)}{Q(x, y)} \tag{32}$$

的解的每个交点上,有轨道的一个方向角,我们用 $\phi$ 表示,这个角可以取从 0 到 $2\pi$ 弧度间的任何值。如果一个点依反时针方向沿 $C$ 移动(图 29.5),则角 $\phi$ 将要变化;而且当点 $C$ 走完一圈以后,$\phi$ 将有值 $2\pi I$,其中 $I$ 是一个整数或 0(因为轨道的方向角已经转回到原来的值了)。量 $I$ 就是曲线的指数。可以证明:包含几个奇点的闭曲线的指数是它们的指数的代数和。闭轨道的指数是 +1,反之亦然。

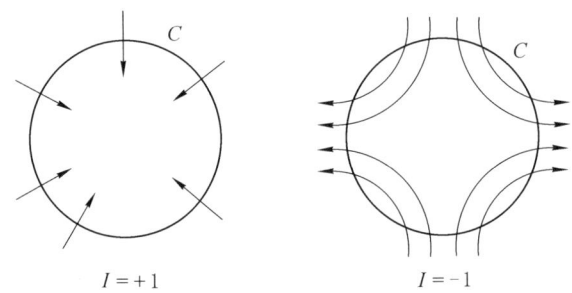

图 29.5

轨道的性质可以由特征方程确定,因此,一条曲线的指数 $I$ 应当仅仅知道微分方程就能确定了。可以证明

$$I = \frac{1}{2\pi} \int_C \mathrm{d}\left(\arctan \frac{P}{Q}\right) = \frac{1}{2\pi} \int_C \frac{P\mathrm{d}Q - Q\mathrm{d}P}{P^2 + Q^2},$$

其中积分路径是闭曲线 $C$。

庞加莱之后,关于形为(32)的方程的解的最有意义的工作是属于本迪克森(Ivar Bendixson,1861—1935)的。他的主要结果[①]之一是提供一个准则,据以可证明在某区域内没有闭轨道存在。若 $D$ 是 $\partial Q/\partial x + \partial P/\partial y$ 在其中同号的一个区域,则方程(32)在 $D$ 中没有周期解。

在本迪克森 1901 年的论文里,有现在以庞加莱和本迪克森命名的定理,它提供了(32)存在一个周期解的一个肯定判断准则。如果 $P$ 与 $Q$ 在 $-\infty < x, y < \infty$ 内有定义并且是正则的,又如果当 $t$ 趋于 $\infty$ 时,解 $x(t), y(t)$ 永远保持在 $(x, y)$ 平

---

① *Acta Math.*, 24, 1901, 1-88.

面的有界区域内且不趋于奇点,那么这微分方程至少存在一条闭的解曲线。

庞加莱创始的非线性方程的研究已在各个方面加宽变广了。这里要提一下在 19 世纪开始的又一个论题。富克斯研究过的线性微分方程的奇点都是固定的,而且事实上是被这微分方程的系数所确定了的。在非线性方程的情形下,奇点可能随初始条件而变动,因而称为可去奇点。例如方程 $y' + y^2 = 0$ 有一般解 $y = 1/(x-c)$,其中 $c$ 是任意的。在解中,奇点的位置依赖于 $c$ 的值。可去奇点的现象是由富克斯[1]发现的。可去奇点的研究和具有或不具有这种奇点的二阶非线性方程的研究被许多人作过,特别是被潘勒韦(Paul Painlevé,1863—1933)研究过。一个有趣的特征是对许多形如 $y'' = f(x, y, y')$ 的二阶方程类,它们的解需要新的超越函数类,现在叫做潘勒韦超越函数[2]。

对于非线性方程的兴趣在 20 世纪已经变得浓烈了。它的应用已从天文学转移到通信、服务机构、自动控制系统和电子学。它的研究也已从定性阶段转移到定量研究的阶段了。

# 参 考 书 目

*Acta Mathematica*, Vol. 38, 1921. This entire volume is devoted to articles on Poincaré's work by various leading mathematicians.

Bôcher, M.: "Randwertaufgaben bei gewöhnlichen Differentialgleichungen," *Encyk. der Math. Wiss.*, B. G. Teubner, 1899-1916, Ⅱ, A7a, 437-463.

Bôcher, M.: "Boundary Problems in One Dimension," *Internat. Cong. of Math.*, Proc., Cambridge, 1912, 1, 163-195.

Burkhardt, H.: "Entwicklungen nach oscillirenden Functionen und Integration der Differentialgleichungen der mathematischen Physik," *Jahres. der Deut. Math.-Verein.*, 10, 1908, 1-1804.

Cauchy, A. L.: *Œuvres complètes*, (1), Vols. 4, 7, and 10, Gauthier-Villars, 1884, 1892, and 1897.

Craig, T.: "Some of the Developments in the Theory of Ordinary Differential Equations Between 1878 and 1893," *N. Y. Math. Soc. Bull.*, 2, 1893, 119-134.

Fuchs, Lazarus: *Gesammelte mathematische Werke*, 3 vols., 1904-1909, Georg Olms (reprint), 1970.

Heine, Eduard: *Handbuch der Kugelfunktionen*, 2 vols., 1878-1881, Physica Verlag

---

[1] *Sitzungsber. Akad. Wiss. zu Berlin*, 1884, 699-710 = *Werke*, 2, 364 ff.

[2] *Comp. Rend.*, 143, 1906, 1111-1117.

(reprint), 1961.

Hilb, E. : "Lineare Differentialgleichungen im komplexen Gebiet," *Encyk. der Math. Wiss.* , B. G. Teubner, 1899 – 1916, Ⅱ , B5.

Hilb, E. : "Nichtlineare Differentialgleichungen," *Encyk. der Math. Wiss.* , B. G. Teubner, 1899 – 1916, Ⅱ , B6.

Hill, George W. : *Collected Mathematical Works*, 4 vols. , 1905, Johnson Reprint Corp. , 1965.

Klein, Felix: *Vorlesungen über die Entwicklung der Mathematik im 19. Jahrhundert*, Vol. Ⅰ , Chelsea (reprint), 1950.

Klein, Felix: *Gesammelte mathematische Abhandlungen* , Julius Springer, 1923, Vol. 3.

Painlevé, P. : "Le Problème moderne de l'intégration des équations différentielles," *Third Internat. Math. Cong. in Heidelberg* , 1904, 86 – 99, B. G. Teubner, 1905.

Painlevé, P. : "Gewöhnliche Differentialgleichungen, Existenz der Lösungen," *Encyk. der Math. Wiss.* , B. G. Teubner, 1899 – 1916, Ⅱ , A4a.

Poincaré, Henri: *Œuvres*, 1, 2, and 5, Gauthier-Villars, 1928, 1916, and 1960.

Riemann, Bernhard: *Gesammelte mathematische Werke* , 2nd ed. , 1892, Dover (reprint), 1953.

Schlesinger, L. : "Bericht über die Entwickelung der Theorie der linearen Differentialgleichungen seit 1865," *Jahres. der Deut. Math. -Verein.* , 18, 1909, 133 – 266.

Wangerin, A. : "Theorie der Kugelfunktionen und der verwandten Funktionen," *Encyk. der Math. Wiss.* , B. G. Teubner, 1899 – 1916, Ⅱ , A10.

Wirtinger, W. : "Riemanns Vorlesungen über die hypergeometrische Reihe und ihre Bedeutung," *Third Internat. Math. Cong. in Heidelberg* , 1904, B. G. Teubner, 1905, 121 – 139.

# 第30章

## 19 世纪的变分法

> 虽然不允许我们看透自然界本质的秘密,从而认识现象的真实原因,但仍可能发生这样的情形:一定的虚构假设足以解释许多现象。
>
> 欧拉

## 1. 引　言

我们已经看到,变分法主要是由欧拉和拉格朗日在18世纪确立的。除各类数学和物理问题外,对它的研究有一个主导的动力,即最小作用原理,它在莫佩尔蒂、欧拉和拉格朗日手中已成了数学物理的主导原理。19世纪的人们继续做着最小作用方面的工作,而19世纪前半期对变分法最大的刺激就来自这方面。在物理方面,其兴趣来自力学特别是天文学的问题。

## 2. 数学物理和变分法

拉格朗日用其最小作用原理对动力学规律的成功描述,启示着这概念应该可以应用到物理学的其他分支上去。拉格朗日对流体动力学给出了极小原理(适用于可压缩的和不可压缩的流体)[1],他由此导出了关于流体动力学的欧拉方程(第22章第8节),而且他确实自夸说,极小原理主宰了这个领域,就像它主宰着质点运动和刚体运动那样。在19世纪早期,许多弹性问题也为泊松、热尔曼、柯西和其他一些人用变分法解决。弹性问题的工作还使这课题保持经常的活跃,但在这个领域内或在高斯的著名力学贡献——"最小约束原理"(The Principle of Least Constraint)[2]中,并没有主要的变分学的新数学概念引人注目。

第一个值得注意的新论点归于泊松。利用拉格朗日的广义坐标,泊松直接追

---

[1] *Misc. Taur.*, $2_2$, 1760/1761, 196-298, pub. 1762 = *Œuvres*, 1, 365-468.
[2] *Jour. für Math.*, 4, 1829, 232-235 = *Werke*, 5, 23-28.

随拉格朗日的两篇论文,并且从拉格朗日方程(第 24 章第 5 节)

(1) $$\frac{\mathrm{d}}{\mathrm{d}t}\left(\frac{\partial T}{\partial \dot{q}_i}\right)-\frac{\partial T}{\partial q_i}+\frac{\partial V}{\partial q_i}=0,\ i=1,\ 2,\ \cdots,\ n$$

出发①。这里用广义坐标表示的动能 $T$ 是 $2T=\sum\limits_{i,\,j=1}^{n}a_{ij}\dot{q}_i\dot{q}_j$,$V$ 是势能,而 $T$,$V$ 与 $t$ 无关。他令 $L=T-V$。当 $V$ 仅依赖于 $q_i$ 而不依赖于 $\dot{q}_i$ 时,就有

(2) $$\frac{\partial L}{\partial \dot{q}_i}=\frac{\partial T}{\partial \dot{q}_i},$$

从而他可以把运动方程改写成

(3) $$\frac{\mathrm{d}}{\mathrm{d}t}\left(\frac{\partial L}{\partial \dot{q}_i}\right)-\frac{\partial L}{\partial q_i}=0,\ i=1,\ 2,\ \cdots,\ n.$$

他还引进

(4) $$p_i=\frac{\partial L}{\partial \dot{q}_i}=\frac{\partial T}{\partial \dot{q}_i},$$

因此从(3)他得到

(5) $$\dot{p}_i=\frac{\partial L}{\partial q_i},\ i=1,\ 2,\ \cdots,\ n.$$

这些 $p_i$ 是动量的分量,而 $q_i$ 是位置的直角坐标。方程(5)是走上我们将要考察的方向上的一步。

最小作用原理,在叙述上的巨大改变是由哈密顿(William R. Hamilton)做出的,这一改变对变分法、常微分方程和偏微分方程都是重要的。哈密顿是经光学到动力学的。他在光学上的目的是要用拉格朗日处理力学那样的方式形成一种演绎的数学结构。

哈密顿也是从最小作用原理出发,并要推演出一些新的原理。然而他对这种原理的态度与莫佩尔蒂、欧拉、拉格朗日是有深刻区别的。在《都柏林大学评论》(*Dublin University Review*)上发表的一篇论文②中他说:"但是虽然最小作用原理已如此立足于物理学最高级定理之林,然而在宇宙经济的基地上看,当时人们普遍拒绝把它作为宇宙规律的主张,对此,拒绝恰恰在于其他理由,事实上伪装节约的数量都常常浪费地消耗着。"因为在某些自然现象,甚至于最简单的现象里,作用是极大化了的,所以哈密顿宁愿把它说成稳定作用原理。

哈密顿在 1824 年到 1832 年间的一系列论文里建立了他的光学的数学理论,尔后把他在那里引入的概念移植到力学中去。他写了两篇基本论文③。其中第二

---

① *Jour. de l'Ecole Poly.*, 8, 1809, 266 - 344.
② 1833, 795 - 826 = *Math. Papers*, 1, 311 - 332.
③ *Phil. Trans.*, 1834, Part Ⅱ, 247 - 308; 1835, Part Ⅰ, 95 - 144 = *Math. Papers*, 2, 103 - 211.

篇更为著名。在那里他引进作用积分,即动能与位能的差对时间的积分

$$S = \int_{P_1, t_1}^{P_2, t_2} (T-V) dt. \tag{6}$$

虽然量 $T-V$ 是由泊松引进的,但却叫做拉格朗日函数。$P_1$ 代表 $q_1^1, q_2^1, \cdots, q_n^1$,而 $P_2$ 代表 $q_1^{(2)}, q_2^{(2)}, \cdots, q_n^{(2)}$。现在哈密顿推广欧拉与拉格朗日的原理,允许有不受限制的比较路径,只是沿这些路径的运动必须在时间 $t_1$ 从 $P_1$ 开始,在时间 $t_2$ 到达 $P_2$。同时能量守恒定律不必成立,而在欧拉-拉格朗日原理中,能量守恒定律是预先假定的,因而一物体历经比较途径中任一条所需的时间不同于历经真实途径所费的时间。

哈密顿最小作用原理断言,真实运动是使作用稳定的运动。对于保守系统,即在力的分量可从仅是位置的函数的位能导出的场合,$T+V=$ 常数,所以 $T-V=2T-$ 常数,从而哈密顿原理化归到拉格朗日原理。但如已经指出的,哈密顿原理对非保守系统也是成立的。还有,位能 $V$ 可以是时间的函数,甚至还是速度的函数,即在广义坐标中,$V=V(q_1, \cdots, q_n, \dot{q}_1, \cdots, \dot{q}_n, t)$。

如果令 $T-V=L$,我们把作用积分(6)写为

$$S = \int_{t_1}^{t_2} L(q_1, \cdots, q_n, \dot{q}_1, \cdots, \dot{q}_n, t) dt. \tag{7}$$

附以条件:所有比较函数 $q_i(t)$ 在 $t_1$ 和 $t_2$ 都必须有同一给定值,于是问题就是要在真实的 $q_i$ 使积分稳定的条件下来确定 $q_i$ 为 $t$ 的函数。表示 $S$ 的一级变分为 0 的条件的欧拉方程变成齐次二阶常微分方程组,即

$$\frac{\partial L}{\partial q_k} - \frac{d}{dt}\left(\frac{\partial L}{\partial \dot{q}_k}\right) = 0, \quad k=1, 2, \cdots, n, \tag{8}$$

而这些方程要在 $t_1 \leqslant t \leqslant t_2$ 内是可解的。虽然 $L$ 现在是一个不同的函数,但这些方程仍叫做拉格朗日运动方程。坐标系的选择是任意的,通常是用拉格朗日广义坐标,这是变分原理的基本优点。

现在引进[看(4)]

$$p_i = \frac{\partial L}{\partial \dot{q}_i},$$

于是方程(8)变成

$$\dot{p}_i = \frac{\partial L}{\partial q_i}.$$

虽然引进 $p_i$ 作为一组新的自变量是泊松首先做的,但是仍归功于哈密顿。现在我们有了一组对称的微分方程

$$p_i = \frac{\partial L}{\partial \dot{q}_i}, \quad \dot{p}_i = \frac{\partial L}{\partial q_i}, \quad i=1, 2, \cdots, n. \tag{9}$$

这是 $2n$ 个关于 $p_i$ 和 $\dot{p}_i$ 的一阶微分方程组。然而这些 $\dot{p}_i$ 就是 $\dfrac{\mathrm{d}p_i}{\mathrm{d}t}$。

哈密顿在他的第二篇(1835)论文中，简化了这个方程组。他引进一个新的函数 $H$，定义为

$$(10) \qquad H(p_i, q_i, t) = -L + \sum_{i=1}^{n} p_i \dot{q}_i.$$

这个函数在物理上就是总能量，因为这个和可以证明是等于 $2T$。从 $L$ 到 $H$ 的变换叫做勒让德变换，因为勒让德曾把它用在他的常微分方程研究中。$H$ 是 $p_i$，$q_i$，$t$ 的函数，而 $L = T - V$ 是 $q_i$，$\dot{q}_i$，$t$ 的函数，这是因为 $p_i = \dfrac{\partial L}{\partial \dot{q}_i}$，所以我们可以解出 $\dot{q}_i$，并代到 $L$ 中去。

利用(10)，可以证明运动的微分方程(9)具有形式

$$(11) \qquad \dot{q}_i = \frac{\partial H}{\partial p_i}, \quad \dot{p}_i = -\frac{\partial H}{\partial q_i}, \quad i = 1, 2, \cdots, n.$$

在应用于物理问题中时，函数 $H$ 假定是已知的。这些方程是 $2n$ 个一阶常微分方程的方程组，有 $2n$ 个应变量 $p_i$ 和 $q_i$，它们都是 $t$ 的函数，而拉格朗日方程(1)是 $q_i(t)$ 的 $n$ 个二阶常微分方程的方程组。后来雅可比把哈密顿方程称为典型微分方程。它们是积分

$$S = \int_{P_1, t_1}^{P_2, t_2} (T - V) \mathrm{d}t = \int L \mathrm{d}t = \int \Big\{ \sum_{i=1}^{n} p_i \dot{q}_i - H(p_i, q_i, t) \Big\} \mathrm{d}t$$

的变分方程(欧拉方程)。这组方程出现在拉格朗日 1809 年的一篇研究力学系机动理论的论文中。然而，拉格朗日没有看出这些方程与运动方程的基本联系，而柯西在 1831 年的一篇未发表的论文中则看出来了。哈密顿在 1835 年把这些方程作为他的力学研究的基础。

为了运用哈密顿的运动方程，常常可能采用合适的 $p$ 和 $q$ 坐标系来表示 $H$，使得可以从方程组(11)解出 $p_i$ 与 $q_i$ 作为 $t$ 的函数。特别地，如果能选取坐标使得 $H$ 只依赖于 $p_i$，那么这方程组就是可解的。

雅可比在 1837 年的一篇论文[①]中以及在 1842 年和 1843 年关于动力学的讲演里[这讲演 1866 年刊于经典著作《动力学讲义》(*Vorlesungen über Dynamik*)中]都指出，人们可以把哈密顿的程序反转过来。在哈密顿的理论中，如果知道作用 $S$ 或哈密顿函数 $H$，就可以作出 $2n$ 个典型微分方程并可试图解出这方程组。雅可比的思想是图谋找出坐标 $P_i$ 和 $Q_i$ 以使 $H$ 尽可能简单，因而微分方程(11)能易于积分。特别地，他找到一个变换

---

① *Jour. für Math.*, 17, 1837, 97 - 162 = *Ges. Werke*, 4, 57 - 127.

(12)
$$Q_j = Q_j(p_i, q_i, t),$$
$$P_j = P_j(p_i, q_i, t),$$

使得
$$\delta \int_{t_1}^{t_2} \Big[ \sum_{i=1}^{n} p_i \dot{q}_i - H(p_i, q_i, t) \Big] dt = 0$$

经变换(12)变到
$$\delta \int_{t_1}^{t_2} \Big[ \sum_{i=1}^{n} P_i \dot{Q}_i - K(P_i, Q_i, t) \Big] dt = 0,$$

从而哈密顿微分方程变成

(13)
$$\dot{Q}_i = \frac{\partial K}{\partial P_i}, \quad \dot{P}_i = -\frac{\partial K}{\partial Q_i},$$

其中 $K(P_i, Q_i, t)$ 是新的哈密顿算子。这一途径导致
$$K = H(p_i, q_i, t) + \frac{\partial \Omega}{\partial t}(Q_i, q_i, t),$$

其中 $\Omega$ 是新的函数,叫做变换的母函数。雅可比选取 $K=0$,从而由(13)得到
$$\dot{Q}_i = 0, \dot{P}_i = 0,$$

也就是说 $Q_i$, $P_i$ 是常数。此外,有

(14)
$$H + \frac{\partial \Omega}{\partial t} = 0,$$

并可证明
$$p_i = \frac{\partial \Omega}{\partial q_i}.$$

考虑到 $H$ 中的变量,就可由(14)得到

(15)
$$H\Big(\frac{\partial \Omega}{\partial q_i}, q_i, t\Big) + \frac{\partial \Omega}{\partial t}(Q_i, q_i, t) = 0.$$

因为 $\dot{Q}_i = 0$, $Q_i = \alpha_i$,所以这方程是关于 $\Omega$(具自变量 $q_i$ 和 $t$)的一阶方程。作这样的改变后,方程(15)便是关于 $\Omega$ 的哈密顿-雅可比偏微分方程。如果这个方程可以解出一个完全的 $\Omega$,即包含 $n$ 个任意常数的解,那么这解将有形式
$$\Omega(\alpha_1, \alpha_2, \cdots, \alpha_n, q_1, q_2, \cdots, q_n, t).$$

现在从雅可比变换理论有这样一个事实:
$$P_i = -\frac{\partial \Omega}{\partial \alpha_i}.$$

并且因为 $\dot{P}_i = 0$,有 $P_i = \beta_i$ 是常数,所以从代数方程
$$\frac{\partial \Omega}{\partial \alpha_i} = -\beta_i, \quad i = 1, 2, \cdots, n$$

解出 $q_i$,这些解
$$q_i = f_i(\alpha_1, \alpha_2, \cdots, \alpha_n, \beta_1, \beta_2, \cdots, \beta_n, t), \quad i = 1, 2, \cdots, n$$

是哈密顿典型方程的解。这样,雅可比便证明了经过解偏微分方程(15)就可以解

出方程组(11)。雅可比本人就对许多力学问题找出了真正解 $\Omega$。

哈密顿的工作是提供一个普遍原理(可以从它导出各种力学问题的运动定律)的一系列努力的顶峰,它鼓舞人们努力在其他数学物理分支,如弹性学、电磁理论、相对论、量子理论中求得相似的变分原理。已经导出的原理,即使是哈密顿原理,都不必是解特殊问题的更实际途径。虽然科学家们不再推断说极大极小原理的存在是上帝的智慧和效能的证据了,但是这种广泛的公式的吸引力,毋宁说是在于哲学和美学的兴趣。

从数学史的角度看,哈密顿和雅可比的工作是有意义的,因为它不仅推动了变分法的进一步研究,而且也推动了常微分方程组和一阶偏微分方程组的进一步研究。

## 3. 变分法本身的数学扩充

我们记得,即使在最简单的情形,要把积分

$$(16) \qquad J = \int_a^b f(x, y, y') \mathrm{d}x$$

极小化或极大化,欧拉和勒让德的结果也只提供了必要条件(第24章)。在勒让德的工作以后大约50年的期间内,数学家们进一步探索了一阶和二阶变分,但没有得到决定性的结果。1837年①,雅可比发现了如何强化勒让德条件使它可以提供充分条件。在这方面,他的主要发现是共轭点的概念。我们先来解释一下这是什么意思。

考虑满足欧拉(特征)方程的曲线;这种曲线叫极值曲线。对于变分学的基本问题,通过给定点 $A$,存在一族单参数极值曲线。现在假定 $A$ 是我们寻求极大或极小曲线的两端点之一。给了任一极值曲线,当其他极值曲线越来越接近这极值曲线时,其他极值曲线的交点的极限就是这极值曲线上 $A$ 的共轭点。表达这概念的另一方法是,我们有一族曲线,这族曲线可能有一包络。任一极值曲线与这族曲线的包络的接触点就是这极值曲线上与 $A$ 共轭的点。于是雅可比条件就是:如果 $y(x)$ 是原来问题中端点 $A$ 和 $B$ 之间的一条极值曲线,那么在 $A$, $B$ 间的极值曲线 $y(x)$ 上必定没有共轭点,或甚至于连 $B$ 本身也不是。

这在具体问题中究竟是什么意思,可以从一个例子看出来。可以证明,从 $A$ 点以相同速度 $v$ 但以不同的倾角发射的炮弹,其所有轨线的抛物路径(图30.1)是使作用积分

---

① *Jour. für Math.*, 17, 1837, 68 - 82 = *Ges. Werke*, 4, 39 - 55.

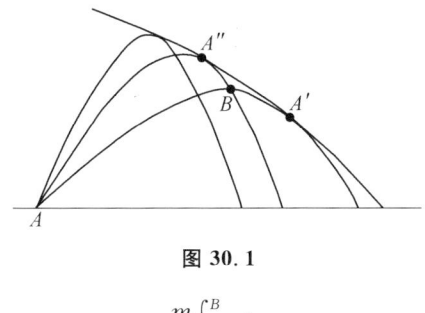

图 30.1

$$\frac{m}{2}\int_A^B v\,\mathrm{d}s$$

极小化或极大化的问题的极值曲线。把 $A$, $B$ 两点之间的作用极小化的问题,一般确实有两个解,即抛物线 $AA''B$ 与抛物线 $ABA'$。还有,通过 $A$ 点的抛物线族有一包络,它在 $A''$ 和 $A'$ 点与两抛物线相切触。在 $AA''B$ 上的共轭点是 $A''$,在 $ABA'$ 上的共轭点是 $A'$。按照雅可比条件,极值曲线 $AA''B$ 不能提供一个极大或极小,但极值曲线 $ABA'$ 可以提供。

雅可比重新考虑了二级变分 $\delta^2 J$(第 24 章第 4 节)。如果以 $y+\varepsilon t(x)$ 代替拉格朗日的 $y+\delta y$,又如果 $a$ 与 $b$ 是 $A$ 与 $B$ 的横坐标,那么

(17) $$\delta^2 J = \frac{\varepsilon^2}{2}\int_a^b (t^2 f_{yy} + 2tt' f_{yy'} + t'^2 f_{y'y'})\mathrm{d}x.$$

雅可比证明了

$$\delta^2 J = \frac{\varepsilon^2}{2}\int_a^b f_{y'y'}\left(t' - t\frac{u'}{u}\right)^2 \mathrm{d}x,$$

其中 $u$ 是雅可比辅助方程

(18) $$\left\{f_{yy} - \frac{\mathrm{d}}{\mathrm{d}x}f_{yy'}\right\}u - \frac{\mathrm{d}}{\mathrm{d}x}(f_{y'y'}u') = 0$$

的解,其中偏导数是沿联结两端点 $A$ 与 $B$ 的一条极值曲线计值的。现在 $u(x)$ 被要求通过 $A$ 点。于是在通过 $A$ 和 $B$ 的极值曲线 $y(x)$ 上,使 $u(x)$ 取零值的所有点都是这极值曲线上共轭于 $A$ 的点。如果 $u = \beta_1 u_1 + \beta_2 u_2$ 是辅助方程(18)的通解,那么可以证明

$$\frac{u_1(x)}{u_2(x)} = \frac{u_1(a)}{u_2(a)}$$

是所有与 $A$ 共轭的点的横坐标的方程,其中 $a$ 是点 $A$ 的横坐标。

雅可比还指出,不必去解辅助方程。因为在随便什么情况下,总要解欧拉方程,设 $y = y(x, c_1, c_2)$ 是这方程的通解,即极值曲线族。那么 $u_1$ 可以取为 $\frac{\partial y}{\partial c_1}$,而 $u_2$ 可取为 $\frac{\partial y}{\partial c_2}$。

雅可比从他关于共轭点的研究引出两条结论。第一是：如果沿从 $A$ 到 $B$ 的极值曲线有一个共轭于 $A$ 的点，那么极大或极小便是不可能的。在这一结论上，雅可比基本上是正确的。

雅可比根据他关于共轭点的考虑还做出结论说，一条在 $A$ 与 $B$ 之间取得极值的曲线（欧拉方程的解），如果沿这曲线 $f_{y'y'} > 0$ 并且在 $A$ 与 $B$ 间（或在 $B$ 点上）不存在共轭点，那么这极值曲线便给出原积分的一个极小。他断言，对于 $f_{y'y'} < 0$，相应的命题对极大成立。实际上，我们马上就会看到，这些充分条件是不正确的。在这篇 1807 年的论文中，雅可比叙述了结果并给出了证明的简单指示。正确命题的完全证明由后继的研究者补出来了。

雅可比的结果除了对极大化或极小化函数的存在性有特殊价值外，他的工作使人们清楚地看到，变分学的进展不能以通常微积分的极大和极小理论为指导。

把雅可比的两条结论当作正确的接受下来有 35 年之久。在这时期内关于这课题的论文在陈述方面是不确切的，在证明方面是有问题的。问题没有严明简洁地陈述，因而造成各种错误。后来，魏尔斯特拉斯从事于变分学的研究工作。他的资料表述于 1872 年在柏林的讲义里，但是他本人没有发表出来，像魏尔斯特拉斯在其他领域里的工作那样，他的思想引起了新的兴趣，在这课题内激起了更大的动力，并锐化了思维。

魏尔斯特拉斯的第一个论点是：迄今为止所建立的极大或极小判别准则——欧拉的、勒让德的、雅可比的——都是有局限的，因为假设中的极大或极小曲线 $y(x)$ 是与别的曲线 $y(x) + \varepsilon t(x)$ 相比较的，在这里实际上是假定 $\varepsilon t(x)$ 和 $\varepsilon t'(x)$ 两者，或拉格朗日所说的 $\delta y$ 和 $\delta y'$ 两者，沿 $x$ 域从 $A$ 到 $B$ 都是很小的。也就是说，$y(x)$ 是与其他有限制的曲线类相比较的，并且在满足这三个判别准则的条件下，它确实比这些比较曲线中任何别的一条要好。克内泽尔（Adolf Kneser, 1862—1930）把这种变分叫做弱变分。然而为了找出真正极小化或极大化积分 $J$ 的曲线，人们必须把它与所有其他联结 $A$ 与 $B$ 的曲线相比较，在这些比较曲线中，包括那些在距离上越益接近极大曲线时，其导数可能不趋近极大（或极小）曲线的导数的比较曲线。例如比较曲线在沿 $x$ 域从 $A$ 到 $B$ 途中可能在一处或多处有尖角（图 30.2）。魏尔斯特拉斯想象中的比较曲线就是克内泽尔所说的强变分。

魏尔斯特拉斯在 1879 年确实证明了弱变分的三个条件：曲线是极值曲线（欧

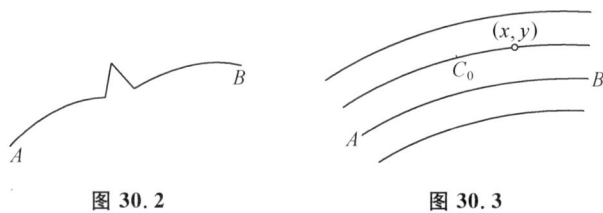

图 30.2　　　　　　　　图 30.3

拉方程的解),沿极值曲线 $f_{y'y'} > 0$,任何与 $A$ 共轭的点必定位于 $B$ 点之外。这三个条件确实是极值曲线给出积分 $J$ 一个极小值(对极大值是 $f_{y'y'} < 0$)的充分条件。

然后,魏尔斯特拉斯考虑了强变分。对这些变分,首先引进了第四个必要条件。他引进一个新的函数,定义为

$$(19) \quad E(x, y, y', \tilde{p}) = f(x, y, \tilde{p}) - f(x, y, y') \\ - (\tilde{p} - y') f_{y'}(x, y, y'),$$

叫做 $E$ 函数,或过剩函数。他的结果是,$y(x)$ 提供一个极小值的第四个必要条件是:对每个有限值 $\tilde{p}$,沿极值曲线 $y(x)$ 上有 $E(x, y, y', \tilde{p}) \geqslant 0$。对极小值是 $E \leqslant 0$。

后来(1879)魏尔斯特拉斯把他的注意力转向允许强变分时极大值(或极小值)的充分条件。为了简明地陈述他的充分条件,有必要引进魏尔斯特拉斯关于场的概念。考虑极值曲线的任一单参数族 $y = \Phi(x, \gamma)$ (图 30.3),其中包括联结 $A$ 与 $B$ 的特殊极值曲线,不妨说它是 $\gamma = \gamma_0$ 的那一条。关于这族极值曲线,除了 $\Phi(x, \gamma)$ 的连续性和可微性的某些细节外,本质性的事实是:在过 $A$ 和 $B$ 的极值曲线附近的一个区域内,极值曲线族中有一条且仅有一条通过这区域内的任何一点 $(x, y)$。满足这个本质性条件的极值曲线族就叫做场。

给了一个环绕联结 $A$ 和 $B$ 的极值曲线 $C_0$ 的一个场(图 30.4),如果在 $x = a$ 和 $x = b$ 间的任何点 $(x, y)$ 上以及这个场所覆盖的区域内有 $E[x, y, p(x, y), \tilde{p}] \geqslant 0$,其中 $p(x, y)$ 表示通过 $(x, y)$ 的极值曲线在 $(x, y)$ 处的斜率,$\tilde{p}$ 是任一有限值,那么相对于这场内联结 $A$ 和 $B$ 的任何其他 $C$ 来说,$C_0$ 使得积分 $J$ 极小化。(对极大值来说,要 $E \leqslant 0$。)

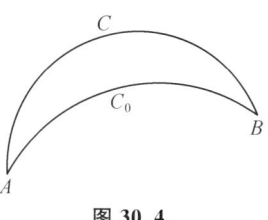

图 30.4

1900 年希尔伯特[①]提出了他的不变积分理论,这个理论大大简化了充分性的证明。希尔伯特提出了一个问题:是否可能确定函数 $p(x, y)$,使得积分

$$(20) \quad I = \int_{x_1}^{x_2} \{f(x, y, p) - (y' - p) f_{y'}(x, y, p)\} \mathrm{d}x$$

在 $(x, y)$ 的区域中与积分路径无关?他发现,如果 $p(x, y)$ 是这样确定的话,那么微分方程

---

① Nachrichten König. Ges. der Wiss. zu Gött., 1900, 291-296 = Ges. Abh., 3, 323-329. 在 Amer. Math. Soc. Bull., 8, 1902, 472-478 上有一个由纽瑟姆(Mary Winston Newsom)翻译的英译本。这个材料是 1900 年希尔伯特的著名论文《数学问题》(Mathematical Problems)的一部分。

$$\frac{dy}{dx} = p(x, y)$$

的解是一个场的极值曲线。反之,如果 $p(x, y)$ 是场 $F$ 的斜率函数,则在 $F$ 中 $I$ 与路径无关。从这个定理出发,希尔伯特导出了魏尔斯特拉斯关于强变分的充分性条件。

## 4. 变分法中的有关问题

我们对变分法历史的说明主要集中于积分

$$J = \int_{x_1}^{x_2} f(x, y, y') dx.$$

还提到过一些其他问题,如等周问题、单个变量几个函数的问题(例如在最小作用原理中出现的问题),以及重积分的情形,这个情形拉格朗日首先论述过,而且在极小曲面问题中就出现过(第 24 章第 4 节)。有许多种与变分法有关的问题,诸如以参数表示 $x = x(t)$ 和 $y = y(t)$ 来处理的极小化或极大化曲线——魏尔斯特拉斯详尽地讨论了这个问题——以及主要在动力学中的一些问题,其中出现在被积函数中的变量受一些辅助方程的限制,这些辅助方程称为约束。最后这类问题多少也与等周问题有关,因为在等周问题中也规定了一个辅助条件,即规定了围出最大面积的曲线的长度(虽然在等周问题中辅助条件是以表示曲线长度的积分这种形式出现的),而在动力约束的情形下,一个或一组约束条件的形式是包含自变量和应变量甚至包含应变量的微分的方程。还有一个早就讨论过的重要问题叫做狄利克雷问题(第 28 章第 4 节和第 8 节)。

我们将不去追溯这些问题的详细历史,因为尽管这些问题是有意义的而且到如今已经做了相当多的工作,但是没有一个数学发展的重要特征是出自这些问题的。也许值得提一下的是极小曲面的课题,这个问题要求解方程

$$(1 + q^2)r - 2pqs + (1 + p^2)t = 0.$$

从 1817 年安培的一篇论文以后,直到比利时物理学家普拉托(Joseph Plateau, 1801—1883)在 1873 年写的一本书《遵从单一分子模型的流体静力学实验与理论》(*Statique expérimentale et théorique des liquides soumis aux seules formes moléculaires*)为止,关于极小曲面问题的研究一直是不活跃的。普拉托在他的书中指出,如果人们把具有闭曲线形状的金属丝浸到甘油溶液(或肥皂水)中,然后把金属丝取出来,那么具有最小面积的曲面形状的肥皂薄膜就张成金属丝边界。于是,为了研究由一条空间闭曲线所围的极小曲面问题,数学家们接受了一种新的刺激。因为边界曲线或曲线组可以非常复杂,极小曲面问题真正的显式解析解也许

是不可能得到的。这个问题现在被称为普拉托问题,导致关于至少是解的存在性证明的研究,由此可以导出解的某些性质。

# 参 考 书 目

Dresden, Arnold: "Some Recent Work in the Calculus of Variations," *Amer. Math. Soc. Bull.*, 32,1926,475 – 521.

Duren, W. L., Jr.: "The Development of Sufficient Conditions in the Calculus of Variations," *University of Chicago Contributions to the Calculus of Variations*, Ⅰ, 1930, 245 – 349, University of Chicago Press, 1931.

Hamilton, W. R.: *The Mathematical Papers*, 3 vols., Cambridge University Press, 1931, 1940 and 1967.

Jacobi, C. G. J.: *Gesammelte Werke*, G. Reimer, 1886 and 1891, Chelsea (reprint), 1968, Vols. 4 and 7.

Jacobi, C. G. J.: *Vorlesungen über Dynamik* (1866), Chelsea (reprint), 1968. Also in Vol. 8 of Jacobi's *Gesammelte Werke*.

McShane, E. J.: "Recent Developments in the Calculus of Variations," *Amer. Math. Soc. Semicentennial Publications*, Ⅱ, 1938, 69 – 97.

Porter, Thomas Isaac: "A History of the Classical Isoperimetric Problem," *University of Chicago Contributions to the Calculus of Variations*, Ⅱ, 475 – 517, University of Chicago Press, 1933.

Prange, Georg: "Die allgemeinen Integrationsmethoden der analytischen Mechanik," *Encyk. der Math. Wiss.*, B. G. Teubner, 1904 – 1935, Ⅳ, 2, 509 – 804.

Todhunter, Isaac: *A History of the Calculus of Variations in the Nineteenth Century*, Chelsea (reprint), 1962.

Weierstrass, Karl: *Werke*, Akademische Verlagsgesellschaft, 1927, Vol. 7.

# 第31章

## 伽罗瓦理论

> 最有价值的科学书籍是作者在书中明白地指出了他所不明白的东西的那些书,遗憾地,这还很少被人们所认识;作者由于掩盖难点,大多害了他的读者。
>
> 伽罗瓦

## 1. 引言

求解多项式方程这个代数的基本问题,继续占据着19世纪前期代数舞台的中心。这期间,哪些方程可用代数运算求解,这个重要问题由伽罗瓦明确而透彻地回答了。然而,他不仅创立了代数理论头等意义表达清楚的主体,而且引进了新概念,这些新概念被发展成其他有广泛应用的代数理论。特别地,在他和阿贝尔的著作中出现了群和域的概念。

## 2. 二项方程

我们已经讨论过(第25章第2节)欧拉、范德蒙德、拉格朗日和鲁菲尼为了代数地求解四次以上的方程和二项方程 $x^n - 1 = 0$ 所作的无效努力。一个重要的成就是由高斯完成的。在他的《算术研究》①的最后一节,高斯考察了方程

(1) $$x^p - 1 = 0,$$

这里 $p$ 是素数②。这个方程通常称为分圆方程或对圆进行分割的方程。上面的术语参考了下述事实:由棣莫弗定理,这个方程的根是

(2) $$x_k = \cos k\frac{2\pi\theta}{p} + i\sin k\frac{2\pi\theta}{p}, \ k = 1, 2, \cdots, p,$$

而这些复数 $x_k$ 当几何地作出图像时就是单位圆上的正 $p$ 边形的顶点。

---

① 1801,*Werke*,I.
② $p$ 素数的情况满足 $x^n - 1 = 0$ 的需要,因为若 $n = pq$,令 $y = x^q$,而 $y^p - 1 = 0$ 是可解的,因此 $x^q = $ 常数。当 $q$ 是素数时可解,如 $q$ 不是素数,可按分解 $n$ 的相同方式来分解 $q$。

高斯证明了这个方程的根可用一个方程序列

(3) $\qquad Z_1 = 0, Z_2 = 0, \cdots$

的根有理地表示出来,这些方程的系数是这序列中前面的方程的根的有理函数。(3)中方程的次数正好是 $p-1$ 的素因子。对每个因子,即使是重复的因子,有一个 $Z_i$。而每个 $Z_i = 0$ 都能用根式解出,于是方程(1)也能同样解出。

这个结果对于代数地求解一般的 $n$ 次方程的问题当然具有重要的意义,它表明了某些高次方程能用根式解出,例如,设 5 是 $p-1$ 的一个因子,则有一个五次方程,或设 7 是 $p-1$ 的一个因子,则有一个七次方程能用根式解出。

这结果对作正 $p$ 边形的几何问题也具有重要性。如 $p-1$ 没有异于 2 的因子,则正 $p$ 边形可用直尺和圆规作出,因为(3)中每个方程的次数都是 2,而它的每个根都可通过它的系数作出。这样我们就能够作出边数为素数 $p$ 而 $p-1$ 是 2 的方幂的全部正多边形。这样的素数是 3,5,17,257,65 537,$\cdots$。换个说法,如 $p$ 是 $2^{2^h} + 1$ 形式的素数①,正 $p$ 边形就能作出。高斯评论说(Art. 365),虽然 3,5,15 边的正多边形以及从它们直接得出的那些——如 $2^n$,$2^n \cdot 3$,$2^n \cdot 5$,$2^n \cdot 15$(这里 $n$ 是正整数)的正多边形的几何作图在欧几里得时期就已知道了,但在 2 000 年的期间里,没有发现新的可作图的正多边形,而且几何学家们曾一致声称没有别的正多边形能够作得出来。

高斯料想到他的结果可能导致寻找新的可作图的边数为素数的正多边形的种种努力。于是他警告说:"每当 $p-1$ 包含 2 以外的素数因子,我们就得到高次方程,就是说,如 3 是 $p-1$ 的一次或多次因子,就得到一个或多个三次方程。如 $p-1$ 能被 5 除尽,就得到一个五次方程等。而且我们能完全严密地证明这种高次方程不能避免或不能使得它们依赖于低次方程;虽然这项工作的限制不允许我们在这里给出证明,但我们还是认为注意这个事实是必要的,这是为了使人们除了由我们的理论所给出的那些多边形以外不要去寻找别的(边数为素数的)多边形的作图,例如 7,11,13,19 边的多边形,白白耗费他的时间。"

然后,高斯考虑任何 $n$ 边多边形(Art. 366)并且断言,一个正 $n$ 边形是可作图的,当且仅当 $n = 2^l p_1 p_2 \cdots p_n$,这里 $p_1$,$p_2$,$\cdots$,$p_n$ 是形为 $2^{2^h} + 1$ 的不同素数,而 $l$ 是任意正整数或 0。这个条件的充分性确实容易从高斯关于边数为素数的多边形的工作得出,但是必要性却一点也不显然,并且没有被高斯证明②。

从 1796 年起,高斯就对正多边形的作图发生兴趣,那时他就构思 17 边形可以

---

① 在形为 $2^\mu + 1$ 的素数中,$\mu$ 一定是 $2^h$ 的形状,但 $2^{2^h} + 1$ 不一定是素数。

② 看皮尔庞特(James Pierpont),"On an Undemonstrated Theorem of the *Disquisitiones Arithmeticae*," *Amer. Math. Soc. Bull.*, 2,1895—1896,77—83。这篇文章给了证明。高斯条件是必要的这个事实首先是由万采尔(Pierre L. Wantzel,1814—1848)所证明,见 *Jour. de Math.*, 2,1837,366—372。

作图的第一个证明。关于这个发现有一段值得重述的故事。这个作图问题早已是著名的问题了。一天,高斯带着这个多边形可作图的证明到格丁根大学他的教授克斯特纳那儿去,克斯特纳不相信,并企图赶走高斯,很像今天的大学教师们赶走三等分角的人一样。克斯特纳不愿花时间检查高斯的证明,并想从中寻找假定上的错误,他告诉高斯,这个作图法是不重要的,因为实际的作图法是熟知的。当然克斯特纳知道实际的或近似的作图法的存在是与理论问题不相干的。高斯为了使克斯特纳对他的作图法感兴趣,就指出他曾经解出了一个17次的代数方程。克斯特纳回答说这是不可能的。但高斯答辩说,他把这个问题化简成解一个低次的方程。克斯特纳嘲笑说:"噢,好,我已经这样做了。"因克斯特纳也炫耀过他自己的诗集,高斯后来就用赞美克斯特纳是数学家中最好的诗人和诗人中最好的数学家的话作为回敬。

## 3. 阿贝尔关于用根式解方程的工作

阿贝尔读了拉格朗日和高斯关于方程论的著作,当他还是中学学生时,就按高斯对二项方程的处理方法着手探讨高次方程可解性的问题。起初,阿贝尔以为他已经解决了用根式解一般的五次方程的问题,但是很快就认识到他的错误,后来,他就试图证明这样一个解答是不可能的(1824—1826)。首先他成功地证明了下述定理:可用根式求解的方程的根能以这样的形式给出,出现在根的表达式中的每个根式都可表示成方程的根和某些单位根的有理函数。然后阿贝尔用这个定理证明了[1]高于四次的一般方程用根式求解的不可能性。

由于不知道鲁菲尼的工作(第25章第2节),阿贝尔的证明是迂回而又不必要地复杂。他的文章在函数分类中还有一个错误,幸亏这个错误对论证不是本质性的。后来他发表了两个更精心的证明。一个简单、直接而又严密的证明是1879年由克罗内克根据阿贝尔的思想做出的[2]。

这样,高于四次的一般方程的求解问题由阿贝尔解决了。他还考虑了一些特殊的方程。他做了[3]分割双纽线的问题(解 $x^n - 1 = 0$ 等价于分一个圆成 $n$ 个等弧的问题),并且得出一类代数方程,现在叫阿贝尔方程,它们是能用根式求解的。分圆方程(1)是阿贝尔方程的一例。更一般地说,如果一个方程的全部根都是其中一

---

[1] *Jour. für Math.*, 1, 1826, 65-84 = Œuvres, 1, 66-94.

[2] *Monatsber. Berliner Akad.*, 1879, 205-229 = Werke, 4, 73-96. 克罗内克的证明由皮尔庞特作了说明,见 "On the Ruffini-Abelian Theorem," *Amer. Math. Soc. Bull.*, 2, 1895-1896, 200-221.

[3] *Jour. für Math.*, 4, 1829, 131-156 = Œuvres, 1, 478-507.

个根的有理函数,就是说,若全部根为 $x_1$, $\theta_1(x_1)$, $\theta_2(x_1)$, $\cdots$, $\theta_{n-1}(x_1)$,其中 $\theta_i$ 是有理函数,这样的方程就称为阿贝尔方程。还有条件:对 $\alpha$, $\beta$ 的从 1 到 $n-1$ 的全部值,$\theta_\alpha[\theta_\beta(x_1)] = \theta_\beta[\theta_\alpha(x_1)]$。

在最后的这一工作中,他引进了两个概念(虽然没有术语),即域和在给定域中不可约的多项式。同后来伽罗瓦一样,他所说的数域是指这样的数集,这个数集中的任何两个数的和、差、积、商(除去用零作除数外)仍在集合中。例如有理数、实数和复数都形成域。一个多项式称为在一个域中(通常它的系数属于此域)是可约的,如果它能表示成低次的,系数在此域中的两个多项式的乘积。如果这个多项式不能这样表示出,就称为不可约的。

阿贝尔然后着手探讨刻画能用根式求解的全部方程的特性的问题,并在 1829 年他临死以前,把一些结果通知了克雷尔和勒让德。

## 4. 伽罗瓦的可解性理论

在阿贝尔的工作之后,情况是这样:虽然高于四次的一般方程不能用根式求解,但仍有很多特殊的方程,如二项方程 $x^p = a$($p$ 为素数)和阿贝尔方程都可用根式求解。现在的任务是确定哪些方程可用根式求解。刚刚由阿贝尔开始的这个任务由伽罗瓦(1811—1832)担当起来了。由于出身富裕并有受过教育的双亲,他在 15 岁时就进入巴黎的一所有名的公立中学,并开始研究数学。这个学科成了他的爱好,他仔细研究了拉格朗日、高斯、柯西和阿贝尔的著作,别的学科他都忽视了。伽罗瓦曾想进多科工艺学校,但可能由于在考场上口头回答问题失误,或考试的教授不了解他,两次尝试都遭落选,因此他进了预备学校(这个名字是对正规学校讲的,那时是一所低等的学校)。1830 年革命时,革命把查理十世(Charles X)从王位上赶走,而任命了路易・菲利普(Louis Philippe)。伽罗瓦公开批评他那所学校的学监对革命不支持而被开除。他两次因为政治罪而被捕,在狱中度过了他的半生和最后一年的大部分时间,并在 1832 年 5 月 31 日的一次决斗中被杀了。

在学校的第一年,伽罗瓦发表了四篇文章。1829 年,他把解方程的两篇文章呈送科学院。这些文章被托给了柯西,他把它们遗失了。1830 年 1 月,他交给科学院另外一篇仔细写成的关于他的研究的文章。该文送到傅里叶那里,之后不久傅里叶就死了,因而这篇文章也被遗失了。在泊松提议下,伽罗瓦就他的研究写了(1831)一篇新文章《关于用根式解方程的可解性条件》(·Sur les conditions de résolubilité des équations par radicaux)[①]。这篇文章是他在方程的解的理论方面

---

① Œuvres, 1897, 33-50.

仅有的一篇完成了的文章,被泊松作为难以理解而退回,并劝告他应写一份较详尽的阐述。在伽罗瓦死的前夜,他为他的研究起草了一份匆忙写成的说明,托给了他的朋友舍瓦利埃(August Chevalier)。这个说明被保存下来了。

1846 年,刘维尔在《数学杂志》①上编辑出版了伽罗瓦的部分文章,其中包括 1831 年文章的一个修订。后来塞雷特的 1866 年的《高等代数教程》(*Cours d'algèbre supérieure*)第三版对伽罗瓦的思想作了一个叙述。对伽罗瓦理论第一个全面而清楚的介绍是若尔当(Camille Jordan)于 1870 年在他的书《置换和代数方程专论》(*Traité des substitutions et des équations algébriques*)中给出的。

伽罗瓦是通过改进拉格朗日的思想去探讨可用根式求解的方程的特性问题的,虽然他也从勒让德、高斯、阿贝尔的著作中得到一些启发。他提出考虑一般方程,这当然就是

(4) $$x^n + a_1 x^{n-1} + \cdots + a_{n-1} x + a_n = 0.$$

同拉格朗日的著作中一样,其中的系数必须是独立的或完全任意的。他还提出考虑特殊的方程,如

(5) $$x^4 + px^2 + q = 0,$$

其中仅有两个系数是独立的。伽罗瓦的主要思想是要绕开构造这给定多项式的拉格朗日预解式(第 25 章第 2 节),这种构造需要很高的技巧并且没有明确的成套方法。

和拉格朗日一样,伽罗瓦用了根的置换或排列的概念。例如,设 $x_1$,$x_2$,$x_3$,$x_4$ 是一个四次方程的四个根,则在包含这些 $x_i$ 的任何表达式中交换 $x_1$ 和 $x_2$ 就是一个置换,这个特别的置换用

$$\begin{pmatrix} x_1 & x_2 & x_3 & x_4 \\ x_2 & x_1 & x_3 & x_4 \end{pmatrix}$$

来表示,另一个置换由

$$\begin{pmatrix} x_1 & x_2 & x_3 & x_4 \\ x_3 & x_4 & x_1 & x_2 \end{pmatrix}$$

表示。实行第一个置换后进行第二个置换,等价于实行第三个置换

$$\begin{pmatrix} x_1 & x_2 & x_3 & x_4 \\ x_4 & x_3 & x_1 & x_2 \end{pmatrix}.$$

因为,例如由第一个置换,$x_1$ 换成 $x_2$;由第二个置换,$x_2$ 又换成 $x_4$;而由第三个置换,$x_1$ 直接就变到 $x_4$。我们就说头两个置换按上述顺序作成的乘积就是第三个置换。总共有 4! 个可能的置换。因为置换集合中任何两个置换的乘积仍是原集合的成员,所以置换的集合就说是形成一个群。这个概念,当然还不是抽象群的正式

---

① *Jour. de Math.*, 11,1846,381 - 444.

定义,它是属于伽罗瓦的。

为了掌握伽罗瓦的思想,让我们考虑方程[1]

$$x^4 + px^2 + q = 0,$$

这里 $p$ 和 $q$ 是独立的。令 $R$ 是由 $p$ 和 $q$ 的有理表达式所形成的域,这些表达式的系数在有理数域中,一个典型的表达式是 $(3p^2 - 4q)/(q^2 - 7p)$。按伽罗瓦的说法,$R$ 是由添加字母或未知数 $p$, $q$ 到有理数中而得到的域。这个域 $R$ 是给定方程的系数域或有理整环,这个方程就说是属于这个域 $R$。和阿贝尔一样,伽罗瓦没有用域或有理整环这术语,但他确实用了这概念。

我们恰好知道这四次方程的根是

$$x_1 = \sqrt{\frac{-p+\sqrt{p^2-4q}}{2}}, \quad x_2 = -\sqrt{\frac{-p+\sqrt{p^2-4q}}{2}},$$

$$x_3 = \sqrt{\frac{-p-\sqrt{p^2-4q}}{2}}, \quad x_4 = -\sqrt{\frac{-p-\sqrt{p^2-4q}}{2}}.$$

于是,系数在 $R$ 中的两个关系

$$x_1 + x_2 = 0, \; x_3 + x_4 = 0$$

对这些根成立。由于我们的方程是四次的,因而有根的 24 个可能置换。下面八个置换

$$E = \begin{pmatrix} x_1 & x_2 & x_3 & x_4 \\ x_1 & x_2 & x_3 & x_4 \end{pmatrix}, \; E_1 = \begin{pmatrix} x_1 & x_2 & x_3 & x_4 \\ x_2 & x_1 & x_3 & x_4 \end{pmatrix},$$

$$E_2 = \begin{pmatrix} x_1 & x_2 & x_3 & x_4 \\ x_1 & x_2 & x_4 & x_3 \end{pmatrix}, \; E_3 = \begin{pmatrix} x_1 & x_2 & x_3 & x_4 \\ x_2 & x_1 & x_4 & x_3 \end{pmatrix},$$

$$E_4 = \begin{pmatrix} x_1 & x_2 & x_3 & x_4 \\ x_3 & x_4 & x_1 & x_2 \end{pmatrix}, \; E_5 = \begin{pmatrix} x_1 & x_2 & x_3 & x_4 \\ x_4 & x_3 & x_1 & x_2 \end{pmatrix},$$

$$E_6 = \begin{pmatrix} x_1 & x_2 & x_3 & x_4 \\ x_3 & x_4 & x_2 & x_1 \end{pmatrix}, \; E_7 = \begin{pmatrix} x_1 & x_2 & x_3 & x_4 \\ x_4 & x_3 & x_2 & x_1 \end{pmatrix},$$

使在 $R$ 中这两个关系保持成立[2]。可以证明,这八个置换是 24 个置换中使根之间

---

[1] 由于伽罗瓦自己对他的思想介绍是不清楚的,并且他引进了那么多的新概念,所以我们将借助于韦里埃斯特(Verriest)提出的一个例子(看本章末尾的书目)来弄清楚伽罗瓦理论。

[2] 对一般的 $n$ 次方程,即以 $n$ 个独立的量作为系数的方程,根的一个函数在根的一个置换下是不变的,或不被这个置换改变,当且仅当它保持同原来的函数恒等。如果系数全是数值,则一个函数是不变的,如果它保持数值上相同。例如对 $x^3 + x^2 + x + 1 = 0$,根是 $x_1 = -1$, $x_2 = i$ 和 $x_3 = -i$. 考虑 $x_2^2$。用 $x_3$ 代替 $x_2$,给出 $x_3^2$. 这同 $x_2^2$ 有相同的数值。于是 $x_2^2$ 在这个置换下不变。如果系数包含一些数值和一些独立的量,则根的一个函数在根的置换下保持不变,如果函数对独立的量的所有的值(这些量的定义域中的)和对根的所能取到的数值在数值上相同的话。

在 $R$ 中的**全部**关系都不变的仅有的置换。这八个置换便是这方程在 $R$ 中的群。他们是整个群的一个子群。就是说,一个方程相对于域 $R$ 的群是根的置换的群或子群,这些置换使给定方程(不管一般或特殊的)的根之间带有 $R$ 中的系数的**全部**关系不变。我们能说,使 $R$ 中全部关系不变的置换的数目是我们对根的无知程度的一个尺度,因为在这八个置换之下我们不能把它们区分开来。

现在考虑 $x_1^2 - x_3^2$,它等于 $\sqrt{p^2 - 4q}$。添加这个根式到 $R$ 中,形成一个域 $R'$,即我们形成包含 $R$ 和 $\sqrt{p^2 - 4q}$ 的最小的域。于是

(6) $$x_1^2 - x_3^2 = \sqrt{p^2 - 4q}$$

是 $R'$ 中的一个关系。由于 $x_1 + x_2 = 0$ 和 $x_3 + x_4 = 0$,我们还有

$$x_1^2 = x_2^2 \quad \text{和} \quad x_3^2 = x_4^2.$$

于是由最后这两件事实,我们能说,上面八个置换的前四个使 $R'$ 中的关系(6)保持成立,但后四个则不行。于是这四个置换,如果它们使根之间的每个在 $R'$ 中正确的关系保持不变,就是方程在 $R'$ 中的群。这四个置换是八个置换的一个子群。

现设我们添加量 $\sqrt{(-p-D)/2}$ 到 $R'$ 中,这里 $D = \sqrt{p^2 - 4q}$,并形成域 $R''$,则

$$x_3 - x_4 = 2\sqrt{\frac{-p-D}{2}}$$

是 $R''$ 中的一个关系。这个关系仅在头两个置换 $E$ 和 $E_1$ 下保持不变,而在八个置换的其余置换下不这样。倘若根之间的每个在 $R''$ 中的关系在这两个置换下都保持不变,则方程在 $R''$ 中的群由这两个置换组成。这两个置换是那四个置换的一个子群。

设我们添加量 $\sqrt{(-p+D)/2}$ 到 $R''$ 中,又得到 $R'''$。在 $R'''$ 中我们有

$$x_1 - x_2 = 2\sqrt{\frac{-p+D}{2}}.$$

现在恰有 $E$ 是使 $R'''$ 中全部关系保持正确的仅有的置换;因而这是方程在 $R'''$ 中的群。

从上面的讨论可以看到,方程的群是它的可解性的关键,因为这个群表示出根的不可区分的程度。它告诉我们,关于根有哪些东西我们还不知道。

存在许多群,或严格地说是一个置换群和依次包含如上的一些子群。现在一个群(或子群)的**阶**就是其中元素的个数。于是我们就有了阶为 24, 8, 4, 2, 1 的群。子群的阶总能整除母群的阶(第 6 节)。一个子群的**指数**是它所在的群的阶被子群的阶除所得的商。例如那个 8 阶子群的指数就是 3。

上面的概要仅仅表明伽罗瓦所论述的思想。他的工作如下进行:给了一个一般的或特殊的方程,他首先说明如何能找到这个方程在系数域中的群 $G$,即根的置换的群,而这些置换使根之间的系数在该域中的全部关系保持不变。当然我们必

须在不知道根的情况下找到这个方程的群。在上面的例子中，四次方程的群是 8 阶的，而系数域是 $R$。在找到了方程的群 $G$ 后，下一步是找 $G$ 的最大的子群 $H$。在我们的例子中，这是一个四阶子群。假如有两个或多个最大子群，可任取一个。$H$ 的确定是纯粹群论的事，是能够做到的。找到 $H$ 后，可以用一套仅含有理运算的手续来找到根的一个函数 $\phi$，它的系数属于 $R$，并且在 $H$ 的置换下，它不改变值，但在 $G$ 的所有别的置换 $T$ 下，就要改变值。在我们上面的例子中，这个函数是 $x_1^2 - x_3^2$。实际上可得到无穷多个这样的函数。当然我们必须在不知道根的情况下找出这样一个函数。存在一种方法构造 $R$ 中的一个方程，使它的一个根就是这个函数 $\phi$。这个方程的次数是 $H$ 在 $G$ 中的指数。这个方程称为一个部分预解式①。在我们的例子中，这方程是 $t^2 - (p^2 - 4q) = 0$，它的次数是 8/4 或 2。

接着必须能从这个部分预解式解出根 $\phi$。在我们的例子中，$\phi$ 是 $\sqrt{p^2 - 4q}$。添加 $\sqrt{p^2 - 4q}$ 到 $R$ 中，得到一个新的域 $R'$。于是可以证明，原来方程关于域 $R'$ 的群是 $H$。

我们现在重复这个步骤。在我们的例子中我们有群 $H$，是四阶的，以及域 $R'$。下一步找 $H$ 的最大子群。在我们的例子中，它是 2 阶子群，称这个子群为 $K$。现在能得到原方程的根的一个函数，它的系数属于 $R'$，它的值在 $K$ 的每个置换下不变，而在 $H$ 的其他置换下要改变。在我们上面的例子中这方程是 $t^2 - 2(-p - \sqrt{p^2 - 4q}) = 0$。这方程的次数是 $K$ 关于 $H$ 的指数，即 4/2 或 2。这方程是第二个部分预解式。

接着必须解出这个预解式方程，得到一个根，即函数 $\phi_1$；把这个值添加到 $R'$ 中，从而形成域 $R''$。对于 $R''$，方程的群是 $K$。

再重复这个过程，找到 $K$ 的最大子群 $L$。在我们的例子中这恰是恒等置换 $E$。我们找根的一个函数(系数在 $R''$ 中)，它在 $E$ 下保持值不变，而在 $K$ 的别的置换下改变它的值。在我们的例子中，这样一个函数是 $x_1 - x_2$。为了在不知道根的情况下得到这个 $\phi_2$，我们必须构造 $R''$ 中的一个方程，以函数 $\phi_2$ 为一个根。在我们的例子中，这方程是 $t^2 - 2(-p + \sqrt{p^2 - 4q}) = 0$。这方程的次数是 $L$ 关于 $K$ 的指数，在我们的例子中是 2/1 或 2。这方程是第三个部分预解式。我们必须解这个方程，以找到值 $\phi_2$。

在添加这个根到 $R''$ 中以后，得到 $R'''$。假设我们已到了最后一步，这里，原方程在 $R'''$ 中的群是恒等置换 $E$。

接着伽罗瓦证明了当一个方程关于给定域的群恰是 $E$ 时，那么方程的各个根都是属于那个域。因此，根在域 $R'''$ 中。又因 $R'''$ 是由已知域 $R$ 用逐次添加已知量

---

① 预解式这词的这个用法与拉格朗日的用法不同。

得到的,我们就知道了根所在的这个域。其次有一个用 $R'''$ 中有理运算来直接找根的步骤。

伽罗瓦给出了一个方法来找给定方程的群,逐次的预解式以及方程关于逐次扩大了的系数域的群,即原来群的逐次的子群,而扩大的系数域是由添加这些逐次的预解式的根到原来的系数域而得到的。这些步骤包含了可观的理论,但正如伽罗瓦指出的,他的工作不打算成为解方程的一个实际方法。

接着伽罗瓦把上面的理论运用到以有理运算和根式解多项式方程的问题。这里他引进了群论的另一个概念。设 $H$ 是 $G$ 的一个子群,如果用 $G$ 的任一元素 $g$ 乘 $H$ 的所有置换,则得到一个新的置换集合,用 $gH$ 表示,这符号表示先实行置换 $g$,然后再应用 $H$ 的任一元素。如果对 $G$ 中的每个 $g$ 有 $gH = Hg$,则称 $H$ 为 $G$ 的一个正规子群(自共轭或不变)子群。

我们回忆伽罗瓦的解方程的方法需要找寻和求解逐次的预解式。伽罗瓦证明了当作为约化方程的群(比如说由 $G$ 约化到 $H$)的预解式是一个素数次 $p$ 的二项方程 $x^p = A$ 时,则 $H$ 是 $G$ 的一个正规子群(且有指数 $p$);反之,如 $H$ 是 $G$ 的一个正规子群,且具有素指数 $p$,则相应的预解式是 $p$ 次二项方程,或能化简到这样的方程。如所有的逐次预解式都是二项方程,则由高斯关于二项方程的结果,我们能用根式解原来的方程。因为我们知道,我们能从最初的域通过逐次添加根式的方法过渡到根所在的最后的域。反之,如果一个方程能用根式求解,则预解式方程组必定存在,而且它们都是二项方程。

如此,可用根式求解的理论与前面所给的求解理论在一般轮廓上是相同的;不同的只是在子群序列

$$G, H, K, L, \cdots, E$$

中,必须每一个都是前一个群的极大正规子群(不是任何较大的正规子群的子群)。这样的序列叫做合成序列。$H$ 对 $G$ 的指数,$K$ 对 $H$ 的指数,如此之类,叫做合成序列的指数。若这些指数都是素数,则这方程就能用根式求解,而若这些指数不是素数,则这方程就不能用根式求解。当我们找极大正规子群序列时,可能有选择;即在一个给定的群或子群中最高阶的极大正规子群可能多于一个,我仍可选任何一个,虽然由此而得的子群可能不同,但将产生完全相同的指数集合,虽然这些指数出现的次序可以不同(参看下面的若尔当-赫尔德定理)。包含一个素数指数的合成序列的群 $G$ 称为可解的。

伽罗瓦理论是如何证明当 $n > 4$ 时一般的 $n$ 次方程不能用根式求解,而 $n \leqslant 4$ 时又都能求解呢? 对一般的 $n$ 次方程,这个群由 $n$ 个根的全部 $n!$ 个置换组成。这个群称为 $n$ 级对称群。它的阶当然是 $n!$。对每个对称群,不难找到合成序列。这里极大正规子群(称为交错子群)具有阶 $n!/2$。这个交错群仅有的正规子群是恒

等元素。因此指数是 2 和 $n!/2$。但对 $n>4$，数 $n!/2$ 决不是素数。因此次数大于 4 的一般方程不能用根式求解。另一方面，二次方程可以借助单独一个预解式方程而解出。合成序列的指数恰由单个数 2 组成。一般的三次方程，为了求解，需要两个预解式方程，其形式为 $y^2=A$ 和 $z^3=B$。这些当然是二项预解式，合成序列的指数是 2 和 3。一般的四次方程能够求解，因为它有四个二项预解式方程，一个三次的、三个二次的，因而合成序列的指数是 2, 3, 2, 2。

对于数字系数的方程，与带有独立的文字系数的方程不同，伽罗瓦给出了一个与上述相似的理论。然而，判定可用根式求解的手续更复杂，虽然基本原理是相同的。

伽罗瓦还证明了一些特殊的定理。如果有一个素数次的不可约方程，它的系数在一个域 $R$ 中，它的根全部是其中两个根的带有 $R$ 中系数的有理函数，则此方程可用根式求解。他还证明了逆定理：每个可用根式求解的素数次的不可约方程，具有性质，每个根都是其中两个根的带有 $R$ 中系数的有理函数。这样的方程现在叫做伽罗瓦方程。伽罗瓦方程的最简单的例子是 $x^p-A=0$。这个概念是阿贝尔方程的推广。

附带说一下，埃尔米特[①]和克罗内克在给埃尔米特的一封信[②]及后来的一篇文章[③]中，用椭圆模函数解出了一般的五次方程，这类似于用三角函数来解不可约的三次方程。

## 5. 几何作图问题

18 世纪的数学家们怀疑一些著名的作图问题能被解决。伽罗瓦的工作提供了可作图的一个判别法，这个判别法解决了一些著名的问题。

用圆规、直尺作图的每一步都需要找一个交点，或者是属于两条直线的，或者是一直线和一圆的，或者是两个圆的。由于引进了坐标几何，人们认识到，用代数术语说，这样的步骤意味着同时求解两个线性方程，或一个线性和一个二次方程，或两个二次方程。在任何一种情况下，可能遇到的最坏情况，在代数上是一个平方根。因此，由相继的步骤或作图所找到的量，最坏的结果是施加于给定量上的一串平方根。因此，可以作图的量必须位于如下一些域中，这些域是由包含给定量的域仅仅添加给定量的平方根或后来作出的量的平方根而得到。我们称这样的扩张域

---

[①] *Comp. Rend.*, 46, 1858, 508 - 515 = *Œuvres*, 2, 5 - 12.
[②] *Comp. Rend.*, 46, 1858, 1150 - 1152 = *Werke*, 4, 43 - 48.
[③] *Jour. für Math.*, 59, 1861, 306 - 310 = *Werke*, 4, 53 - 62.

为二次扩张域。

在进行相继的作图时,有几个限制必须注意。例如,某些步骤允许用任意的直线或圆。譬如在二等分线段时,我们能用大于线段一半的圆。我们必须在给定元素的域中在可作图的扩张域中选择这个圆。这是能做到的。

还有,扩张域可以包含复元素,因为,譬如说,负坐标的平方根可能出现。这些复元素是可作图的,因为所出现的复量的实部和虚部的每一个都是一个实方程的根;而这些根是可作图的。

给了一个作图问题,首先要建立一个代数方程,它的解是所要求的量。这个量必须属于给定量的域的某个二次扩张域。在正 17 边形的情况里,这方程是 $x^{17}-1=0$,而给定的量可以取成单位圆的半径。相关的不可约方程是 $x^{16}+x^{15}+\cdots+1=0$。用伽罗瓦理论的术语说,一个方程能用**平方根**求解的必要和充分条件是方程的伽罗瓦群的阶是 2 的方幂。方程 $x^{16}+x^{15}+\cdots+1=0$ 正是这种情况,合成序列是 2, 2, 2, 2。这意思是说,预解式是次数为 2 的二项方程,从而仅有平方根被添加到原来的由单位圆的给定半径所确定的有理域中。由伽罗瓦的这个判别法我们能证明高斯的结论,即素数 $p$ 边的正多边形能用直尺和圆规作图当且仅当素数 $p$ 具有形式 $2^{2^n}+1$,即当 $p=3, 5, 17, 257, \cdots$ 时,而对 $p=7, 11, 13, 19, 23, 29, 31, \cdots$ 则不行。伽罗瓦理论还能用来证明三等分任意角或倍立方体的问题都是不可解的。

但伽罗瓦的判别法完全不适用于化圆为方的问题。这里,给定量是圆的半径,要解的方程是 $x^2=\pi r^2$。虽然这个方程本身恰为二次,但下述事实不对,即它的解属于由给定量确定的域的二次扩张域,这是因为 $\pi$ 不是一个代数无理数(第 41 章第 2 节)。因此,伽罗瓦的工作不仅完全回答了哪些方程可用代数运算求解的问题,而且给了一个一般的判别法来判定几何图形利用直尺和圆规的可作图性。

就著名的作图问题而言,应该注意,在应用伽罗瓦理论以前,高斯和万采尔(Pierre L. Wantzel)已经确定了哪些正多边形可以作图(第 2 节),而且万采尔在 1837 年的文章[1]中证明了一般的角不能三等分,给定的立方体也不能加倍。他证明了每个可作图的量必须满足一个 $2^n$ 次的方程,而这对刚才说到的两个问题是不成立的。

## 6. 置换群理论

拉格朗日在他关于方程可解性的著作中(第 25 章第 2 节)引进了 $n$ 个根的

---

[1] *Jour. de Math.*, 2, 1837, 366–372.

一些函数作为他的分析的关键,这些函数在根的某些排列下取相同的值。因此他就在这些文章中着手研究函数,目的是确定它们在 $n$ 个变量(根)的 $n!$ 种排列下引起的 $n!$ 个可能值中能取到的不同的值。鲁菲尼、阿贝尔、伽罗瓦的后继工作使这个课题增加了重要性。$n$ 个字母的一个有理函数在根的排列或置换的某个集合下取同样的值,这个事实表明,正如我们已经看到的,这个集合是整个对称群的子群。鲁菲尼在他的《方程的一般理论》(*Teoria generale delle equazioni*,1799)中对这件事作了明显的考察。因此,拉格朗日所开创的是研究置换群的子群的一种方法。当然,更直接的方法是研究置换群本身,并确定它的子群。研究置换群结构或组成的两种方法都成了活跃的课题,即使不顾及它同方程可解性的联系,它本身还是被追求作为一种兴趣。置换群或排列群的理论是最终产生抽象群论的第一个重要的研究。这里我们将指出在 19 世纪中获得的有关置换群的一些具体定理。

拉格朗日自己肯定了一个重要结果,用近代语言叙述就是,子群的阶整除群的阶。这个定理的证明是由阿巴提(Pietro Abbati,1768—1842)在 1802 年 9 月 30 日的一封信中通知鲁菲尼的,此信已发表[1]。

鲁菲尼在他 1799 年的书中引进了传递性和本原性的概念,虽然有一些模糊。如果一个排列群的每个字母在群的各排列下被每一个别的字母所代替,则称这群为传递群。如果 $G$ 是一个传递群,设 $n$ 个符号或字母可分成 $r$ 个不同的子集 $\sigma_i$,$i=1,2,\cdots,r$,每个子集包含 $s_i$ 个符号,使得 $G$ 的任一个排列或是将 $\sigma_i$ 的符号在自己中间排列,或是用 $\sigma_j$ 来代替 $\sigma_i$,此事对每个 $i=1,2,\cdots,r$ 都成立,则称 $G$ 为非本原的。如果 $n$ 个符号不能这样分拆,则这传递群称为一个本原群。鲁菲尼还证明了在一个 $n$ 阶的群中,对所有 $k$,不存在 $k$ 阶子群。

受拉格朗日和鲁菲尼的工作的鼓励,柯西写了一篇关于置换群的重要文章[2]。以方程论为背景,他证明了不存在 $n$ 个字母($n$ 次)的群,使得它对 $n$ 个字母的整个对称群的指数小于不超过 $n$ 的最大素数,除非这个指数是 2 或 1。柯西用函数值的语言叙述这个定理:$n$ 个字母的非对称函数的不同的值的数目不能小于比 $n$ 小的最大素数,除非它是 2。

伽罗瓦在引进置换群的概念和定理方面迈出了最大的一步。他的最重要的概念是正规(不变或自共轭)子群的概念。属于伽罗瓦的另一个群论概念是两个群之间的同构的概念。这是两个群的元素之间的一一对应,使得如果在第一个群中有 $a \cdot b = c$,则对第二个群的对应元素有 $a' \cdot b' = c'$。他还引进了单群和合成群的概

---

[1] *Memorie della Società Italiana delle Scienze*,10,1803,385-409.
[2] *Jour. de l'Ecole Poly.*,10,1815,1-28 = *Œuvres*,(2),1,64-90.

念。一个没有不变子群的群是单群;否则是合成群。关于这些概念,伽罗瓦表述了一个猜想①,即阶是合成数的最小单群是 60 阶的群。

遗憾的是在刘维尔 1846 年发表伽罗瓦的部分著作以前,人们不知道伽罗瓦的著作,甚至那些发表的材料也不容易读懂。另一方面,拉格朗日和鲁菲尼关于置换群的著作是人们熟知的,这些著作是用 $n$ 个文字的函数所能取的函数值的语言表达的。因此,方程求解的课题失去了重要性,因而当柯西转到方程论时,他集中全力于置换群。在 1844 年到 1846 年间,他写了一大批文章。在其中一篇主要的文章②中,他把早先的很多结果系统化,并证明了许多关于传递的、本原的和非本原的群,关于非传递群的特殊定理。特别地,他证明了伽罗瓦的断言,即每个有限(置换)群,如果它的阶可被一个素数 $p$ 除尽,就必定至少包含一个 $p$ 阶子群。这篇主要文章之后又发表了大量的其他文章,刊载在 1844 年到 1846 年③的巴黎科学院的《周报》上。这工作的大部分是涉及 $n$ 个字母的函数在字母交换下所能取的形式值(即非数字值)以及找出函数使其取给定数目的值。

在刘维尔发表了伽罗瓦的一些著作后,塞雷特在巴黎大学理学院作了演讲,并在他的《教程》的第三版中给了伽罗瓦的理论一个较好的教科书式的叙述。此后,澄清伽罗瓦关于方程可解性的思想和建立置换群理论就齐头并进了。塞雷特在他的教科书中对柯西 1815 年的结果给了一个改进的形式。如果 $n$ 个字母的一个函数有少于 $p$ 个值,其中 $p$ 是小于 $n$ 的最大素数,则此函数不能有两个以上的值。

塞雷特在 1866 年的教科书中强调的问题之一是,找出由 $n$ 个字母所能形成的全部的群。这个问题早已吸引了鲁菲尼的注意,他、柯西和塞雷特本人在 1850 年④的一篇文章中给出了许多部分性的结果,就像柯克曼(Thomas Penyngton Kirkman,1806—1895)所做的一样。尽管有这许多努力和成百个有局限性的结果,这问题还是未能解决。

在伽罗瓦以后,若尔当(1838—1922)是使伽罗瓦理论显著增色的第一个人。1869 年⑤他证明了一个基本结果。设 $G_1$ 是 $G_0$ 的极大自共轭(正规)子群,$G_2$ 是 $G_1$ 的极大自共轭子群,如此之类,直到这序列终止于恒等元素。这个子群序列称为 $G_0$ 的合成序列。若 $G_{i+1}$ 是 $G_i$ 中阶为 $r$ 的任一自共轭子群,$G_i$ 的阶为 $p$,则 $G_i$ 可分解成 $\lambda = p/r$ 个类。两个元素,若其中一个是另一元素和 $G_{i+1}$ 的一个元素的积,则属于同一类。若 $a$ 是一个类的任一元素,而 $b$ 是另一类的任一元素,则其积将在同

---

① Œuvres, 1897 ed., 26.
② Exercices d'analyse et de physique mathématique, 3,1844,151-252 = Œuvres,(2),13,171-282.
③ Œuvres,(1), Vols. 9 与 10.
④ Jour. de Math.,(1),15,1850,45-70.
⑤ Jour. de Math.,(2),14,1869,129-146 = Œuvres,1,241-248.

一个第三类中。这些类形成一个群,以 $G_{i+1}$ 为它的恒等元素,这个群就称为 $G_i$ 在 $G_{i+1}$ 下的商群或因子群,用 $G_i/G_{i+1}$ 表示,这是若尔当在 1872 年引进的符号。商群 $G_0/G_1$,$G_1/G_2$,… 称为 $G_0$ 的合成因子群,它们的阶称为合成因子或合成指数。$G_0$ 中可能有多于一个合成序列。若尔当证明了除了出现的次序以外,合成因子的集合是不变的,莱比锡大学的教授赫尔德[(Ludwig) Otto Hölder, 1859—1937]证明了[1]商群本身是与合成序列无关的;就是说,对任何合成序列,将有同样的商群的集合。这两个结果合称为若尔当-赫尔德定理。

(有限)置换群的知识及其与伽罗瓦关于方程理论的联系直到 1870 年才由若尔当组织到他的《置换和代数方程专论》这本名著中。在这本书中,若尔当和几乎所有他的前人一样,把置换群定义成置换的这样一种集合,即集合中任两成员的积仍属于这集合。我们今天在群的定义中作为公设提出的其他性质(第 49 章第 2 节)是被使用了,但或是作为这种群的明显性质,或是作为附加的条件,而不是在定义中指定。《专论》提供了新结果,并对置换群明白地建立了同构和同态的概念,后者是两个群之间的多一对应,使得 $a \cdot b = c$ 蕴含 $a' \cdot b' = c'$。若尔当添加了关于传递群和合成群的基本结果。书中还包含了若尔当对阿贝尔提出的问题的解答,即确定一个给定次数的能用根式求解的方程,以及识别一个给定的方程是否属于这个类。可解方程的群都是交换群,若尔当称它们为阿贝尔群,而阿贝尔群这个术语此后也就用于交换群了。

关于置换群的另一个重要的定理是在《专论》出现以后不久由一个挪威数学教授西罗(Ludwig Sylow, 1832—1918)证明的。柯西曾经证明,阶可被一个素数 $p$ 整除的每一个群,必包含一个或多个 $p$ 阶子群。西罗[2]推广了柯西的定理。如果一个群的阶可被 $p^a$ 整除,但不被 $p^{a+1}$ 整除,而 $p$ 是素数,则此群包含一组且仅仅一组共轭的 $p^a$ 阶子群[3]。在同一篇文章中西罗还证明了每个 $p^a$ 阶的群是可解的,即极大不变子群序列的指数都是素数。

对置换群以及最终对更一般群的完全另外的探索是受纯物理的研究启发的。物理学家和矿物学家布拉维(Auguste Bravais, 1811—1863)研究了运动群[4],以确定晶体的可能结构。这个研究在数学上等价于查明行列式为 +1 和 −1 的三个变量的线性变换

(7) $\qquad x_i' = a_{i1}x + a_{i2}y + a_{i3}z, \ i = 1, 2, 3$

---

[1] *Math. Ann.*, 34, 1889, 26-56.

[2] *Math. Ann.*, 5, 1872, 584-594.

[3] 设 $H$ 是 $G$ 的子群而 $g$ 是 $G$ 的任一元素,则 $g^{-1}Hg$ 是一个共轭于 $H$ 的子群,$H$ 和它的所有的共轭称作 $G$ 的子群的共轭系或子群的完全共轭集。

[4] *Jour. de Math.*, 14, 1849, 141-180.

的群,它引导布拉维到晶体中可能出现的 32 类对称的分子结构。

布拉维的工作给若尔当以深刻的印象,他着手研究他称之为群的解析表示,以及现代称之为群的表示理论。实际上,塞雷特在他 1866 年出版的《教程》中已经考虑了用形如

(8) $$x' = \frac{ax+b}{cx+d}$$

的变换来表示置换。但各类群的更为有用的表示是由若尔当引进的。他探索用形式为

(9) $$x'_i = \sum_{j=1}^{n} a_{ij} x_j \quad (i = 1, 2, \cdots, n)$$

的线性变换来表示置换。由于置换群是有限的,所以必须对变换加上一些限制,以使这个变换群有限。伽罗瓦曾经考虑过这样的变换[1],且以系数和变数在一个素数阶的有限域上取值来限制它们。若尔当在 1878 年[2]陈述了有限周期 $p$ 的线性齐次置换(9)可以线性地变换到标准型

$$y'_i = \varepsilon_i y_i, \, i = 1, 2, \cdots, n,$$

这里 $\varepsilon_i$ 是 $p$ 次单位根。这定理很多人证明过[3]。这件事成为一个大量研究的开端,即对给定的阶确定二元型和三元型(两个变数和三个变数)的所有可能的线性置换的群。还有,对给定的线性置换群确定子群以及确定在群或子群的全部成员下保持不变的代数式,这些问题也引起了很多研究。

注意到布拉维的文章后,若尔当立即进行了关于**无限群**的第一个重要的研究。在他的文章《关于运动群的研究报告》(Mémoire sur les groupes de mouvements)中[4],若尔当指出,确定全部的运动群(他仅考虑了平移和转动)等价于确定全部可能的分子系统,使得任一个群的每一个运动将对应的分子系统变换到它自己。由此他研究了各种类型的群,并将它们分类。这个结果不如下列事实的意义显著,即他的文章开创了在群的标题下研究几何变换,而且几何学家很快就挑选了这条思想路线(第 38 章第 5 节)。

19 世纪中叶的另一个发展既值得注意又有启发性。很受柯西工作影响的凯莱认识到,置换群的概念可以推广。在三篇文章中[5],凯莱引进了**抽象群**的概念。他把一个一般的算子符号 $\theta$ 用于一组元素 $x, y, z, \cdots$,并说如此应用的 $\theta$ 产生 $x$,

---

[1] Œuvres, 1897 ed., 21-23, 27-29.
[2] Jour. für Math., 84, 1878, 89-215, p. 112 in particular = Œuvres, 2, 13-139, p. 36 in particular.
[3] 看穆尔(Eliakim H. Moore), Math. Ann., 50, 1898, 215。
[4] Annali di Mat., (2), 2, 1868/1869, 167-215 和 322-345 = Œuvres, 4, 231-302.
[5] Phil. Mag., (3), 34, 1849, 527-529 = Coll. Math. Papers, 1, 423-424 和(4), 7, 1854, 40-47 和 408-409 = Papers, 2, 123-130 和 131-132.

$y, z, \cdots$ 的一个函数 $x', y', z', \cdots$，他指出，特别地，$\theta$ 可以是一个置换。抽象群包含很多算子 $\theta, \phi, \cdots$，而 $\theta\phi$ 是两个算子的复合（乘积），复合是可结合的，但不一定是可交换的。他的群的一般定义要求算子 $1, \alpha, \beta, \cdots$ 的一个集合，它们全不相同，使得其中任两个算子在任何一个次序下的积和任一个算子同它自己的积都属于该集合①。他举出矩阵在乘法下以及四元数（在加法下）构成群。很遗憾，凯莱对抽象群概念的引进这时没有引起注意。这部分地是由于矩阵和四元数是新的，不为人们所熟知，而能符合群的概念的很多其他数学系统或者还有待于发展，或者未被认识到可以这样归类。过早的抽象落到了聋子的耳朵里，无论它们是属于数学家们的还是属于大学生们的。

# 参 考 书 目

Abel, N. H.: *Œuvres complètes* (1881), 2 vols., Johnson Reprint Corp., 1964.

Bachmann, P.: "Über Gauss' zahlentheoretische Arbeiten," *Nachrichten König. Ges. der Wiss. zu Gött.*, 1911, 455–518. Also in Gauss's *Werke*, 10, Part 2, 1–69.

Burkhardt, H.: "Endliche discrete Gruppen," *Encyk. der Math. Wiss.*, B. G. Teubner, 1903–1915, Ⅰ, Part 1, 208–226.

Burkhardt, H.: "Die Anfänge der Gruppentheorie und Paolo Ruffini," *Abhandlungen zur Geschichte der Mathematik*, Heft 6, 1892, 119–159.

Burns, Josephine E.: "The Foundation Period in the History of Group Theory," *Amer. Math. Monthly*, 20, 1913, 141–148.

Dupuy, P.: "La Vie d'Evariste Galois," *Ann. de l'Ecole Norm. Sup.*, (2), 13, 1896, 197–266.

Galois, Evariste: "Œuvres," *Jour. de Math.*, 11, 1846, 381–444.

Galois, Evariste: *Œuvres mathématiques*, Gauthier-Villars, 1897.

Galois, Evariste: *Ecrits et mémoires mathématiques* (ed. by R. Bourgne and J.-P. Azra), Gauthier-Villars, 1962.

Gauss, C. F.: *Disquisitiones Arithmeticae* (1801), *Werke*, Vol. 1, König. Ges. der Wiss., zu Göttingen, 1870, English translation by Arthur A. Clarke, S. J., Yale University Press, 1966.

Hobson, E. W.: *Squaring the Circle and Other Monographs*, Chelsea (reprint), 1953.

Hölder, Otto: "Galois'sche Theorie mit Anwendungen," *Encyk. der Math. Wiss.*, B. G. Teubner, 1898–1904, Ⅰ, Part 1, 480–520.

Infeld, Leopold: *Whom the Gods Love: The Story of Evariste Galois*, McGraw-Hill, 1948.

Jordan, Camille: *Œuvres*, 4 vols., Gauthier-Villars, 1961–1964.

---

① *Papers*, 2, 124.

Jordan, Camille: *Traité des substitutions et des équations algébriques* (1870), Gauthier-Villars (reprint), 1957.

Kiernan, B. M.: "The Development of Galois Theory from Lagrange to Artin," *Archive for History of Exact Sciences*, 8, 1971, 40 – 154.

Lebesgue, Henri: *Notice sur la vie et les travaux de Camille Jordan*, Gauthier-Villars, 1923. Also in Lebesgue's *Notices d'histoire des mathématiques*, pp. 44 – 65, Institut de Mathématiques, Genève, 1958.

Miller, G. A.: "History of the Theory of Groups to 1900," *Collected Works*, Vol. 1, 427 – 467, University of Illinois Press, 1935.

Pierpont, James: "Lagrange's Place in the Theory of Substitutions," *Amer. Math. Soc. Bull.*, 1, 1894/1895, 196 – 204.

Pierpont, James: "Early History of Galois's Theory of Equations," *Amer. Math. Soc. Bull.*, 4, 1898, 332 – 340.

Smith, David Eugene: *A Source Book in Mathematics*, Dover (reprint), 1959, Vol. 1, 232 – 252, 253 – 260, 261 – 266, 278 – 285.

Verriest, G.: *Œuvres mathématiques d'Evariste Galois* (1897 ed.), 2nd ed., Gauthier-Villars, 1951.

Wiman, A.: "Endliche Gruppen linearer Substitutionen," *Encyk. der Math. Wiss.*, B. G. Teubner, 1898 – 1904, I, Part 1, 522 – 554.

Wussing, H. L.: *Die Genesis des abstrakten Gruppenbegriffes*, VEB Deutscher Verlag der Wiss., 1969.

# 第32章

## 四元数,向量和线性结合代数

> 哈密顿做了确实非常出色的工作,之后,四元数就诞生了;虽然美妙而富有创造性,但对于以任何方式接触过它们的那些人来说曾经是一个纯粹的邪念……向量是无用的幸存物或四元数的无价值的支流,对任何创造,从未有过最微细的应用。
>
> 开尔文勋爵

## 1. 关于型的永恒性的代数基础

伽罗瓦关于可用代数步骤求解的方程的工作结束了代数的一章,虽然他引进了诸如群和有理整环(域)等概念(它们将结出果实),但这些概念的充分开发必须等待其他概念的发展。下一个重要的代数创造,由哈密顿所创始,揭开了全新的领域,打破了对于"数"所必须遵循的规则的古老信念。

为了评价哈密顿工作的独创性,我们必须考察在19世纪前半期所普遍理解的普通代数的逻辑。1800年,数学家们自由地使用各类实数以至复数,但是既没有这些不同类型的数的精确定义,也没有关于数的运算的任何逻辑检验。对这种情况不满的表示是很多的,但被淹没于代数和分析的大量新创造中。最大的不安似乎产生于下述事实:使用文字时就好像它们具有整数的性质,然而当文字被任何数代替时这些运算的结果却都有效。由于各种类型的数的逻辑没有建立,所以不可能理解它们具有同正整数相同形式的性质,从而不可能理解只代表任一类实数或复数的文字表达式必然具有相同的性质——即通常的代数恰是一般化的算术。似乎文字表达式的代数具有自己的逻辑,它说明文字表达式的有效性和正确性。因此在18世纪30年代数学家们就着手解决用文字或符号表达式进行运算的正确性问题。

这个问题首先被剑桥大学的数学教授皮科克(1791—1858)考虑到。为了说明用文字表达式进行运算的正确性,这些表达式要能代表负数、无理数和复数,他区分了算术代数和符号代数。前者是处理表示正整数的符号,所以有坚实的基础。

这里仅有导致正整数的运算才被允许。符号代数采用算术代数的规则，但取消限于正整数的限制。在算术代数中推出的全部结果与符号代数中的结果都一样；但算术代数中的表达式在形式上是普遍的，在值上是特殊的，而符号代数中的表达式，在值上和在形式上都是普遍的。例如，在算术代数中 $a^m a^n = a^{m+n}$ 当 $m$ 和 $n$ 是正整数时成立，因而在符号代数中它对所有 $m$ 和 $n$ 都成立。同样地，$(a+b)^n$ 当 $n$ 是正整数时的级数，如果用不带末项的一般形式来显示，就对所有 $n$ 成立。皮科克的论证被称为型的永恒性原理。

这个原理的明白的叙述，见于皮科克的《关于分析的某些分支的新近成就和现状的报告》(Report on the Recent Progress and Present State of Certain Branches of Analysis)①，在其中他不仅作了报告，而且还作了武断的肯定。关于符号代数，他说：

1. 符号在值和表现上都是无限的。
2. 无论是什么符号，在它们上作运算，对所有情况都能进行。
3. 符号组合的法则属于这样一类法则，即当符号是算术量时，且当它们所受到的运算用算术代数中同样的名字来称呼时，它与算术代数的法则普遍符合。

从这些原理出发，他相信他能推出型的永恒性原理："无论什么代数的型，当符号在形式上是普遍的，而在值[正整数]上是特殊的时候是等价的，则当符号在值上和形式上都是普遍的时候同样是等价的。"皮科克特地用这个原理证明用复数运算是合理的。他试图用"当符号在形式上是普遍的时候"来保护他的结论。这样就不能在符号形式中陈述特殊整数的特定性质以及坚持这些符号的陈述是普遍的。例如，复合整数分解成素数的乘积，虽然是用符号表达的，却不能作为符号代数的陈述来接受。这个原理用命令来批准经验上显然正确但尚未在逻辑上建立的东西。

皮科克在他的《代数论著》(*Treatise on Algebra*)②的第二版中重新肯定了这个原理，但他还在那里引进了正式的代数科学，皮科克在这本论著中叙述说，代数和几何一样，是演绎的科学。代数的步骤必须根据法则条文的一个完全的陈述，这些法则支配着步骤中用到的运算。至少对于代数这门演绎科学而言，运算的符号除了法则给以它的意义而外没有其他意义。例如加法不过是表示服从代数中加法法则的任一步骤。他的法则是，例如加法和乘法的结合律和交换律，以及如 $ac = bc$ 而 $c \neq 0$，则 $a = b$ 这个法则。

---

① *Brit. Assn. for Adv. of Sci.*, Rept. 3, 1833, 185-352.
② 1842-1845; 1st ed., 1830.

这里型的永恒性原理是从所采用的公理推出来的。这种处理方式为代数中更抽象的思想铺平了道路,尤其是影响了布尔(George Boole)关于逻辑代数的思想。

经过 19 世纪大部分时间,由皮科克肯定的代数观点被接受了。这个观点受到例如邓肯·格雷戈里(Duncan F. Gregory,1813—1844)的支持,他是 17 世纪的詹姆斯·格雷戈里的重重孙。邓肯·格雷戈里在一篇文章《论符号代数的真正性质》(On the Real Nature of Symbolical Algebra)[①]中写道:

> 于是,我用以考虑符号代数的见解是,它是处理运算的组合的科学,这些运算不是由它们的性质确定的,即不是由它们是什么或它们做什么来确定的,而是由它们所服从的组合的法则来确定的……的确,这些法则在很多情况下已由数的许多已知运算法则提出来了(正如皮科克先生已经适当地称谓的),但是从算术代数到符号代数所取的步骤是,不考虑我们用符号所代表的运算的性质,而假设服从同样法则的一类未知运算的存在。这样我们就能够证明不同的运算类之间的某些关系,当这些运算在符号之间表达出来时,它们就称为代数定理。

在这篇文章中,邓肯·格雷戈里强调了交换律和分配律,这术语是由塞尔瓦(François-Joseph Servois,1767—1847)[②]引进的。

代数理论作为符号及其组合法则的科学进一步由德摩根推进,他写了几篇关于代数结构的文章[③]。他的《三角学和双重代数》(*Trigonometry and Double Algebra*, 1849)也包含着他的见解。双重代数这个词的意思是复数的代数,而单个代数是指负数。在单个代数以前是普通算术,它包括正实数的代数,德摩根主张代数是无意义的符号以及符号的运算的集合。符号是 0, 1, +, −, ×, ÷, ()和文字。代数的法则就是这些符号所服从的法则,例如交换律,分配律,指数律,负数乘正数是负数,$a-a=0$, $a \div a=1$, 和一些导出法则。基本法则是任意选择的。

19 世纪中叶,普遍接受的代数公理是:

1. 等量各加上第三个量得到等量。
2. $(a+b)+c=a+(b+c)$。
3. $a+b=b+a$。
4. 等量加等量给出等量。
5. 等量加不等量给出不等量。

---

① *Transactions of the Royal Society of Edinburgh*, 14, 1840, 208–216.
② *Ann. de Math.*, 5, 1814/1815, 93–140.
③ *Trans. Camb. Phil. Soc.*, 1841, 1842, 1844, 和 1847.

6. $a(bc) = (ab)c$。

7. $ab = ba$。

8. $a(b+c) = ab + ac$。

型的永恒性原理就建立在这些公理上。

对于我们来说,要看出这个原理究竟是什么意思是困难的。它把未经证明的东西作为假定来论证为什么不同类型的数具有与整数相同的性质。但皮科克、邓肯·格雷戈里和德摩根企图从代数中建立一门科学,与实数和复数的性质无关,从而认为代数是不加解释的符号和它们的组合法则的科学。实际上是要使这一假定合理化,即同样的基本性质对所有类型的数都具备。这个基础不仅是含糊的,而且是僵硬的。人们坚持算术代数和一般代数之间的相似性是如此僵硬以至于如果再继续下去,就要破坏代数的一般性。他们似乎未体会到,一个公式对符号的一种解释是对的,但对另一种解释可能不对。

型的永恒性原理是一种任意的宣言,不可能作为代数的牢固基础。实际上,我们在这一章中将要处理的事物都伤害了它,第一步是由哈密顿做出的,在他把复数的逻辑建立在实数性质的基础上的时候,这第一步只是在涉及复数时避免了对这个原理的需要。

虽然在 1830 年时,复数在直观上被很好地建立了,这是通过表示成平面上的点或有向线段来建立的,但哈密顿关心算术的逻辑,他不满足于只是直观的基础。哈密顿在他的文章《共轭函数及作为纯粹时间的科学的代数》(Conjugate Functions and on Algebra as the Science of Pure Time)[1]中指出,复数 $a+bi$ 不是 $2+3$ 意义上的一个真正的和,加号的使用是历史的偶然,而 $bi$ 不能加到 $a$ 上去。复数 $a+bi$ 只不过是实数的有序偶 $(a, b)$。由 $i$ 或 $\sqrt{-1}$ 在复数的运算中引进来的特殊性质,哈密顿把它组织在以有序偶作运算的定义中。例如,设 $a+bi$ 和 $c+di$ 是两个复数,则

(1)
$$(a, b) \pm (c, d) = (a \pm c, b \pm d),$$
$$(a, b) \cdot (c, d) = (ac - bd, ad + bc),$$
$$\frac{(a, b)}{(c, d)} = \left(\frac{ac + bd}{c^2 + d^2}, \frac{bc - ad}{c^2 + d^2}\right).$$

通常的结合律、交换律和分配律现在都能推导出来。在对复数的这个看法下,不仅这些数逻辑地建立在实数的基础上,而且至今还有点神秘的 $\sqrt{-1}$ 也完全免除了。当然,在实践上,用 $a+bi$ 这个形式并记住 $\sqrt{-1}\sqrt{-1} = -1$ 还是方便的。附带地说一下,高斯在 1837 年给波尔约(Wolfgang Farkas Bolyai)的一封信中确实说过,他

---

[1] *Trans. Royal Irish Academy*, 17, 1837, 293 - 422 = *Math. Papers*, 3, 3 - 96.

在1831年就已经有了有序偶的概念。但是哈密顿文章的发表才给了数学界以有序偶的概念。

## 2. 三维"复数"的寻找

向量的概念,即可以代表力、速度或加速度的大小和方向的有向线段的概念,平静地进入了数学。亚里士多德就知道力可以表示成向量,两个力的组合的作用可以用著名的平行四边形法则来得到,即由两个向量 $a$ 和 $b$(图 32.1)形成的平行四边形的对角线给出合力的大小和方向。斯蒂文(Simon Stevin)在静力学问题中应用平行四边形法则,而伽利略清楚地叙述了这个定律。

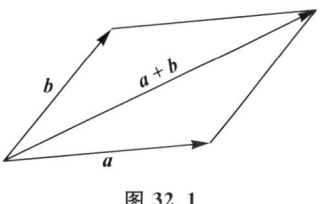

图 32.1

在稍微熟悉了由韦塞尔、阿尔冈和高斯提供的复数的几何表示之后,数学家们认识到复数能用来表示平面上的向量和研究向量。例如,设两个向量分别由 $3+2i$ 和 $2+4i$ 代表,则这两个复数的和,即 $5+6i$ 代表了用平行四边形法则相加的向量的和。复数对于平面向量所做的事情,就是提供了表示向量及其运算的一个代数。人们不一定要几何地作出这些运算,但能够代数地研究它们,很像曲线的方程能用来表示曲线和研究曲线。

复数用于表示平面上的向量,在 1830 年时就是熟知的了,然而,复数的利用是受限制的。设有几个力作用于一物体,这些力不一定在一个平面上。代数上为了处理这些力需要复数的一个三维类似物,我们能用点的通常的笛卡儿坐标 $(x, y, z)$ 来代表从原点到该点的向量,但不存在三元数组的运算来表现向量的运算。这些运算和复数的情况一样,表面上看来必须包括加法、减法、乘法和除法,而且要服从通常的结合律、交换律和分配律,使代数的运算能自由而有效地运用。数学家们开始寻找所谓三维的复数以及它的代数。

韦塞尔、高斯、塞尔瓦、默比乌斯(Augustus Ferdinand Möbius)和其他人继续研究了这个问题。高斯①关于空间的运算写了一篇未发表的短文(注明 1819 年)。他把复数想象为位移;$a+bi$ 是沿一固定方向移动 $a$ 个单位,接着在一垂直方向移动 $b$ 个单位。由此他试图建立一个三分量的数的代数,其中第三个分量代表 $a+bi$ 平面的垂直方向上的位移。他得到了一个非交换代数,但它不是物理学家所需要的有效的代数,而且由于未发表,这篇著作影响不大。

复数的有用的空间类似物的创造属于哈密顿(1805—1865)。仅次于牛顿,哈密

---

① Werke, 8,357-362.

顿是最伟大的英国数学家,并且和牛顿一样,他作为一个物理学家甚至比作为一个数学家更伟大。5岁时,哈密顿就能读拉丁文、希腊文和希伯来文;8岁时,添了意大利文和法文;10岁时又能读阿拉伯文和梵文;而14岁时还能读波斯文。同快速计算器的一次接触,激励他去研究数学。1823年他进了都柏林的三一学院,他是一个出色的学生。1822年,他17岁时准备了一篇关于焦散曲线的文章,1824年在爱尔兰皇家科学院宣读,但未发表。哈密顿被劝告去重做和发展它。1827年他呈送给这科学院一篇题为《光线系统的理论》(A Theory of Systems of Rays)的修改稿,该文建立了几何光学的科学。这里他引进了所谓光学特征函数。该文于1828年发表在《爱尔兰皇家科学院学报》(Transactions of the Royal Irish Academy)上①。

1827年,当他还是一个大学生时,就被任命为三一学院的天文教授,用此职位就赢得了爱尔兰皇家天文学家的头衔。他作为教授的任务是演讲科学和管理天文观察。他对后一工作没做很多事,但他是一个好教师。

从1830年到1832年他对于《光线系统的理论》发表了三个补充。在第三篇文章②中,他指出在双轴晶体中按某一特殊方向传播的光线将产生折射光线的一个圆锥。这个现象被他的朋友和同事劳埃德(Humphrey Lloyd)用实验证实了。后来哈密顿把他关于光学的思想归入到动力学中,并在动力学领域中写了两篇很著名的文章(第30章),文中他用了在光学中建立的特征函数的概念。他还对物体系统的运动的微分方程给出了一组完全而严密的积分。他的主要数学工作是四元数这个科目,我们将简短地讨论它。他把他的这项工作的最后形式介绍在他的《四元数讲义》(Lectures on Quaternions,1853)和死后出版的两卷《四元数基础》(Elements of Quaternions,1866)中。

哈密顿善于利用对比去从已知论证未知。虽然他有很好的直观,但他没有伟大的思想灵感,他长期而勤奋地对特殊问题进行工作以求看出一般性的东西。在解决许多特定的例子时他耐心而有条不紊,并且情愿作大量的计算去检查和证明一个论点。然而,在他的出版物中,却只有推敲和压缩了的一般结果。

他笃信宗教,这方面的兴趣对他来说是最重要的。其次是玄学(形而上学)、数学、诗、物理和一般文学。他还写诗。他认为,在他那个时代创造出的几何概念,彭赛列(Jean Victor Poncelet)和沙勒(第35章)的著作中使用的无限元素和虚元素都和诗类似。虽然他是一个谦虚的人,但他承认且甚至强调,喜爱名望会推动和振奋大数学家。

---

① *Trans. Royal Irish Academy*, 15,1828,69-174 = *Math. Papers*,1,1-106.
② *Trans. Royal Irish Academy*, 17,1837,1-144 = *Math. Papers*, 1,164-293.

哈密顿澄清了复数的概念,这使他能更清楚地思考引进三维类似物以代表空间的向量。但是直接的效果使他的努力失望。当时数学家们所知道的全部数都具有乘法交换性,因而对于哈密顿来说也自然地相信他要寻找的三维或三分量的数应同样具有这个性质,同时具有实数和复数的其他性质。经过一些年的努力之后,哈密顿发现自己被迫应作两个让步。第一个是他的新数包含四个分量,而第二个是他必须牺牲乘法交换律。两个特点对代数学都是革命性的。他称这新的数为四元数。

事后来认识,我们能看到在几何的基础上,新的"数"必须包含四个分量。把这个新数看成一个算子,期望对一个给定的向量绕空间中一给定轴进行转动并将它进行伸缩。为此目的需要两个参数(角度)来固定转动轴,需要一个参数来规定转动角度,还需要第四个参数来规定给定向量的伸长和缩短。

哈密顿自己描述了他的四元数的发现[①]:

> 明天是四元数的第15个生日。1843年10月16日,当我和哈密顿女士步行去都柏林途中来到布鲁厄姆(Brougham)桥的时候,它们就来到了人世间,或者说出生了,发育成熟了。这就是说,此时此地我感到思想的电路接通了,而从中落下的火花就是I,J,K之间的基本方程;恰恰就是我此后使用它们的那个样子。我当场抽出笔记本,它还在,就将这些作了记录,同一时刻,我感到也许值得花上未来的至少10年(也许15年)的劳动。但当时已完全可以说,这是因我感觉到一个问题就在那一刻已经解决了,智力该缓口气了,它已经纠缠住我至少15年了。

1843年他在爱尔兰皇家科学院会议上宣告了四元数的发明,为发展这个课题他付出了余生,并且为它写了许多文章。

## 3. 四元数的性质

四元数是下面形式的一个数:

$$(2) \qquad 3 + 2\mathbf{i} + 6\mathbf{j} + 7\mathbf{k},$$

其中 $\mathbf{i}, \mathbf{j}, \mathbf{k}$ 起着 $i$ 在复数中所起的作用。实数部分(如上面的3)称为四元数的数量部分,而其余是向量部分。向量部分的三个系数是点 $P$ 的笛卡儿直角坐标,而 $\mathbf{i}, \mathbf{j}, \mathbf{k}$ 是定性的单元,几何上其方向是沿着三根坐标轴。两个四元数相等的准则是,它们的数量部分相等以及它们的 $\mathbf{i}, \mathbf{j}, \mathbf{k}$ 单元的系数分别相等。两个四元数相加是将它们的数量部分相加,且将 $\mathbf{i}, \mathbf{j}, \mathbf{k}$ 单元的每个系数相加,以形成这些单元的新系数。于是两个四元数的和本身也是四元数。

---

① *North British Review*, 14, 1858, 57.

四元数进行乘法运算时,乘法的所有熟知的代数规则都假定有效,除了在形成单元 $\mathbf{i}$, $\mathbf{j}$, $\mathbf{k}$ 的积时,放弃了交换律,而具备下列规则:

(3) $\qquad \mathbf{jk} = \mathbf{i}, \mathbf{kj} = -\mathbf{i}, \mathbf{ki} = \mathbf{j}, \mathbf{ik} = -\mathbf{j}, \mathbf{ij} = \mathbf{k}, \mathbf{ji} = -\mathbf{k},$
$$\mathbf{i}^2 = \mathbf{j}^2 = \mathbf{k}^2 = -1.$$

例如设 $\boldsymbol{p} = 3 + 2\mathbf{i} + 6\mathbf{j} + 7\mathbf{k}$ 和 $\boldsymbol{q} = 4 + 6\mathbf{i} + 8\mathbf{j} + 9\mathbf{k},$

则 $\qquad \boldsymbol{pq} = (3 + 2\mathbf{i} + 6\mathbf{j} + 7\mathbf{k})(4 + 6\mathbf{i} + 8\mathbf{j} + 9\mathbf{k})$
$\qquad\qquad\quad = -111 + 24\mathbf{i} + 72\mathbf{j} + 35\mathbf{k},$

而 $\qquad \boldsymbol{qp} = (4 + 6\mathbf{i} + 8\mathbf{j} + 9\mathbf{k})(3 + 2\mathbf{i} + 6\mathbf{j} + 7\mathbf{k})$
$\qquad\qquad\quad = -111 + 28\mathbf{i} + 24\mathbf{j} + 75\mathbf{k}.$

哈密顿证明了乘法是可结合的,这是第一次使用这个术语[1]。

四元数被另一四元数除也能实现,但乘法不交换蕴含了用四元数 $\boldsymbol{q}$ 除四元数 $\boldsymbol{p}$,可以意味着找 $\boldsymbol{r}$ 使 $\boldsymbol{p} = \boldsymbol{qr}$ 或 $\boldsymbol{p} = \boldsymbol{rq}$。这个商 $\boldsymbol{r}$ 在这两种情况下不必相同。除法的问题最好通过引进 $\boldsymbol{q}^{-1}$ 或 $1/\boldsymbol{q}$ 来处理。设 $\boldsymbol{q} = a + b\mathbf{i} + c\mathbf{j} + d\mathbf{k}$,定义 $\boldsymbol{q}'$ 为 $a - b\mathbf{i} - c\mathbf{j} - d\mathbf{k}$,并定义 $N(\boldsymbol{q})$(称为 $\boldsymbol{q}$ 的模)为 $a^2 + b^2 + c^2 + d^2$。于是 $N(\boldsymbol{q}) = \boldsymbol{qq}' = \boldsymbol{q}'\boldsymbol{q}$。定义 $\boldsymbol{q}^{-1} = \boldsymbol{q}'/N(\boldsymbol{q})$,因而如 $N(\boldsymbol{q}) \neq 0$,则 $\boldsymbol{q}^{-1}$ 存在。还有 $\boldsymbol{qq}^{-1} = 1$ 和 $\boldsymbol{q}^{-1}\boldsymbol{q} = 1$,现在要找 $\boldsymbol{r}$ 使 $\boldsymbol{p} = \boldsymbol{qr}$,我们就有 $\boldsymbol{q}^{-1}\boldsymbol{p} = \boldsymbol{q}^{-1}\boldsymbol{qr}$ 或 $\boldsymbol{r} = \boldsymbol{q}^{-1}\boldsymbol{p}$;要找 $\boldsymbol{r}$ 使 $\boldsymbol{p} = \boldsymbol{rq}$,我们就有 $\boldsymbol{pq}^{-1} = \boldsymbol{rqq}^{-1}$ 或 $\boldsymbol{r} = \boldsymbol{pq}^{-1}$。

立刻能表明哪个四元数能用来旋转、伸长或缩短一个给定的向量成另一个给定的向量。我们仅需证明,能确定 $a$, $b$, $c$ 和 $d$ 使
$$(a + b\mathbf{i} + c\mathbf{j} + d\mathbf{k})(x\mathbf{i} + y\mathbf{j} + z\mathbf{k}) = x'\mathbf{i} + y'\mathbf{j} + z'\mathbf{k}.$$

把左边乘开成四元数并使左右两边对应系数相等,就得到未知数 $a$, $b$, $c$ 和 $d$ 的四个方程。这四个方程足以确定未知数。

哈密顿还引进了一个重要的微分算子。符号 $\nabla$,它是 $\Delta$ 的倒转——哈密顿称它为"nabla",因为它像古代一个同名的希伯来乐器——代表算子

(4) $\qquad\qquad\qquad \nabla = \mathbf{i}\dfrac{\partial}{\partial x} + \mathbf{j}\dfrac{\partial}{\partial y} + \mathbf{k}\dfrac{\partial}{\partial z}.$

当应用于数量点函数 $u(x, y, z)$ 时,它产生向量

(5) $\qquad\qquad\qquad \nabla u = \dfrac{\partial u}{\partial x}\mathbf{i} + \dfrac{\partial u}{\partial y}\mathbf{j} + \dfrac{\partial u}{\partial z}\mathbf{k}.$

这个向量是随着空向的点而变化的,现在称为 $u$ 的梯度。它代表 $u$ 的最大的空间增长率的大小和方向。

还令 $\boldsymbol{v} = v_1\mathbf{i} + v_2\mathbf{j} + v_3\mathbf{k}$ 表示一个连续的向量点函数,这里 $v_1$, $v_2$, $v_3$ 是 $x$, $y$, $z$ 的函数,哈密顿引进

---

[1] *Proc. Royal Irish Academy*, 2, 1844, 424-434 = *Math. Papers*, 3, 111-116.

(6) $$\nabla v = \left(\mathbf{i}\frac{\partial}{\partial x}+\mathbf{j}\frac{\partial}{\partial y}+\mathbf{k}\frac{\partial}{\partial z}\right)(v_1\mathbf{i}+v_2\mathbf{j}+v_3\mathbf{k})$$
$$=-\left(\frac{\partial v_1}{\partial x}+\frac{\partial v_2}{\partial y}+\frac{\partial v_3}{\partial z}\right)+\left(\frac{\partial v_3}{\partial y}-\frac{\partial v_2}{\partial z}\right)\mathbf{i}$$
$$+\left(\frac{\partial v_1}{\partial z}-\frac{\partial v_3}{\partial x}\right)\mathbf{j}+\left(\frac{\partial v_2}{\partial x}-\frac{\partial v_1}{\partial y}\right)\mathbf{k}.$$

于是把∇作用到向量点函数 $v$ 上的结果是产生一个四元数;这四元数的数量部分(除去负号)我们现在称它为 $v$ 的散度,而向量部分称为 $v$ 的旋度。

哈密顿对他的四元数具有无限的热情。他相信这个创造和微积分同等重要,将会是数学物理中的关键工具。他自己对几何、光学和力学作了一些应用。他的思想得到了他的朋友泰特(Peter Guthrie Tait,1831—1901)的热情支持。泰特是皇后学院的数学教授,后来又是爱丁堡大学的自然历史教授。泰特在很多文章中鼓励物理学家采用四元数作为基本工具。他甚至卷入了同凯莱的长期争论中,凯莱对四元数的用途取消极观点。但物理学家们无视四元数而继续使用方便的笛卡儿坐标来工作。然而,正如我们将看到的,哈密顿的工作确实间接地引向一个向量代数和向量分析,这都是物理学家们渴望采用的。

哈密顿的四元数证明对代数学具有不可估量的重要性。一旦数学家们体会到可以构造一个有意义的、有用的"数"系,它可以不具有实数和复数的交换性,那他们就觉得可较为自由地考虑甚至更偏离实数和复数的通常的性质的创造。这个体会在向量代数和向量分析建立之前是必要的,因为向量比四元数违反更多的通常的代数法则(第 5 节)。更一般地,哈密顿的工作引向线性结合代数的理论(第 6 节)。哈密顿本人开始研究包含 $n$ 个分量或 $n$ 元数组的超复数①,但是正是他的关于四元数的工作推动了线性代数的这个新研究。

## 4. 格拉斯曼的扩张的演算

正当哈密顿建立他的四元数时,另一个数学家格拉斯曼(Hermann Günther Grassmann,1809—1877),正在建立复数的一个更为大胆的推广。他在年轻时没有表现出数学才能,并且没有受过大学的数学教育,但是后来成了德国斯德丁(Stettin)城的中学数学教师,同时又是梵文权威。格拉斯曼在哈密顿以前就有了他的想法,但直到 1844 年,即哈密顿宣告他的四元数的发现后一年才发表。那一年他发表了他的《线性扩张论》(*Die lineale Ausdehnungslehre*)。由于覆上了神秘

---

① *Trans. Royal Irish Academy*, 21, 1848, 199-296 = *Math. Papers*, Ⅲ, 159-226.

的教义以及叙述抽象,比较关心实践的数学家和物理学家发现此书含混不清和不好读,结果这本著作虽然高度独创,但很多年仍然很少为人知道。1862 年格拉斯曼发行了修订版,称作《扩张论》(*Die Ausdehnungslehre*)。书中,他简化和详述了原来的工作,但他的文风和有欠清楚明了仍使读者厌恶。

虽然格拉斯曼的叙述和几何概念有着几乎不可分割的联系——他实际上是在涉及 $n$ 维几何——但我们将抽取其代数的概念,它被证明是具有永恒的价值。他的基本概念,他称为扩张的量(*extensive Grösse*),是一种有 $n$ 个分量的超复数。为研究他的思想,我们讨论 $n = 3$ 的情况。

考虑两个超复数
$$\alpha = \alpha_1 e_1 + \alpha_2 e_2 + \alpha_3 e_3, \beta = \beta_1 e_1 + \beta_2 e_2 + \beta_3 e_3,$$
这里 $\alpha_i$ 和 $\beta_i$ 是实数,而 $e_1$, $e_2$ 和 $e_3$ 是原始的或定性的单元,几何上用单位长度的三个有向线段来代表,它们从原点出发,顺序确定一个右手直角坐标系。这些 $\alpha_i e_i$ 是原始单元的倍数,且几何上由相应轴上长度 $\alpha_i$ 来代表,而 $\alpha$ 由空间中的一个有向线段来代表,它在各轴上的投影正好是长度 $\alpha_i$。同样的事对 $\beta_i$ 和 $\beta$ 也成立。格拉斯曼称这样的有向线段或线向量为 Strecke(线段)。

这些超复数的加减法由下式定义:
$$(7) \qquad \alpha \pm \beta = (\alpha_1 \pm \beta_1)e_1 + (\alpha_2 \pm \beta_2)e_2 + (\alpha_3 \pm \beta_3)e_3.$$
格拉斯曼引进了两类乘法,内积和外积。对内积,他假设
$$(8) \qquad e_i \mid e_i = 1, \ e_i \mid e_j = 0, \ i \neq j.$$
对外积他假设
$$(9) \qquad [e_i e_j] = -[e_j e_i], \ [e_i e_i] = 0.$$
这些方括弧称为二阶单元,它们未被格拉斯曼化简成一阶单元,即 $e_i$(而哈密顿做了),而是用 $[e_1 e_2] = e_3$ 等把它们当作好像是等价于一阶单元来处理。

从这些定义推出 $\alpha$ 和 $\beta$ 的内积 $\alpha \mid \beta$ 由下式给定:
$$\alpha \mid \beta = \alpha_1 \beta_1 + \alpha_2 \beta_2 + \alpha_3 \beta_3 \quad \text{和} \quad \alpha \mid \beta = \beta \mid \alpha.$$
一个超复数 $\alpha$ 的数值或大小 $a$ 定义为 $\sqrt{\alpha \mid \alpha} = \sqrt{\alpha_1^2 + \alpha_2^2 + \alpha_3^2}$。这样,$\alpha$ 的大小在数值上就等于几何上表示它的线向量的长度。若 $\theta$ 表示线向量 $\alpha$ 和 $\beta$ 之间的夹角,则
$$\alpha \mid \beta = ab \left( \frac{\alpha_1 \beta_1}{ab} + \frac{\alpha_2 \beta_2}{ab} + \frac{\alpha_3 \beta_3}{ab} \right) = ab \cos \theta.$$

借助于外积规则(9),超复数 $\alpha$ 和 $\beta$ 的外积 $P$ 可以表示为
$$(10) \qquad P = [\alpha \ \beta] = (\alpha_2 \beta_3 - \alpha_3 \beta_2)[e_2 e_3] + (\alpha_3 \beta_1 - \alpha_1 \beta_3)[e_3 e_1]$$
$$+ (\alpha_1 \beta_2 - \alpha_2 \beta_1)[e_1 e_2].$$
这个积是二阶的超复数,并且是用二阶的独立的单元表示出来的。它的大小 $|P|$

是借助于两个二阶超复数的内积的定义得到的,就是

(11)
$$|P| = \sqrt{P|P}$$
$$= \{(\alpha_2\beta_3 - \alpha_3\beta_2)^2 + (\alpha_3\beta_1 - \alpha_1\beta_3)^2 + (\alpha_1\beta_2 - \alpha_2\beta_1)^2\}^{\frac{1}{2}}$$
$$= ab\left\{1 - \left(\frac{\alpha_1\beta_1}{ab} + \frac{\alpha_2\beta_2}{ab} + \frac{\alpha_3\beta_3}{ab}\right)^2\right\}^{\frac{1}{2}} = ab\sin\theta.$$

因此,外积$[\alpha\beta]$的大小$|P|$就在几何上被表示成一个平行四边形的面积,这个平行四边形是由几何上代表 $\alpha$ 和 $\beta$ 的线向量构成的。这个面积,连同和它垂直的一个单位线向量一起,就是现在所称的向量面积,那个单位线向量的方向要选择成当 $\alpha$ 绕此线向量转到 $\beta$ 时,它的方向将指向从 $\alpha$ 转到 $\beta$ 的右手螺旋方向。格拉斯曼的术语是 Plangrösse(平面量)。

两个初始的三维超复数的格拉斯曼内积等价于两个向量的哈密顿的四元数乘积的数量部分的负值;在三维情况下,当我们用 $e_1$ 代替 $[e_2 e_3]$ 等,格拉斯曼外积就正好是两个向量的哈密顿的四元数乘积。然而,在四元数理论中,向量是四元数的辅助部分,而在格拉斯曼代数中向量是作为基本的量出现的。

格拉斯曼的另外一种乘积是这样形成的,将一个超复数 $\gamma$ 同两个超复数 $\alpha$ 和 $\beta$ 的外积$[\alpha\beta]$作内积,这个积在三维的情形是

$$Q = [\alpha\ \beta]\gamma$$
$$= (\alpha_2\beta_3 - \alpha_3\beta_2)\gamma_1 + (\alpha_3\beta_1 - \alpha_1\beta_3)\gamma_2 + (\alpha_1\beta_2 - \alpha_2\beta_1)\gamma_3.$$

表示成行列式形状就是

(12)
$$Q = \begin{vmatrix} \alpha_1 & \beta_1 & \gamma_1 \\ \alpha_2 & \beta_2 & \gamma_2 \\ \alpha_3 & \beta_3 & \gamma_3 \end{vmatrix}.$$

结果,$Q$ 能够几何地解释成由 $\alpha$,$\beta$ 和 $\gamma$ 的线向量构成的平行六面体的体积。这个体积可正可负。

格拉斯曼不仅考虑了(对 $n$ 分量超复数)上面所说的两种乘积,而且还考虑了高阶乘积。在 1855 年的一篇文章[①]中,他对超复数给出了 16 种不同类型的乘积。他还给出了这些乘积的几何意义,并对力学、磁学、晶体学作了应用。

初看起来,格拉斯曼关于有 $n$ 个部分的超复数的讨论似乎是不必要的一般,因为至少到目前为止超复数的有用的例子最多包含四个部分。可是格拉斯曼的思想却有助于引导数学家们进入张量理论(第 48 章),因为正如我们将要看到的,张量就是超复数。其他几何的和不变性的概念在张量来到以前就已闻名于

---

① *Jour. für Math.*, 49, 1855, 10 - 20 与 123 - 141 = *Ges. Math. und Phys. Werke*, 2, Part I, 199 - 217.

数学界了。虽然关于超复数的思想引向了各种推广,但格拉斯曼的 $n$ 维超复数的分析(例如微积分)终究未建立起来。理由是简单的,即没有发现这样的分析的应用。正如我们将要看到的,对张量有一个扩张的分析,但是这些在黎曼几何中有它们的来源。

## 5. 从四元数到向量

格拉斯曼的工作暂时仍被忽视,但正如我们已指出的,四元数几乎立刻就吸引了很大的注意力,然而它们完全不是物理学家所要的东西。他们要寻找一个概念,它不脱离笛卡儿坐标,而是比四元数更紧密地联系于笛卡儿坐标。在这样一种概念的方向上,第一步是麦克斯韦(1831—1879)做的,他是电磁理论的发现者,最伟大的数学物理学家之一,是剑桥大学的物理教授。

麦克斯韦知道哈密顿的工作;他虽然听到过格拉斯曼的工作,但未看到过。他区分出哈密顿的四元数的数量部分和向量部分,并且把重点放在这些分开来的概念上[1]。然而,在他的有名的《论电和磁》(A Treatise on Electricity and Magnetism, 1873)中,他对四元数作了较大的让步,并且更多地谈到四元数的数量部分和向量部分,虽然他是把这些部分作为分开的实体处理的。他说(p.10),要规定一个向量需用三个量(分量),这三个量能解释成沿三个坐标轴的长度。这个向量概念是哈密顿的四元数的向量部分,麦克斯韦就是这样说的。哈密顿曾引入 $x$, $y$ 和 $z$ 的向量函数 $v$,其分量为 $v_1$, $v_2$ 和 $v_3$,并对它应用算子 $\nabla = \mathbf{i}\frac{\partial}{\partial x} + \mathbf{j}\frac{\partial}{\partial y} + \mathbf{k}\frac{\partial}{\partial z}$ 而得到结果(6)。这样,$\nabla v$ 是一个四元数。但麦克斯韦把数量部分和向量部分分开,并用 $S\nabla v$($\nabla v$ 的数量部分)和 $V\nabla v$($\nabla v$ 的向量部分)表示。他称 $S\nabla v$ 为 $v$ 的聚度,因为这个表达式在流体动力学中出现过多次,并且当 $v$ 是速度时它有通量的意义,或每单位时间内通过包围一点的一块小面积的每单位体积所含的纯流量。他又称 $V\nabla v$ 为 $v$ 的旋转或旋度,因为这个表达式在流体动力学中也已出现过,它是流体在一点的旋转率的两倍,克利福德(William Kingdon Clifford)后来称 $-S\nabla v$ 为散度。

然后麦克斯韦指出,算子 $\nabla$ 重复进行就给出

$$\nabla^2 = -\frac{\partial^2}{\partial x^2} - \frac{\partial^2}{\partial y^2} - \frac{\partial^2}{\partial z^2}.$$

他称这算子为拉普拉斯算子。他允许这算子作用于数量函数以产生一个数量,作

---

[1] Proc. London Math. Soc., 3, 1871, 224 - 232 = The Scientific Papers, Vol. 2, 257 - 266.

用于向量函数产生一个向量①。

麦克斯韦在他 1871 年的文章中说明了一个数量函数的梯度的旋度和向量函数的旋度的散度永远是零。他还说,一个向量函数 $v$ 的旋度的旋度是 $v$ 的散度的梯度减去 $v$ 的拉普拉斯算子(这仅在直角坐标中成立)。

麦克斯韦经常用四元数作为基本的数学实体,或至少经常提到四元数,也许是为了帮助他的读者。然而他的工作清楚地表明,向量是物理思想的真正的工具,而不像某些人所主张的那样,仅仅是书写的缩减方案。于是在麦克斯韦所处的时代,由于分开处理四元数的数量部分和向量部分,而创造了大量的向量分析。

一个新的独立的课题,三维向量分析的开创,以及同四元数的正式分裂,在 19 世纪 80 年代初期由吉布斯(Josiah Willard Gibbs)和亥维赛所独立建立。吉布斯(1839—1903)是耶鲁学院的数学物理教授,最初是物理化学家,曾在他的学生中私人传阅过小册子(1881 年和 1884 年)《向量分析基础》(*Elements of Vector Analysis*)②。在介绍性的说明中叙述了他的观点:

> 下述分析的一些基本原理都是在稍微不同的形式下为四元数的学生们所熟悉的。建立这一课题的方法与处理四元数的方法有些不同,只是给出一个适当的记法来表达向量之间或向量与数量之间的那些关系,这个记法看来是非常重要的,它非常容易地引导到解析变换,并阐明一些这样的变换。作为不同于四元数处理的先例可以引用克利福德的《静力学》(*Kinematics*)。在这方面还应提到格拉斯曼这个名字,下述方法与他的系统的联系,在某些方面要比与哈密顿系统的联系更紧密。

吉布斯关于向量分析的小册子虽然是为私人交流而印刷的,但却变成广为知道的书。这个材料最后被编进了威尔逊(E. B. Wilson)所写的书中,他根据于吉布斯的讲义。这本书,吉布斯和威尔逊的《向量分析》(*Vector Analysis*),出现于 1901 年。

亥维赛(1850—1925)早期的科学经历是电报和电话工程师。他在 1874 年隐退到乡村生活,专心于写作,主要是写电学和磁学的课题。亥维赛曾从哈密顿的

---

① 因为在向量分析中 $\nabla^2 = \nabla \cdot \nabla$,于是 $\nabla^2 q$ 在物理上表示梯度的散度,或 $q$ 的最大空间变化率的散度。然而这个物理意义从下述事实来看更为明显,即满足 $\nabla^2 q = 0$ 的函数 $q$ 使狄利克雷积分取最小值[看第 28 章的(34)]。这个积分是遍布于某个体积上的梯度量的平方。因此 $\nabla^2 q = 0$ 或者意味着极小梯度发生在任何一点,或者意味着偏离均匀度的差是一个极小值。如果 $\nabla^2 q$ 不是 0,就必定存在某个偏离均匀度的差,因而将有一个恢复力。在数学物理中,包含 $\nabla^2 q$ 的这个或那个内容的各种方程实际上都是断言:自然界的行为永远是要恢复均匀。

代替 $\nabla^2$ 的记号 $\Delta$ 是墨菲在 1833 年引进的。

② *The Scientific Papers*, 2, 17-90.

《基础》学过四元数,但受阻于很多特殊的定理。他感到学习四元数对一个忙碌的工程师是太难了,因此他建立他的向量分析,对他来说,这不过是通常笛卡儿坐标的速记形式。19 世纪 80 年代,他在杂志《电学家》(*Electrician*)上写的文章中自由地运用了这个向量分析。后来在他的三卷著作《电磁理论》(*Electromagnetic Theory*, 1893, 1899, 1912)的第一卷中给出向量代数的很多内容。第三章约 175 页专门用于向量方法。他对这个课题的发展结果本质上与吉布斯的相融合,虽然他不喜欢吉布斯的记法,而采取了他自己的记法,这根据于泰特的四元数的记法。

按照吉布斯和亥维赛所提出的,一个向量不过是四元数的向量部分,但独立于任何四元数。这样,向量 $v$ 是

$$v = a\mathbf{i} + b\mathbf{j} + c\mathbf{k},$$

这里,$\mathbf{i}, \mathbf{j}, \mathbf{k}$ 分别是沿 $x, y, z$ 轴的单位向量,系数 $a, b$ 和 $c$ 是实数,称为分量。两个向量是相等的,如果相应的分量都相等。两个向量的和是一个向量,其各分量分别是被加项的相应分量之和。

引进了两种类型的乘法,两者都对物理有用。第一种类型称为数量乘法,是这样定义的:把 $v$ 和 $v' = a'\mathbf{i} + b'\mathbf{j} + c'\mathbf{k}$ 像通常的多项式一样相乘,用"点"作为乘法的符号,令

(13a) $$\mathbf{i} \cdot \mathbf{i} = \mathbf{j} \cdot \mathbf{j} = \mathbf{k} \cdot \mathbf{k} = 1,$$
$$\mathbf{i} \cdot \mathbf{j} = \mathbf{j} \cdot \mathbf{i} = \mathbf{i} \cdot \mathbf{k} = \mathbf{k} \cdot \mathbf{i} = \mathbf{j} \cdot \mathbf{k} = \mathbf{k} \cdot \mathbf{j} = 0.$$

这样,$v \cdot v' = aa' + bb' + cc'$。这个乘积不再是向量而是一个实数或数量,称为数量积。它具有新的代数特点,因为两个实数或复数或四元数的积,永远是我们所从出发的同一类数。数量积的另一奇怪性质是当两个因子没有一个是零时它可以是零。例如向量 $v = 3\mathbf{i}$ 和 $v' = 6\mathbf{j} + 7\mathbf{k}$ 的积就是零。

两个向量的数量积在代数上新奇的还有另一方面——它不允许逆过程。就是说,永远不能找到一个向量或数量 $q$ 使 $v/v' = q$。比如说,假如 $q$ 是一个向量,$q \cdot v'$ 就会是一个数量,因而不等于向量 $v$。另一方面,假如 $q$ 是一个数量,则虽然 $qv$ 是定义成 $qa'\mathbf{i} + qb'\mathbf{j} + qc'\mathbf{k}$,却很少有 $qa' = a$, $qb' = b$ 及 $qc' = c$,这里 $a, b$ 和 $c$ 是 $v$ 的系数。尽管缺乏商,数量积仍是有用的。

数量积的物理意义直接显示如下:设 $v'$ 是一个力(图32.2),它的方向和大小用由 $O$ 到 $P'$ 的线段表示,则这个力推动 $O$ 点的物体在一个方向(比如说在 $OP$ 方向)上的效应(这里 $OP$ 代表向量 $v$),是 $OP'$ 在 $OP$ 上的投影或 $OP'\cos\phi$,这里 $\phi$ 是 $OP'$ 和

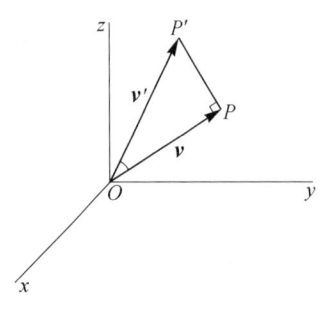

图 32.2

$OP$ 间的夹角。当 $OP$ 是单位长度时,$OP'$ 的投影正好是乘积 $v \cdot v'$ 的值。

向量的第二类型的乘积,称为向量积,定义如下:我们仍像多项式一样将 $v$ 和 $v'$ 相乘,但这时令

$$\mathbf{i} \times \mathbf{i} = \mathbf{j} \times \mathbf{j} = \mathbf{k} \times \mathbf{k} = 0,$$

(13b) $\quad \mathbf{i} \times \mathbf{j} = \mathbf{k}, \mathbf{j} \times \mathbf{i} = -\mathbf{k}, \mathbf{j} \times \mathbf{k} = \mathbf{i}, \mathbf{k} \times \mathbf{j} = -\mathbf{i},$

$$\mathbf{k} \times \mathbf{i} = \mathbf{j}, \mathbf{i} \times \mathbf{k} = -\mathbf{j}.$$

于是这乘积,用 $v \times v'$ 表示,便是

$$v \times v' = (bc' - b'c)\mathbf{i} + (ca' - ac')\mathbf{j} + (ab' - b'a)\mathbf{k}.$$

两个向量的向量积是一个向量,不难证明它的方向是垂直于 $v$ 和 $v'$ 的方向,且指向是当 $v$ 通过较小的角度转到 $v'$ 时右手螺旋所指的方向。两个平行向量的向量积是零,虽然没有一个因子是零。此外,这乘积像四元数乘积一样不可交换。进一步,它甚至不是结合的,例如,$\mathbf{i} \times \mathbf{j} \times \mathbf{j}$ 可以表示 $(\mathbf{i} \times \mathbf{j}) \times \mathbf{j} = \mathbf{k} \times \mathbf{j} = -\mathbf{i}$ 或 $\mathbf{i} \times (\mathbf{j} \times \mathbf{j}) = \mathbf{i} \times 0 = 0$。

向量乘法没有逆,因为如果 $v$ 用 $v'$ 除的商是一个向量 $q$,我们就必然会有

$$v = v' \times q.$$

而无论 $q$ 是什么,这都需要 $v'$ 垂直于 $v$,但这可能不是出发时的情况。假如 $q$ 是一个数量,那么偶然才会有 $qa'\mathbf{i} + qb'\mathbf{j} + qc'\mathbf{k}$ 等于 $v$。

像数量积一样,向量积是由物理情况提出的。设图 32.3 中的 $OP$ 和 $PP'$ 是 $v$ 和 $v'$ 的长度和方向。设 $v'$ 是一个力,它的大小和方向同 $PP'$ 的一样,力 $v'$ 绕 $O$ 的力矩的量度是 $v \times v'$ 的长度,其方向通常取 $v \times v'$ 的方向。

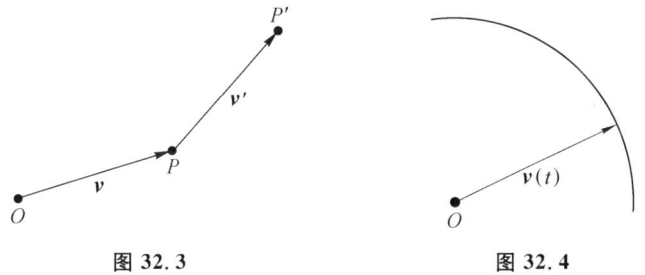

图 32.3　　　　　　　　图 32.4

向量代数被推广到变向量和向量微积分。例如,变向量 $v(t) = a(t)\mathbf{i} + b(t)\mathbf{j} + c(t)\mathbf{k}$ 是一个向量函数,这里 $a(t)$, $b(t)$ 和 $c(t)$ 都是 $t$ 的函数。由 $t$ 的不同值得到的各向量,如果都以 $O$ 作为原点画出来(图 32.4),则这些向量的终点描出一条曲线。因此数量变量 $t$ 的向量函数所起的作用类似于通常的函数,比如说,

$$y = x^2 + 7,$$

对这些向量函数建立的向量微积分完全和通常函数的一样。

梯度 $u$ 的概念

(14) $$\nabla u = \frac{\partial u}{\partial x}\mathbf{i} + \frac{\partial u}{\partial y}\mathbf{j} + \frac{\partial u}{\partial z}\mathbf{k},$$

这里 $u$ 是 $x$, $y$ 和 $z$ 的一个数量函数,向量函数 $\mathbf{v}$ 的散度为

(15) $$\nabla \cdot \mathbf{v} = \frac{\partial v_1}{\partial x} + \frac{\partial v_2}{\partial y} + \frac{\partial v_3}{\partial z},$$

这里 $v_1$, $v_2$ 和 $v_3$ 是 $\mathbf{v}$ 的分量。$\mathbf{v}$ 的旋度为

(16) $$\nabla \times \mathbf{v} = \left(\frac{\partial v_3}{\partial y} - \frac{\partial v_2}{\partial z}\right)\mathbf{i} + \left(\frac{\partial v_1}{\partial z} - \frac{\partial v_3}{\partial x}\right)\mathbf{j} + \left(\frac{\partial v_2}{\partial x} - \frac{\partial v_1}{\partial y}\right)\mathbf{k},$$

都从四元数抽象出来。

分析的很多基本定理能用向量形式表示。例如在求解热的偏微分方程的过程中,奥斯特罗格拉茨基[①]利用了体积分到曲面积分的下列转换:

$$\iiint_V \left(\frac{\partial P}{\partial x} + \frac{\partial Q}{\partial y} + \frac{\partial R}{\partial z}\right) dx dy dz = \iint_S (P\cos\lambda + Q\cos\mu + R\cos\nu) dS,$$

这里 $P$, $Q$, $R$ 都是 $x$, $y$ 和 $z$ 的函数,并且都是一个向量的分量,而 $\lambda$, $\mu$ 和 $\nu$ 是曲面 $S$ 的法线的方向余弦,$S'$ 是在左边积分中的立体 $V$ 的边界。这个定理称为散度定理(也称高斯定理和奥斯特罗格拉茨基定理),它能表示成向量形式:设 $\mathbf{F}$ 是向量,它的分量是 $P$, $Q$, $R$,而 $\mathbf{n}$ 是 $S$ 的法线方向,则

(17) $$\iiint \nabla \cdot \mathbf{F} dV = \iint \mathbf{F} \cdot \mathbf{n} dS.$$

同斯托克斯的定理(它是 1854 年[②]剑桥大学作为史密斯奖的一次考试的题目,由他首先叙述)一样,用数量形式表述为

$$\iint_S \left\{\lambda\left(\frac{\partial R}{\partial y} - \frac{\partial Q}{\partial z}\right) + \mu\left(\frac{\partial P}{\partial z} - \frac{\partial R}{\partial x}\right) + \nu\left(\frac{\partial Q}{\partial x} - \frac{\partial P}{\partial y}\right)\right\} dS$$
$$= \int_C \left(P\frac{\partial x}{\partial s} + Q\frac{\partial y}{\partial s} + R\frac{\partial z}{\partial s}\right) ds,$$

这里 $S$ 是曲面的任一部分,$C$ 是 $S$ 的边界曲线,而 $x(s)$, $y(s)$ 和 $z(s)$ 是 $C$ 的参数表示式。用向量形式,斯托克斯定理可写成

(18) $$\iint \mathrm{curl}\mathbf{F} \cdot \mathbf{n} dS = \int \mathbf{F} \cdot \frac{d\mathbf{r}}{ds} ds,$$

这里 $\mathbf{r}(s)$ 是向量,它的分量是 $x(s)$, $y(s)$ 和 $z(s)$。

当麦克斯韦写出电磁学的一些表达式和方程,特别是现在以他命名的方程时,他常常把 grad $u$, div $\mathbf{v}$ 和 curl $\mathbf{v}$ 中涉及的向量的分量写出来。然而亥维赛把麦克斯韦方程写成向量形式[第 28 章(52)]。

---

① *Mém. Acad. Sci. St. Peters.*, (6), 1, 1831, 39-53.
② 此定理是开尔文勋爵 1850 年 7 月在给斯托克斯的一封信中叙述的。

的确,向量和向量函数的演算通常是依靠笛卡儿分量来做的,但特别重要的是还要用向量作为单独的实体来思考,用梯度、散度和旋度来思考。这些都有直接的物理意义,更不必说有如下的事实,复杂的技术步骤能直接用向量来实现,如像人们把 $\nabla \cdot [\boldsymbol{u}(x,y,z) \times \boldsymbol{v}(x,y,z)]$ 换成它的等价的式子 $\boldsymbol{v} \cdot \nabla \times \boldsymbol{u} - \boldsymbol{u} \cdot \nabla \times \boldsymbol{v}$ 一样。还有,梯度、散度和旋度的积分已被定义,这些定义使这些概念与任何坐标定义无关。这样,代替(14)我们有,例如

$$\operatorname{grad} u = \lim_{\Delta \tau \to 0} \frac{1}{\Delta \tau} \int_S u \boldsymbol{n} \, \mathrm{d}S,$$

这里 $S$ 是体积元 $\Delta \tau$ 的边界,而 $\boldsymbol{n}$ 是 $S$ 的曲面元 $\mathrm{d}S$ 的法线。

正当向量分析创立的时候及其后,在四元数的拥护者和向量的拥护者之间对究竟哪一个更为有用的问题有很多争论。四元数主义者迷信四元数的价值,而向量分析的提倡者同样是派性的人。一方在泰特这些四元数的领头的支持者们之下结成联盟,另一方是结盟于吉布斯和亥维赛之下。关于争论,亥维赛讽刺地评论说,对四元数的处理,四元数是最好的工具。而泰特则描述亥维赛的向量分析为"组合了格拉斯曼和哈密顿的记法的一种阴阳怪物"。吉布斯的书在促进向量的产生方面证明有不可估量的价值。

这争论最后以有利于向量而解决了。工程师欢迎吉布斯和亥维赛的向量分析,虽然数学家们不是这样。20世纪开始时,物理学家也完全信服向量分析是他们所要东西。有关这课题的教科书立刻在所有国家出现,而且现在是标准化的了。最后,数学家们也跟着适应了,并把向量方法引进到分析和解析几何中来。

应当指出物理学对促进创立这样的数学对象,如四元数、格拉斯曼超复数和向量的影响,这些创造变成数学的一部分,但它们的意义远远超出这些新课题的添加。这几种量的引进揭开了新的数学前景——不是只有一个实数和复数的代数,而是有很多个不相同的代数。

## 6. 线性结合代数

从纯粹代数的观点看,四元数是令人兴奋的,因为它提供了一个除了乘法的交换性而外具有实数和复数性质的代数的例子。19世纪后半期,为了看到能创造出些什么样的变种,同时又要保持实数和复数的许多性质,许多超复数系统被大量探索出来了。

凯莱[1]给出了实四元数的一个八单元推广,他的单元是 1, $e_1$, $e_2$, $\cdots$, $e_7$ 具有

---

[1] *Phil. Mag.*, (3), 26, 1845, 210-213 和 30, 1847, 257-258 = *Coll. Math. Papers*, 1, 127 和 301.

性质
$$e_i^2 = -1, \ e_ie_j = -e_je_i, \ j = 1, 2, \cdots, 7 \text{ 且 } i \neq j,$$
$$e_1e_2 = e_3, \ e_1e_4 = e_5, \ e_1e_6 = e_7, \ e_2e_5 = e_7, \ e_2e_4 = -e_6,$$
$$e_3e_4 = e_7, \ e_3e_5 = e_6,$$

以及对三足标的每一个集合循环地进行排列,从这后 7 个方程得到的 14 个方程,例如 $e_2e_3 = e_1$,$e_3e_1 = e_2$。

一个一般的(八元数)数 $x$ 定义为
$$x = x_0 + x_1e_1 + \cdots + x_7e_7,$$
这里 $x_i$ 是实数。$x$ 的模 $N(x)$ 定义为
$$N(x) = x_0^2 + x_1^2 + \cdots + x_7^2.$$
积的模等于模的积。乘法的结合律一般不成立(和乘法的交换律一样)。右除及左除,除去用零除以外,总是可能的并且是唯一的。这件事凯莱没注意到,而是由迪克森(Leonard Eugene Dickson)[①]证明的。凯莱在以后的文章中给出了另外的超复数的代数,和上面的一个有些不同。

哈密顿在他的《四元数讲义》[②]中还引进了拟四元数,即带有复系数的四元数。他指出乘积定律对这些拟四元数不成立;即两个非零的拟四元数相乘可以为零。

伦敦的大学学院的数学和力学教授克利福德(1845—1879)创立了另一类型的超复数[③],他也称之为拟四元数。设 $q$ 和 $Q$ 是实四元数,又设 $\omega$ 满足 $\omega^2 = 1$,且 $\omega$ 与每个实四元数交换,则 $q + \omega Q$ 是一拟四元数。克利福德的拟四元数满足乘法的乘积定律,但这乘法不是结合的。克利福德在后来的工作中引进了以他的名字命名的代数。克利福德代数具有单元 $1, e_1, e_2, \cdots, e_{n-1}$,每个单元的平方满足 $e_i^2 = -1$ 而 $e_ie_j = -e_je_i (i \neq j)$。两个或多个单元的每一乘积是一个新的单元,所以有 $2^n$ 个不同的单元。所有乘积是可结合的,一个型就是一个数量乘上一个单元,而一个代数就由型的和与积生成。

新的超复数系统继续涌现,种类是大量的。哈佛大学数学教授本杰明·皮尔斯(Benjamin Peirce,1809—1880)在一篇 1870 年宣读而在 1871 年[④]以石印形式发表的文章《线性结合代数》(Linear Associative Algebra)中定义并给出一份当时已经知道的线性结合代数概要。线性这个词意味着任何两个原始单元的积可化简成这些单元之一,就像四元数中 **i** 乘 **j** 用 **k** 代替一样,而结合这个词意味着乘法是结

---

① *Amer. Math. Soc. Trans.*, 13, 1912, 59 - 73.
② 1853, p. 650.
③ *Proc. Lond. Math. Soc.*, 4, 1873, 381 - 395 = *Coll. Math. Papers*, 181 - 200 与 *Amer. Jour. of Math.*, 1, 1878, 350 - 358 = *Coll. Math. Papers*, 266 - 276.
④ *Amer. Jour. of Math.*, 4, 1881, 97 - 229.

合的。在这些代数中,加法具有实数和复数的通常性质。在这篇文章中本杰明·皮尔斯引进了幂零元的概念,即元素 $A$ 对某正整数 $n$ 满足 $A^n = 0$,也引进了幂等元的概念,即元素 $A$ 对某个 $n$ 满足 $A^n = A$。他还证明了一个代数如果在其中至少有一个非幂零元,则必具有一个幂等元。

就在数学家们创立特定的代数的同一期间,在各种这样的代数中能有多大自由度的问题也已经出现在他们面前。高斯深信(Werke. 2,178),保持复数基本性质的复数的扩张是不可能的。有意义的是,当哈密顿找寻一个三维的代数来表达空间的向量而建立了没有交换性的四元数时,他不能证明三维交换代数不存在。格拉斯曼也没有这样一个证明。

在这个世纪的后期,精确的定理才建立起来。1878 年,弗罗贝尼乌斯(1849—1917)[1]证明了具有有限个原始单元的有乘法单位元素的实系数(原始单元的)线性结合代数,如服从结合律,那就只有实数、复数和实四元数的代数。这个定理也由查尔斯·皮尔斯(Charles Sanders Peirce,1839—1914)在他父亲的文章的附录[2]中独立地加以证明。魏尔斯特拉斯 1861 年得到另一关键结果:有有限个原始单元的实或复系数(原始单元的)线性结合代数,如服从乘积定律和乘法交换律,就是实数的代数和复数的代数。大约 1870 年戴德金(Richard Dedekind)获得了同样的结果。魏尔斯特拉斯的结果发表于 1884 年[3]而戴德金发表在下一年[4]。

1898 年赫尔维茨(Adolf Hurwitz,1859—1919)[5]证明了实数、复数、实四元数和克利福德拟四元数是仅有的满足乘法定律的线性结合代数。

这些定理是有价值的,因为它们告诉我们,在推广复数系统时,如果我们希望至少保持它的某些代数性质,那么我们能期望得到什么结果。如果哈密顿知道这些定理的话,他就会节省找寻三维向量代数的好些年劳动。

具有有限个或甚至无限个生成(原始)单元以及具有或不具有除法的线性代数的研究,几乎到 20 世纪还继续成为一个活跃的课题,如迪克森和韦德伯恩(Joseph H. M. Wedderburn)那样的人对这个课题作了许多贡献。

---

[1] *Jour. für Math.*, 84,1878,1 - 63 = *Ges. Abh.*, 1,343 - 405.
[2] *Amer. Jour. of Math.*, 4,1881,225 - 229.
[3] *Nachrichten König. Ges. der Wiss. zu Gött.*, 1884,395 - 410 = *Math. Werke*, 2, 311 - 332.
[4] *Nachrichten König. Ges. der Wiss. zu Gött.*, 1885,141 - 159 与 1887,1 - 7 = *Werke*, 2, 1 - 27.
[5] *Nachrichten König. Ges. der Wiss. zu Gött.*, 1898,309 - 316 = *Math. Werke*, 2, 565 - 571.

# 参 考 书 目

Clifford, W. K.: *Collected Mathematical Papers* (1882), Chelsea (reprint), 1968.

Collins, Joseph V.: "An Elementary Exposition of Grassmann's *Ausdehnungslehre*," *Amer. Math. Monthly*, 6, 1899, several parts; and 7, 1900, several parts.

Coolidge, Julian L.: *A History of Geometrical Methods*, Dover (reprint), 1963, pp. 252–264.

Crowe, Michael J.: *A History of Vector Analysis*, University of Notre Dame Press, 1967.

Dickson, Leonard E.: *Linear Algebras*, Cambridge University Press, 1914.

Gibbs, Josiah W., and E. B. Wilson: *Vector Analysis* (1901), Dover (reprint), 1960.

Grassmann, H. G.: *Die lineale Ausdehnungslehre* (1844), Chelsea (reprint), 1969.

Grassmann, H. G.: *Gesammelte mathematische und physikalische Werke*, 3 vols., B. G. Teubner, 1894–1911; Vol. 1, Part I, 1–319 contains *Die lineale Ausdehnungslehre*; Vol. 1, Part II, 1–383 contains *Die Ausdehnungslehre*.

Graves, R. P.: *Life of Sir William Rowan Hamilton*, 3 vols., Longmans Green, 1882–1889.

Hamilton, Sir Wm. R.: *Elements of Quaternions*, 2 vols., 1866, 2nd ed., 1899–1901, Chelsea (reprint), 1969.

Hamilton, Sir Wm. R.: *Mathematical Papers*, Cambridge University Press, 1967, Vol. 3.

Hamilton, Sir Wm. R.: "Papers in Memory of Sir William R. Hamilton," *Scripta Math.*, 1945; also in *Scripta Math.*, 10, 1944, 9–80.

Heaviside, Oliver: *Electromagnetic Theory*, Dover (reprint), 1950, Vol. 1.

Klein, Felix: *Vorlesungen über die Entwicklung der Mathematik im 19. Jahrhundert*, Chelsea (reprint), 1950, Vol. 1, pp. 167–191; Vol. 2, pp. 2–12.

Maxwell, James Clerk: *The Scientific Papers*, 2 vols., Dover (reprint), 1965.

Peacock, George: "Report on the Recent Progress and Present State of Certain Branches of Analysis," *British Assn. for Advancement of Science Report for* 1833, London, 1834.

Peacock, George: *A Treatise on Algebra*, 2 vols., 2nd ed., Cambridge University Press, 1845; Scripta Mathematica (reprint), 1940.

Shaw, James B.: *Synopsis of Linear Associative Algebra*, Carnegie Institution of Washington, 1907.

Smith, David Eugene: *A Source Book in Mathematics*, Dover (reprint), 1959, Vol. 2, pp. 677–696.

Study, E.: "Theorie der gemeinen und höheren complexen Grössen," *Encyk. der Math. Wiss.*, B. G. Teubner, 1898, I, 147–183.

# 第 33 章

## 行列式和矩阵

> 这就是结构好的语言的好处,它的简化的记法常常是深奥理论的源泉。
>
> 拉普拉斯

## 1. 引　　言

  虽然行列式和矩阵在 19 世纪受到很大的注意,而且写了成千篇关于这两个课题的文章,但它们在数学上并不是大的改革。向量的概念,从数学的观点来看不过是有序三元数组的一个集合,然而它以力或速度作为直接的物理意义,并且数学上用它能立刻写出物理上所说的事情。向量用于梯度、散度、旋度就更有说服力。同样,虽然 $dy/dx$ 在数学上不过是一个符号,表示包括 $\Delta y/\Delta x$ 的极限的长式子,但导数本身是一个强有力的概念,能使我们直接而创造性地想象物理上发生的事情。因此,虽然表面上看,数学不过是一种语言或速记,但它的大多数生动的概念能对新的思想领域提供钥匙。相反地,行列式和矩阵却完全是语言上的改革。对于已经以较扩展的形式存在的概念,它们是速记的表达式。它们本身不能直接说出方程或变换所没有说出的任何东西,当然,方程和变换的表达方式是冗长的。尽管行列式和矩阵用作紧凑的表达式,尽管矩阵在领悟群论的一般定理方面具有作为具体的群的启发作用,但它们都没有深刻地影响数学的进程。然而已经证明这两个概念是高度有用的工具,现在是数学器具的一部分。

## 2. 行列式的一些新应用

  行列式出现于线性方程组的求解(第 25 章第 3 节)。这个问题和消元法、坐标变换、多重积分中的变数替换、解行星运动的微分方程组、将三个或多个变数的二次型及二次型束(一个束是 $A+\lambda B$,这里 $A$, $B$ 是指定的型,而 $\lambda$ 是参数)化简成标准型,全都引起行列式的各种新应用。19世纪的工作直接继承于克莱姆、贝祖、范德蒙德、拉格朗日和拉普拉斯的工作。

行列式这个词(高斯用以指二次型 $ax^2+2bxy+cy^2$ 的判别式)是柯西把它用于已经出现在18世纪著作中的行列式的。把元素排成方阵并采用双重足标的记法也是属于他的。[①] 例如一个三阶的行列式写成(两条竖线是凯莱在1841年引进的)

$$(1) \quad \begin{vmatrix} a_{11} & a_{12} & a_{13} \\ a_{21} & a_{22} & a_{23} \\ a_{31} & a_{32} & a_{33} \end{vmatrix}.$$

在这篇文章中,柯西给出了行列式的第一个系统的、几乎是近代的处理。主要结果之一是行列式的乘法定理。拉格朗日[②]已经对三阶行列式给出了这个定理,但因为他的行列式的行是一个四面体的顶点的坐标,他未被引向普遍化。按柯西的说法(用现代记号表达),一般定理为

$$(2) \quad |a_{ij}||b_{ij}|=|c_{ij}|,$$

这里 $|a_{ij}|$ 和 $|b_{ij}|$ 代表 $n$ 阶行列式,而 $c_{ij}=\sum_k a_{ik}b_{kj}$。就是说,在乘积的第 $i$ 行第 $j$ 列的项是 $|a_{ij}|$ 的第 $i$ 行和 $|b_{ij}|$ 的第 $j$ 列的对应元素的乘积之和。这个定理在1812年曾由比内(Jacques P. M. Binet,1786—1856)叙述过但没有令人满意的证明[③]。柯西还改进了拉普拉斯行列式展开定理,并给了一个证明(第25章第3节)。

舍克(Heinrich F. Scherk,1798—1885)在他的《数学论文》(*Mathematische Abhandlungen*,1825)中给出了行列式的几个新的性质。他建立了只有一行(或列)不同的两个行列式相加的规则和一常数乘行列式的规则。他还叙述了,当一个方阵的某一行是另两行或几行的线性组合时,其行列式为零,以及三角行列式(主对角线以上或以下的所有元素是零)的值是主对角线上的元素的乘积。

在50多年内行列式理论的始终不渝的作者之一是詹姆斯·西尔维斯特(1814—1897)。在赢得剑桥大学数学荣誉会考一等第二名后,他仍然被禁止在剑桥大学任教,因为他是犹太人。从1841年起到1845年,他是弗吉尼亚(Virginia)大学的教授。后来他回到伦敦,并从1845年起到1855年担任书记官和律师,他接受了在英格兰伍尔芝(Woolwich)军事科学院的比较低的教授职位,并在那里任职到1871年。经过一些年的多方活动以后成为霍普金斯(Hopkins)大学的教授,在那里自1876年起演讲不变量理论,他开创了合众国的纯数学的研究,并创办了《美

---

[①] *Jour. de l' Ecole Poly.*,10,1815,29-112 = *Œuvres*,(2),1,91-169.
[②] *Nouv. Mém. de l'Acad. de Berlin*,1773,85-128 = *Œuvres*,3,577-616.
[③] *Jour. de l'Ecole Poly.*,9,1813,280-302.

国数学杂志》。1884 年他回到英格兰,70 岁时成为牛津大学教授,并保持职位到去世。

詹姆斯·西尔维斯特是一个活泼、敏感、兴奋、热情甚至容易激动的人。他的谈话是出色而机敏的,他用火一般的热情介绍他的思想。在他的文章中,他使用热烈的语言。他引进了很多新术语,开玩笑地把自己比作亚当(Adam,亚当曾给野兽和花起名字)。虽然他同力学和不变量理论等许多不同的领域相联系,但他不爱好系统而彻底地做出理论。实际上他频繁地发表猜想,虽然其中许多是出色的,但其余的是不正确的。他忧伤地承认,他大陆的朋友们"在损害他的判断力的条件下恭维他的预见力"。他的主要贡献是组合的思想和从较具体的发展中进行抽象。

詹姆斯·西尔维斯特的重要成就之一是改进了从一个 $n$ 次的和一个 $m$ 次的多项式中消去 $x$ 的方法,他称这为析配消元法(dialytic method)①。例如,为消去方程
$$a_0 x^3 + a_1 x^2 + a_2 x + a_3 = 0,$$
$$b_0 x^2 + b_1 x + b_2 = 0$$
中的 $x$,他形成五阶行列式

(3)
$$\begin{vmatrix} a_0 & a_1 & a_2 & a_3 & 0 \\ 0 & a_0 & a_1 & a_2 & a_3 \\ b_0 & b_1 & b_2 & 0 & 0 \\ 0 & b_0 & b_1 & b_2 & 0 \\ 0 & 0 & b_0 & b_1 & b_2 \end{vmatrix},$$

这个行列式为零是这两个方程有公共根的必要充分条件。西尔维斯特没有给出证明。这方法,如柯西所证明的②,引导到欧拉和贝祖方法的同样结果。

当行列式的元素是 $t$ 的函数时,它的导数的公式首先由雅可比在 1841 年给出③。设 $a_{ij}$ 是 $t$ 的函数,$A_{ij}$ 是 $a_{ij}$ 的余子式,$D$ 是行列式,则
$$\frac{\partial D}{\partial a_{ij}} = A_{ij},$$
$$\frac{\mathrm{d}D}{\mathrm{d}t} = \sum_{i,j} A_{ij} a'_{ij},$$
这里撇表示对 $t$ 的微商。

行列式被应用到另一方面,即应用到多重积分的变数替换中。首先由雅可比

---

① Phil. Mag., 16,1840,132-135 和 21,1842,534-539 = Coll. Math. Papers, 1,54-57 和 86-90.
② Exercices d'analyse et de physique mathématique, 1,1840,385-422 = Œuvres, (2),11,466-509.
③ Jour. für Math., 22,1841,285-318 = Werke, 3,355-392.

(1832年和1833年)找到一些特殊的结果。后来卡塔兰(Eugène Charles Catalan, 1814—1894)在1839年①给出今天大学生所熟悉的结果。例如二重积分

(4) $$\iint F(x, y)\mathrm{d}x\mathrm{d}y$$

在变数替换

(5) $$x = f(u, v), y = g(u, v)$$

下成为

(6) $$\iint G(u, v)\begin{vmatrix} f_u & f_v \\ g_u & g_v \end{vmatrix} \mathrm{d}u\mathrm{d}v,$$

这里 $G(u, v) = F[x(u, v), y(u, v)]$。(6)中的行列式称为 $x, y$ 关于 $u, v$ 的雅可比行列式或函数行列式。

雅可比对于函数行列式专门有一篇重要文章②。在此文中,雅可比考虑了 $n$ 个函数 $u_1, u_2, \cdots, u_n$,其中每一个都是 $x_1, x_2, \cdots, x_n$ 的函数;他提出问题,问什么时候从这 $n$ 个函数能消去 $x_i$ 使得这些 $u_i$ 用一个方程联系起来。如果这不可能,就称函数 $u_i$ 是无关的。答案是,如果 $u_i$ 关于 $x_i$ 的雅可比行列式是零,则函数不是无关的,反之也对。他还给出了雅可比行列式的乘积定理,即如果 $u_i$ 是 $y_i$ 的函数,而 $y_i$ 是 $x_i$ 的函数,则 $u_i$ 关于 $x_i$ 的雅可比行列式是 $u_i$ 关于 $y_i$ 的雅可比行列式和 $y_i$ 关于 $x_i$ 的雅可比行列式的乘积。

## 3. 行列式和二次型

将二次曲线和二次曲面的方程变形,选有主轴方向的轴作为坐标轴以简化方程的形状,这个问题是在18世纪中引进的。当方程是标准型即主轴是坐标轴时,二次曲面用二次项的符号来进行分类,这是柯西在他的《几何中无穷小演算的应用教程》(*Leçons sur les applications du calcul infinitésimal à la géométrie*, 1826)③中给出的。然而,那时并不清楚,在化简成标准型时,总得到同样数目的正项和负项。西尔维斯特回答了这个问题,利用了他关于 $n$ 个变数的二次型的惯性定律④. 早已知道,

(7) $$\sum_{i,j=1}^{n} a_{ij} x_i x_j$$

---

① *Mémoires, couronnés par l'Academie Royale des Sciences et Belles-Lettres de Bruxelles*, 14, 1841.
② *Jour. für Math.*, 22, 1841, 319 - 359 = *Werke*, 3, 393 - 438.
③ *Œuvres*, (2), 5, 244 - 285.
④ *Phil. Mag.*, (4), 4, 1852, 138 - 142 = *Coll. Math. Papers*, 1, 378 - 381.

总能用具有非零行列式的实线性变换

$$x_i = \sum_{j=1}^{n} b_{ij} y_j, \, i = 1, 2, \cdots, n$$

化成 $r$ 个平方项的和①

(8) $\qquad y_1^2 + \cdots + y_s^2 - y_{s+1}^2 - \cdots - y_{r-s}^2.$

西尔维斯特定律说,正项的个数 $s$ 以及负项的个数 $r-s$ 总是不变的,不管用的是什么实变换。西尔维斯特把这定律看成是自明的,没有给出证明。

这定律被雅可比重新发现和证明了②。设一个二次型对变数的所有非零的实值都取正值,就称它为正定的;如对上述变数它能取正值或零,就称为半定的;而当取值永远是负的或 0 时就称为负定的,这些术语是高斯在他的《算术研究》中加以引进的(第 271 节)。

二次型化简的进一步研究涉及二次型或行列式的特征方程的概念。三个变数的二次型在 18 世纪和 19 世纪前半期通常是写成

$$Ax^2 + By^2 + Cz^2 + 2Dxy + 2Exz + 2Fyz,$$

而在近代则写成

(9) $\qquad a_{11}x_1^2 + a_{22}x_2^2 + a_{33}x_3^2 + 2a_{12}x_1x_2 + 2a_{13}x_1x_3 + 2a_{23}x_2x_3.$

在二次型的后一种记法中曾把它同行列式

(10) $\qquad \begin{vmatrix} a_{11} & a_{12} & a_{13} \\ a_{21} & a_{22} & a_{23} \\ a_{31} & a_{32} & a_{33} \end{vmatrix}, \, a_{ij} = a_{ji}$

相联系。二次型或行列式的特征方程或本征方程是

(11) $\qquad \begin{vmatrix} a_{11}-\lambda & a_{12} & a_{13} \\ a_{21} & a_{22}-\lambda & a_{23} \\ a_{31} & a_{32} & a_{33}-\lambda \end{vmatrix} = 0,$

满足这个方程的值 $\lambda$ 称为特征根或本征根。由 $\lambda$ 的这些值能立刻获得主轴的长度③。

特征方程的概念隐含地出现在欧拉的化三个变数的二次型到它们的主轴上去的著作中④,虽然他对特征根的实性缺乏证明。 特征方程的概念首先明确地出现在拉

---

① $r$ 是型的秩,即系数矩阵的秩,秩的概念见第 4 节。

② *Jour. für Math.*, 53, 1857, 265 - 270 = *Werke*, 3, 583 - 590;也看 593 - 598。

③ 型(9)可以通过一个线性变换 $x'_i = \sum m_{ij} x_j \, (i, j = 1, 2, 3)$ 化简成 $\sum_{j=1}^{3} \lambda_j x_j'^2$,这里 $\lambda_j$ 是(11)的特征根。用矩阵语言说,变换的矩阵 $M$ 是正交的;即 $M$ 的转置等于 $M$ 的逆。

④ 他的 *Introductio*(1748)的附录的第五章 = *Opera*, (1), 9, 379 - 392。

格朗日关于线性微分方程组的著作中①,也出现于拉普拉斯在同一领域的著作中②。

拉格朗日在处理他那时代已经知道的六大行星的运动微分方程组时,涉及这些行星相互作用的长期微扰。他的特征方程(也称长期方程)联系于一个六阶行列式,而 $\lambda$ 的值确定了微分方程组的解。他会分解这六次方程并且获得了根的情况。拉普拉斯在他的《天体力学》中证明了如果这些行星都沿同一方向运动,则这六个特征根是实数且各不相同。三个变数的二次型的特征值的实性是由阿谢特、蒙日和泊松建立的③。

柯西从欧拉、拉格朗日和拉普拉斯的著作中认识了共同的特征值问题。在他 1826 年的《教程》④中着手研究化简三个变数的二次型的问题,并证明了特征方程在直角坐标系的任何变换下是不变的。三年后在他的《数学练习》⑤中,他开始研究行星轨道的长期不等式的问题。在这工作的过程中,他证明了 $n$ 个变数的两个二次型

$$A = \sum_{i,j=1}^{n} a_{ij} x_i x_j, \quad B = \sum_{i,j=1}^{n} b_{ij} x_i x_j$$

(柯西的 $B$ 是平方和)能用一个线性变换

$$x_1 = c_{11} x'_1 + \cdots + c_{1n} x'_n,$$
$$\cdots\cdots$$
$$x_n = c_{n1} x'_1 + \cdots + c_{nn} x'_n$$

同时化成平方和。他还解决了对任何多个变数的二次型找主轴的问题,在这工作中,他再次用到特征根的概念。

他的工作总括如下:设 $A$ 和 $B$ 是任两个给定的二次型,于是能考虑二次型束 $uA + vB$,这儿 $u$ 和 $v$ 是任意参数。束的本征根是比 $-u/v$ 的一些值,这些值使束的行列式 $|uA + vB|$ 为零。柯西证明了束的本征根在如下的特殊情况下全为实数,即当其中一个二次型对变数的所有非零实数值是正定的情况。因 $uA + vB$ 的行列式是对称的( $d_{ij} = d_{ji}$ ),而 $B$ 可以是单位行列式( $b_{ij} = 0$ 对 $i \neq j$,而 $b_{ii} = 1$ )。柯西证明了任何阶的任何一个实对称行列式都有实特征根。柯西的结果在 1834 年由雅可比⑥所重复,排除了有相等本征根的情况。特征方程这个术语是属于柯西的⑦。

---

① Misc. Taur., 3,1762 – 1765 = Œuvres, 1,520 – 534, 与 Mém. de l'Acad. des Sci., Paris, 1774 = Œuvres, 6,655 – 666.

② Mém. de l'Acad. des Sci., Paris, 1772, pub. 1775 = Œuvres, 8,325 – 366.

③ Hachette and Monge: Jour. de l'Ecole Poly., 4,1801 – 1802,143 – 169;Poisson and Hachette, ibid., 170 – 172.

④ Œuvres, (2),5,244 – 285.

⑤ 4,1829,140 – 160 = Œuvres, (2),9,174 – 195.

⑥ Jour. für Math., 12,1834,1 – 69 = Werke, 3, 191 – 268.

⑦ Exercices d'analyse et de physique mathématique, 1,1840,53 = Œuvres, (2),11,76.

相似行列式的概念也产生于变换的研究。两个行列式 $A$ 和 $B$ 是相似的,如果存在一个非零行列式 $P$ 使 $A = P^{-1}BP$。柯西考察了相似变换,在 1826 年的《教程》①中,他证明了它们有相同的特征值。相似变换的重要性在于将投影变换分类(第 38 章第 5 节),这是一个长期以来被综合处理的问题。设一个图形 $F$ 是用线性变换 $A$ 同图形 $G$ 相联系,并设另一个这样的变换 $B$ 变 $F$ 到 $F'$,变 $G$ 到 $G'$,则变 $F'$ 到 $G'$ 的变换 $C$ 将和 $A$ 有同样的性质。变换 $C = BAB^{-1}$,这是由于 $B^{-1}$ 变 $F'$ 到 $F$,$A$ 变 $F$ 到 $G$,而 $B$ 变 $G$ 到 $G'$ 的缘故。

1858 年魏尔斯特拉斯②对同时化两个二次型成平方和给出了一个一般的方法。他还证明了如果二次型之一是正定的,那么即使某些特征根是相等的,这个化简也是可能的。魏尔斯特拉斯对此问题的兴趣是由围绕平衡位置的小振动的动力学问题引起的,他用他关于二次型的工作证明了稳定性并不因该系统的相等周期的出现而受到破坏,这与拉格朗日和拉普拉斯的假设相反。

西尔维斯特在 1851 年③研究二次曲线和二次曲面的切触和相交时需要考虑这种二次曲线和二次曲面束的分类。特别地,他找寻任何束的标准型,把束写成形式 $A + \lambda B$,这里

$$A = ax^2 + by^2 + cz^2 + 2dyz + 2ezx + 2fxy,$$
$$B = Ax^2 + By^2 + Cz^2 + 2Dyz + 2Ezx + 2Fxy,$$

他考察了行列式

(12)
$$\begin{vmatrix} a+\lambda A & f+\lambda F & e+\lambda E \\ f+\lambda F & b+\lambda B & d+\lambda D \\ e+\lambda E & d+\lambda D & c+\lambda C \end{vmatrix}.$$

他的分类方法引进了初等因子的概念。$A + \lambda B$ 的行列式的元素是 $\lambda$ 的多项式。西尔维斯特证明了如果 $|A + \lambda B|$ 的任一阶的全部子式有一个公共因子 $\lambda + \varepsilon$,则当 $A$ 和 $B$ 经它们变数的一个线性变换同时变换以后,这个因子将仍是同样子式组的公共因子。他还证明了如果全部 $i$ 阶子式有因子 $(\lambda+\varepsilon)^a$,则 $(i+h)$ 阶子式将包含因子 $(\lambda+\varepsilon)^{(h+1)a}$。对每个 $i$,$i$ 阶子式的最大公因子 $D_i(\lambda)$ 中所出现的各线性因子的方幂是 $|A + \lambda B|$ 的或任何一般行列式 $A$ 的初等因子。对每个 $i$,$D_i(\lambda)$ 被 $D_{i-1}(\lambda)$ 所除的商称为 $|A + \lambda B|$ 的不变因子。西尔维斯特没有证明不变因子组成两个二次型的不变量的完全集。

魏尔斯特拉斯④完成了二次型的理论并将其推广到双线性型,双线性型是

---

① *Œuvres*, (2), 5, 244 - 285.
② *Monatsber. Berliner Akad.*, 1858, 207 - 220 = *Werke*, 1, 233 - 246.
③ *Phil. Mag.*, (4), 1, 1851, 119 - 140 = *Coll. Math. Papers*, 1, 219 - 240.
④ *Monatsber. Berliner Akad.*, 1868, 310 - 338 = *Werke*, 2, 19 - 44.

$$a_{11}x_1y_1 + a_{12}x_1y_2 + \cdots + a_{mn}x_ny_n.$$

用西尔维斯特初等因子的概念,魏尔斯特拉斯得到束 $A+\lambda B$ 的标准型,这里 $A$ 和 $B$ 不一定是对称的,但服从于 $|A+\lambda B|$ 不恒等于零的条件。他还证明了属于西尔维斯特的一个定理的逆。这逆定理说,如 $A+\lambda B$ 的行列式同 $A'+\lambda B'$ 的行列式的初等因子一致,则能找到一对线性变换同时将 $A$ 变到 $A'$,将 $B$ 变到 $B'$。

在行列式的大量的定理中,有一些涉及 $n$ 个未知数 $m$ 个线性方程的解。史密斯(Henry J. S. Smith,1826—1883)[①]引进了增广矩阵和非增广矩阵的术语,例如,来讨论方程组

$$\begin{cases} a_1x + a_2y = f \\ b_1x + b_2y = g \\ c_1x + c_2y = h \end{cases}$$

的解的存在性和个数。增广矩阵和非增广矩阵是

$$\left\| \begin{matrix} a_1 & a_2 & f \\ b_1 & b_2 & g \\ c_1 & c_2 & h \end{matrix} \right\| \text{和} \left\| \begin{matrix} a_1 & a_2 \\ b_1 & b_2 \\ c_1 & c_2 \end{matrix} \right\|.$$

有很多人,包括克罗内克和凯莱在内,做出的一系列结果引导到现在用矩阵来叙述的一般结果,但在 19 世纪中叶它们是用增广和非增广行列式来叙述的。关于 $n$ 个未知数 $m$ 个方程,$m$ 可以大于、等于或小于 $n$,方程可以是齐次的(常数项为零),或非齐次的,其一般结果叙述在(例如)道奇森(Charles L. Dodgson)[卡洛尔(Lewis Carroll, 1832—1898)]的《行列式的初等理论》(*An Elementary Theory of Determinants*, 1867)中。在上面的课本中可发现现代的条件:为使 $n$ 个未知数的 $m$ 个非齐次线性方程的方程组是相容的,必要而充分的是,在非增广和增广矩阵中的最高阶非零行列式是同阶的,用矩阵的语言来说就是两个矩阵的秩相同。

整个 19 世纪都得到行列式的新结果。作为一个例证,可举阿达马在 1893 年[②]证明的一个定理,虽然这定理在此以前及以后有很多人知道和证明过。设行列式 $D = |a_{ij}|$ 的元素满足条件 $|a_{ij}| \leqslant A$,则

$$|D| \leqslant A^n \cdot n^{n/2}.$$

行列式的以上各定理只是已建立的大量定理中很少的样本。在一般行列式的大量其他定理之外,还有成百个有关特殊形式行列式的其他定理,这些特殊形式中有对称行列式($a_{ij} = a_{ji}$)、斜对称行列式($a_{ij} = -a_{ji}$)、正交行列式(正交坐标变换的行列式)、加边行列式(由添加一些行和列扩大而成的行列式)、复合行列式(元素

---

[①] *Phil. Trans.*, 151, 1861, 293 - 326 = *Coll. Math. Papers*, 1, 367 - 409.

[②] *Bull. des Sci. Math.*, (2), 17, 1893, 240 - 246 = *Œuvres*, 1, 239 - 245.

本身是行列式),以及其他很多特殊类型的行列式。

## 4. 矩 阵

可以说矩阵这个课题在诞生之前就发展得很好了。我们知道,行列式的研究开始于18世纪中叶以前。行列式包括一个数字方阵,通常总是涉及这个方阵的值,就是由行列式的定义所给出的值。然而从行列式的大量工作中明显地表现出来的是,对于很多目的,方阵本身都可以研究和使用,不管行列式的值是否与该问题有关。于是,仍然需要认识方程本身应该有与行列式无关的本性。方阵本身称为矩阵。矩阵这个词是西尔维斯特[①]首先使用的,这是发生在他实际上希望引用数字的矩形阵列而又不能再用行列式这个词的时候,虽然那时他仅仅涉及由矩形阵列的元素所能形成的那些行列式。后来,如我们在上一节中看到的,在根本没有说到矩阵时增广矩阵就自由地使用了。矩阵的基本性质,如我们将要看到的,也是在行列式的发展中建立起来的。

确实如像凯莱所坚持的(在下面引证的1855年的文章中)那样,在逻辑上,矩阵的概念先于行列式的概念,而在历史上次序正相反。这就是为什么在矩阵引进的时候它的基本性质就已经清楚了的原因。因此,当数学家们预言矩阵概念的可能的用途时,有一个普遍的印象是错误的,即矩阵是由纯数学家发明的有高度创见的独立创造。由于矩阵的应用已很好地建立,这使凯莱想起要把它们作为不同的实体引进。他说:"我决然不是通过四元数而获得矩阵概念的;它或是直接从行列式的概念而来,或是作为一个表达方程组

$$\begin{cases} x' = ax + by \\ y' = cx + dy \end{cases}$$

的方便的方法而来的。"就这样他引进了矩阵

$$\begin{bmatrix} a & b \\ c & d \end{bmatrix},$$

它代表了这个变换的主要信息。因为凯莱是首先指出矩阵本身的,而且关于这个题目首先发表了一系列文章,所以他一般地被归功为矩阵论的创立者。

凯莱1821年生于一个古老而有才能的英国家庭,在学校中他就显示了数学才能。他的老师说服他的父亲送他到剑桥,而不要让他做家务。在剑桥他是数学荣誉会考的一等第一名,并获得史密斯奖。他当选为剑桥的三一学院的研究员和助理导师,但3年后由于必须担任圣职而离开。他转向法律并在这个职业上花费了

---

① *Phil. Mag.*, (3), 37, 1850, 363-370 = *Coll. Math. Papers*, 1, 145-151.

后来的 15 年。这期间他用了可观的时间研究数学,并发表了近 200 篇文章。也是在这时,他和西尔维斯特开始了长期的友谊和合作。

1863 年,他被任命为剑桥新创立的萨德勒(Sadler)数学教授。除去 1882 年受西尔维斯特的聘请在霍普金斯大学以外,他一直在剑桥,直到 1895 年逝世为止。他在各个课题上都是多产的作者和创造者,特别是在 $n$ 维解析几何、行列式理论、线性变换、斜曲面和矩阵论方面。同西尔维斯特一起,他是不变量理论的奠基人。由于这大量的贡献,他获得很多荣誉。

和西尔维斯特不一样,凯莱是一个性情温和、冷静判断和沉着的人,他慷慨地帮助和鼓励别人。在法律方面的良好工作和数学上的巨大成就以外,他还找时间培养兴趣于文学、旅行、绘画和建筑学。

同研究线性变换下的不变量(第 39 章第 2 节)相结合,凯莱首先引进矩阵以简化记号①。这里他给出一些基本概念。接着是他关于这个课题的头一篇重要文章《矩阵论的研究报告》(A Memoir on the Theory of Matrices)②。

为简单起见,我们就 $2\times 2$ 矩阵或 $3\times 3$ 矩阵来叙述凯莱的一些定义,虽然这些定义是用于 $n\times n$ 矩阵并在某些情况下用于长方形矩阵的。两个矩阵相等,如果他们的对应元素相等。凯莱定义零矩阵和单位矩阵为

$$\begin{pmatrix} 0 & 0 & 0 \\ 0 & 0 & 0 \\ 0 & 0 & 0 \end{pmatrix} \text{和} \begin{pmatrix} 1 & 0 & 0 \\ 0 & 1 & 0 \\ 0 & 0 & 1 \end{pmatrix}.$$

定义两个矩阵的和为这样的矩阵,它的元素是两个相加矩阵的对应元素之和。他注意到这个定义可用于任何两个 $m\times n$ 矩阵,且加法是可结合和可调换的(交换的)。若 $m$ 是一个数而 $A$ 是一个矩阵,则 $mA$ 被定义为这样的矩阵,它的每一个元素都是 $A$ 的对应元素的 $m$ 倍。

凯莱直接从两个相继变换的效应的表示作出两个矩阵乘法的定义。例如,设变换

$$x' = a_{11}x + a_{12}y,$$
$$y' = a_{21}x + a_{22}y,$$

后跟着变换

$$x'' = b_{11}x' + b_{12}y',$$
$$y'' = b_{21}x' + b_{22}y',$$

则 $x''$, $y''$ 和 $x$, $y$ 之间的关系由下式给出:

$$x'' = (b_{11}a_{11} + b_{12}a_{21})x + (b_{11}a_{12} + b_{12}a_{22})y,$$

---

① *Jour. für Math.*, 50, 1855, 282 - 285 = *Coll. Math. Papers*, 2, 185 - 188.
② *Phil. Trans.*, 148, 1858, 17 - 37 = *Coll. Math. Papers*, 2, 475 - 496.

$$y'' = (b_{21}a_{11} + b_{22}a_{21})x + (b_{21}a_{12} + b_{22}a_{22})y.$$

因此凯莱定义两个矩阵的积为

$$\begin{pmatrix} b_{11} & b_{12} \\ b_{21} & b_{22} \end{pmatrix} \begin{pmatrix} a_{11} & a_{12} \\ a_{21} & a_{22} \end{pmatrix} = \begin{pmatrix} b_{11}a_{11} + b_{12}a_{21} & b_{11}a_{12} + b_{12}a_{22} \\ b_{21}a_{11} + b_{22}a_{21} & b_{21}a_{12} + b_{22}a_{22} \end{pmatrix}.$$

即元素 $c_{ij}$ 是左边因子的第 $i$ 行元素和右边因子的第 $j$ 列对应元素乘积之和。乘法是可结合的,但一般不可交换。凯莱指出, $m \times n$ 矩阵只能用 $n \times p$ 矩阵去乘。

在同一篇文章中,他叙述了

$$\begin{pmatrix} a, & b, & c \\ a', & b', & c' \\ a'', & b'', & c'' \end{pmatrix}$$

的逆为

$$\frac{1}{\nabla} \begin{pmatrix} \partial_a \nabla, & \partial_{a'} \nabla, & \partial_{a''} \nabla \\ \partial_b \nabla, & \partial_{b'} \nabla, & \partial_{b''} \nabla \\ \partial_c \nabla, & \partial_{c'} \nabla, & \partial_{c''} \nabla \end{pmatrix},$$

这里 $\nabla$ 是矩阵的行列式,而 $\partial_x \nabla$ 是 $x$ 在这行列式中的余子式,即 $x$ 的子式带上适当的符号。一个矩阵和它的逆的乘积是单位矩阵,用 $I$ 表示。

当 $\nabla = 0$ 时,矩阵是不定的(用现代术语来说,是奇异的),因而没有逆。凯莱断言,两个矩阵的乘积可以是零,而无须其中有一个为零,只须其中之一是不定的。实际上,凯莱是错的;两个矩阵都必须是不定的才行。因为假如 $AB = 0$, $A \neq 0$, $B \neq 0$, 且仅 $A$ 是不定的,那么 $B$ 的逆,即 $B^{-1}$ 存在,因而 $ABB^{-1} = 0 \cdot B^{-1} = 0$。但 $BB^{-1} = I$, 因此 $AI = 0$ 或 $A = 0$。

折转矩阵(转置或共轭)定义为这样的矩阵,矩阵中行和列对换。给出陈述说(但没有证明) $(LMN)' = N'M'L'$, 这里撇 $(')$ 表示转置。如果 $M' = M$, 则 $M$ 称为是对称的;如果 $M' = -M$, 则 $M$ 是斜对称的(或交错的)。任何一个矩阵可表示成一个对称矩阵和一个斜对称矩阵的和。

从行列式理论中带来的另一个概念是方阵的特征方程。对于矩阵 $M$, 它定义为

$$|M - xI| = 0,$$

这里 $|M - xI|$ 是矩阵 $M - xI$ 的行列式,而 $I$ 是单位矩阵。例如设

$$M = \begin{pmatrix} a & b \\ c & d \end{pmatrix},$$

则特征方程(凯莱不用这术语,虽然它是由柯西引进用于行列式的[第 3 节])是

(13) $$x^2 - (a+d)x + (ad - bc) = 0.$$

这方程的根是矩阵的特征根(特征值)。

在1858年的文章中,凯莱宣告了一个结果,现在称为任意阶方阵的凯莱-哈密顿定理。这定理说,在(13)中用 $M$ 代替 $x$,则得到的矩阵是零矩阵。凯莱说他曾对 $3\times3$ 情况验证了这定理,又说进一步的证明是不必要的。哈密顿与这定理的关系是根据下述事实,即在他的《四元数讲义》[1]中在引进向量 $r$ 的线性向量函数 $r'$ 的概念时,涉及从 $x$, $y$ 和 $z$ 到 $x'$, $y'$ 和 $z'$ 的一个线性变换。他证明这个变换的矩阵满足它的特征方程,虽然他不想正式用矩阵语言来表述。

别的数学家发现了一些矩阵类的特征根的特殊性质。埃尔米特[2]证明了如矩阵 $M=M^*$,则特征根是实数,这里 $M^*$ 是将 $M$ 的每个元素用它的共轭复数代替后,再转置得到的矩阵(这样的矩阵 $M$ 现在称为埃尔米特矩阵)。1861年克莱布什[(Rudolf Friedrich) Alfred Clebsch][3]从埃尔米特定理推导出,实斜对称矩阵的非零特征根是纯虚数。后来布赫海姆(Arthur Buchheim[4],1859—1888)证明了若 $M$ 是对称的,且元素是实数,则特征根是实数,虽然柯西[5]已对行列式建立了这个结果。泰伯(Henry Taber,1860—?)在另一篇文章[6]中作为显然的事实断言:设
$$x^n - m_1 x^{n-1} + m_2 x^{n-2} - \cdots \pm m_n = 0$$
是任一方阵 $M$ 的特征方程,则 $M$ 的行列式是 $m_n$,如果把矩阵的主子式理解为这样的子式的行列式,这些子式的对角线是矩阵 $M$ 的主对角线的一部分,则 $m_i$ 是 $i$ 阶主子式的和。于是特别地,$m_1$ 是主对角元的和,它也是特征根的和。这个和称为矩阵的迹。泰伯的断言是由梅茨勒(William Henry Metzler,1863—?)[7]给出证明的。

弗罗贝尼乌斯[8]对于特征方程提出了一个问题,他要找最小多项式,即矩阵所满足的次数最低的多项式。他说,它是由特征多项式的因式所形成的,而且是唯一的。直到1904年[9],亨泽尔(Kurt Hensel,1861—1941)才证明了弗罗贝尼乌斯的唯一性的结论。在同一篇文章中,亨泽尔还证明了如 $f(x)$ 是矩阵 $M$ 的最小多项式,而 $g(x)$ 是矩阵满足的任一其他多项式,则 $f(x)$ 整除 $g(x)$。

矩阵的秩的概念是由弗罗贝尼乌斯[10]在1879年引进的,虽然是联系到行列式

---

[1] 1853, p.566.
[2] *Comp. Rend.*, 41,1855,181-183 = *Œuvres*, 1,479-481.
[3] *Jour. für Math.*, 62,1863,232-245.
[4] *Messenger of Math.*, (2),14,1885,143-144.
[5] *Œuvres*, (2),9,174-191.
[6] *Amer. Jour. of Math.*, 12,1890,337-396.
[7] *Amer. Jour. of Math.*, 14,1891/1892,326-377.
[8] *Jour. für Math.*, 84,1878,1-63 = *Ges. Abh.*, 1,343-405.
[9] *Jour. für Math.*, 127,1904,116-166.
[10] *Jour. für Math.*, 86,1879,146-208 = *Ges. Abh.*, 1,482-544.

而说的。一个 $m$ 行 $n$ 列矩阵(阶为 $m\times n$)有所有 $k$ 阶[从 1 阶($A$ 的元素本身)到包括两个整数 $m$ 和 $n$ 中的较小者在内的所有的阶]子式。一个矩阵的秩为 $r$ 当且仅当它至少有一个 $r$ 阶子式其行列式不为零,而所有高于 $r$ 阶的子式的行列式都为零。

两个矩阵 $A$ 和 $B$ 可用各种方式相联系。如果存在两个非奇异矩阵 $U$ 及 $V$ 使 $A=UBV$,则称它们等价。西尔维斯特[①]曾在他的关于行列式的著作中证明:$B$ 的 $i$ 行子式的行列式的最大公因子 $d'_i$ 等于 $A$ 的 $i$ 行子式的行列式的最大公因子 $d_i$。后来史密斯[②]在研究整数元素的矩阵时,证明了每个秩为 $\rho$ 的矩阵 $A$ 等价于对角矩阵,其元素沿主对角线向下排列是 $h_1,h_2,\cdots,h_\rho$,且 $h_i$ 整除 $h_{i+1}$。商 $h_1=d_1,h_2=d_2/d_1,\cdots$ 称为 $A$ 的不变因子。进一步设

$$h_i = p_1^{l_{i1}} p_2^{l_{i2}} \cdots p_k^{l_{ik}}$$

(这里 $p_i$ 是素数),这些不同的方幂 $p_j^{l_{ij}}$ 是 $A$ 的初等因子。不变因子确定初等因子,反之亦然。

不变因子和初等因子的概念,是从西尔维斯特和魏尔斯特拉斯的行列式的工作中产生的(如早先指出的),它们是被弗罗贝尼乌斯在 1878 年的文章中带到矩阵中来的。不变因子和初等因子的意义在于:矩阵 $A$ 等价于矩阵 $B$ 当且仅当 $A$ 和 $B$ 有相同的初等因子或不变因子。

弗罗贝尼乌斯在 1878 年的文章中对不变因子做了进一步的工作,然后以合乎逻辑的形式整理了不变因子和初等因子的理论[③]。1878 年文章中的工作使弗罗贝尼乌斯能给出凯莱-哈密顿定理的第一个一般性的证明,且对矩阵的本征根(特征根)有一些是相等的情况修改了这个定理。在这篇文章中,他还证明了当 $AB^{-1}=B^{-1}A$ 时,这时有确定的商 $A/B$,则 $(A/B)^{-1}=B/A$,还证明了 $(A^{-1})^T=(A^T)^{-1}$,这里 $A^T$ 是 $A$ 的转置。

正交矩阵这个课题曾受到很大的注意。虽然这术语在 1854 年[④]就由埃尔米特使用了,但直到 1878 年才由弗罗贝尼乌斯发表正式的定义(看前面的参考书目)。矩阵 $M$ 是正交的,如果它等于它的转置的逆,即如果 $M=(M^T)^{-1}$。除定义外,弗罗贝尼乌斯证明了如 $S$ 表示一个对称矩阵,$T$ 表示一个斜对称矩阵,则正交矩阵总能写成形式 $(S-T)/(S+T)$,或更简单地写为 $(I-T)/(I+T)$。

像矩阵论的许多其他概念一样,相似矩阵的概念起源于行列式的早期研究工

---

① Phil. Mag., (4),1,1851,119 - 140 = Coll. Math. Papers,1,219 - 240.
② Phil. Trans., 151,1861 - 1862,293 - 326 = Coll. Math. Papers,1,367 - 409.
③ Sitzungsber. Akad. Wiss. zu Berlin,1894,31 - 44 = Ges. Abh.,1,577 - 590.
④ Cambridge and Dublin Math. Jour.,9,1854,63 - 67 = Œuvres,1,290 - 295.

作,早至柯西的工作。两个方阵是相似的,如果存在一个非奇异矩阵 $P$ 使 $B = P^{-1}AP$。两个相似矩阵的特征方程是相同的,因而有相同的不变因子和初等因子。对复元素的矩阵,魏尔斯特拉斯在他 1868 年的文章中证明了这个结果(虽然是对行列式作的)。由于一个矩阵代表一线性齐次变换,所以相似矩阵可看成代表同一个变换,只是参考于两个不同的坐标系。

用相似矩阵和特征方程的概念,若尔当①证明了矩阵可变到标准型。设矩阵 $J$ 的特征方程是
$$f(\lambda) = \lambda^n + b_1\lambda^{n-1} + \cdots + b_n = 0,$$
且设
$$f(\lambda) = (\lambda - \lambda_1)^{l_1}(\lambda - \lambda_2)^{l_2}\cdots(\lambda - \lambda_k)^{l_k},$$
这里 $\lambda_i$ 是互不相同的,则令
$$J_i = \begin{pmatrix} \lambda_i & 1 & 0 & \cdots & 0 \\ 0 & \lambda_i & 1 & \cdots & 0 \\ & & \cdots\cdots & & \\ 0 & 0 & 0 & \cdots & \lambda_i \end{pmatrix}$$

表示一个 $l_i$ 阶矩阵。若尔当证明了 $J$ 可以变换到一个相似矩阵,它具有形式
$$\begin{pmatrix} J_1 & 0 & 0 & \cdots & 0 \\ 0 & J_2 & 0 & \cdots & 0 \\ & & \cdots\cdots & & \\ 0 & 0 & 0 & \cdots & J_k \end{pmatrix}.$$

这就是矩阵的若尔当标准型或法式。

弗罗贝尼乌斯在他 1878 年的文章中用逆步变换的名称处理了 $A$ 到 $B$ 的相似变换。在同一论述中他处理了合同矩阵或同步矩阵的概念。这告诉我们,如果 $A = P^T B P$,则 $A$ 与 $B$ 合同,写成 $A \stackrel{C}{=} B$。例如将矩阵 $A$ 的同样的行和列同时进行对换,所得到的矩阵 $A$ 的变换就是合同变换。还有,秩为 $r$ 的对称矩阵 $A$ 可以用合同变换化简成同秩的对角矩阵;即
$$P^T A P = \begin{pmatrix} d_{11} & 0 & \cdots & 0 & \cdots & 0 \\ 0 & d_{22} & \cdots & 0 & \cdots & 0 \\ & & \cdots\cdots & & & \\ 0 & 0 & \cdots & d_{rr} & \cdots & 0 \\ & & \cdots\cdots & & & \\ 0 & 0 & \cdots & 0 & \cdots & 0 \end{pmatrix}.$$

---

① *Traité des substitutions*, 1870, Book Ⅱ, 88－249.

关于合同变换,有很多基本的定理。例如,设 $S$ 是对称的,而 $S_1$ 合同于 $S$,则 $S_1$ 是对称的;设 $S$ 是斜对称的,则 $S_1$ 也是斜对称的。

梅茨勒于 1892 年发表在《美国数学杂志》上的文章中引进了矩阵的超越函数,把每个这样的函数写成矩阵的幂级数。他对 $e^M$,$e^{-M}$,$\log M$,$\sin M$ 和 $\sin^{-1} M$ 建立了级数。例如

$$e^M = \sum_{n=0}^{\infty} M^n/n!.$$

矩阵论的分支是很多的。矩阵已用来表示二次型和双线性型。这样的型化简成简单的标准型是关于矩阵不变量工作的核心。它们还与超复数紧密联系,而凯莱在他 1858 年的文章中建立了把超复数当作矩阵来看待的思想。

行列式和矩阵两者都已经被推广到了无限阶。无限阶行列式已出现在傅里叶的工作中,用以确定一个函数的傅里叶级数展开的系数(第 28 章第 2 节),也已出现在希尔关于常微分方程的解的工作中(第 29 章第 7 节)。关于无限阶行列式的零星的文章写于这两篇杰出的 19 世纪的研究工作之间,但重要的活动推迟到希尔的时候。

无限阶矩阵隐含地及明显地包含在傅里叶、希尔和庞加莱的著作中,庞加莱完成了希尔的工作。可是研究无限矩阵的巨大动力是来自积分方程的理论(第 45 章)。我们不能给无限阶行列式和矩阵提供篇幅了[①]。

在矩阵的初等的工作中,元素是通常的实数,虽然为了数论的好处,限制于整数元素做了大量的工作。然而,它们可以是复数并且的确可以是许多别的量。自然,矩阵本身所具有的性质依赖于元素的性质。19 世纪末和 20 世纪初的研究已经专门针对元素属于抽象域的矩阵的性质。近代物理的数学机械中的矩阵论的重要性在这儿不能再谈了,但关于这一方面联系到泰特所作的预言是有趣的,他说:"凯莱正为未来的一代物理学家锻造武器。"

# 参 考 书 目

Bernkopf, Michael: "A History of Infinite Matrices," *Archive for History of Exact Sciences*, 4,1968,308-358.

Cayley, Arthur: *The Collected Mathematical Papers*, 13 vols., Cambridge University Press (1889-1897), Johnson Reprint Corp., 1963.

Feldman, Richard W., Jr.: (Six articles on matrices with various titles), *The Mathematics*

---

① 见本章末尾书目中伯恩科普夫(M. Bernkopf)的文献。

*Teacher*, 55,1962,482-484,589-590,657-659;56,1963,37-38,101-102,163-164.

Frobenius, F. G.: *Gesammelte Abhandlungen*, 3 vols., Springer-Verlag, 1968.

Jacobi, C. G. J.: *Gesammelte Werke*, Georg Reimer, 1884, Vol. 3.

MacDuffee, C. C.: *The Theory of Matrices*, Chelsea, 1946.

Muir, Thomas: *The Theory of Determinants in the Historical Order of Development* (1906-1923), 4 vols., Dover (reprint), 1960.

Muir, Thomas: List of writings on the theory of matrices, *Amer. Jour. of Math.*, 20,1898, 225-228.

Sylvester, James Joseph: *The Collected Mathematical Papers*, 4 vols., Cambridge University Press, 1904-1912.

Weierstrass, Karl: *Mathematische Werke*, Mayer und Müller, 1895, Vol. 2.